高等学校土木工程专业规划教材

土木工程试验

Civil Engineering Test

张建仁　田仲初　主编

人民交通出版社

内容提要

本书以国家级实验教学示范中心为依托，按照土木工程专业教学要求，分为基础篇和专业篇。基础篇内容包括土木工程材料试验、土力学与工程地质试验、工程结构基本构件试验和测量学实验；专业篇内容包括路基路面工程试验、桥梁工程试验、工程结构试验以及岩土工程(含隧道工程)试验。本书内容简明扼要，具有很强的实用性和操作性。

本书可作为高等院校土木工程专业和相近专业教材，同时也可供相关工程技术人员和科研人员参考使用。

图书在版编目(CIP)数据

土木工程试验/张建仁，田仲初主编．—北京：人民交通出版社，2012.6
高等学校土木工程专业规划教材
ISBN 978-7-114-09771-3

Ⅰ.①土… Ⅱ.①张…②田… Ⅲ.①土木工程—试验—高等学校—教材 Ⅳ.①TU-33

中国版本图书馆CIP数据核字(2012)第080869号

高等学校土木工程专业规划教材

书　　名：土木工程试验
著 作 者：张建仁　田仲初
责任编辑：王文华
出版发行：人民交通出版社
地　　址：(100011)北京市朝阳区安定门外外馆斜街3号
网　　址：http://www.ccpcl.com.cn
销售电话：(010)59757973
总 经 销：人民交通出版社发行部
经　　销：各地新华书店
印　　刷：北京虎彩文化传播有限公司
开　　本：787×1092　1/16
印　　张：19.125
字　　数：480千
版　　次：2012年6月　第1版
印　　次：2024年7月　第6次印刷
书　　号：ISBN 978-7-114-09771-3
定　　价：38.00元
(有印刷、装订质量问题的图书由本社负责调换)

前　　言

“土木工程试验”在土木工程科学研究和技术革新方面起着十分重要的作用，已逐步形成为一门相对独立的学科，并日益引起科研人员和工程技术人员的关注和重视。其内容不但涵盖建筑材料、土力学、工程地质、结构设计原理、钢结构、结构力学、工程测量学、路基路面工程、道路勘测设计、桥梁工程、岩土工程等课程的相关试验，同时还涉及物理学、机械与电子测量技术、数理统计分析等内容。通过本课程的学习，使学生进一步掌握基本理论，巩固所学知识，获得常规操作、试验观察和搜集、处理试验数据、描述试验过程、绘制试验图表等基本技能，具有科技工作者所必须具有的试验能力和基本素质，为今后从事科学研究和工程检测打下坚实的基础。

教育部批准长沙理工大学土木工程专业实验教学中心为2008年度国家级实验教学示范中心建设单位，全面进行实验教学内容和教学体系改革。“土木工程试验”根据实验教学体系改革方案，按照“独立设课，单独考核，分段实施”的原则，分为基础试验和专业试验两个模块。其中，基础试验共55项，包括必修试验23项，选修试验32项，必修试验以基础训练型试验为主，内容涵盖建筑材料、土力学与工程地质、工程结构基本构件、测量学等基础试验；专业试验项目共35项，必修项目有8项，增设了综合设计型、研究创新型和工程实践项目，内容包括道路工程试验、桥梁工程试验、工程结构试验、岩土工程试验（含隧道工程）等专业试验。专业试验项目是在基础试验项目的基础上，培养学生理解专业知识、综合应用专业知识的能力，并通过研究创新试验项目增强学生的创新能力。

“土木工程试验”课程将学生能力的培养贯穿于整个实验教学过程中，特别是培养学生的基础理论知识综合运用能力和解决工程实际问题的能力。一方面通过试验内容的精心设计来阐释基础理论知识，加深学生对理论知识的理解；另一方面在试验中体现理论的指导作用，培养学生对理论学习的兴趣，达到实验教学与理论教学的互为补充、协调发展。根据土木工程专业本科生的知识结构和能力结构的特点，强调建筑材料、土力学与工程地质、工程结构基本构件、测量实验等基础知识和基本技能的训练。同时，通过改造、更新试验内容和试验方法，特别是在专业试验课程中大量增加综合性、设计性、创新性试验项目，突出工程实践能力和创新能力的培养。在专业基础试验和专业试验项目中均考虑设置一定数量的综合设计性试验项目，将传统的分散的相关基本知识点综合，设计成一个较大的试验项目，从而将原本相对独立的基本知识点贯穿起来，使学生了解各基本知识点之间的有机联系，增强学生的综合应用能力，同时也节省了试验学时。另外，该课程还将道路、桥梁等土木工程领域的先进技术手段和试验方法应用于实验教学，开发了一批反映现代土木工程技术，具有土木工程特色的研究创新性试验项目和工程实践性试验项目。土木工程实验教学改革为培养具有现代土木工程建设意识、具有工程实践能力和创新精神的高级应用型专门人材提供了重要条件。

本书内容简明扼要，具有很强的实用性和操作性，可供高等学校土木工程专业和相近专业作为教材使用，同时也可供相关工程技术人员和科研人员作为参考用书。

本书第1章由李九苏和欧阳岚编写，第2章由梁斌、刘龙武和张新敏编写，第3章由蒋田勇、赵虹、张中脊和潘权编写，第4章由徐卓揆、唐平英、周访滨、宋谦和李杰编写，第5章由欧阳岚、李九苏和江宏编写，第6章由蒋田勇、徐飞鸿、谢海波、潘权、彭涛和肖丹编写，第7章由张中脊、张向阳和文双武编写，第8章由张庆彬和张宏编写。全书由张建仁和田仲初统稿、校阅。

书中难免存在差错和不足，敬请读者批评指正。

张建仁，田仲初

2012年4月

目　录

第一篇　基　础　篇

第二篇　专　业　篇

第一篇 基础篇

第1章 土木工程材料试验

1.1 粗、细集料物理力学性能试验

粗、细集料是土木工程中使用的大宗原材料之一，其物理、力学性能对水泥砂浆、水泥混凝土、沥青混合料有显著影响。粗、细集料的物理性能试验主要包括表观密度试验、毛体积密度试验等，力学性能试验主要包括粗集料压碎值试验、粗集料磨耗试验、粗集料坚固性试验等。表观密度、毛体积密度是指粗、细集料单位表观体积或毛体积的质量，其大小通常在一定程度上表征粗、细集料力学性质的优劣和孔隙的多少；粗集料压碎值试验间接反映粗集料的抗压强度；粗集料磨耗值试验模拟粗集料受到冲击、磨耗作用时的磨损情况，在一定程度上表征其耐磨性的好坏；粗集料坚固性试验通过硫酸钠溶液结晶作用，在一定程度上模拟粗集料抵抗冻融和自然因素作用的能力。通过粗、细集料的物理、力学性能试验，不但要求掌握粗、细集料物理、力学性能的检验方法和步骤、试验结果分析方法，还要求掌握其物理、力学性能对水泥砂浆、水泥混凝土、沥青混合料性能的影响。

1.1.1 表观密度试验

1）试验目的

（1）掌握粗、细集料的表观密度试验方法和步骤；

（2）掌握水泥砂浆、水泥混凝土和沥青混合料中对粗、细集料表观密度的要求；

（3）掌握粗、细集料表观密度试验结果的数据处理和分析方法。

2）试验方法

对于粗、细集料表观密度的测试，通常采用水中重法进行。对于粗集料，一般采用广口瓶法；而对于细集料，则一般采用容量瓶法。

3）主要仪器设备

容量瓶（500mL），天平，干燥器，浅盘，铝制料勺，温度计，烘箱，烧杯，广口瓶，筛子，带盖容器，毛巾，刷子，玻璃片等。

4）试验步骤

按规定取有代表性的粗、细集料若干。用四分法或分料器法准备好规定质量的粗、细集料备用。

（1）广口瓶法

①将试样过4.75mm筛，按照四分法缩分至表1.1规定的数量。清洗干净后，分成大致相等的两份备用。

表观密度试验所需试样数量 表1.1

最大粒径（mm）	<26.5	31.5	37.5	63.0	75.0
最少试样质量（kg）	2.0	3.0	4.0	6.0	6.0

②将试样浸水饱和后，装入广口瓶中，装试样时广口瓶应倾斜放置，然后注满饮用水，用玻璃片覆盖瓶口，以上下左右摇晃的方法排除气泡。

③气泡排尽后，向瓶内添加饮用水，直至水面凸出到瓶口边缘，然后用玻璃片沿瓶口迅速滑行，使其紧贴瓶口水面。擦干瓶外水分后，称取试样、水、瓶和玻璃片的质量（m_1），准确至1g。

④将瓶中的试样倒入浅盘中，置于温度为（105±5）℃的烘箱中烘干至恒重，取出放在带盖的容器中冷却至室温后称取试样的质量（m_0），准确至1g。

⑤将瓶洗净，重新注入饮用水，用玻璃片紧贴瓶口水面，擦干瓶外水分后称取其质量（m_2），准确至1g。

⑥按下式计算石子的表观密度ρ'_g（准确至$10kg/m^3$）：

$$\rho'_g = \frac{m_0}{m_0 + m_2 - m_1} \times \rho_w \times 1\,000 \tag{1.1}$$

式中：ρ_w——水的密度，g/cm^3。

（2）容量瓶法

①将660g左右的砂试样在温度为（105±5）℃的烘箱中烘干至恒重，并在干燥器内冷却至室温，分为大致相等的两份待用。

②称取烘干的试样300g（m_0），准确至1g，将试样装入容量瓶，注入冷开水至接近500mL的刻度处，摇转容量瓶，使试样在水中充分搅动，排除气泡，然后塞紧瓶塞，静置24h。

③静置后用滴管添水，使水面与瓶颈500mL刻度线平齐，再塞紧瓶塞，擦干瓶外水分，称取其质量（m_1），准确至1g。

④倒出瓶中的水和试样，将瓶的内外表面洗净，再向瓶内注入与前面水温相差不超过2℃，且温度在15～25℃范围内的冷开水至瓶颈500mL刻度线，塞紧瓶塞，擦干瓶外水分，称取其质量（m_2），准确至1g。

⑤按下式计算砂的表观密度ρ'_s（准确至$10kg/m^3$）：

$$\rho'_s = \frac{m_0}{m_0 + m_2 - m_1} \times \rho_w \times 1\,000 \tag{1.2}$$

5）试验误差要求

表观密度应用两份试样分别测定，并以两次试验结果的算术平均值作为测定结果，准确至$10kg/m^3$。如两次测定结果的差值大于$20kg/m^3$时，应重新取样测定。

1.1.2 毛体积密度试验

毛体积密度与表观密度最大的区别是，前者的单位体积包括实体颗粒、闭口孔隙和开口孔隙三部分，而后者的单位体积只包括实体颗粒和闭口孔隙两部分。

1）试验目的

（1）掌握粗、细集料的毛体积密度试验方法和步骤；

（2）掌握水泥砂浆、水泥混凝土和沥青混合料中对粗、细集料毛体积密度的要求；

（3）掌握粗、细集料毛体积密度试验结果的数据处理和分析方法。

2）试验方法

对于粗、细集料毛体积密度的测试，通常采用表干法进行。对于粗集料，一般采用广口瓶法；而对于细集料，则一般采用容量瓶法。

3）主要仪器设备

容量瓶（500mL），天平，干燥器，浅盘，铝制料勺，温度计，烘箱，烧杯，广口瓶，筛子，带盖容器，毛巾，刷子，玻璃片等。

4）试验步骤

（1）按规定取有代表性的粗、细集料若干，用四分法或分料器法准备好规定质量的粗、细集料备用。

（2）取试样一份装入容量瓶（广口瓶）中，注入洁净的水（可滴入数滴洗涤灵），水面高出试样，轻轻摇动容量瓶，使附着在石灰土中的气泡逸出。盖上玻璃片，在室温下浸水24h。

注：水温应在15～25℃范围内，浸水最后2h内的水温相差不得超过2℃。

（3）向瓶中加水至水面凸出瓶口，然后盖上容量瓶塞，或用玻璃片沿广口瓶瓶口迅速滑行，使其紧贴瓶口水面，玻璃片与水面之间不得有空隙。

（4）确认瓶中没有气泡，擦干瓶外的水分后，称取集料试样、水、瓶及玻璃片的总质量（m_2）。

（5）将试样倒入浅搪瓷盘中，稍稍倾斜搪瓷盘，倒掉流动的水，再用毛巾吸干漏出的自由水。需要时可称取带表面水的试样质量（m_4）。

（6）用拧干的湿毛巾轻轻擦干颗粒的表面水，至表面看不到发亮的水迹，即为饱和面干状态。当粗集料尺寸较大时，可逐颗擦干。注意拧湿毛巾时不要太用劲，防止拧得太干。擦颗粒的表面水时，既要将表面水擦掉，又不能将颗粒内部的水吸出，整个过程中不得有集料丢失。

（7）立即称取饱和面干集料的表干质量（m_3）。

（8）将集料置于浅盘中，放入温度为（105±5）℃的烘箱中烘干至恒重，取出浅盘，放在带盖的容器中冷却至室温，称取集料的烘干质量（m_0）。

注：恒重是指相邻两次称量间隔时间大于3h的情况下，其前后两次称量之差小于该项试验所要求的精密度，即0.1%。一般在烘箱中烘烤的时间不得少于4～6h。

（9）将瓶洗净，重新装入洁净水，盖上容量瓶塞，或用玻璃片紧贴广口瓶瓶口水面，玻璃片与水面之间不得有空隙。确认瓶中没有气泡，擦干瓶外水分后称取水、瓶及玻璃片的总质量（m_1）。

5）试验结果计算

（1）毛体积密度ρ'_b按下式计算（准确至10kg/m^3）：

$$\rho'_b = \frac{m_0}{m_3 + m_1 - m_2} \times \rho_w \times 1\,000 \tag{1.3}$$

（2）集料的吸水率w_x、含水率w、表面含水率w_s以烘干试样为基准，分别按下式计算，准确至0.1%。

$$w_x = \frac{m_3 - m_0}{m_0} \times 100 \tag{1.4}$$

$$w = \frac{m_4 - m_0}{m_0} \times 100 \tag{1.5}$$

$$w_s = \frac{m_4 - m_3}{m_0} \times 100 \tag{1.6}$$

（3）当水泥混凝土集料需要以饱和面干试样作为基准求取集料的吸水率w_x及表面含水

率 w_s 时，按下式计算，准确至0.1%，但需在报告中予以说明。

$$w_x = \frac{m_3 - m_0}{m_3} \times 100 \tag{1.7}$$

$$w_s = \frac{m_4 - m_3}{m_3} \times 100 \tag{1.8}$$

6）*精密度或允许差*

毛体积密度应用两份试样分别测定，并以两次试验结果的算术平均值作为测定结果，准确至10 kg/m³。如两次测定结果的差值大于20kg/m³时，应重新取样测定；吸水率不得超过0.2%。

1.1.3 压碎值试验

集料压碎值用于衡量集料在逐渐增加的荷载下抵抗压碎的能力，是衡量集料力学性质的指标。一般而言，压碎值越小，集料的强度越高。因此，压碎值试验在一定程度上能间接反映石料力学强度的高低，又因为石料单轴抗压强度试验相对来说测试步骤较为复杂，故工程上经常用压碎值来间接表征。国家标准和行业标准中关于压碎值的试验方法可能略有差别，下面介绍公路工程中的集料压碎值试验方法。

1）*试验目的*

通过测定压碎值来间接了解集料、石料的力学强度，检验对土木工程的适用性。

2）*主要仪器设备*

石料压碎值试验仪，金属棒，天平，方孔筛，金属筒，500kN压力试验机。

3）*试验步骤*

（1）用9.5mm和13.2mm标准筛过筛，取9.5～13.2mm的试样3kg，供试验使用。

注：试样宜采用风干石料，如需加热烘干时，烘箱温度不应超过100℃，烘干时间不超过4h。试验前，石料应冷却至室温。

（2）每次试验的集料数量应满足按下述方法夯击后石料在试筒内的深度为10cm：将集料分三层倒入量筒中，每层数量大致相同。每层都用金属棒的半球面端从石料表面上约50mm的高度处自由下落均匀夯击25次，最后用金属棒作为直刮刀将表面刮平，称取量筒中试样质量（m_0）。以相同质量的试样进行压碎值的平行试验。

（3）将试筒安放在底板上。

（4）将上面所得试样分三次（每次数量相同）倒入试筒中，每次均将试样表面整平，并用金属棒按上述步骤夯击25次，最上层表面应仔细整平。

（5）压柱放入试筒内石料面上，注意使压柱摆平，勿楔挤筒壁。

（6）将装有试样的试筒连同压柱放到压力机上，均匀地施加荷载，在10min时达到总荷载400kN。

（7）达到总荷载400kN后，立即卸荷，将试筒从压力机上取下。

（8）将筒内试样取出，注意勿进一步压碎试样。

（9）用2.36mm筛筛分经压碎的全部试样，可分几次筛分，均需筛到在1min内无明显的筛出物为止。

（10）称取通过2.36mm筛孔的全部细料质量（m_1）。

4）试验结果计算

压碎值按下式计算（准确至0.1%）：

$$Q_a = \frac{m_1}{m_0} \times 100 \tag{1.9}$$

式中：Q_a——石料压碎值，%；

m_0——试验前试样质量，g；

m_1——试验后通过2.36mm筛孔的细料质量，g。

以两次平行试验结果的算术平均值作为压碎值的测定值。

1.1.4 磨耗值试验

集料的磨耗值表征集料耐磨性的好坏。磨耗值的试验方法主要有洛杉矶磨耗试验和道瑞磨耗试验，前者更为常用。下面介绍洛杉矶磨耗试验方法。

1）试验目的

测定标准条件下粗集料抵抗摩擦、撞击的能力，以磨耗损失（%）表示。

2）主要仪器设备

（1）洛杉矶磨耗试验机：圆筒内径为（710±5）mm，内侧长（510±5）mm，两端封闭，投料口的钢盖通过紧固螺栓和橡胶垫与钢筒紧闭密封。钢筒的回转速率为30～33r/min。

（2）钢球：直径约为4.68mm，质量为390～445g，大小稍有不同，以便组成符合要求的总质量。

（3）台秤：感量5g。

（4）标准筛：符合要求的标准筛系列，以及筛孔为1.7mm的方孔筛一个。

（5）烘箱：能使温度控制在（105±5）℃范围内。

（6）容器：搪瓷盘等。

3）试验步骤

（1）将块石用碎石机轧碎（或人工敲碎）并用水洗净，置于温度为（105±5）℃的烘箱中烘干至恒重。

（2）开启磨耗机转筒的筒盖，清理转筒，将选好的碎石试样置于筒内，并加直径为46.8mm的钢球12个，每个质量为390～445g，总质量为（5 000±50）g，盖好筒盖，调整计数器至零。开动电动机，使圆筒以30～33r/min的速度旋转。

（3）待圆筒旋转至500转，关闭电动机停止转动，取出试样置于边长为1.7mm的方孔筛上，筛去石粉和石屑，然后将筛移至自来水龙头上，用水冲洗干净，将存留在筛上的试样置于温度为（105±5）℃的烘箱中烘至恒重，并准确称出磨耗后试样质量（m_2）。

4）试验结果计算

石料磨耗损失按下式计算（准确至0.1%）：

$$Q_{LS} = \frac{m_1 - m_2}{m_1} \times 100 \tag{1.10}$$

式中：Q_{LS}——石料磨耗损失，%；

m_1——装入筒中的烘干石料试样质量，g；

m_2——试验后洗净烘干的石料试样质量，g。

1.1.5 坚固性试验

1)试验目的

确定碎石或砾石经饱和硫酸钠溶液多次浸泡与烘干循环,承受硫酸钠结晶压而不发生显著破坏或强度降低的性能。

2)主要仪器设备

(1)烘箱:能使温度控制在(105 ±5)℃。

(2)天平:称量5kg,感量不大于1g。

(3)标准筛:根据试样的粒级,按表1.2选用。

坚固性试验所需的各粒级试样质量　　表1.2

公称粒级(mm)		5~10	10~20	20~40	40~63	63~80
公称粒级(mm)	圆孔筛	5~10	10~20	20~40	40~63	63~80
	方孔筛	4.75~9.5	9.5~19	19~37.5	37.5~63	63~75
试样质量(g)		500	1 000	1 500	3 000	5 000

注:1. 粒级为10~20mm(或9.5~19mm)的试样中,应含有10~16mm(或9.5~16mm)粒级颗粒40%,16~20mm(或16~19mm)粒级颗粒60%。

2. 粒级为20~40mm(19~37.5mm)的试样中,应含有20~31.5mm(或19~31.5mm)粒级颗粒40%,31.5~40mm(或31.5~37.5mm)粒级颗粒60%。

(4)容器:搪瓷盆或瓷缸,容积不小于50L。

(5)三脚网篮:网篮的外径为100mm,高为150mm,采用孔径不大于2.5mm的铜网或不锈钢丝制成;检验粒级40~80mm的颗粒时,应采用外径和高均为250mm的网篮。

(6)试剂:无水硫酸钠和十水结晶硫酸钠(工业用)。

3)试验方法及步骤

(1)试验准备

①硫酸钠溶液的配制:取一定数量的蒸馏水(多少取决于试样及容器大小),加温至20~50℃,每1 000mL蒸馏水加入无水硫酸钠(Na_2SO_4)300~350g或十水硫酸钠($Na_2SO_4 \cdot 10H_2O$)700~1 000g,用玻璃棒搅拌,使其溶解并饱和,然后冷却至20~25℃;在此温度下静置48h,其相对密度应保持在1.151~1.174(波美度为18.9~21.4)范围内。试验时容器底部应无结晶存在。

②试样的制备:将试样按表1.2的规定分级,洗净后放入温度为(105 ±5)℃的烘箱内烘干4h,取出并冷却至室温,然后按表1.2规定的质量称取各粒级试样质量α_i。

(2)试验步骤

①将所称取的不同粒级的试样分别装入三脚网篮并浸入盛有硫酸钠溶液的容器中,溶液体积应不小于试样总体积的5倍,温度应保持在20~25℃的范围内;三脚网篮浸入溶液时应先上下升降25次,以排除试样中的气泡,然后静置于该容器中,此时,网筛底面应距容器底面约30mm(由网篮脚高控制);网篮之间的间距应不小于30mm,试样表面至少应在液面以下30mm。

②浸泡20h后,从溶液中提出网篮,放在温度为(105 ±5)℃的烘箱内烘干4h。至此,完成了第一个试验循环。待试样冷却至20~25℃后,即开始第二次循环,从第二次循环起,浸泡及烘干时间均可为4h。

③完成五次循环后,将试样置于25~30℃的清水中洗净硫酸钠,再放入温度为(105 ±

5)℃的烘箱中烘干至恒重，待冷却至室温后，用试样粒级下限筛孔过筛，并称量各粒级试样试验后的筛余量。

注：试样中硫酸钠是否洗净，可按下述方法检验：取洗试样的水数毫升，滴入少量氯化钡($BaCl_2$)溶液，如无白色沉淀，即说明硫酸钠已被洗净。

④对粒径大于20mm(或19mm)的试样部分，应在试验前后分别记录其颗粒数量，并进行外观检查，描述颗粒的裂缝、剥落、掉边和掉角等情况及其所占的颗粒数量，以作为分析其坚固性时的补充依据。

4)试验结果计算

(1)试样中各粒级颗粒的分计质量损失百分率按下式计算：

$$Q_i = \frac{m_i - m'_i}{m_i} \times 100 \tag{1.11}$$

式中：Q_i——各粒级颗粒的分计质量损失百分率，%；

m_i——各粒级试样试验前的烘干质量，g；

m'_i——经硫酸钠溶液法试验后，各粒级筛余颗粒的烘干质量，g。

(2)试样总质量损失百分率按下式计算(准确至1%)：

$$Q = \frac{\sum \alpha_i Q_i}{\sum \alpha_i} \tag{1.12}$$

式中：Q——试样总质量损失百分率，%；

α_i——试样中各粒级的分计质量百分率，%；

Q_i——各粒级的分计质量损失百分率，%。

1.2 粗、细集料筛分及组成设计试验

在我国，粗、细集料通常以具有一定粒度分布范围的类似于“混合料”的方式供应。而在水泥砂浆、水泥混凝土或沥青混合料的相关技术规范或标准中，对粒径分布的要求则具体到某一级筛孔的通过率或累计筛余百分率。因此，在进行配合比设计或实际施工生产过程中，经常需要进行粗、细集料的筛分试验，以判定是否符合要求或提供参考数据供配合比设计时使用。粗、细集料的组成设计则是要确定在最终的混合料中各种粗、细集料以及填料所占的百分率。

1.2.1 粗、细集料筛分试验

1)粗集料筛分试验

(1)试验目的和意义

测定粗集料的颗粒级配及粒级规格，检验其级配是否符合技术标准，并为水泥混凝土配合比或沥青混合料配合比设计提供依据。

(2)主要仪器设备

摇筛机，标准筛(孔径规格为2.36mm、4.75 mm、9.50 mm、16.0 mm、19.0 mm、26.5 mm、31.5 mm、37.5 mm、53.0 mm、63.0 mm、75.0 mm和90mm)，天平，台秤，烘箱，容器，浅盘等。

(3)试验准备

按规定方法取样，并将试样缩分至略大于表1.3规定的数量，烘干或风干后备用。根据需要可按要求的集料最大粒径的筛孔尺寸过筛，除去超粒径部分颗粒后，再进行筛分。

粗集料筛分所需试样的最小质量　　表1.3

最大粒径(mm)	9.5	16.0	19.0	26.5	31.5	37.5	63.0	75.0
试样质量不少于(kg)	1.9	3.2	3.8	5.0	6.3	7.5	12.6	16.0

(4)试验方法及步骤

①水泥混凝土用粗集料干筛法试验步骤

a. 称取按表1.3规定数量的试样一份,置于温度为(105±5)℃的烘箱中烘干至恒重,称取干燥集料试样的总质量(m_0),准确至1%;将试样倒入按孔径由大到小从上到下组合、附底筛的套筛上进行筛分。

b. 将套筛置于摇筛机上,筛分10min;取下套筛,按筛孔尺寸大小顺序逐个手筛,筛至每分钟通过量小于试样总质量的0.1%为止。通过的颗粒并入下一号筛中,并和下一号筛中的试样一起过筛,按此顺序进行,直至各号筛全部筛完为止。

c. 如果某个筛上的集料过多,影响筛分作业时,可以分两次筛分;当筛余颗粒的粒径大于19.0mm时,在筛分过程中,允许用手指拨动颗粒。

d. 称出各号筛的筛余量,准确至总质量的0.1%。试样在各号筛上的筛余量和筛底上剩余量的总量与筛分前的试样总质量(m_0)相差不得超过后者的0.5%。

注:由于用0.075mm筛干筛时,沾在粗集料表面的小于0.075mm的石粉颗粒几乎不能通过,而且对水泥混凝土用粗集料而言,0.075mm通过率意义不大,所以也可以不筛,只把通过0.15mm筛的筛下部分作为0.075mm的分计筛余,将粗集料的0.075mm通过率假设为0。

②沥青混合料及基层用粗集料水洗法试验步骤

a. 称取一份试样,置于温度为(105±5)℃的烘箱中烘干至恒重,称取干燥集料试样的总质量(m_3),准确至1%。

b. 将试样放在一洁净容器中,加入足够数量的洁净水,将集料全部盖没,不得使用任何洗涤剂或表面活性剂。

c. 用搅棒充分搅动集料,使集料表面洗涤干净,使细粉悬浮在水中,但不得破碎集料或有集料从水中溅出。

d. 根据集料大小选择一组套筛,其底部为0.075mm标准筛,上部为2.36mm或4.75mm筛,仔细将容器中混有细粉的悬浮液徐徐倒出,经过套筛流入另一容器中,过程中不得有集料倒出。

e. 重复b~d步骤,直至倒出的水洁净为止。

f. 将套筛中每个筛子上的集料及容器中的集料倒入搪瓷盘中,操作过程中不得有集料散失。

g. 将搪瓷盘连同集料一起置于温度为(105±5)℃的烘箱中烘干至恒重,称取干燥集料试样的总质量(m_4),准确至1%,m_3与m_4之差即为通过0.075mm筛的部分。

h. 将回收的干燥集料按干筛法分出0.075mm筛以上各筛的筛余量,此时0.075mm筛上部分应为0。

(5)试验结果计算

①干筛法筛分结果的计算

a. 计算分计筛余百分比:各号筛的筛余量与试样总量之比,计算准确至0.1%。

b. 计算累计筛余百分比:该号筛的筛余百分比加上该号筛以上各筛余百分比之和,计算准确至0.1%。筛分后,如每号筛的筛余量与筛底的剩余量之和同原试样质量之差超过1%时,须重新试验。

c. 根据各号筛的累计筛余百分比，评定该试样的颗粒级配。

②水筛法筛分结果的计算

a. 按下式计算粗集料中 0.075mm 筛筛下部分质量 $m_{0.075}$ 和含量 $P_{0.075}$，准确至 0.1%。当两次试验结果 $P_{0.075}$ 的差值超过 1% 时，试验应重新进行。

$$m_{0.075} = m_3 - m_4 \tag{1.13}$$

$$P_{0.075} = \frac{m_{0.075}}{m_3} \times 100 = \frac{m_3 - m_4}{m_3} \times 100 \tag{1.14}$$

式中：$P_{0.075}$——粗集料中小于 0.075mm 的含量（通过率），%；

$m_{0.075}$——粗集料中水洗得到的小于 0.075mm 部分的质量，g；

m_3——用于水洗的干燥粗集料总质量，g；

m_4——水洗后的干燥粗集料总质量，g。

b. 计算各筛分计筛余量及筛底存量的总和与筛分前试样的干燥总质量（m_4）之差，作为筛分时的损耗，若大于 0.3%，应重新进行试验。

$$m_5 = m_3 - (\sum m_i + m_{0.075})$$

式中：m_5——由于筛分造成的损耗，g；

m_i——各号筛上的分计筛余，g；

i——依次为 0.075mm、0.15mm……至集料最大粒径的排序。

c. 计算其他各筛的分计筛余百分率、累计筛余百分率、通过百分率，计算方法与干筛法相同。当干筛筛分有损耗时，应按干筛法从总质量中扣除损耗部分。

d. 试验结果以两次试验的平均值表示。

2）细集料筛分试验

（1）试验目的和意义

①测定砂的颗粒级配，检验是否符合标准要求，并为配合比设计提供依据；

②计算细度模数，评定砂的粗细程度，分析对具体工程的适用性。

（2）主要仪器设备

摇筛机，标准筛（孔径为 150μm、300μm、600μm、1.18mm、2.36mm、4.75mm 和 9.50mm 的方孔筛），天平，烘箱，浅盘，毛刷和容器等。

（3）试验方法及步骤

①准确称取试样 500g，准确至 1g。

②将标准筛按孔径由大到小的顺序叠放，加底盘后，将试样倒入最上层 4.75mm 筛内，然后加盖将其置于摇筛机上，摇筛 10min（也可用手筛）。

③将整套筛自摇筛机上取下，按孔径大小，逐个用手在洁净的盘上进行筛分，筛至每分钟通过量不超过试样总质量的 0.1% 为止。通过的颗粒并入下一号筛内并和下一号筛中的试样一起过筛，直至各号筛全部筛完为止。

④称量各号筛的筛余量，准确至 1g。分计筛余量和底盘中剩余质量的总和与筛分前的试样质量之比，其差值不得超过 1%。

各筛的筛余量不超过按下式计算出的量：

$$m = \frac{A \times d^{\frac{1}{2}}}{200} \tag{1.15}$$

式中：M——在一个筛上的筛余量，g；

A——筛面面积，mm^2；

d——筛孔尺寸，mm。

超过按式(1.15)计算出的量时，应按下列方法之一进行处理：

a. 将该粒级试样分成少于式(1.15)计算出的量，分别筛分，并以筛余量之和作为该号筛的筛余量。

b. 将该粒级及以下各粒级的筛余量混合均匀，称其质量，准确至1g。再用四分法缩分为大致相等的两份，取其中一份，称其质量，准确至1g，继续筛分。计算该粒级及以下各粒级的分计筛余量时，应根据缩分比例进行修正。

(4)试验结果计算及分析

①计算分计筛余百分率：各筛的筛余量除以试样总量的百分率，准确至0.1%。

②计算累计筛余百分率：该筛上的分计筛余百分率与大于该筛的分计筛余百分率之和，准确至1%。

③细度模数 M_x 按下式计算(准确至0.01)：

$$M_x = \frac{A_2 + A_3 + A_4 + A_5 + A_6 - 5A_1}{100 - A_1} \tag{1.16}$$

式中：A_1、A_2、A_3、A_4、A_5、A_6——分别为4.75mm、2.36mm、1.18mm、600μm、300μm、150μm孔径筛上的累计筛余百分率。

根据细度模数的大小来确定砂的粗细程度：M_x=3.7~3.1时为粗砂；M_x=3.0~2.3时为中砂；M_x=2.2~1.6时为细砂。

④累计筛余百分比取两次试验结果的算术平均值，准确至1%。细度模数取两次试验结果的算术平均值，准确至0.1。如两次试验的细度模数之差超过0.2时，须重新试验。

1.2.2 组成设计试验

组成设计方法有数解法或图解法等。数解法中包括试算法和线性规划法，图解法中主要有修正平衡面积法等。在工程实践中，数解法使用较为普遍，且常借助于电子表格等计算工具来实现。图解法则具有步骤简单、结果简明易懂等特点。由于用数解法进行组成设计，需要熟练运用电子表格等工具，因此下面仅介绍图解法。

1)试验目的

根据原材料筛分结果和混合料级配范围要求，确定各原材料百分比例。

2)主要仪器设备

标准筛，天平，铅笔，烘箱，容器，浅盘，坐标纸等。

3)试验方法及步骤

(1)对原材料进行筛分试验，检验其是否满足技术要求。

(2)绘制原材料级配曲线和混合料级配曲线范围。

(3)分析原材料级配曲线情况，根据“相互重叠”、“首尾相接”或“首尾相离”三种不同情况，在坐标纸上作图，确定各原材料比例，准确至1%。

4)试验结果计算

(1)计算合成级配，并观测是否落在混合料要求的级配范围内，且没有犬牙交错等不良级配情况。

(2)如合成级配未落在目标要求的级配范围内或级配不良,则应对各原材料比例进行适当调整,使其满足级配要求。

(3)计算并最终确定各原材料比例。

(4)绘制合成级配曲线和混合料级配范围图。

1.3 水泥性能试验

由于工程中对水泥的性能要求是多方面的,因此在土木工程的不同专业领域,对水泥性能指标的要求也不尽相同。如水泥混凝土路面工程中通常要求水泥具有较高的弯拉强度,而房屋建筑结构中则经常需要水泥具有较高的抗压强度。即使在同一专业领域,由于施工环境、施工工艺等的不同,对水泥的性能指标要求也可能出现很大的差异。如夏季高温施工时,经常要求水泥拌和物具有一定的缓凝性质,以满足施工需要;而冬季施工时,对水泥混凝土工程则通常有早强的需求。正因为土木工程自身的复杂性以及施工、环境等因素的多样性,对水泥的性能要求也是多方面的,大致可以分为化学指标和物理、力学性能指标的要求。化学指标的检验通常需要依靠具有专门资质和专业能力的质量检测机构去完成,与工程实践的联系相对来说并不十分密切。本节仅介绍与工程实践密切相关的水泥的主要物理、力学性能试验。

1.3.1 水泥细度试验

水泥细度对水泥性能的影响具有双重性。水泥颗粒过粗,水泥活性不足,影响强度;水泥颗粒过细,水泥拌和物水化热过高,容易出现收缩等病害。水泥细度的检验方法主要有筛析法和透气式比表面积仪法两种。通过试验来检验水泥的粗细程度,作为评定水泥质量的依据之一。筛析法主要有负压筛法和水筛法,负压筛法具有更高的试验精度,故下面仅介绍负压筛法。

1)试验目的

通过检验水泥颗粒的粗细程度来了解水泥的水化活性和其他性能。

2)主要仪器设备

负压筛析仪(图1.1),筛座,天平等。

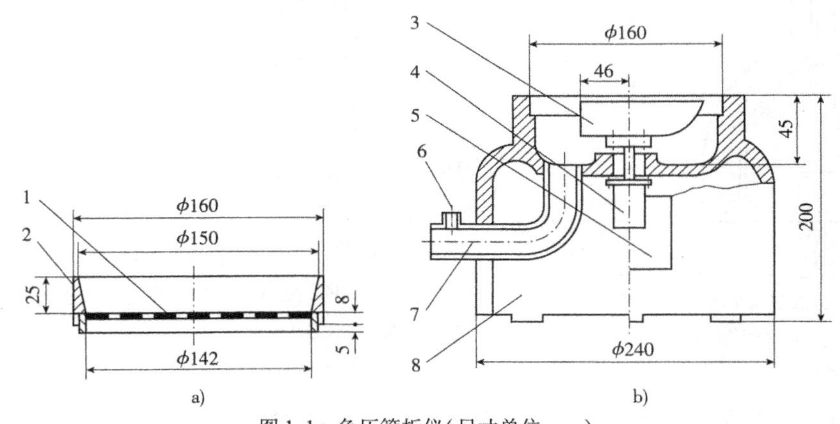

图1.1 负压筛析仪(尺寸单位:mm)

1-筛网;2-筛框;3-喷气嘴;4-微电机;5-控制板开口;

6-负压表接口;7-负压源及收尘器接口;8-壳体

3)试验方法及步骤

(1)筛析试验前,应把负压筛放在筛座上,盖上筛盖,接通电源,检查控制系统,调节负压至4 000 ~6 000Pa范围内,喷气嘴上口平面应与筛网之间保持2 ~8mm的距离。

(2)称取试样25g,置于洁净的负压筛中。然后盖上筛盖,放在筛座上,开动筛析仪连续筛动2min,在此期间如有试样附着在筛盖上,可轻轻地敲击,使试样落下。筛毕,用天平称量筛余物质量R_S(g)。

当工作负压小于4 000Pa时,应清理收尘器内的水泥,使负压恢复正常。

4)试验结果计算

水泥试样筛余百分数按下式计算(准确至0.1%):

$$F = \frac{R_S}{W} \times 100 \tag{1.17}$$

式中:F——水泥试样的筛余百分数,%;

R_S——水泥筛余物的质量,g;

W——水泥试样的质量,g。

1.3.2 水泥标准稠度用水量试验

水泥标准稠度用水量是指水泥净浆达到规定稠度时水的用量与水泥用量的百分比。测试方法有标准法(试杆法)和代用法(试锥法)。具备试验条件时,一般宜采用标准法。下面仅介绍标准法。

1)试验目的

测定水泥标准稠度用水量,目的是为测定水泥的凝结时间、水泥体积安定性等性能提供标准稠度用水量,使其具有可比性。另外,若水泥标准稠度用水量较低,则通常在拌制水泥砂浆或水泥混凝土时,达到相同工作性能所需的用水量更低,对强度和耐久性有利。

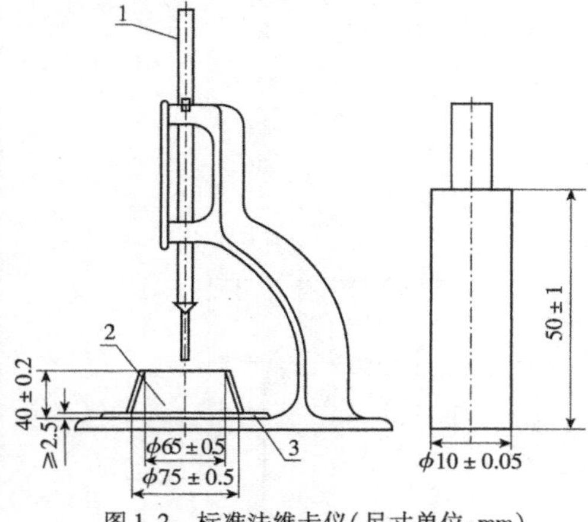

图1.2 标准法维卡仪(尺寸单位:mm)

a)试针支架;b)试杆

1-试杆;2-滑动模;3-玻璃板

2)主要仪器设备

水泥净浆搅拌机,标准法维卡仪(图1.2),量水器,天平,秒表。

3)试验方法及步骤

(1)水泥净浆拌制

用水泥净浆搅拌机搅拌,搅拌锅和搅拌叶片先用湿布擦过,将拌和水倒入搅拌锅中,然后在5 ~10s内小心将称好的500g水泥加入水中,防止水和水泥溅出;拌和时,先将锅放在搅拌机的锅座上,升至搅拌位置,启动搅拌机低速搅拌120s,停15s,同时将叶片和锅壁上的水泥浆刮入锅中间,接着高速搅拌120s,停机。

(2)装模

拌和结束后,立即将拌制好的水泥净浆装入已放在玻璃板上的试模中,用宽约25mm的直边刀轻轻拍打超出部分的净浆体5次,刮去多余的净浆。

(3)测试试杆贯入深度

抹平后迅速将试模和底板移到维卡仪上,并将其中心定在试杆上,降低试杆直到与水泥净浆表面接触，拧紧螺钉1~2s后，突然放松，使试杆垂直自由地沉入水泥净浆中。在试杆停止沉入或释放试杆30s时记录试杆到底板的距离，升起试杆后，立即擦净。

(4)判断是否达到标准稠度

整个操作应在搅拌后1.5min内完成。以试杆沉入净浆并距底板(6±1)mm的水泥净浆为标准稠度净浆。其拌和水量为该水泥的标准稠度用水量(P)，按水泥质量的百分比计。当试杆距底板小于5mm时，应适当减水，重复水泥浆的拌制和上述过程；若距离大于7mm时，则应适当加水，并重复水泥浆的拌制和上述过程。

4)试验结果计算

水泥标准稠度用水量P按下式计算：

$$P=\frac{m_w}{500}\times 100 \tag{1.18}$$

式中：P——水泥标准稠度用水量，%；

m_w——试验中的用水量，g。

1.3.3 水泥体积安定性试验

水泥水化硬化后应具有较高的体积稳定性，是土木工程中常见的要求。水泥中游离氧化钙和游离氧化镁含量过高或三氧化硫(石膏)含量过高均可能导致水泥体积安定性不良。在常规环境下，观测水泥体积安定性是否符合要求通常需要较长的时间。在试验中，为了尽快了解水泥的体积安定性，可采取沸煮(对氧化钙有效)或压蒸(对氧化镁有效)的方法来加速水泥的熟化。检验三氧化硫是否会引起水泥体积安定性不良，需要长期浸水才能得到结果。我国规范中对水泥体积安定性检验的标准方法是沸煮法。沸煮法中又分为雷氏夹法(标准法)和试饼法(代用法)，对试验结果有争议时采用雷氏夹法。下面介绍雷氏夹法。

1)试验目的

通过沸煮加速水泥熟化来检验游离氧化钙对水泥体积安定性的影响。

2)主要仪器设备

雷氏夹(图1.3)，小刀，玻璃板。

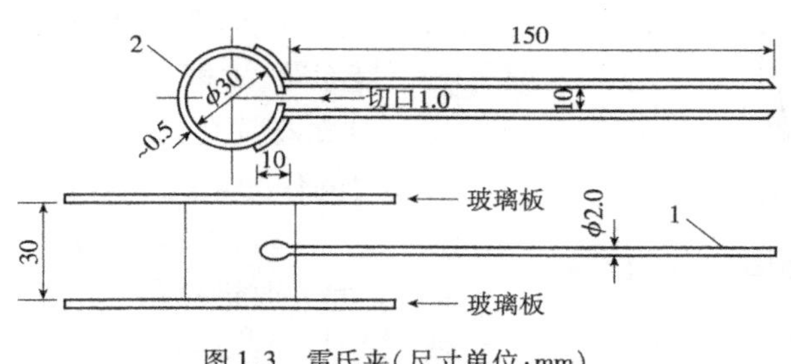

图1.3 雷氏夹(尺寸单位：mm)

1-指针；2-环模

3)试验方法及步骤

(1)装模

将预先准备好的雷氏夹放在已稍擦油的玻璃板上，并立刻将已制备好的标准稠度净浆装满雷氏夹。装浆时一只手轻扶雷氏夹，另一只手用宽约25mm的直边刀在浆体表面轻轻插捣3次，盖上稍涂油的玻璃板，接着立刻将雷氏夹移至湿汽养护箱中养护(24±2)h。

(2)沸煮

①调整好沸煮箱内的水位，使之在整个沸煮过程中都能没过试件，不需中途添补试验用水，同时保证在(30 ±5)min 内水能沸腾。

②脱去玻璃板取下试件，先测量雷氏夹指针尖端间的距离 A，准确至 0.5mm，接着将试件放入水中箅板上，指针朝上，试件之间互不交叉，然后在(30 ±5)min 内加热水至沸腾，并恒沸 3h ±5min。

4)试验结果判别

沸煮结束后，即放掉沸煮箱中的热水，打开箱盖，待箱体冷却至室温，取出试件进行判别。测量雷氏夹指针尖端间的距离 C，准确至 0.5mm，当两个试件煮后增加距离($C-A$)的平均值不大于 5.0mm 时，即认为该水泥的体积安定性合格；当两个试件的 $C-A$ 值相差超过 4.0mm 时，应用同一样品立即重做一次试验。再如此，则认为该水泥的体积安定性不合格。

1.3.4 水泥凝结时间试验

水泥从加水到开始失去流动性所需的时间称为凝结时间。凝结时间的快慢直接影响混凝土的浇筑和施工进度。水泥的凝结时间是水泥的一项重要物理性能。为了满足施工操作的需要，水泥的初凝时间不宜过短；为了缩短施工工期，水泥的终凝时间不宜过长。

水泥的凝结时间用净浆标准稠度与凝结时间测定仪测定。当试针在不同凝结程度的净浆中自由沉落时，试针下沉的深度随凝结程度的提高而减小。根据试针下沉的深度就可判断水泥的初凝和终凝状态，从而确定初凝时间和终凝时间。

1)试验目的

测定水泥达到初凝和终凝所需的时间，用于评定水泥的可施工性，为现场施工提供参数。

2)主要仪器设备

水泥净浆搅拌机，天平，维卡仪。

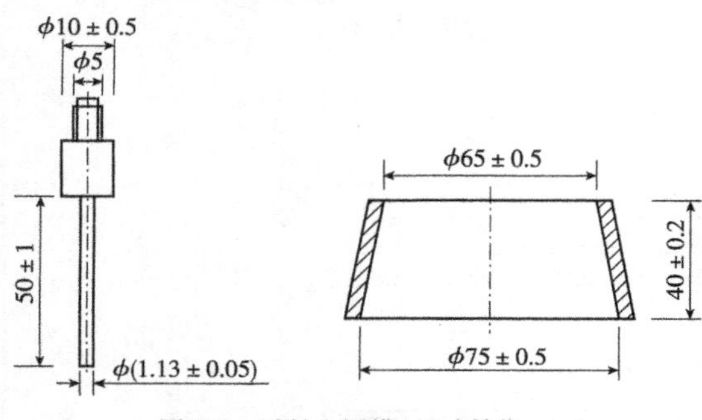

图 1.4 试针和圆模(尺寸单位：mm)

如图 1.4 所示为试验所用试针和试模。

3)试验方法及步骤

(1)在圆模内侧涂上一层机油，放在玻璃板上，以标准稠度用水量的水制成水泥标准稠度净浆，立即一次装入圆模振动数次，刮平，然后放入湿汽养护箱内。记录开始加水搅拌的时间作为水泥凝结时间的起始时间。

(2)试件在湿汽养护箱中养护至加水后 30min 时进行第一次测定。

(3)从养护箱中取出圆模放到试针下，使试针与净浆表面接触。调整凝结时间测定仪的试针对准标尺零点。

(4)拧紧螺钉 1 ~2s 后突然放松，试针垂直自由沉入净浆，注意最初测定操作时，应轻扶试针并以自由下落为准。临近初凝时，每隔 5min 测一次。每测一次换一次位置，试针贯入的位置至少距内壁 10mm。每次测完后，擦净试针，并将试模放回湿汽养护箱内。

(5)观察试针下沉 30s 时指针的读数。当试针距底板(4 ±1)mm 时，浆体为初凝状态，记下从加水到此时的时间，即为初凝时间。

(6)将测定仪上的初凝针换下，装上终凝针，倒转试模，在湿汽养护箱中养护，调整凝结时间测定仪的试针，对准标尺零点；接近终点时，取出；每15min测定一次，当试针下沉距浆体表面0.5mm，且终凝针圆环附件开始不出现痕迹时为终凝状态；记下从加水至此时的时间，即为终凝时间。

4）试验结果计算

（1）由水泥全部加入水中至试针沉入净浆中距底板（4±1）mm时，所需时间为水泥的初凝时间，用“min”表示。

（2）由水泥全部加入水中至终凝状态时所需的时间为水泥的终凝时间，用“min”表示。

1.3.5 水泥胶砂强度试验

水泥的强度由按规定试验条件配制得到的水泥胶砂，在规定试验条件下养护，在规定龄期测试得到。为了使试验结果具有可比性，有关水泥的国家标准和试验规程中规定使用标准砂，配合比为：水泥：砂：水＝1：3：0.5。

注：对于矿渣硅酸盐水泥、粉煤灰硅酸盐水泥、火山灰硅酸盐水泥，要求检验流动度不低于180mm。如果流动度达不到180mm，则要求调整水灰比。

1）试验目的

检验水泥的抗压抗折强度，确定水泥的强度等级，或为配合比设计提供水泥的强度参数。

2）主要仪器设备

搅拌机，试模，振实台，抗折强度试验机及抗压强度试验机等。

3）试验方法及步骤

（1）试验前准备

将试模擦净，四周模板与底座的接触面应涂抹黄油，紧密装配，防止漏浆，内壁均匀刷一层薄机油。水泥与标准砂的质量比为1：3，水灰比为0.5。每成型三条试件需称量水泥（450±2）g，标准砂（1 350±5）g，拌和用水量为（225±1）mL。

（2）试件成型

①把水加入锅里，再加入水泥，把锅固定；然后立即开动机器，低速搅拌30s后，在第二个30s开始的同时均匀地将砂子加入，把机器转至高速再搅拌30s。

停拌90s，在第一个15s内用一胶皮刮具将叶片和锅壁上的胶砂刮入锅中，在高速下继续搅拌60s。

各个搅拌阶段，时间误差应在±1s之内。

②将空试模和模套固定在振实台上，用一个适当的勺子直接从搅拌锅里将胶砂分两层装入试模。装第一层时，每个槽内约放300g胶砂，用大播料器垂直架在模套顶部沿每个模槽来回一次将料层播平，接着振实60次。然后装入第二层胶砂，用小播平器播平，再振实60次。

③从振实台上取下试模，用一金属直尺以近90°的角架在试模模顶的一端，然后沿试模长度方向以横向锯割动作慢慢向另一端移动，一次将超过试模部分的胶砂刮去，并用同一直尺在以近乎水平的情况下将试体表面抹平。

④在试模上做标记或加字条表明试件编号和试件相对于振实台的位置。

⑤试验前和更换水泥品种时，搅拌锅、叶片等须用湿布抹擦干净。

(3)养护

①试件编号后，将试模放入雾室或养护箱[温度(20 ±1)℃，相对湿度大于90%]内，箱内箅板必须水平，养护20～24h后，取出脱模。脱模时应防止试件损伤，硬化较慢的水泥允许延期脱模，但须记录脱模时间。

②试件脱模后应立即放入水槽中养护，养护水温为(20 ±1)℃。养护期间试件之间应留有间隙至少5mm，水面至少高出试件5mm，养护至规定龄期，不允许在养护期间全部换水。

(4)强度试验

①龄期。各龄期的试件，必须在规定的3d ±45min、7d ±2h、28d ±2h内进行强度测定。在强度试验前15min将试件从水中取出后，用湿布覆盖。

②抗折强度测定。

a. 每龄期取出3个试件，先进行抗折强度测定。测定前须擦去试件表面水分和砂粒，清除夹具上圆柱表面粘着的杂物，试件放入抗折夹具内，应使试件侧面与圆柱接触。

b. 调节抗折试验机的零点与平衡，开动电机以(50 ±10)N/s速度加荷，直至试件折断，记录破坏荷载F_f(N)。

③抗压强度测定。

a. 抗折试验后的6个断块，应立即进行抗压强度测定。抗压强度测定须使用抗压夹具，试件受压断面为40mm×40mm，试验前应清除试件受压面与加压板间的砂粒或杂物；试验时，以试件的侧面作为受压面，并使夹具对准压力机压板中心。

b. 开动试验机，控制压力机加荷速度为(2 400 ±200)N/s，均匀地加荷至破坏，记录破坏荷载F_c(N)。

4)试验结果计算

(1)抗折强度按下式计算(准确至0.1MPa)：

$$R_f = \frac{F_f L}{2bh^2} = 0.002\,34F_f \tag{1.19}$$

式中：R_f——抗折强度，MPa；

F_f——破坏荷载，N；

L——支撑圆柱中心距离，取为100mm；

b、h——试件断面宽及高，均为40mm。

抗折强度结果的确定是取3个试件抗折强度的算术平均值。当3个强度值中有一个超过平均值的±10%时，应予剔除，取其余两个的平均值；如有两个强度值超过平均值的±10%时，应重做试验。

(2)抗压强度按下式计算(准确至0.1MPa)：

$$R_c = \frac{F_c}{A} \tag{1.20}$$

式中：R_c——抗压强度，MPa；

F_c——破坏荷载，N；

A——受压面积，即40mm×40mm。

抗压强度结果的确定是取一组6个抗压强度测定值的算术平均值。如果6个测定值中有一个超出平均值的±10%，应剔除该结果，而以剩下5个的平均值作为结果；如果5个测定值中再有超过它们平均数的±10%，则此组结果作废。

1.4 沥青性质试验

沥青的技术性质包括多个方面，常用针入度、延度、软化点来表征其黏滞性、塑性和温度稳定性。针入度、延度和软化点统称为沥青的“三大指标”。

1.4.1 针入度试验

针入度试验是国际上经常用来测定黏稠(固体、半固体)沥青稠度的一种方法，通常稠度高的沥青，针入度值愈小，表示沥青愈硬；相反稠度低的沥青，针入度值愈大，表示沥青愈软。

1)试验目的

测定黏稠沥青的针入度，确定沥青的稠度大小，划分沥青的标号。

2)主要仪器设备

(1)针入度仪(图1.5)：针入度试验宜采用能够自动计时的针入度仪进行测定，要求针和针连杆在无明显摩擦下垂直运动，针的贯入深度必须准确至0.1mm。

针和针连杆组合件总质量为(50 ±0.05)g，另附(50 ±0.05)g砝码一个，试验时总质为(100 ±0.05)g，调节试样高度的升降操作机件及针入度仪水平的螺旋，可自由转动调节距离的悬臂。

(2)标准针：由硬化回火的不锈钢制成，洛氏硬度为HRC54 ~60，标准针及针连杆总质量为(2.5 ±0.5)g，针连杆上打印有号码标志；应对标准针妥善保管，防止碰撞针尖，使用过程中应当经常检验，并附有计量部门的检验单。

(3)盛样皿：为金属制的圆柱形平底容器。小盛样皿的内径55mm，深35mm(适用于针入度小于200的试样)；大盛样皿内径70mm，深45mm(适用于针入度为200 ~350的试样)；对针入度大于350的试样需使用特殊盛样皿，其深度不小于60mm，试样体积不少于125mL。

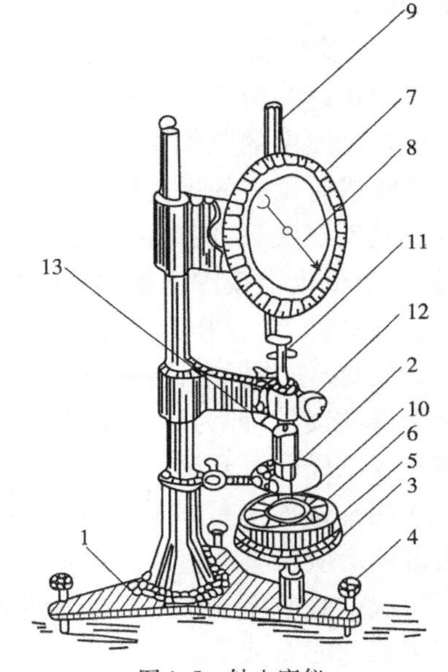

图1.5 针入度仪

1 - 底座；2 - 小镜；3 - 圆形平台；4 - 调平螺钉；5 - 保温皿；6 - 试样；7 - 刻度盘；8 - 指针；9 - 拉杆；10 - 标准针；11 - 针连杆；12 - 按钮；13 - 砝码

(4)恒温水槽：容量不少于10L，控温精度为±0.1℃。水中应设有一带孔的搁板(台)，位于水面下不少于100mm、距水槽底不得少于50mm处。

(5)平底玻璃皿：容量不少于1L，深度不少于80mm，内设有一不锈钢三脚支架，能使盛样皿稳定。

(6)温度计：0 ~50℃，分度为0.1℃。

(7)秒表：分度为0.1s。

(8)盛样皿盖：平板玻璃，直径不小于盛样皿开口尺寸。

(9)溶剂：三氯乙烯等。

(10)其他：电炉或砂浴，石棉网，金属锅或瓷把坩埚等。

3)试验方法及步骤

(1)准备工作

①将试样置于放有石棉网的炉具上缓慢加热,时间不超过30min,用玻璃棒轻轻搅拌,防止局部过热。石油沥青的加热脱水温度不超过软化点以上100℃,煤沥青的加热脱水温度不超过软化点以上50℃。沥青脱水后通过0.6mm的滤筛过筛。

②试样注入盛样皿中,高度应超过预计针入度值10mm,盖上盛样皿盖,防止落入灰尘。在15~30℃室温中冷却不少于1.5h(小盛样皿)或不少于2.5h(特殊盛样皿)后,再移入保持规定试验温度±0.1℃的恒温水槽中恒温不少于1.5h(小盛样皿)、不少于2h(大盛样皿)或不少于2.5h(特殊盛样皿)。

③调整针入度仪使之水平;检查针连杆和导轨,以确认无水和其他外来物,无明显摩擦;用三氯乙烯或其他溶剂清洗标准针,并擦干;将标准针插入针连杆,用螺钉固紧;按试验条件,加上附加砝码。

(2)试验步骤

①取出达到恒温的盛样皿,并移入水温控制在试验温度±0.1℃(可用恒温水槽中的水)的平底玻璃皿中的三脚支架上,试样表面以上的水深度不少于10mm。

②将盛有试样的平底玻璃皿置于针入度仪的平台上;慢慢放下针连杆,用适当位置的反光镜或灯光反射观察,使针尖恰好与试样表面接触;拉下刻度盘的拉杆,使其与针连杆顶端轻轻接触,调节刻度盘或深度指示器的指针指示为零。

③开动秒表,在指针正指5s的瞬间,用手紧压按钮,使标准针自动下落贯入试样,经规定时间,停压按钮使标准针停止移动;拉下刻度盘拉杆与针连杆顶端接触,读取刻度盘指针或位移指示器的读数,即为针入度,精确至0.5(0.1mm)。当采用自动针入度仪时,计时与标准针落下贯入试样同时开始,至5s时自动停止。

④同一试样平行试验至少3次,各测试点之间及与盛样皿边缘的距离不应少于10mm。每次试验后应将盛有盛样皿的平底玻璃皿放入恒温水槽,并使平底玻璃皿中水温保持试验温度。每次试验应换一根干净的标准针或将标准针取下用蘸有三氯乙烯溶剂的棉花或布揩净,再用干棉花或布擦干。

⑤测定针入度大于200的沥青试样时,至少用3支标准针,每次试验后将标准针留在试样中,直至3次平行试验完成后,才能取出。

4)试验结果计算

(1)同一试样的3次平行试样结果的最大值与最小值之差在表1.4规定的允许偏差范围内时,计算3次试验结果的平均值,取整数作为针入度试验结果,以0.1mm为单位。

当试验结果超出表1.4所规定的范围时,应重新进行试验。

针入度允许差 表1.4

针入度(0.1mm)	0~49	50~149	150~249	250~500
允许差值(0.1mm)	2	4	12	20

(2)当试验结果小于50(0.1mm)时,重复性试验的允许差值为不超过2(0.1mm),复现性试验的允许差值为不超过4(0.1mm)。

(3)当试验结果等于或大于50(0.1mm)时,重复性试验的允许差值为不超过平均值的4%,复现性试验的允许差值为不超过平均值的8%。

1.4.2 延度试验

1)试验目的

测定道路石油沥青、聚合物改性沥青、液体沥青蒸馏残留物和乳化沥青蒸发残留物等材料的延度,检验其塑性是否满足工程要求。

2)主要仪器设备

(1)延度仪(图1.6):将试件浸没于水中,能保持规定的试验温度及按照规定拉伸速度拉伸试件且试验时无明显振动的延度仪均可使用,延度仪的测量长度不宜大于150cm。

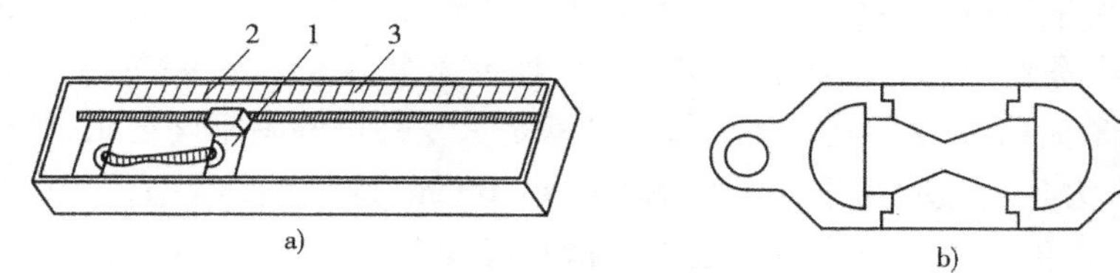

图1.6 沥青延度仪及试模

a)延度仪;b)延度试模

1-滑板;2-指针;3-标尺

(2)试模(图1.6):黄铜制成,由两个端模和两个侧模组成。

(3)恒温水槽:容量不少于10L,控制温度的准确度为0.1℃,水槽中应设有带孔搁架,搁架距水槽底不得少于50mm。试件浸入水中深度不小于100mm。

(4)温度计:0~50℃,分度为0.1℃。

(5)砂浴或其他加热炉具。

(6)甘油滑石粉隔离剂(甘油与滑石粉的质量比为2:1)。

(7)其他:平刮刀,石棉网,酒精,食盐等。

3)试验方法及步骤

(1)准备工作

①将隔离剂拌和均匀,涂抹于清洁干燥的试模底板和两个侧模的内侧表面,并将试模在试模底板上装妥。

②按《公路工程沥青及沥青混合料试验规程》(JTG E20—2011)规定的方法准备试样,然后将试样仔细自试模的一端至另一端往返数次缓缓注入模中,最后略高出试模,灌模时应注意勿使气泡混入。

③试件在室温中冷却不少于1.5h后用热刮刀刮除高出试模的沥青,使沥青面与试模面齐平。沥青的刮法应自试模的中间刮向两端,且表面应刮得平滑。将试模连同底板再浸入规定试验温度的水槽中不少于1.5h。

④检查延度仪延伸速度是否符合规定要求,然后移动滑板使其指针正对标尺的零点口将延度仪注水,并保温达试验温度±0.5℃。

通常采用的试验温度为25℃、15℃、10℃或5℃,拉伸速度为(5±0.25)cm/min。当低温采用(1±0.05)cm/min拉伸速度时,应在报告中注明。

(2)试验步骤

①将保温后的试件连同底板移入延度仪的水槽中,然后将盛有试样的试模自玻璃板或不锈钢板上取下,将试模两端的孔分别套在滑板及槽端固定板的金属柱上,并取下侧模。水面距

试件表面应不小于25mm。

②开动延度仪,并注意观察试样的延伸情况。此时应注意,在试验过程中,水温应始终保持在试验温度规定范围内,且仪器不得有振动,水面不得有晃动;当水槽采用循环水时,应暂时中断循环,停止水流。在试验中,如发现沥青细丝浮于水面或沉入槽底时,则应在水中加入酒精或食盐,调整水的密度至与试样相近后,重新进行试验。

③试件拉断时,读取指针所指标尺上的读数,以厘米表示。在正常情况下,试件延伸时应成锥尖状,拉断时实际断面接近于零。如不能得到这种结果,则应在报告中注明。

4)试验结果计算

同一试样,每次平行试验不少于3个,如果3个测定结果均大于100cm,则试验结果记作" >100cm";有特殊需要时也可分别记录实测值。如果3个测定结果中,有一个以上的测定值小于100cm时,若最大值或最小值与平均值之差满足重复性试验精密度要求,则取3个测定结果平均值的整数作为延度试验结果,若平均值大于100cm,则试验结果记作" >100cm";若最大值或最小值与平均值之差不符合重复性试验精密度要求时,试验应重新进行。

当试验结果小于100cm时,重复性试验的允许差值为平均值的20%;复现性试验的允许差值为平均值的30%。

1.4.3 软化点试验

1)试验目的

测定道路石油沥青、煤沥青的软化点,或测定液体石油沥青经蒸馏或乳化沥青破乳蒸发后残留物的软化点,以表征沥青的温度稳定性。

2)主要仪器设备

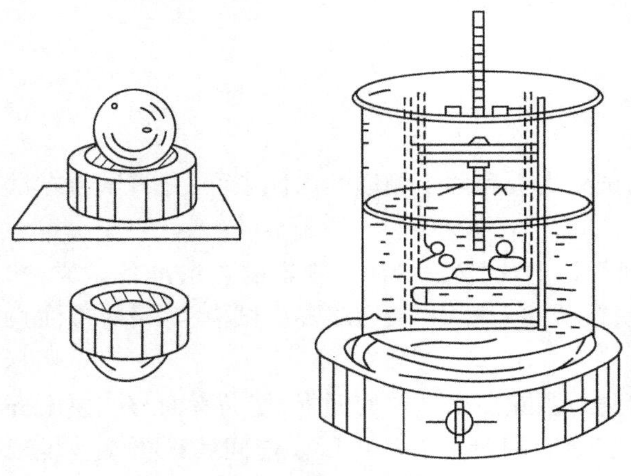

图1.7 沥青软化点试验仪

(1)沥青软化点试验仪(图1.7)由下列部件组成。

①钢球:直径9.53mm,质量(3.5 ± 0.05)g。

②试样环:由黄铜或不锈钢等制成。

③钢球定位环:由黄铜或不锈钢制成。

④金属支架:由两个主杆和三层平行的金属板组成。上层为一圆盘,直径略大于烧杯直径,中间有一圆孔,用以插放温度计。中层板上有两个孔,各放置金属环,中间有一小孔可放置温度计的测温端部。一侧立杆距环上面51mm处刻有水高标记。环下面距下层底板25.4mm,而下层底板距烧杯底不少于12.7mm,也不得大于19mm。三层金属板和两个主杆由两螺母固定在一起。

⑤耐热玻璃烧杯:容量为800~100mL,直径不小于86mm,高度不小于120mm。

⑥温度计:0~100℃,分度为0.5℃。

(2)环夹:由薄钢条制成,用以夹持金属环,以便刮平表面。

(3)装有温度调节器的电炉或其他加热炉具(液化石油气、天然气等)。应采用带有振荡搅拌器的加热电炉,振荡子置于烧杯底部。

(4)试样底板：金属板（表面粗糙度应达 Ra0.8μm）或玻璃板。

(5)恒温水槽：控温的准确度为 0.5℃。

(6)平直刮刀。

(7)甘油滑石粉隔离剂（甘油与滑石粉的比例为质量比 2:1）。

(8)新煮沸过的蒸馏水。

(9)其他：石棉网。

3)试验方法及步骤

(1)准备工作

①将试样环置于涂有甘油滑石粉隔离剂的试样底板上，将准备好的沥青试样徐徐注入试样环内至略高出环面为止。

如估计试样软化点高于 120℃，则试样环和试样底板（不用玻璃板）均应预热至80~100℃。

②试样在室温冷却 30min 后，用环夹夹着试样杯，并用热刮刀刮除环面上的试样，使环面齐平。

(2)试验步骤

①试样软化点在 80℃以下者：

a. 将装有试样的试样环连同试样底板置于装有(5±0.5)℃水的恒温水槽中至少 15min；同时将金属支架、钢球、钢球定位环等亦置于相同水槽中。

b. 烧杯内注入新煮沸并冷却至5℃的蒸馏水，水面略低于立杆上的深度标记。

c. 从恒温水槽中取出盛有试样的试样环放置在支架中层板的圆孔中，套上定位环；然后将整个环架放入烧杯中，调整水面至深度标记，并保持水温为(5±0.5)℃，环架上任何部分不得附有气泡，将(0±80)℃的温度计由上层板中心孔垂直插入，使端部测温头底部与试样环下面齐平。

d. 将盛有水和环架的烧杯移至放有石棉网的加热炉具上，然后将钢球放在定位环中间的试样中央，立即开动振荡搅拌器，使水微微振荡，并开始加热，使杯中水温在 3min 内调节至维持每分钟上升(5±0.5)℃。在加热过程中，应记录每分钟上升的温度值，如温度上升速度超出此范围时，则试验应重做。

e. 试样受热软化逐渐下坠，至与下层底板表面接触时，立即读取温度，准确至 0.5℃。

②试样软化点在 80℃以上者：

a. 将装有试样的试样环连同试样底板置于装有(32±1)℃甘油的恒温槽中至少 15min，同时将金属支架、钢球、钢球定位环等亦置于甘油中。

b. 在烧杯内注入预先加热至 32℃的甘油，其液面略低于立杆上的深度标记。

c. 从恒温槽中取出装有试样的试样环，按上述方法进行测定，准确至 1℃。

4)试验结果计算

同一试样平行试验两次，当两次测定值的差值符合重复性试验精密度要求时，取其平均值作为软化点试验结果，准确至 0.5℃。

当试样软化点小于 80℃时，重复性试验的允许差值为 1℃；复现性试验的允许差值为 4℃。

当试样软化点等于或大于 80℃时，重复性试验的允许差值为 2℃；复现性试验的允许差值为 8℃。

1.5 水泥混凝土拌和物和易性的测定与调整试验

对于新拌混凝土而言，和易性是最为重要的特性。对于普通塑性混凝土，和易性一般用坍落度试验方法进行测定；对于干硬性混凝土，则一般用维勃稠度试验方法测定；对于流态混凝土，则用坍落度扩展度测定。下面介绍坍落度试验、维勃稠度试验和扩展度试验，以及水泥混凝土拌和物和易性的调整方法。

1.5.1 坍落度试验

1）试验目的

掌握坍落度值的测定方法以及原理，了解拌和物的黏聚性和保水性测定方法。

2）主要仪器设备

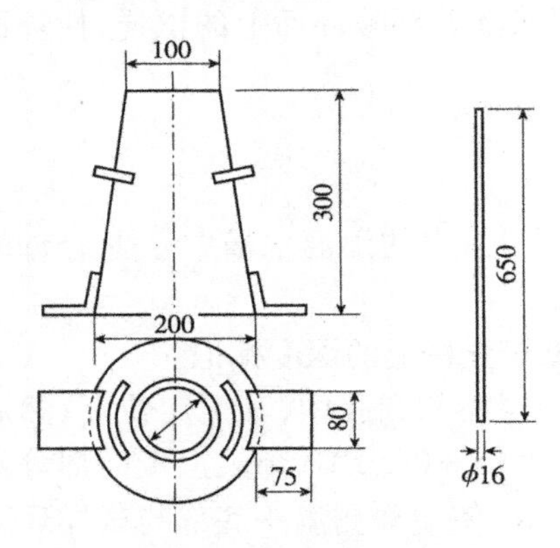

图 1.8 坍落度筒及捣棒（尺寸单位：mm）

（1）坍落度筒（图 1.8）：坍落度筒为由 1.5mm 厚的钢板或其他金属制成的圆台形筒，底面和顶面应相互平行并与锥体的轴线垂直，在筒外 2/3 高度处安置两个把手，下底应焊接脚踏板。筒的内部尺寸为：底部直径（200 ±2）mm，顶部直径（100 ±2）mm，高度（300 ±2）mm 。

（2）秒表，捣棒（直径 16mm、长 600mm 的钢棒，端部应磨圆），小铲，木尺，钢尺，拌板，镘刀。

3）试验方法及步骤

（1）湿润坍落度筒及其他用具，并把筒放在不吸水的刚性水平底板上，然后用脚踩住两边的脚踏板，使坍落度筒在装料时保持位置固定。

（2）把按要求取得的混凝土试样用小铲分三层均匀地装入筒内，捣实后每层高度为筒高的 1/3 左右。每层用捣棒插捣 25 次，插捣应沿螺旋方向由外侧向中心进行，各次插捣应在截面上均匀分布。插捣筒边混凝土时，捣棒可以稍稍倾斜；插捣底层混凝土时，捣棒应贯穿整个深度；插捣第二层和顶层混凝土时，捣棒应插透本层至下一层的表面。

（3）清除筒边底板上的混凝土后，垂直平稳地提起坍落度筒。坍落度筒的提离过程应在 5 ~10s 内完成。

（4）提起坍落度筒后，量测筒高与坍落后混凝土试体最高点之间的高度差，即为该混凝土拌和物的坍落度值（以 mm 为单位，结果表达准确至 5mm ）。

（5）坍落度筒提离后，如试件发生崩坍或一边剪坏现象，则应重新取样进行测定。如第二次仍出现这种现象，则表示该拌和物和易性不好，应予记录备查。

4）试验结果计算

测定坍落度后，观察拌和物的下述性质，并做记录。

（1）黏聚性：用捣棒在已坍落的拌和物锥体侧面轻轻击打，如果锥体逐渐下沉，表示黏聚性良好；如果锥体倒坍，部分崩裂或出现离析，即为黏聚性不好。

（2）保水性：提起坍落度筒后如有较多的稀浆从底部析出，锥体部分的拌和物也因失浆而集料外露，则表明保水性不好；如无这种现象，则表明保水性良好。

1.5.2 维勃稠度试验

维勃稠度是指干硬性混凝土在振动条件下拌和物扩展到规定面积时所经历的时间。混凝土拌和物的流动性按维勃稠度大小,可分为4级:超干硬性(≥31s),特干硬性(21~30s),干硬性(11~20s),半干硬性(5~10s)。

1)试验目的

测定集料最大粒径不超过37.5mm,维勃稠度值在5~30s之间的混凝土拌和物的稠度。

2)主要仪器设备

维勃稠度仪(图1.9),捣棒,小铲,秒表等。

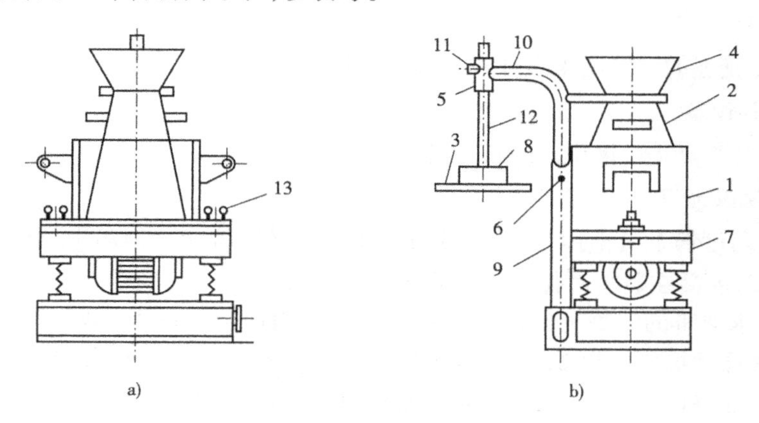

图1.9 维勃稠度仪

1-容器;2-坍落度筒;3-透明圆盘;4-喂料斗;5-套筒;6-定位螺钉;7-振动台;8-荷重;9-支柱;10-旋转架;11-测杆螺钉;12-测杆;13-固定螺钉

3)试验方法及步骤

(1)把维勃稠度仪放置在坚实水平的基面上,用湿布把容器、坍落度筒、喂料斗内壁及其他用具擦湿。

(2)将喂料斗提到坍落度筒上方扣紧,校正容器位置,使其中心与喂料斗中心重合,然后拧紧固定螺钉。

(3)把混凝土拌和物用小铲分三层经喂料斗均匀地装入筒内,装料及插捣方式同坍落度法。

(4)将圆盘、喂料斗都转离坍落筒,小心并垂直地提起坍落筒,此时应注意不使混凝土试体产生横向扭动。

(5)把透明圆盘转到混凝土圆台体顶面,旋松测杆螺钉,小心地降下圆盘,使之轻轻地接触到混凝土顶面。

(6)拧紧定位螺钉,并检查测杆螺钉是否完全放松,同时开启振动台和秒表,当振动到透明圆盘的底面被水泥浆布满的瞬间,停下秒表,并关闭振动台,记下秒表时间,准确至1s。

4)试验结果计算

由秒表读出的时间,即为该混凝土拌和物的维勃稠度值,单位为秒(s)。

如维勃稠度值小于5s或大于30s,则此种混凝土拌和物所具有的稠度已超出本方法的适用范围,不能用维勃稠度值表示。

5)和易性的调整

当和易性不满足要求时,应进行适当调整。一般可按以下方法进行:

(1)当流动性低于设计要求时,可在保持水灰比不变的前提下,适当增加水泥浆量。

(2)当流动性高于设计要求时,可在保持砂率不变的条件下,增加集料的用量。

(3)当出现含砂量不足,黏聚性、保水性不良时,可适当增加砂率,反之减小砂率。

1.5.3 扩展度试验

当混凝土拌和物的坍落度超过220mm,则用坍落度扩展度试验来测试水泥混凝土拌和物的和易性。

1)试验目的

测试流态混凝土的扩展度来表征和易性的好坏。

2)主要仪器设备

坍落度筒,捣棒,小铲,钢尺,拌板,镘刀等。

3)试验方法及步骤

(1)湿润坍落度筒及其他用具,并把筒放在不吸水的刚性水平底板上,然后用脚踩住两边的脚踏板,使坍落度筒在装料时保持位置固定。

(2)把按要求取得的混凝土试样用小铲分三层均匀地装入筒内,捣实后每层高度为筒高的1/3左右。每层用捣棒插捣25次,插捣应沿螺旋方向由外侧向中心进行,各次插捣应在截面上均匀分布。插捣筒边混凝土时,捣棒可以稍稍倾斜;插捣底层混凝土时,捣棒应贯穿整个深度,插捣第二层和顶层混凝土时,捣棒应插透本层至下一层的表面。

(3)清除筒边底板上的混凝土后,垂直平稳地提起坍落度筒。坍落度筒的提离过程应在5~10s内完成。

(4)用钢尺测量混凝土拌和物扩展后的最大和最小直径,准确至1mm。

4)试验结果计算

在最大直径和最小直径这两个直径之差小于50mm的条件下,取其平均值作为坍落度扩展度的试验结果,否则此次试验结果无效,试验结果修约至5mm。

1.6 水泥混凝土配合比设计试验

水泥混凝土的配合比设计分为初步配合比设计、基准配合比设计、试验室配合比设计与施工配合比设计四个阶段,不同阶段的配合比设计具有不同的内容。所谓初步配合比,是指根据经验公式和相关技术规范计算得到的配合比;基准配合比是指经过和易性检验和调整的配合比;试验室配合比是指经过强度检验和密度校正的配合比;施工配合比是指将砂、石材料用量按照现场实际含水率计算得到的配合比。

水泥混凝土配合比设计试验的基本原理:按照工程要求给定混凝土配合比设计的基本要求以及水泥、砂石、水等原材料技术指标,在此基础上设计配合比,按照给定的原材料以及坍落度控制范围,进行混凝土试拌,制备混凝土拌和物。根据拌和物在自重作用下的沉陷、坍落情况,观察其黏聚性、保水性,以此综合评定其和易性是否符合要求;若不符合要求,应按和易性调整的原则进行调整和试配。通过试配和调整,最终使混凝土拌和物的和易性达到设计要求,并分别计算各原材料调整后的最终用量,以此确定混凝土的基准配合比。根据各自的基准配合比并变化水灰比制作3组试件,养护至28d龄期进行强度测试,确定试验室配合比。根据现场砂、石实际含水状态,计算施工配合比。

1)试验目的

(1)掌握混凝土配合比设计的方法和原理;

(2)掌握混凝土试配、调整和确定基准配合比的方法;

(3)掌握试验室配合比的确定方法;

(4)掌握施工配合比的换算方法。

2)主要仪器设备

混凝土搅拌机,混凝土坍落度筒,混凝土压力试验机,混凝土抗折试验机等。

3)试验方法及步骤

(1)查阅有关混凝土配合比设计的相关资料,了解并掌握配合比设计的计算方法、试配步骤和调整原理等,制订试验方案。

(2)根据给定的混凝土配合比设计的基本要求以及水泥、砂石、水等原材料技术指标,通过计算确定混凝土的初步计算配合比。

(3)计算试配试验所需的各种材料用量。集料的称量应以风干状态为准,如表面含水,则应扣除集料所含有的水分。

(4)将所需的各种材料分别用不同的衡器准确称量。

(5)采用人工拌和时,应先将坍落度筒内外擦净,用水润湿,把筒放在经过水润湿而不吸水的刚性平板上,其他用具亦需用水湿润。将水泥、砂倒在钢板上干拌均匀,加入一部分水搅拌成砂浆,然后加入石子及其余的水,在板上来回翻拌,铲切,直至均匀为止。

(6)若用搅拌机拌和,应先将搅拌机筒内壁用水湿润后,倒入石子、砂、水泥干拌1min,再徐徐加水搅拌2min左右。

(7)进行坍落度试验,检验和易性是否满足要求,如不满足要求,应进行和易性调整及配合比重新计算,直至满足要求为止。此时的配合比为基准配合比。

(8)在基准配合比基础上,一组保持水灰比不变,另两组水灰比增减 ±0.05 或 ±0.03,保持砂石用量基本不变,制作混凝土抗压强度试件。

(9)在28d龄期进行强度测试,作强度—灰水比关系图,求出达到配制强度时的灰水比,并计算其他各材料用量和试验室基准配合比。

(10)测试混凝土拌和物的表观密度,与理论计算值进行比较,计算其差值是否超过表观密度值的2%;如超过2%,应进行密度调整,确定试验室配合比。

(11)对现场砂、石材料进行含水率测试,将试验室配合比换算为施工配合比。

1.7 基准混凝土与掺外加剂混凝土性能的对比试验

在土木工程中,外加剂的使用越来越广泛。外加剂对水泥混凝土性能有显著影响,要求确定试验方案,设计试验路线,选择试验方法和步骤,选用仪器设备和材料,独立设计出试验方案,独立操作完成试验,独立进行完成试验结果分析,并提交分析报告。

1)试验目的

(1)掌握掺外加剂混凝土与基准混凝土性能的差异及测试方法;

(2)掌握减水剂对混凝土和易性、强度等方面的影响；

(3)掌握缓凝剂对混凝土凝结时间的影响；

(4)掌握早强剂对混凝土强度的影响。

2)主要仪器设备

混凝土搅拌机，混凝土振动台，坍落度筒，压力试验机等。

3)试验方法步骤

(1)测定及比较基准混凝土与掺减水剂混凝土拌和物的流动性；

(2)观察黏聚性和保水性，综合分析掺减水剂对混凝土和易性的影响程度；

(3)保持工作性不变，计算掺入减水剂时的混凝土配合比；

(4)进行抗压强度测试，试验确定减水剂对混凝土强度的影响；

(5)基准混凝土中掺入缓凝剂，试验确定缓凝剂对混凝土凝结时间的影响；

(6)基准混凝土中掺入早强剂，试验确定早强剂对混凝土强度的影响。

4)试验结果分析

(1)分析减水剂的技术经济效果；

(2)分析聚羧酸减水剂、萘系减水剂、木质素磺酸盐减水剂对混凝土工作性、强度、经济性的影响规律；

(3)分析缓凝剂对混凝土凝结时间的影响规律；

(4)分析早强剂对混凝土强度的影响规律。

本章参考文献

[1] 中华人民共和国行业标准. JTG E42—2005 公路工程集料试验规程[S]. 北京:人民交通出版社,2005.

[2] 中华人民共和国国家标准. GB 175—2007 通用硅酸盐水泥[S]. 北京:中国标准出版社,2008.

[3] 中华人民共和国行业标准. JTG E30—2005 公路工程水泥及水泥混凝土试验规程[S]. 北京:人民交通出版社,2005.

[4] 中华人民共和国国家标准. GB/T 50082—2009 普通混凝土长期性能和耐久性能试验方法标准[S]. 北京:中国建筑工业出版社,2009.

[5] 中华人民共和国行业标准. JTG E20—2011 公路工程沥青及沥青混合料试验规程[S]. 北京:人民交通出版社,2011.

[6] 李九苏,欧阳岚. 土木工程材料试验指导[M]. 长沙:中南大学出版社,2010.

[7] 白宪臣. 土木工程材料实验[M]. 北京:中国建筑工业出版社,2009.

[8] 李宇峙. 路基路面工程检测技术[M]. 北京:人民交通出版社,2001.

[9] 伍必庆. 道路建筑材料[M]. 北京:人民交通出版社,2007.

[10] 王立久. 建筑材料新技术[M]. 北京:中国建材工业出版社,2007.

[11] 姜志青. 道路建筑材料试验实训指导[M]. 2版. 北京:人民交通出版社,2006.

[12] 武志芬. 公路工程材料检测技术[M]. 北京:人民交通出版社,2010.

第2章　土力学与工程地质试验

2.1　土的基本物理性质指标测定

2.1.1　天然含水率试验

1)试验要求

(1)定义:土的含水率是土试样在温度为105~110℃下烘干至恒重时所失去的水分质量与达到恒重后干土质量的比值,以百分数表示。

(2)目的:了解土的含水情况,供计算土的孔隙比(e)、液性指数(I_L)、饱和度(S_r)等,与其他物理力学性质指标一样,是土不可缺少的一个基本指标。

(3)方法:烘干法(适用于砾质土)、酒精燃烧法、比重法(适用于砂性土)、实容积法(适用于黏性土)等。本试验采用烘干法,此法为室内试验的标准方法。

2)试验内容

(1)恒温烘箱:采用保持温度在105~110℃自动控制的电热恒温烘箱,还可采用沸水烘箱和远红外干燥箱,其控制温度的精度高于±2℃。

(2)电子天平:称量500g,感量0.01g。

(3)其他:盛土铝盒,干燥器(通常用附有氧化钙或硅胶等干燥剂的玻璃干燥缸),温度计等。

3)试验步骤

(1)从原状或假想原状土样中,选取具有代表性的试样15~30g(砂土或不均匀的土应不少于50g),放入盛土铝盒中立即盖紧(注意盒盖与盒号码一致),称铝盒加湿土质量(m_1),准确至0.01g,并记录铝盒号码、铝盒质量(m_3)。

(2)打开铝盒盖,将盖子套在铝盒底面,一起送入烘箱中在105~110℃恒温下烘干至恒重(烘烤时间电烘箱为8h,远红外线烘箱为6h),然后取出铝盒,将盒盖好放入干燥器内冷却至室温。

(3)从干燥器内取出铝盒,称铝盒加烘干土的质量(m_2),准确至0.01g,并将此质量记入表格内。

(4)本试验须进行两次平行测定,允许平行差见表2.1。

含水率允许平行差　　表2.1

含水率(%)	允许平行差值(%)
<10	0.5
10~40	1.0
>40	2.0

(5)按下式计算含水率(准确至0.01):

$$w(\%)=\frac{m_1-m_2}{m_2-m_3}\times 100$$

式中:m_1-m_2——试样中所含水的质量;

m_2-m_3——试样土颗粒的质量。

注:如用恒重铝盒盛土,可在称重时,在砝码盘内放入空盒,则所称质量即湿土或干土质量。

4)试验记录

天然含水率试验记录见表2.2。

天然含水率试验记录表 表2.2

	盒号	盒重(g)	盒+湿土重(g)	盒+干土重(g)	$w(\%)$	平均含水率$w(\%)$
含水率						

5)有关问题的说明

(1)含水率试验所用土应在打开土样包装后立即采用,以免水分蒸发影响其结果。本试验与密度试验同时进行,在用环刀切取试样的同时,将环刀上下面中央部分切下的土样装入盛土铝盒中,盖好盒盖待称质量。

(2)本试验每人取两个试样平行测定含水率,取其算术平均值作为最后结果,但两次试验的结果平行差不得超过表2.1的规定。

(3)铝盒中的湿试样质量称取以后由试验室负责烘干,同学们与试验室预约按时来试验室称干试样的质量。

(4)试验记录包括土样描述、试验过程说明和记录表格三个主要组成部分。试样描述内容有:土样颜色,土样初步定名,土质均匀性及是否含有机质等。试验过程说明通常有:取样位置,试验方法,试验条件(如烘干法试验的温度、时间、试验设备等)。在填写含水率试验记录时,原始记录要求用黑色钢笔填写,特别注意严禁随意涂改试验记录,对于书写错误,用细线删去错误数字(要能清楚看出错误数字),把正确数字写在旁边,试验人员要签章。

2.1.2 天然密度试验

1)试验要求

(1)定义:单位体积土的质量称为土的密度。

(2)目的:了解土的疏密和干湿状态,供换算土的其他物理、力学指标之用。

(3)方法:环刀法、蜡封法、灌沙法和灌水法等。

2)试验内容

试验室内直接测量的密度为湿密度(对原状土称为天然密度),用ρ表示。工程中常用土体在不同状态下的密度有干密度(ρ_d)、饱和密度(ρ_{sat})、浮密度(ρ')等。与密度相对应的常用指标——重度,其定义为单位体积土的重量,定义式为:

$$\gamma=\frac{mg}{V}=\rho g \tag{2.1}$$

式中:γ——土样重度,kN/m^3;

g——重力加速度,一般取 9.81 m/s^2。

与不同状态下土的密度对应的不同状态土的重度分别记作:干重度 γ_d、饱和重度 γ_{sat}、浮重度 γ'。

测定土的密度方法即包括测定试样体积(V)和质量(m)。试验时,将土充满给定容积(V)的容器,然后称取该体积土的质量(m);或者反过来,测定一定质量(m)的土所占的体积。前者最常用的有环刀法,后者有蜡封法、灌沙法和灌水法等。对一般黏性土采用环刀法,若土样疏松散落难以切削成有规则的形状时可采用蜡封法等。本试验采用环刀法。

(1)环刀:内径 60 ~ 80mm,高 20 ~ 30mm,壁厚 1.5 ~ 2.0mm;常用环刀 ϕ61.8mm,高 20mm,体积约为 60cm^3。

(2)电子天平:称量 1 000g,感量 0.1g。

(3)其他:平口切土刀,钢丝锯、凡士林和圆玻璃片等。

3)试验步骤

(1)按工程需要取原状土或制备所需状态的扰动土,土样的直径和高度应大于环刀,用切土刀整平其上下两端,放在垫有橡胶板的桌面上。

(2)将环刀内壁涂一薄层凡士林,环刀刃口向下放在土样整平的面上,然后将环刀垂直下压,边压边切削(在整个切土样过程中不能扰动环刀内的土样),直至土样伸出环刀为止,切削去环刀两端余土并修平土面使与环刀口平齐,两端盖上平滑的圆玻璃板,以免水分蒸发。

(3)擦净环刀外壁,称环刀加土的质量(m_1),准确至 0.1g。

(4)记录 m_1、环刀号码、环刀质量(m_2)和环刀体积(V)。

(5)按下式计算土的密度(准确至 0.01g/cm^3):

$$\rho = \frac{m_1 - m_2}{V} \tag{2.2}$$

式中:ρ——土的密度,又称湿密度,g/cm^3;

m_1——环刀加土样的质量,g;

m_2——环刀的质量,g;

V——环刀容积,cm^3。

4)试验记录

天然密度试验记录见表 2.3。

天然密度试验记录表　　表 2.3

<table>
<tr><td rowspan="3">密度</td><td>环刀重(g)</td><td>环刀 + 土重(g)</td><td>土重(g)</td><td>环刀体积(cm^3)</td><td>ρ(g/cm^3)</td><td>平均密度 $\bar{\rho}$(g/cm^3)</td></tr>
<tr><td></td><td></td><td></td><td></td><td></td><td rowspan="2"></td></tr>
<tr><td></td><td></td><td></td><td></td><td></td></tr>
</table>

5)有关问题的说明

(1)用环刀切试样时,环刀应垂直均匀下压,边压边切削,防止环刀内土样结构被扰动。

(2)夏天室温较高时,为了防止试样中水分蒸发,影响试验结果,应在切取试样后迅速用两块圆玻璃片盖住环刀上下口,待称质量时再取下。称质量时要迅速。

(3)每人做两次平行测定,其平行差值不得大于 0.03g/cm^3,取算术平均值作为最后结果。如果其平行差值大于 0.03g/cm^3,则试验需重做。

2.1.3 相对密度试验

1)试验要求

土粒相对密度是土体直接测量的物理指标之一,它受组成土粒的矿物成分所决定。因此,土粒相对密度大小间接反映土粒的矿物成分,从而在一定程度上反映土的力学性质。土粒相对密度还是计算土的换算指标一个必不可少的物理量。

2)试验内容

(1)定义:土粒相对密度是土在105~110℃下烘干至恒重时质量与土粒同体积蒸馏水在4℃时质量的比值。

(2)目的:为计算土的孔隙比、饱和度以及土的其他物理力学试验(如颗粒分析的密度计法试验、固结试验等)提供必要的数据。

(3)方法:土粒相对密度试验的方法取决于试样的粒度大小和土中是否含有水溶盐。如果土中不含水溶盐,且粒径小于5mm,可采用比重瓶和煮沸排气法。如果土中含有水溶盐,应用比重瓶和中性液体真空排气法。粒径大于5mm时则可采用虹吸筒法或体积排水法。本次试验采用比重瓶和煮沸排气法。当土体中既含粒径大于5mm的土粒,又有小于5mm的土粒时,先筛析,然后分别测定。

(4)仪器:比重瓶,容量100mL;电子天平,称量200g,分度值0.001g;恒温水槽,准确度±1℃;变温电热砂浴,3 000W;其他仪器包括孔径为2mm及5mm的土样筛、烘箱、研钵、漏斗、盛土器、蒸馏水、温度计(测量范围为0~50℃,分度值为0.5℃)、滴管等。

3)试验步骤

(1)将风干或烘干的试样约100g放在研钵中研散,使全部通过孔径为5mm的筛,若试样中不含大于5mm的土粒,则不需过筛。将已筛过的试样在105~110℃下烘干至恒重后放入干燥器内冷却至室温。

(2)把比重瓶烘干,将烘干的土样15g装入100mL瓶内并称其质量,得出瓶加土的质量(m_1),准确至0.001g。

(3)为排除土中的空气,将已装有干土的比重瓶注入蒸馏水至瓶的一半处,摇动比重瓶,使土粒初步分散,然后将瓶放在变温电热砂浴上煮沸(记住将瓶塞取下)。煮沸时要注意调节砂浴温度,避免瓶内悬液溅出。煮沸时间从悬液开始沸腾时算起,砂土和砂质粉土不少于30min,黏土和粉质黏土不少于1h。

(4)将比重瓶从砂浴上取下,注入事先煮沸并冷却的蒸馏水至近满,然后将比重瓶置于恒温水槽内,待瓶内悬液温度稳定及瓶上部悬液澄清(与水槽内的水温相同),测记水温(T),准确至0.5℃(注:本槽内水温控制在20℃)。

(5)轻轻插上瓶塞,使多余水分从瓶塞的毛细管上溢出(溢出的水必须是不含土粒的清水)。将瓶外水分擦干后,称瓶加水加土的总质量(m_4),准确至0.001g。

(6)按下式计算相对密度:

$$G_s = \frac{m_d}{m_d + m_3 - m_4} \times G_{wt} \tag{2.3}$$

式中:G_s——土粒相对密度;

m_d——干土质量,g,$m_d = m_1 - m_2$;

m_1——瓶加土质量，g；

m_2——瓶质量（根据瓶号可查表得到），g；

m_3——瓶加水质量，g；

m_4—— 瓶加水加土质量，g；

G_{wt}——t℃时纯水的相对密度（可查物理手册），准确至 0.001。

4）试验记录

相对密度试验记录见表 2.4。

相对密度试验记录表 表 2.4

工程名称________ 试 验 者________ 钻孔编号________

计 算 者________ 试验日期________ 校 核 者________

土样编号	比重瓶号	瓶 + 土质量(g)	瓶质量(g)	土质量(g)	瓶 + 水质量(g)	瓶 + 水 + 土质量(g)	排开水质量(g)	相对密度	平均相对密度
		m_1	m_2	m_d	m_3	m_4	$m_d + m_3 - m_4$	G_s	$\overline{G}_s$

孔隙比 $e =$________；孔隙率 $n =$________；饱和度 $S_r =$________；干土密度 $\rho_d =$________；饱和土密度 $\rho_{sat} =$________。

5）有关问题的说明

（1）煮沸的作用是破坏试样中尚存的团粒和封闭的孔隙，排出空气，以达到使土粒分散的目的。在规定的煮沸时间内，为防止带土粒的悬液从瓶中溢出，必须随时守候观察，当发现可能有水溢出时，除调节砂浴温度外，必要时可用滴管滴入数滴冷蒸馏水，使之稍为降温。

（2）本次试验内容较多，请同学事先必须做好预习。

（3）建议从相对密度测定开始，利用煮沸及放在恒温水槽内定温的时间做含水率和密度的测定，必须善于安排工作，抓紧时间，同时要注意保证试验质量。

（4）试验数据必须立即直接填入表格，注意不要漏记仪器号码和其他必要数据。

（5）计算及填写试验结果时，注意必要的位数和单位。计算时要画三相草图，尽可能在图上将数值填入，不要只代公式。

（6）比重瓶计算容积是指比重瓶从瓶塞顶部毛细管管口以下部分的空间容积，因此无论称量 m_3 还是 m_4 时，瓶中水面都必须与瓶塞毛细管管口平齐。

（7）每组做两次平行测定，平行差值不得大于 0.02，取其算术平均值，以两位小数表示。

6）思考与分析

（1）密度、含水率、相对密度、孔隙比、孔隙率、饱和度、干土密度和饱和密度的定义是什么？

（2）为什么有机质土要用较低温度烘干？

（3）环刀法测量砂土的密度有什么困难？

(4)测定土的密度、含水率和相对密度,试验结果有什么用处?

(5)解释求相对密度的公式:

$$G_s = \frac{m_d}{m_d + m_3 - m_4} \times G_{wt}$$

(6)相对密度试验中煮沸的目的何在?放入恒温水槽的目的何在?应该特别注意做好哪些步骤,才能得到准确的试验结果?

(7)相对密度试验的关键是测量哪个值?

(8)相对密度与密度有什么差别?

(9)哪些因素易引起相对密度试验的误差?

2.1.4 渗透试验

1)试验要求

(1)由试验室提供已备好的土样,切取后,对于砂土可直接在仪器内浸水饱和,对于不易透水的黏性土则可采用真空饱和将试样充分饱和,由同学们装样,按操作步骤进行渗透试验,测定渗透系数。

(2)在试验室内测定土的渗透系数所用仪器类型很多,本试验着重介绍南55型渗透仪,根据其原理大致可分为常水头和变水头两种。前者适用于透水性大($K>10^{-3}$cm/s)的土,后者适用于透水性小($K<10^{-3}$cm/s)的土。

2)渗透试验(变水头法、常水头法)

(1)目的:测定土的渗透系数。

(2)方法:室内试验根据不同土质选择不同仪器和不同试验方法,本试验介绍用南55型渗透仪在变水头条件下(或常水头条件下)测定黏性土(或无黏性土)的渗透系数K的方法。

(3)仪器:南55型渗透仪;渗透容器,如图2.1所示;水头装置有变水头和常水头两种,如图2.2所示,变水头管要求内径均匀且不大于1cm,装在刻度读数准确至1.0mm的木板上。其他仪器包括切土器,100mL量筒,秒表,温度计,削土刀,钢丝锯,凡士林等。

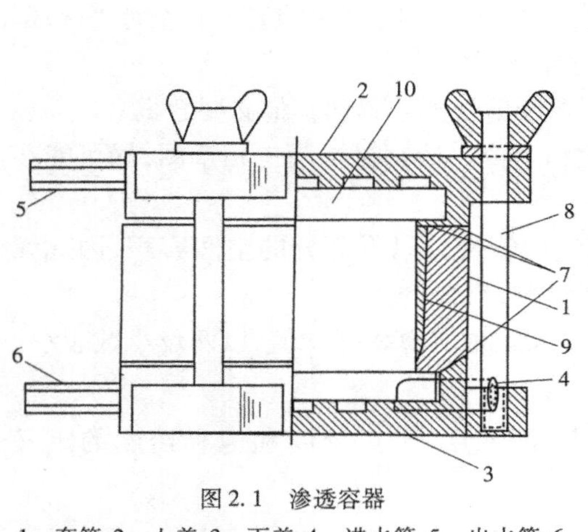

图2.1 渗透容器

1-套筒;2-上盖;3-下盖;4-进水管;5-出水管;6-排气管;7-橡皮圈;8-螺栓;9-环刀;10-透水石

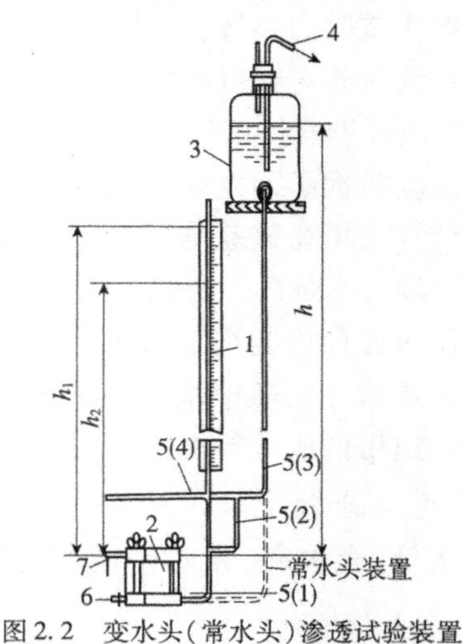

图2.2 变水头(常水头)渗透试验装置

1-变水头管;2-渗透容器;3-供水瓶,容积为5 000mL;4-接水器;5-止水夹;6-排气管;7-出水管

3）试验步骤

（1）根据需要用环刀在垂直或平行土样层面切取原状试样或制备成给定密度的扰动试样，并进行充水饱和。切土时，应尽量避免结构扰动，并禁止用修土刀反复涂抹试样表面，以免试样表面的孔隙堵塞或遭受压缩，影响试验结果。

（2）将容器套筒内壁涂一薄层凡士林，然后将盛有试样的环刀上下面贴上湿润的滤纸并推入套筒，压入止水垫圈。把挤出的多余凡士林小心刮净，装好带有透水石和垫圈的上下盖，并用螺钉拧紧，不得漏气、漏水。

（3）把装好试样的容器进水口与水头装置连通，关变水头系统的止水夹[5(2)，5(3)]或关常水头系统止水夹再开接水器(4)使供水瓶(3)注满水，关接水器(4)开止水夹[5(2)，5(3)]使水头管内充满水。

（4）把容器侧立，排气管(6)向上，并打开排气管止水夹。然后开进水口止水夹[5(1)]充水排除容器底部的空气，直至水中无夹带气泡逸出为止。关闭排气管止水夹，平放好容器。

（5）在不大于 200cm 水头作用下，静置某一时间，待上出水口(7)有水溢出后，开始测定。

（6）当采用变水头时，将水头管充水至需要高度后，关止水夹[5(2)]，开动秒表，同时测记起始水头 h_1，经过时间 t 后，再测记终了水头 h_2。如此连续测记 2～3 次后，使水头管水位回升至需要高度，连续测记数次（前后需 6 次以上），试验终止，同时测记试验开始时与终止时的水温。

（7）当采用常水头时，开动秒表，同时用量筒测量出水口(7)处时间 t 的渗水量，并测记水头 h 及水温 T，如此重复测记 6 次以上，每次测定的水量应不少于 5.0cm^3。

（8）计算渗透系数。

①变水头法：

$$k_T = 2.3\frac{aL}{At}\lg\frac{h_1}{h_2} \tag{2.4}$$

②常水头法：

$$k_T = \frac{QL}{Aht} \tag{2.5}$$

式中：a——变水头管截面积，cm^2；

h——常水头，cm；

L——渗径（等于试样高度），cm；

Q——时间 t 内的渗透水量，cm^3；

h_1——开始时水头，cm；

A——试样断面积（等于环刀面积），cm^2；

k_T——水温 T 时试样的渗透系数，cm/s；

h_2——终止时水头，cm；

t——时间，s。

③按下式计算 K_{20}：

$$k_{20} = k_T\frac{\eta_T}{\eta_{20}} \tag{2.6}$$

式中：k_{20}——水温为20℃时试样的渗透系数，cm/s；

η_T——T时水的动力黏滞系数，kPa·s(10^{-6})；

η_{20}——20℃时水的动力黏滞系数，kPa·s(10^{-6})。

比值η_T/η_{20}与温度的关系，见表2.5。

④在测得的结果中取3~4个在允许误差范围以内的数值，求其平均值，作为试样在该孔隙比e时的渗透系数。

⑤根据需要，可在半对数坐标中，绘制以孔隙比为纵坐标、渗透系数为横坐标的e-k关系曲线图。

水的动力黏滞系数η、黏滞系数比η_T/η_{20}、温度校正T_p表 表2.5

温度(℃)	动力黏滞系数 $\eta(10^{-3})$ (Pa·s)	η_T/η_{20}比值	温度校正 T_p	温度(℃)	动力黏滞系数 $\eta(10^{-3})$ (Pa·s)	η_T/η_{20}比值	温度校正 T_p
5.0	1.516	1.501	1.17	15.5	1.130	1.119	1.587
5.5	1.493	1.478	1.19	16.0	1.115	1.104	1.60
6.0	1.470	1.455	1.21	16.5	1.101	1.090	1.62
6.5	1.449	1.435	1.23	17.0	1.088	1.077	1.64
7.0	1.428	1.414	1.25	17.5	1.074	1.066	1.66
7.5	1.407	1.393	1.27	18.0	1.061	1.050	1.68
8.0	1.387	1.373	1.28	18.5	1.048	1.038	1.70
8.5	1.367	1.353	1.30	19.0	1.035	1.025	1.72
9.0	1.347	1.334	1.32	19.5	1.022	1.012	1.74
9.5	1.328	1.315	1.34	20.0	1.010	1.000	1.76
10.0	1.310	1.297	1.36	20.5	0.998	0.988	1.78
10.5	1.292	1.279	1.38	21.0	0.986	0.976	1.80
11.0	1.274	1.261	1.40	21.5	0.974	0.964	1.83
11.5	1.256	1.243	1.42	22.0	0.963	0.953	1.85
12.0	1.239	1.227	1.44	22.5	0.952	0.943	1.87
12.5	1.223	1.211	1.46	23.0	0.941	0.932	1.89
13.0	1.206	1.194	1.48	24.0	0.910	0.910	1.94
13.5	1.118	1.176	1.50	25.0	0.899	0.890	1.98
14.0	1.175	1.163	1.52	26.0	0.879	0.870	2.03
14.5	1.160	1.148	1.54	27.0	0.859	0.850	2.07
15.0	1.144	1.133	1.56	28.0	0.841	0.833	2.12

4）试验记录

变水头试验记录见表2.6，常水头试验记录见表2.7。

变水头渗透试验记录表 表 2.6

工程名称______ 土样编号______ 土样说明______ 试验者______ 计算者______ 校核者______

试样面积______ cm^2 测压管断面积______ cm^2 孔 隙 比______ 仪器编号______ 试样高度______ mm

开始时间 t_1	终了时间 t_2	经过时间 t	开始水头 h_1	终了水头 h_2	$2.3\frac{aL}{At}$	$\lg\frac{h_1}{h_2}$	水温 T 时的渗透系数 k_T	水温 T	校正系数 $\frac{\eta_T}{\eta_{20}}$	水温 20℃时渗透系数 k_{20}	平均渗透系数 $\bar{k}_{20}$
d、h、min	d、h、min	s	cm	cm			cm/s	℃		cm/s	cm/s
(1)	(2)	(3)	(4)	(5)	(6)	(7)	(8)	(9)	(10)	(11)	(12)
—	—	(2) - (1)	—	—	$2.3\frac{aL}{A(3)}$	$\lg\frac{(4)}{(5)}$	(6) × (7)	—	—	(8) × (10)	$\frac{\Sigma(11)}{n}$

常水头渗透试验记录表 表 2.7

工程名称______ 土样编号______ 土样说明______ 试验者______ 计算者______ 校核者______

开始时间 t_1	终了时间 t_2	经过时间 t	渗透水量 Q	渗透水头 h	水温 T 时的渗透系数 k_T	平均水温 T	校正系数 $\frac{\eta_T}{\eta_{20}}$	水温 20℃时渗透系数 k_{20}	平均渗透系数 $\bar{k}_{20}$
d、h、min	d、h、min	s	cm^3	cm	cm/s	℃		cm/s	cm/s
(1)	(2)	(3)	(4)	(5)	(6)	(7)	(8)	(9)	(10)
—	—	(2) - (1)	—	—	$\frac{(4)L}{A(5)(3)}$	—	—	(6) × (8)	—

5)有关问题的说明

(1)允许误差范围,当 $k_{20}=A\times10^{-n}$时,A 值最大与最小差值不应大于2。对于较硬的土或孔隙比较小的土,达到以上标准可能有困难,则可适当放宽一些。

(2)每次测定的水头差应大于10cm,对较黏的试样或较密实的试样,测试时间可能长些。为避免测试过程中水温变化较大,影响试验结果,规定每测试一次,应在3~4h内完成。如不能满足上述要求,可加大作用水头或改用负压法。测试时,如发现水流过快,应检查试样及容器有无漏水或试样集中渗流现象,有则应重新制作安装。

2.1.5 颗粒大小分析试验

1)试验要求

(1)颗粒大小分析是测定土中各种粒组所占该土总质量的百分数,借以明了颗粒大小的分配情况,供土的分类及概略判断土的工程性质及建材选料之用。

(2)根据土的颗粒大小和级配情况,通常分别采用筛析法(适用于粒径大于0.075mm的土)、密度计法(适应于粒径小于0.075mm的土)、移液管法(适用于粒径小于0.075mm的土)。本试验介绍筛析法和甲种密度计法(密度计法分为甲种密度计和乙种密度计)。

(3)筛析法:由试验室提供风干松散的土样,在一套孔径不同的标准筛上,以大者在上、小者在下的顺序排好,加底盘和盖置于振筛机内加以摇振,土粒按粒径的大小分别留在各级筛及底盘上。要求同学们称出各级筛及底盘内的土粒质量,算出小于某粒径的土的质量百分数。

(4)甲种密度计:由试验室提供风干松散的试样(每试验小组各约30g,并分别加水200mL煮沸1h)。要求同学们按试验操作步骤分别测定出甲种密度计读数、土溶液温度、弯液面校正值、分散剂校正值、比重校正值、温度校正值、t_i时间内土粒沉降距离、粒径计算系数、土粒粒径,算出小于某粒径的土的质量百分数。

(5)根据筛析法和甲种密度计法得出的小于某粒径的土质量百分数为纵坐标及土粒直径在对数横坐标上,绘制颗粒大分布曲线图。

2)试验内容

颗粒大小分析试验的目的:测定土的各种粒径的颗粒质量占土总质量的百分数,了解土的粒径组成情况,供土的分类和土工建筑物选料之用。

(1)筛析法(粗筛和细筛分析法)

①仪器

a.粗筛:孔径60mm、40mm、20mm、10mm、5mm、2mm;细筛:孔径2.0mm、1.0mm、0.5mm、0.25mm、0.1mm、0.075mm和筛盖、筛底盘;

b.振筛机:规范规定振筛机能够在水平方向摇振,垂直方向拍击。摇振次数为100~200次/min,拍击次数为50~70次/min;

c.电子天平:感量0.01g、称量500g,感量1g、称量5 000g,各一台;

d.其他:烘箱、量筒、漏斗、瓷杯、研钵(附带橡皮头碾杆)、瓷盘、毛刷、匙、木碾、白纸等。

②步骤

a.将土样先行风干一两天。

b.取具有代表性试样(粒径小于2mm颗粒的土取100~300g、最大粒径小于10mm的土取300~1 000g、最大粒径小于20mm的土取1 000~2 000g、最大粒径小于40mm的土取2 000~

4 000g、最大粒径小于60mm的土取4 000g以上），放在研钵中把粒团碾散（注意不要把土粒碾碎）。过2mm筛，分别称出筛上和筛下土质量。

c. 取2mm筛上土样倒入依次叠好的粗筛的最上层筛中，最下面为底盘，手动摇筛；2mm筛下土样倒入依次叠好的细筛的最上层筛中，最下面为底盘，加好盖放在振筛机上固定后，合上电动振筛机开关，使之摇振10～15min。

d. 将各筛取下，检查筛上土粒中是否有粒团存在，如有则须加以碾散再过筛。

e. 由最大孔径筛开始将各筛取下，在白纸上用手轻叩摇晃，如有土粒漏下应继续轻叩摇晃至无土粒漏下为止，漏下之土粒应全部放入下一级筛内。

f. 将留在各筛上的土粒分别倒在白纸上，并用毛刷将筛网中的土粒轻轻刷下，然后再分别倒入铝盒中称其质量（底盘中的细粒土应保存好，以备密度计法试验用），准确至0.1g。

g. 各筛及底盘内的试样质量总和与试样之总质量差，称为筛分损失，不得大于试样总质量的1%。

③计算

按下式计算小于某粒径试样的质量占试样总质量的百分数：

$$X = \frac{m_A}{m_B} = d_x$$

式中：X——小于某粒径试样的质量占试样总质量的百分数，%；

m_A——小于某粒径的试样质量，g；

m_B——当细筛分析时或用密度计法分析时所取试样质量（粗筛分析时则为试样总质量；如有筛分损失，应为留筛总土质量），g；

d_x——粒径小于2mm或粒径小于0.075mm的试样质量占总质量的百分数，如果试样中无大于2mm粒径或无小于0.075mm的粒径，在计算粗筛分析时则$d_x = 100\%$。

用小于某粒径的试样质量占试样总质量的百分数为纵坐标，以粒径（mm）在对数横坐标上，绘制颗粒大小分布曲线。若用粗筛、细筛和密度计法联合分析，应将各段曲线接绘成一条光滑曲线。

（2）密度计法（甲种密度计法）

①仪器

a. 甲种密度计：刻度单位为20℃时每1 000cm^{3}悬液内所含土粒质量的克数，刻度自0～60（或-5～50），最小分度值为1.0（或0.5）。

b. 量筒：分度尺10mL，内径60mm，量筒内底至1 000mL刻度的距离在32cm以上。

c. 温度计：测量范围0～50℃，精度0.5℃。

d. 电子天平：称量500g，感量0.01g。

e. 煮沸设备：电砂浴。

f. 搅拌器：底板直径50mm，底板上小孔径约3mm，杆长大于45cm。

g. 洗筛漏斗：上口直径大于洗筛直径，下口直径略小于量筒直径。

h. 化学药品：4%的六偏磷酸钠或浓度25%氨水。

i. 其他：蒸馏水、三角烧杯（500mL）、秒表、洗筛（孔径0.075mm）等。

②步骤

采用风干土样，按公式计算试样干质量为30g时所需的风干土质量$m = m_d(1 + 0.01w)$入锥形瓶中，注入水200mL，将装有浸泡一昼夜试样的锥形瓶放在电砂浴上煮沸1h。把冷却后的悬液倒入瓷杯中，将上部悬液倒入量筒。如此反复操作，直至杯内悬液澄清为止。当土中大于0.075mm的颗粒估计超过试样总质量的15%时,应将其全部倒入0.075mm筛上冲洗,至筛上仅留大于0.075mm的土颗粒为止。将洗筛上的土颗粒烘干称量,进行细筛分析。把过筛悬液倒入量筒,加4%的六偏磷酸钠10mL于量筒溶液中,注入纯水至1 000mL。用搅拌器在量筒内上下搅拌约30次,取出搅拌器,将甲种密度计放入悬液中,同时开动秒表。测经30s、1min、5min、30min、120min和1 440min时的密度计读数。每次读数均应在预定时间前10~20s将密度计放入悬液接近读数的深度,并注意保持密度计浮在量筒中部位置,密度计读数均以弯液面上缘为准。甲种密度计应准确至0.5,每次读数完毕立即取出密度计放入盛有纯水的量筒中,并测悬液温度,准确至0.5℃。抄录弯液面、温度、沉降距离和分散剂校正等有关数据。放入或取出密度计时,应尽量减少悬液扰动。如试验完成后发现第一次读数时下沉土粒已超过总土质量的15%时,应将量筒中土用0.075mm分析筛进行洗筛,然后按筛析法进行大于0.075mm颗粒土的粒径分析试验。

③计算

a. 由试验测定某时刻t_i的密度计读数R_i及土溶液温度T_i,测定弯液面校正值n及分散剂校正值C_D(学生试验可取$C_D=1$)。

b. 根据土粒相对密度G_s(学生试验可按老师根据土样提供的数据查表2.8、表2.9,试算可取$G_s=2.7$)或按公式求得相对密度校正值C_G;根据土溶液温度T_i查表2.10求温度校正值m_t。

c. 查表2.11求某时刻t_i内的土粒沉降距离L_i(cm)及粒径计算系数K(表2.12)。

d. 按下列公式计算土粒直径d_i(mm)及小于某粒径的土质量百分数X_i(%)(m_s为土粒质量,通常为30g):

$$d_i = K_i\sqrt{L_i/t_i}$$

$$X_i = 100C_G(R_i + n + m_t - C_D)/m_s$$

土粒相对密度校正值　　表2.8

土粒相对密度 G_s	甲种密度计校正值 C_G	乙种密度计校正值 C'_G	土粒相对密度 G_s	甲种密度计校正值 C_G	乙种密度计校正值 C'_G
2.50	1.038	1.666	2.70	0.989	1.588
2.52	1.032	1.658	2.72	0.985	1.581
2.54	1.027	1.649	2.74	0.981	1.575
2.56	1.022	1.641	2.76	0.977	1.568
2.58	1.017	1.632	2.78	0.973	1.562
2.60	1.012	1.625	2.80	0.969	1.556
2.62	1.007	1.617	2.82	0.965	1.549
2.64	1.002	1.609	2.84	0.961	1.543
2.66	0.998	1.603	2.86	0.958	1.538
2.68	0.993	1.595	2.88	0.954	1.532

土粒相对密度取值　　表2.9

土样名称	土粒相对密度	土样名称	土粒相对密度
红土	2.74	30:70(红黏土:素粉土)	2.70
红黏土	2.74	50:50(红黏土:素粉土)	2.71
素粉土	2.68	—	—

温度校正值

表 2.10

悬液温度 T_i	甲种密度计温度校正值 m_t	乙种密度计温度校正值 m'_t	悬液温度 T_i	甲种密度计温度校正值 m_t	乙种密度计温度校正值 m'_t
10.0	-2.0	-0.001 2	20.0	+0.0	+0.000 0
10.5	-1.9	-0.001 2	20.5	+0.1	+0.000 1
11.0	-1.9	-0.001 2	21.0	+0.3	+0.000 2
11.5	-1.8	-0.001 1	21.5	+0.5	+0.000 3
12.0	-1.8	-0.001 1	22.0	+0.6	+0.000 4
12.5	-1.7	-0.001 0	22.5	+0.8	+0.000 5
13.0	-1.6	-0.001 0	23.0	+0.9	+0.000 6
13.5	-1.5	-0.000 9	23.5	+1.1	+0.000 7
14.0	-1.4	-0.000 9	24.0	+1.3	+0.000 8
14.5	-1.3	-0.000 8	24.5	+1.5	+0.000 9
15.0	-1.2	-0.000 8	25.0	+1.7	+0.001 0
15.5	-1.1	-0.000 7	25.5	+1.9	+0.001 1
16.0	-1.0	-0.000 6	26.0	+2.1	+0.001 3
16.5	-0.9	-0.000 6	26.5	+2.2	+0.001 4
17.0	-0.8	-0.000 5	27.0	+2.5	+0.001 5
17.5	-0.7	-0.000 4	27.5	+2.6	+0.001 6
18.0	-0.5	-0.000 3	28.0	+2.9	+0.001 8
18.5	-0.4	-0.000 3	28.5	+3.1	+0.001 9
19.0	-0.3	-0.000 2	29.0	+3.3	+0.002 1
19.5	-0.1	-0.000 1	29.5	+3.5	+0.002 2
20.0	-0.0	-0.000 0	30.0	+3.7	+0.002 3

密度计读数与沉降距离对照表

表 2.11

密度计读数 R_i	沉降距离 L_i(cm)	密度计读数 R_i	沉降距离 L_i(cm)
33	10.1	16	12.5
32	10.2	15	12.6
31	10.4	14	12.8
30	10.5	13	12.9
29	10.7	12	13.1
28	10.8	11	13.3
27	11.0	10	13.4
26	11.1	9	13.5
25	11.2	8	13.7
24	11.4	7	13.8
23	11.5	6	13.9
22	11.7	5	14.1
21	11.8	4	14.2
20	11.9	3	14.4
19	12.1	2	14.6
18	12.2	1	14.7
17	12.4	—	—

粒径计算系数 K 表 2.12

温度（℃）	土粒相对密度 G_s							
	2.50	2.55	2.60	2.65	2.70	2.75	2.80	2.85
5	0.138 5	0.136 0	0.133 9	0.129 8	0.127 9	0.126 1	0.124 3	0.122 6
6	0.136 5	0.134 2	0.132 0	0.128 0	0.126 1	0.124 3	0.122 5	0.120 8
7	0.134 4	0.132 1	0.130 0	0.126 0	0.124 1	0.122 4	0.120 6	0.118 9
8	0.132 4	0.130 2	0.128 1	0.124 1	0.122 3	0.120 5	0.118 8	0.118 2
9	0.130 5	0.128 3	0.126 2	0.122 4	0.120 5	0.118 7	0.117 1	0.116 4
10	0.128 8	0.126 7	0.124 7	0.120 8	0.118 9	0.117 3	0.115 6	0.114 1
11	0.127 0	0.124 9	0.122 9	0.119 0	0.117 3	0.115 6	0.114 0	0.112 4
12	0.125 3	0.123 2	0.121 2	0.117 5	0.115 7	0.114 0	0.112 4	0.110 9
13	0.123 5	0.121 4	0.119 5	0.115 8	0.114 1	0.112 4	0.110 9	0.100 4
14	0.122 1	0.120 0	0.118 0	0.114 9	0.112 7	0.111 1	0.109 5	0.100 0
15	0.120 5	0.118 4	0.116 5	0.113 0	0.111 3	0.109 6	0.108 1	0.106 7
16	0.118 9	0.116 9	0.115 0	0.111 5	0.109 8	0.108 3	0.106 7	0.105 3
17	0.117 3	0.115 4	0.113 5	0.110 0	0.108 5	0.106 9	0.104 7	0.103 9
18	0.115 9	0.114 0	0.112 1	0.108 6	0.107 1	0.105 5	0.104 0	0.102 6
19	0.114 5	0.112 5	0.110 8	0.107 3	0.105 8	0.103 1	0.108 8	0.101 4
20	0.113 0	0.111 1	0.109 3	0.105 9	0.104 3	0.102 9	0.101 4	0.100 0
21	0.111 8	0.109 9	0.108 1	0.104 3	0.103 3	0.101 8	0.100 3	0.099 0
22	0.110 3	0.108 5	0.106 7	0.103 5	0.101 9	0.100 4	0.099 0	0.097 67
23	0.109 1	0.107 2	0.105 5	0.102 3	0.100 7	0.099 30	0.097 93	0.096 59
24	0.107 8	0.106 1	0.104 4	0.101 2	0.099 70	0.098 23	0.096 00	0.095 55
25	0.106 5	0.104 7	0.103 1	0.099 9	0.098 39	0.097 01	0.095 66	0.094 34
26	0.105 4	0.103 5	0.101 9	0.098 97	0.097 31	0.095 92	0.094 55	0.093 27
27	0.104 1	0.102 4	0.100 7	0.097 67	0.096 23	0.094 82	0.093 49	0.092 25
28	0.103 2	0.101 4	0.099 75	0.967 00	0.095 29	0.093 91	0.092 57	0.091 32
29	0.101 9	0.100 2	0.098 59	0.095 55	0.094 13	0.092 79	0.091 44	0.090 28
30	0.100 8	0.099 1	0.097 52	0.094 50	0.093 11	0.091 76	0.090 50	0.089 27

（3）试验记录

①筛析法（表 2.13）

筛析法试验记录表　　表 2.13

工程名称________　试 验 者________　钻孔编号________
计 算 者________　试验日期________　校 核 者________

风干土质量 = ________g；　2mm 筛上土质量 = ________g
2mm 筛下土质量 = ________g；　小于 0.1mm 的总土质量百分数 = ________%
小于 2mm 的总土质量百分数 d_x = ________%；　细筛分析时所取试样质量 = ________g

筛 号	孔径(mm)	累积留筛土质量(g)	小于该孔径土质量(g)	小于该孔径的土质量百分数(%)	小于该孔径的总土质量百分数(%)
	60				
	40				
	20				
	10				
	5				
	2				
	1.0				
	0.5				
	0.25				
	0.1				
	0.075				
底盘总计					

②密度计法(表 2.14)

密度计法试验记录表　　表 2.14

t_i	密度计读数	土溶液温度	弯液面校正值	分散剂校正值	相对密度校正值	温度校正值	t_i时刻内土粒沉降距离	粒径计算系数	土粒粒径	小于某粒径的土质量百分数
	R_i	T_i	n	C_D	C_G	m_t	L_i	K_i	d_i	X_i
30s										
1min										
2min										
5min										
15min										
30min										
60min										
……										

注：规范要求试验需进行 24h 的观察，学生试验时要求观察时间不少于 30min。计算完成后请作颗粒大小级配曲线图。

(4)按试验数据作图(图 2.3)

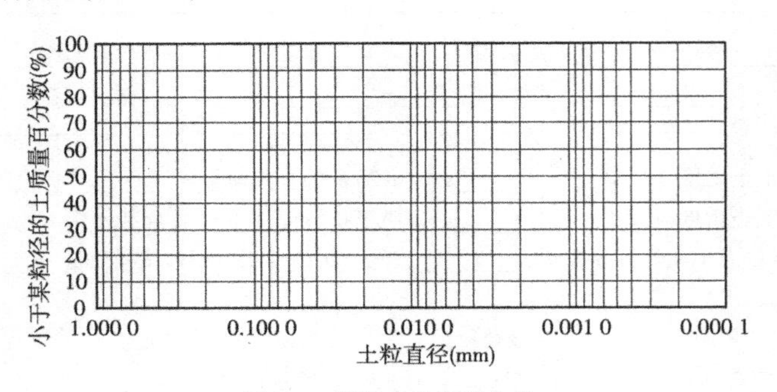

图 2.3　颗粒大小级配曲线

(5)有关问题的说明

①筛析法所需粗筛(圆孔):孔径为 60mm、40mm、20mm、10mm、5mm、2mm。细筛:孔径为 2.0mm、1.0mm、0.5mm、0.25mm、0.1mm、0.075mm。

②从风干松散的土样中,按四分对角法规定取出具有代表性的试样。

③试验中将留在各筛上的土粒分别倒在白纸上时,要用毛刷将筛网充分刷干净,称质量时要准确,尽量减小筛分损失。

④按下式计算土的不均匀系数:

$$C_u = \frac{d_{60}}{d_{10}}$$

式中:d_{60}——在粒径分布曲线上小于该粒径的土含量占总土质量的 60% 的粒径,称限制粒径,mm;

d_{10}——在粒径分布曲线上小于该粒径的土含量占总土质量的 10% 的粒径,称有效粒径,mm。

2.1.6　界限含水率试验

1)试验要求

(1)由试验室提供经浸润调拌后的土样,要求学生测定该土的液限和塑限。

(2)根据试验资料确定该土的类别(定名)和天然稠度状态,并根据规范查出该土承载力的基本值。

(3)根据水利部《土工试验规程》(SL 237—1999)、交通运输部《公路土工试验规程》(JTG E40—2007)的规定,液限和塑限试验应采用联合测定仪或碟式仪测定,本试验介绍液限和塑限联合测定法。

2)试验内容

(1)定义:液限是黏性土的可塑状态与流动状态的界限含水率。塑限是指黏性土可塑状态与半固体状态的界限含水率。

(2)目的:测定土的液限和塑限,用以计算土的塑性指数和液性指数,作为黏土类土的分类以及估计地基土承载力等的一个依据。

(3)液、塑限联合测定

①基本原理

如果在平衡圆锥仪上加一能精确测量圆锥入土深度的显示装置,并利用电磁吸力代替手工提放圆锥(圆锥仪的质量和锥角不变),然后,仿照液限试验方法可以测出同一种土样在不同含水率时的锥体沉入深度。同时仍用搓条法测定塑限。通过大量的试验数据分析,发现含水率与沉入深度在双对数坐标上具有良好的直线关系,见图2.4,对于76g圆锥仪,用搓条法得到的塑限,基本上落在这条直线相当于圆锥沉入深度2mm的附近。这就是联合测定法的理论基础。

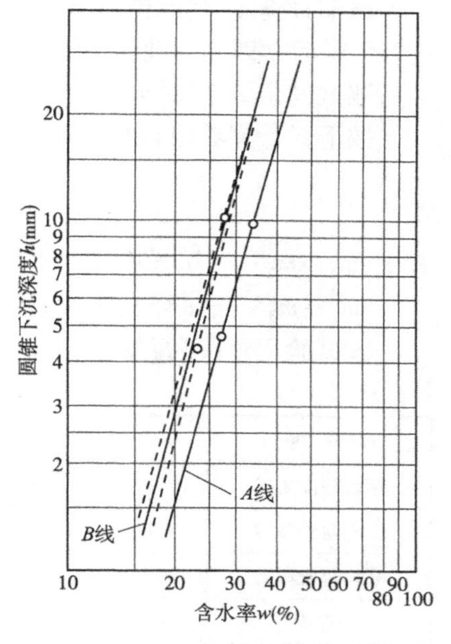

图2.4 圆锥下沉深度与含水率关系图

②试验方法

仪器采用电磁式平衡圆锥仪,试验时将试样调成三种不同含水率,分别装入试杯内,用电磁式圆锥仪测得三个不同锥体沉入深度。为了提高试验精度,上述三个不同深度,最好控制在5~15mm之间,其间隔以3~5mm为宜。将测定的三个含水率及相应的三个深度点绘在双对数坐标纸上,连三点绘一直线。当三点不在一直线上时,通过高含水率的点与其余两点连成两条直线,在下沉深度为2mm处查得相应的两个含水率,当两个含水率的差值小于2%时,应以该两点含水率平均值与高含水率的点连一直线,当两个含水率的差值大于或等于2%时,应重做试验。在直线上取沉入深度为17mm和2mm的两点,此两点对应的含水率即分别为液限(w_L)和塑限(w_P)。

③试验仪器

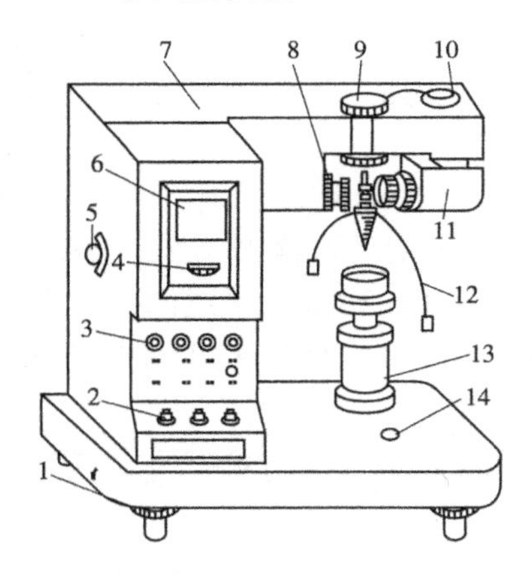

图2.5 液塑限联合测定仪

1-水平调节螺钉;2-开关;3-指示灯;4-零线调节螺钉;5-反光镜调节螺钉;6-屏幕;7-机壳;8-物镜调节螺钉;9-电磁装置;10-光源调节螺钉;11-光源装置;12-圆锥仪;13-升降台;14-水平泡

a. 液塑限联合测定仪:如图2.5所示,该仪器的主要部分是用不锈钢制成的精密圆锥体,锥体顶角为30°,高约25mm,圆锥体的标准质量为76(或100)g(精确度±0.2g),另外还配备有试杯(直径不小于4cm,高度不小于2cm)和台座各一个。

b. 分析天平:称量200g、分度值0.01g。

c. 电烘箱:电热烘箱或远红外干燥箱。

d. 其他:盛土铝盒,干燥器,调土杯,调土刀,橡胶吸水球,凡士林,电吹风机,蒸馏水,孔径为0.5mm的标准筛等。

④步骤

液限、塑限联合测定试验,原则上采用天然含水率的土样制备试样,但也允许用风干土制备试样。当采用天然含水率的土样时,应剔除大于0.5mm的颗粒,然后分别按接近液限、塑限和二者的中间状态制备不同稠度的土膏,静置湿润。静置时间可视原含水率的大小而定。当采用风干土样时,取过0.5mm筛的代表性土样约200g,分成3份分别放入3个盛土皿中,加入不同数量的蒸馏水,使分别达到以上所述的含水率,调成均匀土膏,然后放入密封的保湿缸中,静置24h。

在圆锥仪锥体上涂以薄层凡士林,接通电源,使电磁铁吸稳圆锥仪,数显屏幕归零。将制备好的土膏用调土刀充分调拌均匀,密实地填入试样杯中,应使空气逸出。高出试样杯的余土用刮土刀刮平，随即将试样杯放在仪器底座上。

调节升降座，使圆锥仪锥尖接触试样面，指示灯亮时，按放锥按钮，圆锥在自重下沉入试样内，经5s后立即测读圆锥下沉深度。然后取出试样杯，取10g以上的试样2个，测定含水率。然后测试其余2个试样的圆锥下沉深度和含水率。

按下式计算界限含水率：

$$\begin{matrix} w_L \\ w_P \end{matrix} = \frac{m_1 - m_2}{m_2 - m_3} \times 100 \qquad (准确至0.1\%)$$

式中：$m_1 - m_2$——试样中所含水的质量；

$m_2 - m_3$——试样土颗粒的质量。

⑤试验记录（平行差$|w_1—w_2|<2\%$）（表2.15）

试验记录 表2.15

<table>
<tr><td>76（或100）g</td><td>单位</td><td colspan="6">第一点</td><td colspan="6">第二点</td><td colspan="6">第三点</td></tr>
<tr><td>落锥深度要求</td><td>mm</td><td colspan="6">3～5或（3～4）</td><td colspan="6">8～10或（9～10）</td><td colspan="6">13～15或（20±1）</td></tr>
<tr><td>实测落锥深度</td><td>mm</td><td colspan="2"></td><td colspan="2"></td><td colspan="2"></td><td colspan="2"></td><td colspan="2"></td><td colspan="2"></td><td colspan="2"></td><td colspan="2"></td><td colspan="2"></td></tr>
<tr><td>平均落锥深度</td><td>mm</td><td colspan="6"></td><td colspan="6"></td><td colspan="6"></td></tr>
<tr><td>盒号</td><td>—</td><td colspan="3"></td><td colspan="3"></td><td colspan="3"></td><td colspan="3"></td><td colspan="3"></td><td colspan="3"></td></tr>
<tr><td>盒重</td><td>g</td><td colspan="3"></td><td colspan="3"></td><td colspan="3"></td><td colspan="3"></td><td colspan="3"></td><td colspan="3"></td></tr>
<tr><td>盒＋温土重</td><td>g</td><td colspan="3"></td><td colspan="3"></td><td colspan="3"></td><td colspan="3"></td><td colspan="3"></td><td colspan="3"></td></tr>
<tr><td>盒＋干土重</td><td>g</td><td colspan="3"></td><td colspan="3"></td><td colspan="3"></td><td colspan="3"></td><td colspan="3"></td><td colspan="3"></td></tr>
<tr><td>含水率 w</td><td>%</td><td colspan="3"></td><td colspan="3"></td><td colspan="3"></td><td colspan="3"></td><td colspan="3"></td><td colspan="3"></td></tr>
<tr><td>平均含水率</td><td>%</td><td colspan="6"></td><td colspan="6"></td><td colspan="6"></td></tr>
</table>

⑥数据处理及制图

a. 在双对数坐标纸上，以含水率w为横坐标，锥体沉入深度h为纵坐标，描出a、b、c三点，若三点不在一直线上，则通过a点与b、c两点连成两直线，根据其与$h=2$mm水平线的两个交点A、B，找出两个含水率w_1、w_2，当$|w_1—w_2|<2\%$时，符合要求，将两直线交点A、B的中点H与a点连线作为所求直线。

b. 当锥体质量为76g时：查h-w图，取锥体入土深度$h=17$mm水平线与所求直线交点对应的含水率作为液限w_L，H点对应的含水率作为塑限w_P。

c. 当锥体质量为100g时：查h-w图，取锥体入土深度$h=20$mm水平线与所求直线交点对应的含水率作为液限w_L。

对于砂性土，按多项式求取：$h_P=29.6-1.22w_L+0.017(w_L)^2-0.0000744(w_L)^3$

对于细粒土，按双曲线公式求取：$h_P=w_L/(0.524w_L-7.606)$。

查h-w图，取塑限入土深度h_P对应的含水率为塑限。

d. 计算塑性指数I_P

试验结果：$w_L=$______、$w_P=$______、$I_P=$______，该土可定名为：____________。

e. 按试验数据作图（图2.6）

⑦有关问题的说明

a. 每人做两次（每次一个盛土铝盒）进行平行测定，取算术平均值，以整数（%）表示，其平行差值不得大于表2.16规定。

表2.16

塑限(%)	允许平行差值(%)
<40	0.5
10~40	1.0
>40	2.0

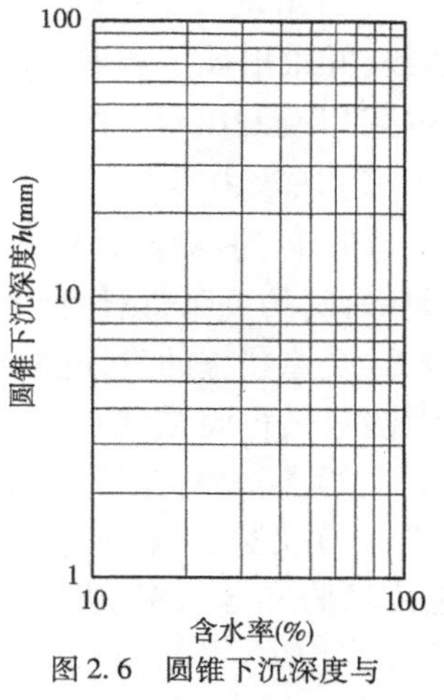

图2.6 圆锥下沉深度与含水率关系图

b.试样烘干工作由试验室代做。

c.在制备好的试样中加蒸馏水时,不能一次加太多,特别是初次试验者宜少。

3)思考题

(1)什么是液限、塑限?测定土的液限和塑限有什么用处?

(2)什么是液性指数?液性指数的大小反映什么问题?

(3)要知道某种黏性土的天然稠度状态,必须要做哪几个试验?

2.2 土的基本力学性质指标测定

2.2.1 黏性土的固结试验

1)试验要求

(1)土体密度是土体直接测量所得的物理性质指标之一。土体密度大小与土的松紧程度、压缩性、抗剪强度等均有密切关系。土体密度是计算地基自重应力的重要参数。密度测试还是土体相对密实度等物理指标的测试方法。

(2)土体含水率(w)是土的物理性质指标之一。土体含水率高低与黏性土的强度和压缩具有密切关系。土体在各种状态下的含水率是计算其他物理性质指标、测量其他物理状态指标的最基本试验。

(3)由试验室提供一块(假设)原状土样,要求学生测定该土样的密度、含水率和土粒相对密度。根据试验结果计算出土的孔隙比(e)、孔隙率(n)、饱和度(Sr)、干密度(ρ_d)和饱和密度(ρ_{sat})等物理指标。试验结果精度要求达到试验规程标准和指导教师的有关规定。

(4)土的固结是土体在荷载作用下产生变形的过程。固结试验的目的是测定试样在侧限与轴向排水条件下的变形和压力(或孔隙比和压力)的关系曲线,并根据孔隙比和压力关系曲线(e-p)曲线,计算出压缩系数a_v、压缩指数C_c、回弹指数C_s、压缩模量E_s、固结系数C_v及原状土的先期固结压力p_c等,以供判断土的压缩性和计算基础沉降时用。此外,由饱和黏性土的固结试验也可得到在某一压力下变形与时间的关系曲线,从而估算土的固结系数和渗透系数。

(5)固结试验通常只用于黏性土,由于砂土的固结性较小,且压缩过程需时也很短,故一般不在试验室里进行砂土的固结试验。固结试验可根据工程要求用原状土或制备成所需要状态的扰动土,试验方法可采用常速法或快速法。本试验主要采用非饱和的扰动土样,并按常速法步骤进行,但为了能在试验课的规定时间内完成试验,所以要缩短加荷间隔时间(具体时间间隔由试验室决定)。

(6)由试验室提供土样一块,要求学生在单向固结仪中测定土的固结性,绘制该土的 e-p 曲线,并求出 a_{1-2} 和 E_{s1-2},判断该土样的压缩性。仔细观察土的变形与时间关系这一重要特性(可以绘制出每一级荷载作用下的 a-t 曲线)。

2)试验内容

(1)目的:测定试样在侧限与轴向排水条件下的变形和压力(或孔隙比和压力)的关系、变形和时间的关系,以便计算土的压缩系数 a_v、压缩指数 C_c、回弹指数 C_s、压缩模量 E_s、固结系数 C_v 及原状土的先期固结压力 p_c 等。测定项目视工程需要而定。本试验适用于饱和的黏质土,当只进行固结试验时,允许使用非饱和土。

(2)方法:标准固结试验法和快速固结试验法。本试验采用标准固结试验法。

(3)仪器:三联固结仪,如图 2.7 所示;百分表,量程 10mm,分度值 0.01mm;其他仪器包括密度试验和含水率试验所需要的仪器,秒表和仪器变形量校正表等。

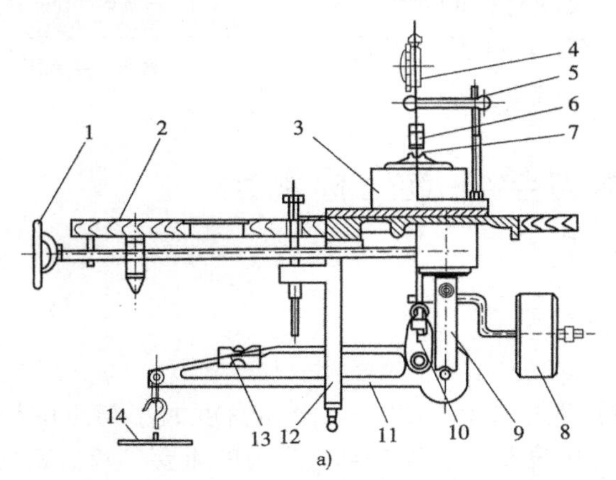

1-手轮;2-台板;3-容器;4-百分表;5-表夹;6-横梁;7-传压头;8-平衡锤;9-升降杆;10-拉杆;11-杠杆;12-平衡架;13-长水准泡;14-砝码盘

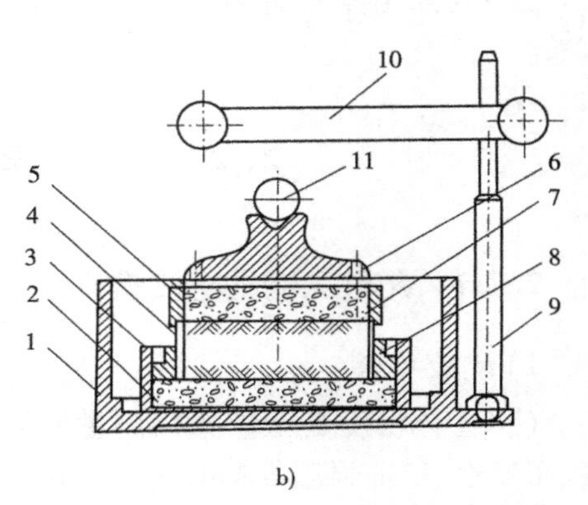

1-容器;2-透水石;3-大环刀;4-小环刀;5-小导环;6-小传压板;7-小透水石;8-小护环;9-表杆;10-表夹;11-钢球 ϕ 12

图 2.7 三联固结仪

a)加载示意图;b)固结容器示意图

3)试验步骤

(1)根据工程需要,切取原状土样或由试验室提供制备好的扰动土样一块。

(2)用固结环刀(内径 61.8mm 或 79.8mm,高 20mm)按密度试验方法切取试样,并留取部分土样测定含水率。如系原状土样,切土的方向与自然地层中的上下方向一致。然后称环刀和试样总质量,扣除环刀质量后即得湿试样质量,计算出土的密度(ρ)。

(3)用切取试样时修下的土测定含水率(w),平行测定,取算术平均值。

(4)在固结仪容器底座内,顺次放上一块较大的洁净而湿润的透水石和一张滤纸,将切取的试样连同环刀一起(环刀刀口向下)放在透水石和滤纸上,再在试样上按图依次放上护环以及与试样面积相同的洁净而湿润的滤纸和透水石各一,加上传压板和钢珠,安装好后待用。

(5)检查加压设备是否灵敏,将手轮按顺时针方向旋转,使升降杆上升至顶点,再按逆时针方向旋转 3~5 转。转动杠杆百分表上的平衡锤使杠杆上的水准器对中(杠杆趋于水平),

此项工作由试验室事先做好。试验中发现杠杆倾斜，应（逆时针方向）转动手轮调平。

（6）将装好试样的固结仪容器放在加压台的正中，使传压板凹部上的钢球与加压横梁上的小孔密合。然后装上百分表，并调节其距离不小于8mm，检查百分表是否灵活和垂直。

（7）在挂钩上加一预压砝码（1kPa），使固结仪内各部分接触妥帖，此后调整百分表的读数至零或某一整数，记下百分表的初始读数即可进行试验。本试验采用内径为61.8mm的环刀，底面积为$30cm^2$。

（8）确定需要施加的各级压力，加压等级一般为12.5kPa、25.0kPa、50.0kPa、100kPa、200kPa、400kPa、800kPa、1 600kPa、3 200kPa，最后一级的压力应大于上覆土层的计算压力100～200kPa。本试验以50kPa作为一级荷载。轻轻施加第一级荷载50kPa（其中吊盘质量为0.312 5kg，再加质量为0.312 5kg和0.625kg的两个砝码，土样面积为$30cm^2$），并开始计时。加砝码时动作要轻，避免冲击和摇晃。

（9）按下列时间测记百分表读数：0.10min、0.25min、1.00min、2.25min、4.00min、6.25min、9.00min、12.25min、16.00min、20.25min、25.00min、30.25min、36.00min、42.25min、49.00min、64.00min、100.00min、200.00min、400.00min及23h和24h，直至到达稳定沉降为止。稳定沉降的标准是：固结24h（指黏土）百分表读数的变化为每小时不超过0.005mm。因时间关系可按教师指定的时间读数，读数准确至0.01mm。

（10）在加荷过程中，应不断观察杠杆上水准器水泡，并按逆时针方向旋转手轮使水泡对中（保持杠杆平衡）。严禁按顺时针方向转动手轮，以防产生间隙振动土样。

（11）记录第一级荷载下固结稳定后的读数，用同样的方法施加第二、三、四级荷载（分别为100kPa、200kPa、400kPa），记录各级荷载下试样变形稳定后的百分表读数（R_1、R_2、R_3、R_4）。

（12）试验结束后，必须先移开百分表。然后卸掉砝码，升起加压框架，移出固结仪容器，取出试样并测定其质量和含水率，最后将仪器擦干净。

（13）计算。

①按下式计算试验前孔隙比e_0：

$$e_0 = \frac{G_s\rho_w(1 + 0.01w_0)}{\rho_0} - 1 \tag{2.7}$$

式中：G_s——土粒的相对密度；

ρ_w——水的密度，一般取$\rho_w = 1g/cm^3$；

w_0——试验开始时试样的含水率，%；

ρ_0——试验开始时试样的密度，g/cm^3。

②计算试样在任一级压力p（kPa）作用下变形稳定后的试样总变形量（S_i）

$$S_i = R_0 - R_i - S_{ie} \tag{2.8}$$

式中：R_0——试验前百分表初读数，mm；

R_i——试样在任一级压力p_i（kPa）作用下变形稳定后的百分表读数，mm；

S_{ie}——各级荷载下仪器变形量，mm。

③按下式计算各级压力下试样变形稳定时的孔隙比e_i

$$e_i = e_0 - \frac{S_i}{h_0}(1 + e_0) \tag{2.9}$$

式中：e_0——试验前试样孔隙比；

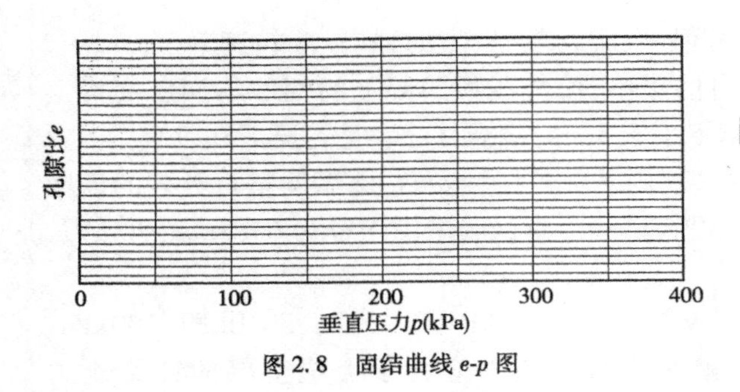

图 2.8　固结曲线 e-p 图

h_0——试样原始高度(环刀高)。

④以 p 为横坐标,e 为纵坐标,绘制固结曲线(e-p 曲线),如图 2.8 所示。

⑤按下式计算压缩系数(a_{1-2}):

$$a_{1-2} = \frac{e_1 - e_2}{p_2 - p_1} \tag{2.10}$$

4)试验记录

固结试验记录见表 2.17。

固结试验记录表　　表 2.17

ρ_0 = ______; w_0 = ______%; G_s = ______; $e_0 = \frac{G_s\rho_w(1+0.01w_0)}{\rho_0} - 1$ = ______				
时间(mim)	50kPa	100kPa	200kPa	400kPa
	百分表读数	百分表读数	百分表读数	百分表读数
0				
1′				
5′				
10′				
总变形量(mm)				
仪器变形量(mm)				
试样变形量(mm)				
$e_i = e_0 - (1+e_0)\frac{S_i}{h_0}$				

5)有关问题的说明

(1)试样的土粒相对密度由试验室测定后提供,仪器本身的变形量、环刀质量、面积、高度均可在试验室资料表中查取。

(2)试验前可参照百分表图练习百分表的读数方法,防止读数错误而无法获得结果。

(3)每人做一个试样,独立完成试验报告,不得抄袭,但可以相互校核。

(4)含水率测定的烘干工作由试验室代做,24h 以后到试验室称取质量。

6)思考与分析

(1)做固结试验的目的是什么? 联系具体工程问题去思考。

(2)a_{1-2}的物理意义是什么? 有什么用途?

(3)公式(2.9)中 e_i 和 S_i 要对应。假定土样的固结仅仅是由于孔隙体积的固结,且土样是在侧限条件下固结。由土样在 p_i 作用下产生的应变 ε 为:$\varepsilon = \frac{S_i}{h_0}$。

2.2.2　直接剪切试验

1)试验要求

目前测定土的抗剪强度方法和相应的仪器种类很多,现将常用的几种简述如下。

(1)直接剪切试验:测定土的抗剪强度的一种常用方法。通常采用 4 个试样,在直接剪切仪上分别在不同的垂直压力 p 下，施加水平剪切力，试样在规定的受剪面上进行剪切，求得土样破坏时的剪应力 τ_f，然后绘制剪应力 τ_f 和垂直压力 p 的关系曲线即抗剪强度曲线。直接剪切仪分为应变控制式和应力控制式。本试验只用应变控制式直剪仪进行快剪试验。

(2)三轴剪切试验：通常用3～4个圆柱形试样，分别在三轴仪上施加不同的恒定周围压力(小主应力 σ_3)。然后再施加轴向压力[主应力差($\sigma_1-\sigma_3$)]，使土样中的剪应力逐渐增大，直至试样剪切破坏。最后根据摩尔—库仑理论求得土的抗剪强度曲线。

(3)由试验室提供制备好的土样，要求学生用快剪法在直接剪切仪中测定，根据库仑定律确定该土的抗剪强度指标 φ 和 c 的数值。

2)试验内容

(1)目的：测定土的抗剪强度，提供计算地基强度和稳定用的基本指标(内摩擦角 φ 和黏聚力 c)。

(2)方法：不固结不排水剪(UU 快剪)、固结不排水剪(CU 慢剪)和固结排水剪(CD 固结快剪)。本试验采用快剪法。

(3)仪器：应变控制式直接剪切仪(图2.9)，百分表(量程10mm，精度0.01mm)，秒表，切试样的用具等。应变控制式直接剪切仪的主要特点是：剪切力(水平力)是通过转动手轮，使轴向前移动而推动底座施加水平推力给下剪切盒，剪力的数值是利用量力环测出(量力环是一个钢环，事先已知每单位变形时所受的力，故在试验时用百分表测得量力环径向变形数值即可算出所受的应力值)。本仪器对黏性土和砂土均适用。

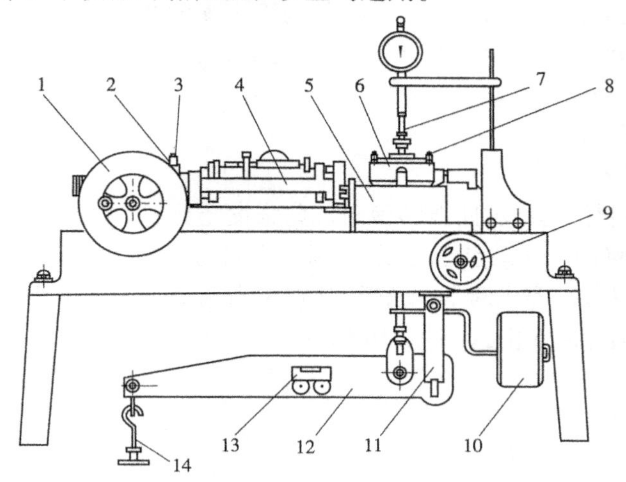

图2.9　应变控制式直接剪切仪

1－手轮甲；2－推动座；3－插销；4－钢环；5－滑动框；6－固定框；7－拉杆；8－螺钉插销；9－手轮乙；10－平衡锤；11－升降杆；12－拉杆；13－水泡；14－吊盘部件

3)试验步骤

(1)根据工程需要，从原状土或制备成所需状态的扰动土中用环刀切取4个试样，如系原状土样，切试样方向应与土在天然地层中的上下方向一致。

(2)对准上下剪切盒，插入固定销钉，在下盒内放置洁净的透水石一块及橡皮垫一张。

(3)将盛有试样的环刀，平口向下，刀口向上，对准剪切盒上盒口，在试样上面放置橡皮垫一张及透水石一块，然后将试样用透水石慢慢压入盒底，并顺次加上传压活塞、钢球及加压框架(暂勿加砝码)。

(4)在量力环上安装百分表。百分表的测杆应平行于量力环受力的直径方向,以顺时针方向慢慢转动手轮,至上剪切盒支腿与量力环钢球之间恰好接触时(量力环中百分表指针刚开始走动)立即停转手轮。然后调整百分表使其指针在某一整数(长针指零,并作为起始读数)。

(5)在试样上施加垂直荷载。本试验取4个试样,分别加不同的垂直压力100kPa、200kPa、300kPa及400kPa,加荷时一次轻轻加上。按第一个试样上应加的垂直压力(100kPa)计算出应加荷载,扣除加压设备本身质量,即得应加砝码数。试样面积及加压设备质量可由试验室提供。

(6)拔出固定插销,开动秒表,以0.8~1.2mm/min的速率剪切(4~6r/min的均匀速度旋转手轮)。使试样在3~5min内剪损。当量力环中百分表指针不再前进或有显著后退或剪切变形量达到4mm时,认为试样已经剪损,记录百分表指针最大读数(代表峰值抗剪强度),用0.01mm作单位,估读至0.005mm(百分表上大刻度盘的"1格"作单位,估读至半格)。

(7)逆时针转动手轮,卸除垂直荷载和加压设备,取出已剪损的试样,擦净剪切盒,装入第二个试样,第二、三、四个试样分别施加200kPa、300kPa、400kPa的垂直压力后按同样步骤进行试验。

(8)计算。

①按下式计算每个试样在一定垂直压力下的抗剪强度τ_f:

$$\tau_f = \frac{CR}{A_0} \times 10 \tag{2.11}$$

式中:R——该试样在剪损时的百分表初始读数与终止读数之差,0.01mm;

C——量力环率定系数,N/0.01mm(由试验室提供);

A_0——试样面积,cm^2;

τ_f——抗剪强度,kPa;

10——单位换算系数。

②按下述方法绘制抗剪强度曲线和确定抗剪强度指标:以垂直压力p(kPa)为横坐标,抗剪强度τ_f为纵坐标,将四个实测点绘在图上,画一视测的平均直线;若各点不在一条近似的直线上,可按相邻的三点分别连成两个三角形,分别求出两个三角形的重心,然后将两重心点连成一直线,即为抗剪强度曲线图,如图2.10所示。

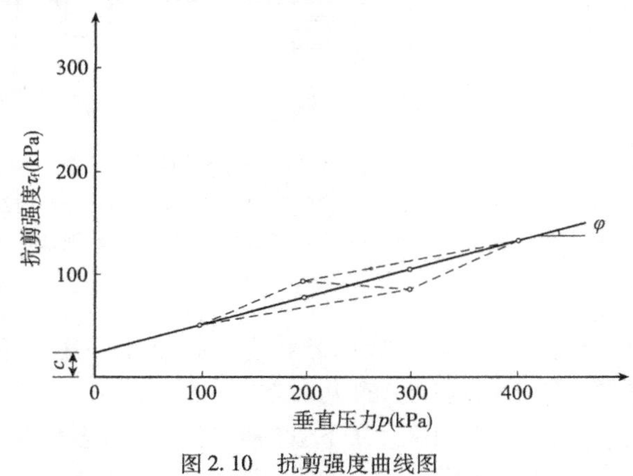

图2.10 抗剪强度曲线图

4)试验记录

直接剪切试验记录见表2.18。

直接剪切试验记录 表2.18

剪切方法:________ 手轮转速:________ 量力环率定系数:________ N/0.01mm

正应力	100kPa			200kPa			300kPa			400kPa		
手轮圈数	百分表读数	剪切位移	剪应力	百分表读数	剪切位移	剪应力	百分表读数	剪切位移	剪应力	百分表读数	剪切位移	剪应力
圈	0.01mm	0.01mm	kPa	0.01mm	0.01mm	kPa	0.01mm	0.01mm	kPa	0.01mm	0.01mm	kPa
(1)	(2)	(3)	(4)	(2)	(3)	(4)	(2)	(3)	(4)	(2)	(3)	(4)
1												
2												
3												
4												
5												
6												
7												
8												
9												
10												
11												
12												
13												
14												
15												
16												
17												
18												
19												
20												
21												
22												
23												
24												
25												
26												
27												
28												
29												
30												

注:(3) = (1) × 20 − (2);(4) = [(2) × C × 10]/A_0。

5)有关问题的说明

(1)开始剪切之前千万不能忘记必须先拔去插销;否则,将导致销钉被剪坏,量力环变形过大受损,仪器损坏。

(2)加砝码时,应将砝码上的缺口彼此错开,防止砝码倒下压伤脚。

(3)如时间允许,同学们可在四个试样中选定一个试样,在剪切过程中手轮每转一圈测记百分表读数一次,直至剪损。由手轮转数和百分表读数计算出手轮每转一圈时的剪应力和剪切位移,以剪应力 τ 为纵坐标,剪切位移 Δl 为横坐标,绘制 τ-Δl 关系曲线,如图 2.11 所示。选取剪应力 τ 与剪切位移 Δl 关系曲线上的峰值点或稳定值作为抗剪强度 τ,如图 2.11 中曲线上的箭头所示。如无明显峰值点,则取剪切位移 Δl 等于 4mm 对应的剪应力作为抗剪强度 τ,图 2.11 中 p_1、p_2、p_3、p_4 为相应的垂直压力。以抗剪强度 τ 为纵坐标,垂直压力 p 为横坐标,绘制 τ-p关系曲线,如图 2.12 所示。直线的倾角为土的内摩擦角 φ,直线在纵坐标轴的截距为土的黏聚力 c。

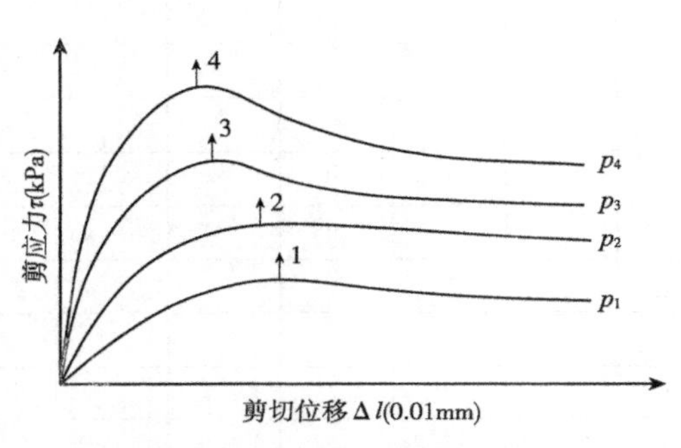

图 2.11　剪应力与剪切位移关系曲线

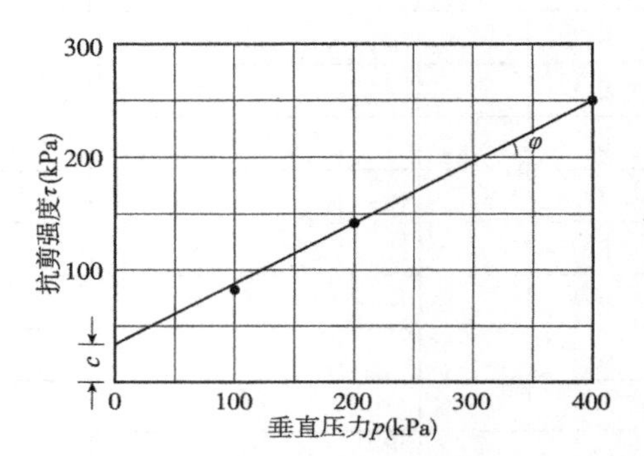

图 2.12　抗剪强度与垂直压力关系曲线

①剪切位移:

$$\Delta l(\mathrm{mm}) = 0.2n - R$$

②剪应力:

$$\tau(\mathrm{kPa}) = (C \cdot R \times 10)/A_0$$

式中:n——手轮转数;

0.2——手轮每转一圈推动轴前进的距离为 0.2mm;

其他符号意义同前。

6)思考与分析

(1)为什么直剪试验要分三种试验方式?

(2)什么情况下要做剪切试验并求出 φ 和 c 值?

(3)φ 和 c 的来源是什么?土的抗剪强度的大小与哪些因素有关?

(4)直接剪切试验有哪些优缺点?

2.2.3　击实试验

1)试验要求

(1)由试验室提供土粒直径小于 5mm 的土样,要求同学们根据此土样的含水率和试样预定含水率计算加水量,试样加水拌和后立即进行试验。

(2)击实是用锤击使土颗粒相互靠近,使土密度增加的一种方法。在击实作用下,土的密度随含水率的变化而变化。当在一定的击实功能作用下，能使土达到最大密度所需的含水率称为最优含水率，其相应的干密度称为最优干密度。

2）试验内容

（1）目的：用标准击实方法测定土的密度和含水率的关系，从而确定土的最大干密度与相应的最优含水率。

（2）方法：手动标准击实法、电动标准击实法、电动重型击实法。

（3）仪器：标准击实仪，如图2.13所示；天平，称量200g、感量0.01g，称量2kg、感量1g各一台；击锤和导管；台秤，称量10kg，感量5g；筛，孔径5mm。其他仪器包括烘箱，喷水设备，碾土器，盛土器，推土器，修土刀和保湿设备等。

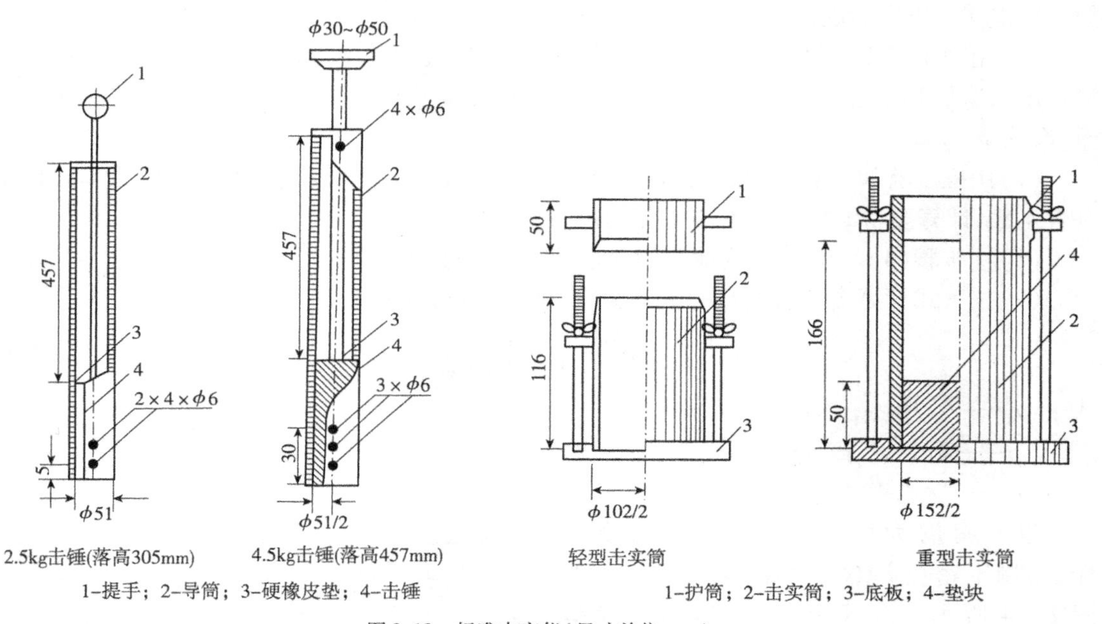

图2.13　标准击实仪（尺寸单位：mm）

3）试验步骤

（1）将具有代表性的风干土样，或在低于60℃温度下烘干的土样，或天然含水率低于塑限可以碾散过筛的土样，放在橡皮板上用木碾碾散，过孔径为5mm的筛后备用，土样量不少于20kg。

（2）测定土样风干含水率，按土的塑限估计其最优含水率，并依次以相差约2%的含水率制备一组试样（不少于5个），其中有两个大于最优含水率和两个小于最优含水率。需加水量可按下式计算：

$$m_{w} = \frac{m}{1 + 0.01\, w_{0}} \times 0.01(w - w_{0}) \tag{2.12}$$

式中：m_w——所需加水的质量，g；

m——风干含水率时土样的质量，%；

w_0——土样的风干含水率，%；

w——要求达到的含水率，%。

（3）按预定含水率制备试样。取土样约2.5kg，平铺于不吸水的平板上，用喷水设备往土样上均匀喷洒预定的水量，并充分拌和后装入塑料袋内或密闭容器内静置备用。学生试验时，可用试验室已准备好的湿润土样，并根据该土样的含水率和试样预定含水率计算加水量。试样加水拌和后立即进行试验，各个预定含水率及土样原有含水率试验室给出。

(4)手工击实时，将击实仪放在坚实的地面上，击实筒底和筒内壁须涂少许润滑油，取制备好的土样600~800g(其量应使击实后试样高于筒的1/3)倒入筒内，整平其表面，然后按25或27击进行击实。击锤应自由垂直下落。锤迹必须均匀分布于土面上。机械击实时，则将定数器拨到所需的击数处，按动电钮进行击实。

(5)当按规定击数击实完第一层后，安装套环，把土面刨毛。重复步骤(4)进行第二层及第三层击实。击实后超出击实筒的余土高度不得大于6mm。

(6)用削土刀小心沿护筒内壁与土的接触面划开，转动并取下护筒(注意勿将击实筒内土样带出)，齐筒顶细心削平试样，拆除底板。如试样底面超出筒外，亦应削平。擦净筒外壁，称量，准确至1g。

(7)用推土器从击实筒内推出试样，从试样中心处取两个质量各为15~30g的土样测定其含水率，计算至0.1%，其平行误差不得超过1%。

(8)按步骤(4)~(7)，对其他不同含水率的试样进行试验。

(9)按下式计算击实后各点的干密度(准确至0.01g/cm³)：

$$\rho_d = \frac{\rho}{1 + 0.01w} \tag{2.13}$$

式中：ρ_d——干密度，g/cm³；

ρ——湿密度，g/cm³；

w——含水率，%。

以干密度为纵坐标，含水率为横坐标，绘制干密度与含水率的关系曲线，如图2.14所示。曲线上峰值点的纵、横坐标分别表示土的最大干密度和最优含水率，如果曲线不能给出峰值点，应进行补点试验。

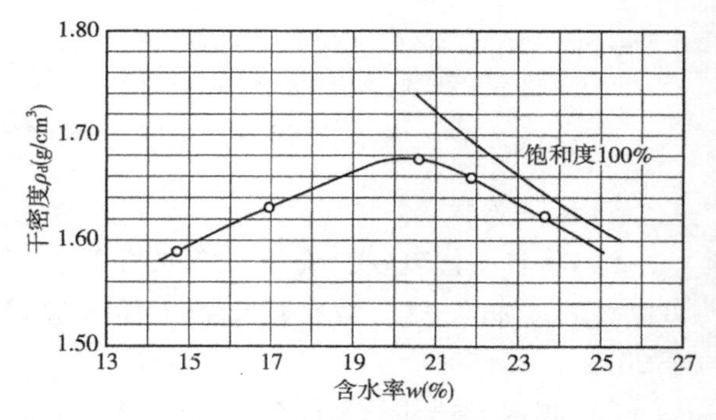

图2.14　干密度与含水率的关系曲线

按下式计算试样完全饱和时的含水率：

$$w_{sat} = \left(\frac{\rho_w}{\rho_d} - \frac{1}{G_s}\right) \times 100 \tag{2.14}$$

式中：w_{sat}——饱和状态含水率，%；

ρ_w——水的密度，g/cm³；

G_s——土粒相对密度。

4)试验记录

击实试验记录见表2.19。

5)有关问题的说明

(1)当粒径大于5mm的颗粒含量小于30%时，按下式近似计算校正后的最大干密度和最优含水率。

最大干密度(准确至0.01g/cm³)：

击实试验记录表 表 2.19

工程名称________土样编号________土样说明________试验者________计算者________校核者________

试验仪器：标准击实仪　土样类别：__________　每层击数：__________

估计最优含水率：__________　风干含水率：__________　土粒相对密度：__________

试验序号	干密度					含水率							
	筒+土质量(g)	筒质量(g)	湿土质量(g)	密度(g/cm³)	干密度(g/cm³)	盒号	盒+湿土质量(g)	盒+干土质量(g)	盒质量(g)	湿土质量(g)	干土质量(g)	含水率(g)	平均含水率(%)
	(1)	(2)	(3)	(4)	(5)		(6)	(7)	(8)	(9)	(10)	(11)	(12)
			(1)-(2)	$\frac{(3)}{1\ 000}$	$\frac{(4)}{1+0.01(2)}$					(6)-(8)	(7)-(8)		
1													
2													
3													
4													
5													
最大干密度______g/cm³				最优含水率______%				饱和度______					
粒径大于5mm颗粒含量______%				校正后最大干密度______g/cm³				校正后最优含水率______%					

$$\rho'_{dmax} = \frac{1}{\frac{1-P}{\rho_{dmax}} + \frac{P}{G_{s2}\rho_w}} \tag{2.15}$$

式中：ρ'_{dmax}——校正后的最大干密度，g/cm³；

ρ_{dmax}——粒径小于5mm试样的最大干密度，g/cm³；

ρ_w——水的密度，g/cm³；

P——粒径大于5mm颗粒的含量（用小数表示）；

G_{s2}——粒径大于5mm颗粒的干相对密度。

最优含水率（准确至0.1%）：

$$w'_{0p} = w_{0p}(1-P) + Pw_2 \tag{2.16}$$

式中：w'_{0p}——校正后的最优含水率，%；

w_{0p}——粒径小于5mm试样的最优含水率，%；

w_2——粒径大于5mm试样的饱和面干状态下的含水率，%。

（2）用击实试验来模拟土的现场压实，是一种半经验性的方法。在工程实际中，常通过现场填筑试验来校核土的干密度与含水率的关系，特别是对于高坝更应进行大规模的现场填筑试验。

（3）土样制备方法不同，所得击实试验成果也不同。用天然土样、风干土样与烘干土样配水进行击实试验比较，最大干密度以烘干土最大，风干土次之，天然土最小；最佳含水率以烘干土为最低，这种现象在黏土中表现得最明显。黏粒含量越多，烘干对最大干密度值的影响也越大，故黏土一般不宜用烘干法备样。为了加快试验进度，《土工试验规程》(SL 237—1999)中提出低温(低于60℃)烘土的办法。

(4)土样一般应避免重复使用，因重复用土可使土粒破坏，级配改变，引起干密度明显增大，对其他力学性指标也有影响，且与实际施工情况不符。

2.3 土的定名试验

2.3.1 试验目的

(1)了解测定土的粒度成分方法，熟悉电砂浴和密度计的使用；

(2)结合筛分法、密度计法明确颗粒大小的分配情况，掌握沉降原理的概念及应用条件，绘制颗粒级配曲线；

(3)了解测定土的液限和塑限方法，培养学生分析黏性土的性质和状态的能力；

(4)学会绘制沉入深度与含水率关系图；

(5)利用试验资料确定该土的类别(定名)和天然稠度状态。

2.3.2 试验设备及仪器

土样标准筛，振筛机，电子天平，烘箱，密度计，1 000mL 量筒，温度计，液塑限测定仪，分散剂，搅拌器，秒表，铝盒，调土杯，调土刀等。

2.3.3 试验思路

根据当前的科技水平，认为粗粒土的性质主要决定于构成土的土颗粒粒径分布及其特征，而细粒土的性质主要取决于土粒和水相互作用时的性态，即决定于土的塑性。因此，目前世界上许多国家是采用按粒径级配及液塑性对土进行分类的。土中有机质对土的工程性质也有影响。

对于粒度大于 0.074mm 的土类，土颗粒的分布特征可用筛分法确定；对于粒度小于 0.074mm 的土类，土颗粒的分布特征可采用比重计法确定，比重计法又分为甲种比重计法和乙种比重计法；土的塑性指标可按液塑限联合测定试验方法测定。这些特征和指标在现场凭目测和触感的经验方法也容易予以估计。根据这些特征和指标判别土类，既能反映土的主要物理力学性质，也便于实际操作。因此，土的定名试验主要是根据土的颗粒大小筛分试验和液塑限试验结果来进行的。

2.3.4 试验步骤

(1)初步判断土的粒度，进行筛分试验。对于粗粒土按其不同粒组的相对含量可划分为巨粒类土、粗粒类土和细粒类土，并应符合下列规定：

①巨粒类土应按粒组划分；

②粗粒类土应按粒组、级配、细粒土含量划分；

③细粒类土应按塑性图、所含粗粒类别以及有机质含量划分。

(2)对于细粒土，进行液塑限联合测定试验。

(3)进行比重计法颗粒分析试验。

2.3.5 试验数据处理

（1）根据筛分法及比重计法测定的系列数据，制作相应的表格，绘制相应的颗粒级配曲线图，并进行相应的分析；

（2）根据液塑限联合测定试验的系列数据，制作相应的表格，绘制相应的塑性图，并进行相应的分析；

（3）对平行试验的误差进行分析讨论，对试验土进行定名。

2.3.6 试验报告要求

（1）写出试验名称、试验目的与要求、试验原理、试验设备及仪器、试验步骤等；

（2）分别制作筛分法及比重计法测定各粒组质量的系列数据表格，绘制相应的颗粒级配曲线图，并进行分析，以此得出相应的试验结论；

（3）制作联合测定试验中含水率与落锥深度关系的表格，并绘制相应的曲线图；

（4）绘制与试验土相对应的塑性图；

（5）写出试验结论；

（6）写出试验心得体会。

2.4 软土的三轴压缩试验

2.4.1 试验目的

（1）学会软土三轴试样的制作方法；

（2）学会用三轴压缩试验方法；

（3）了解软土的基本性质；

（4）熟悉三轴仪的操作方法；

（5）学会根据试验结果用制图法求有效应力抗剪强度指标的方法。

2.4.2 试验设备及仪器

（1）三轴压缩仪：应变控制式，由周围压力系统、反压力系统、孔隙水压力量测系统和主机组成。

（2）附属设备：包括击实器、饱和器、切土器、分样器、切土盘、承膜筒和对开圆模。

（3）百分表：量程 3cm 或 1cm，分度值 0.01mm。

（4）天平：称量 200g，感量 0.01g；称量 1 000g，感量 0.1g。

（5）橡皮膜：应具有弹性，厚度应小于橡皮膜直径的 1%，不得有漏气孔。

2.4.3 试验思路

三轴压缩仪主要包括围压控制系统、孔压测试系统、轴压测试系统三大部分，是一种通过对压力室中的水施加压力以提供对圆柱形试样的周围压力（液压）和孔压系统的排水来实现固结，同时，通过三轴压缩仪试样底座向上的竖向位移对圆柱形试样进行压缩，从而提供轴向方向的应力（轴压力）来实现对试样剪切作用的仪器。根据是否对试样进行固结及剪切过程是否排水，三轴压缩试验又分为不固结不排水、固结不排水、固结排水三种试验方法。

软土常见的公路工程问题是地基强度不足和工后变形过大，软土路基处理常采用排水固结法对其进行处理。因此，在公路工程勘察中，利用三轴固结不排水试验来确定软土路基施工期的强度和利用三轴固结排水试验来确定软土路基工后强度成为常用的试验手段。

固结不排水(CU)试验通常用3～4个圆柱形试样，分别在不同恒定周围压力(小主应力σ_3)下进行排水固结，固结完成后，施加轴向压力[主应力差($\sigma_1-\sigma_3$)]进行剪切，直至破坏，在整个剪切过程中，不允许试样排水。固结不排水试验中通过测定孔隙水压力可求得土的有效强度指标，以便进行土体稳定的有效应力分析。试验中同时能测得总应力强度指标。

本试验选择软土的三轴试样制备和三轴固结排水试验为具体试验项目，学生通过软土切样过程对软土试样低强度和高压缩性等特性将有直观的感受，并通过三轴固结排水试验中施加围压的软土随排水过程强度增长的观测，加深对土的强度及其随不同排水工况变化的理解。

2.4.4 试验步骤

(1)进行软土三轴试验试样的制备，要求制备4～5个圆柱形试样，观察制样过程软土试样的表面形态变化，制样过程对软土的扰动；

(2)进行固结不排水(CU)试验，记录相应的试验数据；

(3)对试样破坏形态进行观察，并制图描述。

2.4.5 试验数据处理

(1)试样固结的高度计算；

(2)试样固结后的面积计算；

(3)主应力差计算；

(4)有效主应力比计算；

(5)孔隙水压力系数计算；

(6)绘制轴向应变与主应力差的关系曲线图；

(7)绘制轴向应变与孔隙水压力的关系曲线图；

(8)绘制有效应力路径曲线图，并计算有效摩擦角和有效凝聚力。

2.4.6 试验报告要求

(1)写出试验名称、试验目的与要求、试验原理、试验设备及仪器、试验步骤等；

(2)分别制作三轴固结和剪切过程的系列试验数据表格，绘制相应的曲线图，并进行分析，以此得出相应的试验结论；

(3)写出试验结论；

(4)总结对软土力学特性及软土三轴试验的认识。

2.5 土的力学性能原位试验

2.5.1 试验目的

由于室内试验所取土样尺寸大小，常常不能反映土在原位状态的某些力学性质，因此，勘察过程中常采用动力触探和静力触探、十字板剪切、现场直剪等方法来测定土的原位力学性能，以便为地（坝）基、地下建筑物和边坡的稳定分析提供抗剪强度参数。本试验采用现场直剪试验测定土的抗剪强度参数，主要目的如下：

（1）学会现场直剪试样的制备；

（2）学会现场直剪试验设备安装；

（3）学会现场直剪试验方法中的抗剪断试验和残余抗剪试验方法。

2.5.2 试验设备及仪器

现场直剪试验设备可采用油压剪力仪或蜗轮传压剪力仪，主要包括下列部分。

（1）加荷部分：用于对试样施加垂直荷载和剪切荷载，可采用油压千斤顶、蜗轮蜗杆或压力钢枕，其施加的荷载必须满足预估的试验荷载。

（2）滚动滑板：由两块平板（或齿板）中间夹滚珠（或滚轴）组成，平板尺寸可取与剪力盒（或岩体试样）的外形尺寸相同。

（3）测力器：可采用两个与试验压力范围相匹配的力传感器和电阻应变仪，或测力环和百分表，或它们的组合。

（4）位移量测仪表：可采用百分表或电位移计和电阻应变仪。

（5）反力系统：可采用压重物的载荷平台，或坑壁支撑的杆件和平板、地锚和钢梁。

2.5.3 试验原理

现场直剪试验的试验原理与室内直剪试验一致，基于土的正应力与剪应力成正比的规律，通过测定相同土质在不同正应力及直剪条件下的剪应力求得土的抗剪强度指标。

2.5.4 试验步骤

1）试样制备

（1）应根据工程地质条件和建筑地基的受力特点等选择在具有代表性的地段制备试样。

（2）同一组试样的地质条件应基本相同，其受力状态应与岩土体在工程中的受力状态相近。

（3）试样的制备可在试坑、平硐或探槽中进行。

（4）在试坑、平硐或探槽开挖前，应制订技术措施，确保在开挖、试样制备和试验设备安装时，试样不受扰动，并保持天然湿度。

（5）在开挖试坑、平硐、探槽及试样制备过程中，应进行地质岩性描述。

（6）同一组试样之间的距离应大于试样直径或最小边长的1.5倍。

（7）土体试样制备应符合下列规定：

①将试样粗削成略大于剪力盒的土柱，把下端带有刃口的剪力盒套在土柱上端，用削土刀精削土柱，边削边压，直至剪力盒刃口部达到预定位置，削平试样顶面并超出剪力盒上沿10mm，清除周围余土，形成与预剪面一致的试坑基底。

②试样可采用圆形或正方形，剪切面积不宜小于0.25m^2。试样高度应为最大粒径的4～8倍，且不宜小于0.15m。

③剪切面的开缝应为最大粒径的1/4～1/3。

④剪力盒与试样间的缝隙应用原土或粉细砂填实，并使其密度与试体基本一致。

⑤当剪切面的倾角较大时，应对试样进行支护，直到试验设备安装完毕，开始施加剪切应力时方可拆除。

(8)在试样制备过程中，应详细记录试样的尺寸、缺角、缺面等情况。

(9)当需测定试样在饱和状态下的抗剪强度时，应待试验设备安装完毕并施加上覆地层自重的垂直荷载后，对试样进行浸水并达到饱和。

2)试验设备安装

(1)在安装试验设备之前，根据工程性质对试验的精度要求，必要时应测定滚动滑板的摩擦系数f。

(2)试验设备安装时，应准确测定试样剪切面的倾斜方向和倾角θ。

(3)土体直剪试验的设备安装应符合下列规定：

①垂直加荷设备的安装。

a. 依次安装滚动滑板、加荷装置、测力器、反力装置，使滚动滑板平面与剪力盒顶面平行；反力合力作用点、测力器中心、加荷装置中心、滚动滑板中心和试样中心应保持在同一中轴线上；

b. 如需测定土体的固结快剪强度，应在试样与滚动滑板之间放置承压透水板。

②剪切加荷设备的安装。

按顺序安装顶叉、测力器、加荷装置和反力支座，使加荷装置的推力方向与测力器的受力方向、试样预估受剪力方向一致，并通过预定剪切面。

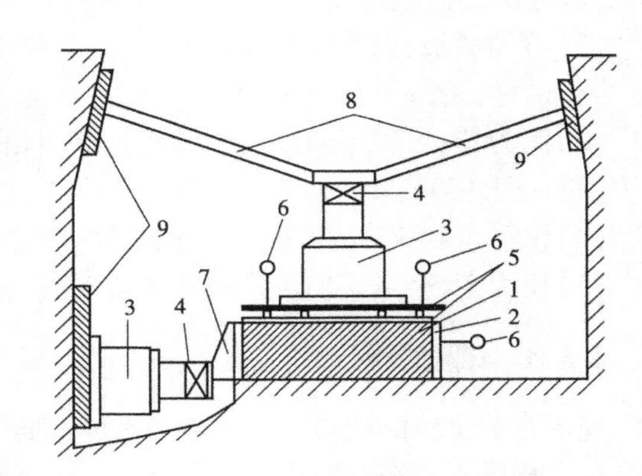

图2.15 土体试验设备安装示意图

1-试坑中土样；2-剪力盒；3-加荷装置；4-测力器；5-滚动滑板；6-位移量测仪表；7-顶叉；8-反力支撑杆；9-反力支座

③试验设备的安装可参照图2.15进行。

3)直剪试验

(1)一般规定

①试验前应检查各试验装置和量测仪表是否满足试验要求，设备安装应稳固可靠，否则应进行调整。

②调节加荷装置，使垂直加荷装置和剪切加荷装置与试样接触，并测记垂直及剪切变形仪表读数或调零。

③每组土体试验不应少于3处，分别在不同垂直荷载作用下进行直剪试验。

④垂直荷载的确定应符合下列规定：

a. 垂直荷载应根据岩土的性质和工程特点确定；

b. 最小垂直荷载不应小于剪切面以上地层的自重压力；

c. 最大垂直荷载应大于设计荷载。

⑤在实施剪切推力过程中，应保持垂直荷载不变。

⑥现场直剪试验，应根据工程地质条件和工程性质，分别采用快剪法或固结快剪法，必要时应测定岩土体的残余抗剪强度。

(2)抗剪断试验

①当采用快剪法进行试验时，垂直荷载应一次施加完成，并立即施加剪切荷载。

②当采用固结快剪法进行试验时，垂直荷载可分4～5级等量施加，每施加一级荷载，立即测记垂直变形值，此后每5min测记一次，当5 min内垂直变形值不超过0.05mm时，可施加下一级荷载。施加最后一级荷载后，按5min、10min、15min、15min……的时间间隔测记垂直变形值，当连续两个15min的垂直变形累计值不超过0.05mm时，即认为垂直变形已经稳定，可施加剪切荷载。

③垂直变形值取两个量测垂直变形仪表的实测平均值。

④剪切荷载的施加应符合下列规定：

a. 每级剪切荷载按预估最大剪切荷载的8%～10%或按垂直荷载的5%～10%分级等量施加；

b. 当施加剪切荷载所引起的剪切变形为前一级的1.5倍以上时，下一级剪切荷载则减半施加；

c. 岩体按每5～10min，土体按30s施加一级剪切荷载；

d. 每级剪切荷载施加完成后，应立即测记垂直变形量、剪切荷载和剪切变形量；

e. 当达到剪应力峰值或剪切变形急剧增加或剪切变形大于试样直径（或边长）的1/10时，即认为已剪切破坏，可终止试验；

f. 记录抗剪断试验。

（3）残余抗剪试验

①将已剪切破坏的试样在原垂直荷载作用下，采用相应的反推装置以1mm/min的速率反推至原位；

②检查、调整试验设备，使之符合前文2）规定的要求；

③按第（2）大条的④小条的规定进行剪切试验；

④按第①条和第③条的规定要求反复进行数次，直至在同一级垂直荷载作用下相邻两次剪切应力的差值不大于10%为止；

⑤记录残余抗剪试验。

2.5.5 试验数据处理

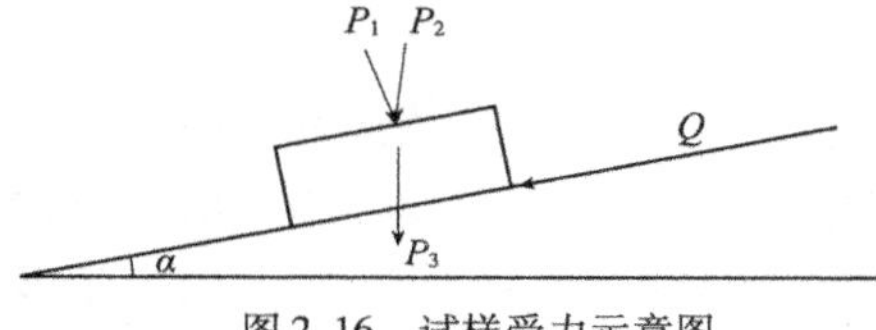

图2.16 试样受力示意图

（1）在进行资料整理前，应对原始试验记录进行详细检查，确认无误后方可进行；

（2）应力计算。

现场直剪试验，可参照如图2.16所示的试样受力示意图。

2.5.6 试验报告要求

1）文字部分

（1）各组试验的坐标位置及高程；

（2）试验地层描述；

（3）试验方法（快剪或固结快剪）；

（4）测力器和量测变形仪表的精度；

（5）c、φ值及确定标准；

（6）试验过程中有关情况说明。

2）图表部分

（1）试验地段的地质剖面图；

（2）各试样剪应力、剪切变形成果表及关系曲线；

（3）抗剪强度、垂直压力成果表及关系曲线；

（4）试验设备安装示意图。

2.6 地基承载力确定试验

2.6.1 试验目的

（1）了解确定地基承载力的常用方法；

（2）学会规范查表法确定地基承载力的方法；

（3）通过进行天然含水率、天然密度及液塑限联合测定试验，进一步掌握土的基本性质；

（4）初步了解土工试验在岩土工程中的应用。

2.6.2 试验设备及仪器

电子天平，液塑限联合测定仪，环刀和烘箱等。

2.6.3 试验思路

在土木工程实践中，许多有经验的工程技术人员能够通过土的物理性质指标较为准确地估计一般黏性土的地基承载力，这说明物理性质指标能近似表达土的容许承载力。又由于物理性质指标试验简单，便于应用，再者物理性质指标齐全，有利于荷载试验结果的分析，因此许多规范中列出了按土的物理性质指标编制的一般黏性土的容许承载力表格。这些表格通常是由物理性质指标与地基承载力的统计回归分析得到的。

因为物理性质指标不能完全反映土的沉积条件和结构强度，不同地区相同物理性质指标的土，力学性质可能相差甚大。因此，用一张统计表概括全国广大地区，这不是很合理。所以，现有规范都强调只在小型建筑物和部分不重要的建筑物才能用物理性质指标查表所确定的地基承载力进行地基基础设计，一般建筑物的地基承载力应通过原位试验（荷载试验）来确定。

设置该试验项目，学生通过土的天然含水率、天然密度及液塑限联合测定试验，结合试验指标查表确定地基土的容许承载力，这一过程能加深学生对土的物理性质指标与土的力学及变形性质之间关系的认识，并对土工试验在岩土工程实践中的实际应用能有所了解。

2.6.4 试验步骤

（1）对地基土进行简易分类描述；

（2）测定土的天然含水率、天然密度；

（3）进行液塑限联合测定试验；

（4）根据试验结果查表得到地基容许承载力。

2.6.5 试验数据处理

（1）整理天然含水率、天然密度测试计算表；

(2)绘制坍落度与含水率关系曲线图。

2.6.6 试验报告要求

1)文字部分

(1)试验地基土的简易分类描述;

(2)试验方法(天然含水率、天然密度、液塑限);

(3)试验步骤;

(4)对土的物性指标与土的承载力之间关系的认识;

(5)地基承载力的常用确定方法。

2)图表部分

(1)建筑物及地基基础设计资料;

(2)坍落度与含水率关系曲线图。

2.7 软土工程沉降模型试验

2.7.1 试验目的

(1)了解模型槽试验的特点;

(2)学会软土路基模型制作方法;

(3)学会用位移计测定路基试模施工期沉降变形的方法;

(4)加深对软土路基工程沉降特性的认识。

2.7.2 试验设备及仪器

(1)软土路基模型槽:深度3m以上,断面尺寸为3m×3m,填满软土。

(2)路基试模板:由宽0.5m、长2m、厚20cm的钢筋混凝土预制板充当路基,在板中线应均匀布置6个直径为5cm的小孔,以便分层沉降标杆出露。

(3)加载设施:油压千斤顶及反力架或由沙袋堆载。

(4)分层沉降板:分层沉降板应在路基试模板下0.2m、0.4m、0.8m、1.2m、1.8m、2.6m共6个深度分别埋设,并且要保证平面位置分别与路基试模板预留孔一致。

(5)水平位移边桩:由直径5cm、长50cm的混凝土杆预埋一长铁钉制成。

(6)位移计:12只,量程为100mm,精度为0.01mm。

2.7.3 试验思路

根据软土的固结试验求得软土地基土的固结系数,设计路堤分级加荷量和加荷速率。通过路基施工的加载模拟试验观测软土地基的分层沉降量、水平位移量,计算分析模拟路基施工加载与固结沉降的关系,从而加深对软土路基工程沉降特性的认识。

2.7.4 试验步骤

(1)用固结试验进行路基模型槽试坑软土压缩变形参数和固结系数的测定(也可由老师提供);并根据路基试模板计算加载和固结的时间关系,初步设计各分层单次加载量和时间间隔。

(2)分层沉降板及位移边桩埋设:根据路基试模板预留孔位置埋设分层沉降板;4 个位移边桩分两排对称埋设在路基试模板中部的两侧部位。

(3)加装路基试模板:将加装路基试模板安装在路基模型槽中央位置,并确保各分层沉降板标杆在预留孔中出露。

(4)位移计安装:6 只位移计通过布置在路基模型槽顶面地面的横向支撑杆(由角铁制作),用三向磁性支架座将位移计竖直安装在分层沉降板出露的标杆顶部;4 只位移计水平安装在 4 个边桩的外侧;2 只位移计竖直安装在路基试模板顶面。

(5)按初步设计荷载施加第一级竖向荷载,进行路基模型沉降量观测,分析初步设计加载时间的适宜性,如加载时间间隔不合适,应予以调整;如果路基试模板上的位移计日沉降量大于 8mm 或者边桩日水平位移量大于 4mm,则认为加载速度过快,应调整荷载施加计划。

(6)重复步骤(5),进行第二、三、四级荷载的施加。

(7)本试验应累计加载 4 级以上。

2.7.5 试验数据处理

(1)根据固结理论和路基分层施工特点初步计算单次加载量和第二次加载的时间;

(2)根据沉降观测结果反算模拟软土路基的固结速度;

(3)整理计算各模拟施工加载与软基沉降量的沉降观测曲线;

(4)用分层总和法预估路基模型的最终沉降量和沉降影响深度,分析模型试验尺寸的影响。

2.7.6 试验报告要求

1)文字部分

(1)试验地基土的固结试验报告(求固结系数);

(2)加载速率设计;

(3)模拟路基施工加载及位移计安装情况;

(4)模拟路基加载与沉降变形观测的试验步骤;

(5)模拟路基施工加载的沉降与变形过程分析;

(6)路基模型的最终沉降量和沉降影响深度分析。

2)图表部分

(1)路基模型沉降及变形观测布置图;

(2)路基模型沉降及变形观测结果表;

(3)路基模型的最终沉降量和沉降影响深度计算表。

2.8 土工构筑物力学性能模型试验

2.8.1 试验目的

(1)了解水平推力桩的受力特征;

(2)学习水平推力桩承载力测试方法;

(3)熟悉水平推力桩的力学性能。

2.8.2 试验设备及仪器

(1)水平推力加载装置宜采用油压千斤顶,加载能力不得小于最大试验荷载的1.2倍。

(2)模型试验桩采用钢筋混凝土现浇桩,直径30cm,埋设深度6~10m,且应深入到持力层中;水平推力的反力可由相邻模型桩提供,其承载能力和刚度应大于试验桩的1.2倍。

(3)荷载测量及其仪器的技术要求应符合以下规定:荷载测量可用放置在千斤顶上的荷重传感器直接测定或采用并联于千斤顶油路的压力表或压力传感器测定油压,根据千斤顶率定曲线换算荷载;传感器的测量误差不应大于1%,压力表精度应优于或等于0.4级。试验用压力表、油泵、油管在最大加载时的压力不应超过规定工作压力的80%;水平力作用点宜与实际工程的桩基承台底面高程一致;千斤顶和试验桩接触处应安置球形支座,千斤顶作用力应水平通过桩身轴线;千斤顶与试验桩的接触处宜适当补强。

(4)桩的水平位移测量及其仪器的技术要求应符合下列规定:

①测量误差不大于0.1%FS,分辨力优于或等于0.01mm;

②对称安置两个位移测试仪表;

③测定平面宜在桩顶200mm以下位置,测点应牢固地固定于桩身;

④基准梁应具有一定的刚度,梁的一端应固定在基准桩上,另一端应简支于基准桩上;

⑤固定和支撑位移计(百分表)的夹具及基准梁应避免气温、振动及其他外界因素的影响。

(5)位移测量的基准点设置不应受试验和其他因素的影响,基准点应设置在与作用力方向垂直且与位移方向相反的试验桩侧面,基准点与试验桩净距不应小于1倍桩径。

2.8.3 试验思路

在野外原位灌注一根钢筋混凝土桩用于试验桩,同时在相距2m的地方灌注一根钢筋混凝土桩作为反力桩,并设置好水平推力梁及预留好推力千斤顶的位置。模型桩的场地地质情况及钢筋混凝土桩的相关结构设计参数由试验室提供。学生主要通过水平承载力测试试验了解水平推力桩的受力特征,学习桩基承载力检测方法。

2.8.4 试验步骤

(1)安装好水平推力加载装置和用于水平位移测量的位移计(百分表)。

(2)试验加卸载方式选用单向多循环加载法,分级荷载应小于预估水平极限承载力或最大试验荷载的1/10。每级荷载施加后,恒载4min后可测读水平位移,然后卸载至零,停2min测读残余水平位移,至此完成一个加卸载循环。如此循环5次,完成一级荷载的位移观测。试验不得中间停顿。

(3)当水平位移达到设计要求的水平位移允许值时,终止加载。

(4)检测数据可按表2.20的格式记录。

水平推力桩水平静荷载试验记录表 表 2.20

试桩号： 上下表距：

荷载(kN)	观测时间(日/月/时/分)	循环次数	加载		加载		水平位移(mm)		加载上下表读数差	转角(rad)	备注
			上表	下表	上表	下表	加载	卸载			

2.8.5 试验数据处理

(1)绘制水平力—时间—作用点位移(H-t-Y_0)关系曲线和水平力—位移梯度(H-$\Delta Y_0/\Delta H$)关系曲线；

(2)绘制水平力、水平力作用点水平位移与地基土水平抗力系数的比例系数关系曲线(H-m、Y_0-m)；

(3)单桩的水平临界荷载可按下列方法综合确定：

①取 H-t-Y_0 曲线上出现拐点的前一级水平荷载值；

②取 H-$\Delta Y_0/\Delta H$ 曲线上第一拐点对应的水平荷载值；

(4)取设计要求的水平允许位移对应的水平荷载作为单桩水平承载力特征值。

2.8.6 试验报告要求

1)文字部分

(1)试验桩位的地质条件描述；

(2)试验桩相关施工记录；

(3)检测方法,检测仪器设备,检测过程叙述；

(4)加卸载方法,荷载分级；

(5)检测数据,实测与计算分析曲线、表格和汇总结果；

(6)检测结论。

2)图表部分

(1)受检桩桩位对应的地质柱状图；

(2)受检桩的截面尺寸及配筋情况；

(3)H-t-Y_0 曲线图(表)；

(4)H-$\Delta Y_0/\Delta H$ 曲线图(表)；

(5)H-m、Y_0-m 曲线图(表)。

2.9 填料压实性评价试验

2.9.1 试验目的

(1)了解填料的路用性质;

(2)学习击实试验方法;

(3)学习 CBR 试验方法;

(4)熟悉填料路用性质的评价方法。

2.9.2 试验设备及仪器

(1)击实仪:由击实筒、击锤和护筒组成。击实筒为内径 152 mm、高 166 mm 的金属圆筒;击实筒内底板上放置垫块,垫块直径为 151 mm, 高为 50mm。护筒高度为 50 mm。

(2)击实仪的击锤应配备导筒,锤底直径为 51 mm ,锤质量为 4.5 kg,落距为 457mm;击锤与导筒间应有足够的间隙使锤能自由下落。电动操作的击锤必须有控制落距的跟踪装置和锤击点按一定角度(轻型 53.5°,重型 45°)均匀分布的装置。

(3)天平:称量 200 g,分度值 0.01g。

(4)台秤:称量 10 kg,分度值 5g。

(5)标准筛:孔径为 20 mm 的圆孔筛和 5 mm 的标准筛。

(6)试样推出器:宜用螺旋式千斤顶或液压式千斤顶,如无此类装置,也可用刮刀和修土刀从击实筒中取出试样。

(7)膨胀量测定装置由百分表和三脚架组成。

(8)有孔底板:孔径宜小于 2 mm ,底板上应配有可紧密连接击实筒的装置,带调节杆的多孔顶板。

(9)荷载块:直径为 150mm,中心孔直径为 52 mm;每块质量为 0.25kg,共 4 块;沿直径分为两个半圆块。

(10)水槽:槽内水面应高出试样顶面 25 mm。

(11)贯入仪应由下列部分组成。

①加荷和测力设备:量程应不低于 50kN,最小贯入速度应能调节至 1mm/min。

②贯入杆:杆的端面直径为 50 mm,杆长为 100 mm,杆上应配有安装百分表的夹孔。

(12)百分表:2 只,量程 100mm,分度值 0.01mm。

(13)秒表:分度值 0.1s。

(14)其他:烘箱,喷水设备,碾土设备,土样推出器,盛土器,直尺,量筒,刮刀,修土刀和保湿设备等。

2.9.3 试验思路

路堤是高速公路建设中重要的主体工程之一,正确把握填料的路用特性是道路工程技术人员必须具备的工程素养。作为路基填料的岩土材料性质差别很大,本试验主要以常见的一般性黏土为对象。采用一般性黏土作为填料,应开展天然含水率、液限、塑限、标准击实试验、CBR 试验等。本试验所说一般性黏土指不包括高液限黏土也不含粉质黏土的低液限黏土,作为填料其最重要的性质要看其可压实性和压实后的路基强度。一般性黏土的可压实性主要与压实含水率和最优含水率的差别相关,而其工后的工程特性则取决于压实度和填料强度。在不考虑路基施工实际压实工艺的条件下,基本可通过击实试验和CBR试验对一般性黏土填料的路用特性进行分析评价。

本试验要求首先对试验室提供的一般性黏土土料进行击实试验,通过击实试验得到土的最大干密度和最优含水率,再按最优含水率配置CBR试件进行CBR试验,最后根据试验室提供的一般性黏土土料的天然含水率、击实试验结果、CBR试验结果对一般性黏土用于高速公路路堤各部位的适宜性作出评价。

2.9.4 试验步骤

(1)熟悉试验土料,由试验室提供试验用一般性黏土的天然含水率、液限、塑限指标;
(2)进行击实试验;
(3)进行CBR试验;
(4)进行试验填料适宜性的分析评价。

2.9.5 试验数据处理

参见击实试验和CBR试验的要求。

2.9.6 试验报告要求

1)文字部分
(1)试验土料的基本物性描述;
(2)试验方法(击实试验、CBR试验);
(3)试验步骤(击实试验、CBR试验);
(4)对试验土料用于高速公路路堤填筑的适宜性进行分析评价。
2)图表部分
(1)击实试验记录表;
(2)绘制干密度与含水率的关系曲线图;
(3)CBR试验记录表1(膨胀量);
(4)CBR试验记录表2(贯入);
(5)绘制单位压力与贯入量的p-l曲线。

2.10 主要造岩矿物的综合鉴定试验

2.10.1 试验内容

(1)观察矿物的形态:单体形态、集合体形态;
(2)认识矿物的物理性质:颜色、光泽、解理、硬度、条痕色等;
(3)根据矿物特性鉴定矿物,并对常见的一些造岩矿物进行描述;
(4)学习对主要造岩矿物从宏观肉眼到微观偏光显微镜综合鉴定的方法。

2.10.2 试验要求

(1)掌握鉴定主要造岩矿物的方法,能利用主要造岩矿物所具有的各种特性,识别主要的造岩矿物;

(2)了解对主要造岩矿物从宏观到微观综合鉴定的方法;了解偏光显微镜原理与构造;掌握镜下鉴定主要造岩矿物的方法。

2.10.3 主要仪器

主要造岩矿物标本10套,小刀,放大镜,稀盐酸,偏光显微镜,主要造岩矿物薄片,条痕板及地质标本陈列室等。

2.10.4 试验内容指导

1)观察矿物的形态

矿物的形态是指矿物的外部特征,它是由矿物的化学成分与内部结构决定的,同时受生长环境的制约。不同的矿物其晶体形态各异,在相同条件下形成的同一矿物其形态一般相同。因此,矿物的形态可作为鉴定矿物的依据之一。

矿物的形态包括单体形态和集合体形态。

(1)单体形态的观察

矿物的单体是指矿物的单个晶体,在一定外界条件下,它总是趋向于形成特定的晶体和形态特征,称为结晶习性,简称晶习。

根据晶体在空间上的三个方向发育程度不同,可将结晶习性分为以下三类。

①一向延长型(柱状):晶体沿一个方向特别发育,其他两个方向发育较差,类似柱子一样,一般呈柱状、棒状、针状、纤维状,有六方柱、四方柱、三方柱、斜方柱,如电气石、角闪石、石英、石棉等晶形属于此类型。

②二向延长型(板状):晶体沿两个方向特别发育,另一个方向发育较差,呈片状、板状、鳞片状等,如板状石膏、片状云母及石墨等晶形。

③三向延长型(等轴状):晶体在三个方向发育基本相等,包括等轴状、粒状,有立方体、八面体、菱形十二面体,如石盐、黄铁矿、石榴子石等。

(2)矿物集合体形态的观察

自然界的矿物呈单体出现的很少,往往是由同种矿物的若干单体或晶粒聚集成各种各样的形态,这种矿物的形体称为矿物集合体的形态。如晶簇状(石英晶簇),粒状、块状(橄榄石),片状(云母),鳞片状(绿泥石),纤维状(纤维状石棉、纤维状石膏),放射状(阳起石、红柱石),结核状(黄土中的钙质结核),鲕状(鲕状赤铁矿),土状(高岭土、蒙脱土)。几种矿物的晶形如图2.17所示。

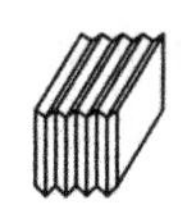
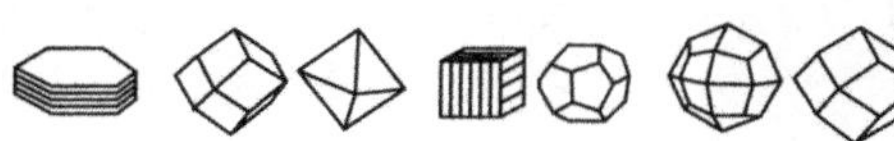
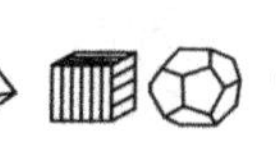
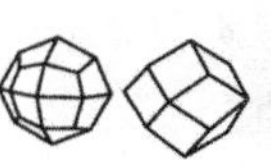

石英晶簇 辉锑矿晶形 放射状集合体 斜长石聚片双晶 云母晶形 磁铁矿晶形 黄铁矿晶形 石榴子石晶形 石英的贝壳状断口

图2.17 几种矿物的晶形

(3)矿物的晶面条纹

晶面条纹是指晶体生长过程中留在晶面上的条纹,它对鉴定矿物和分析矿物有一定的意义。如在黄铁矿立方体的晶面上有三组互相垂直的晶面条纹,石英柱面上常有垂直晶体延长方向的横纹,电气石柱面上常有平行晶体延长方向的纵纹。矿物晶面上的花纹如图 2.18 所示。

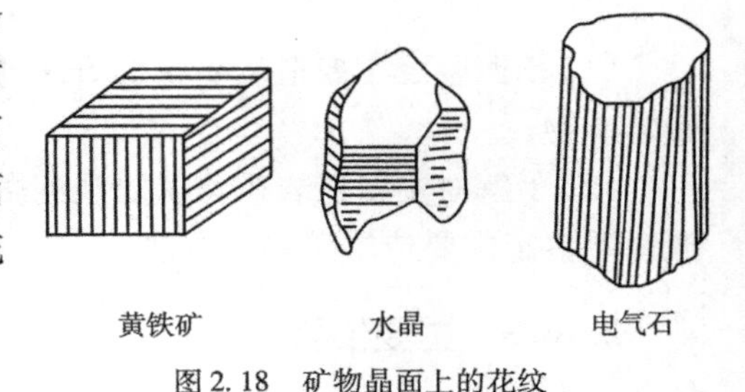

图 2.18　矿物晶面上的花纹

(4)矿物的双晶

有些矿物晶体,常有两个或两个以上的晶体有规律地连生在一起,称为双晶,如正长石的卡氏双晶,斜长石的聚片双晶,石膏的燕尾双晶等。

2)观察矿物的光学性质

矿物的光学性质是指矿物对自然光线的反射、折射和吸收等所表现出来的各种性质,包括颜色、条痕、光泽和透明度等。

(1)颜色

颜色是矿物对不同波长的光波吸收程度不同所表现出来的结果。根据矿物颜色产生的原因可分为自色、他色和假色。

①自色　自色是矿物本身所固有的颜色,它主要决定于矿物组成中元素或化合物的某些色素离子,如孔雀石呈翠绿色,赤铁矿呈樱红色,黄铜矿呈铜黄色,方铅矿呈铅灰色等。

②他色　他色是矿物中混入了某些杂质所引起的颜色,与矿物本身的成分和结构无关。如纯净的石英无色透明,但由于不同杂质混入后可成为紫色(紫水晶)、粉红色(蔷薇石英)、烟灰色(烟水晶)、黑色(墨晶)等。

③假色　假色是由于矿物内部有裂痕或因表面有氧化膜等原因,引起光线发生干涉而呈现的颜色,如方解石、石膏内部有细裂隙面时呈现的晕色。

矿物的自色一般较均匀、稳定,它是矿物固有的颜色,因而具有鉴定意义;而他色和假色常在一个矿物中分布不均一,导致矿物表面色彩不同或浓淡不均,因此在实际观察中对鉴定矿物意义不大。

常见矿物的颜色:白色——方解石、石英;深绿色——橄榄石;铜黄色——黄铁矿;褐色——褐铁矿;铁红色——赤铁矿。

(2)条痕

条痕是指矿物粉末的颜色,通常是看矿物在白色无釉瓷板上刻划后留下的粉末的颜色。条痕色可以消除假色,减弱他色,保存自色。矿物条痕要比矿物块体的颜色稳定得多,故它是肉眼鉴定矿物的重要标志之一。条痕的颜色与矿物颜色可以一致,也可以不一致。如斜长石块体为白色,其条痕亦为白色;黄铁矿的颜色为浅黄铜色,而条痕却为绿黑色;赤铁矿的颜色可以是铁黑色、红褐色,但条痕都是樱红色。

(3)光泽

光泽是指矿物表面对光线的反射能力。矿物按光泽强弱分为金属光泽、半金属光泽和非金属光泽三类。

①金属光泽:矿物表面反光极强,如同光亮的金属器皿表面所呈现的光泽,闪亮耀眼。一些金属矿物表面都具有此光泽,如黄铜矿的光泽。

②半金属光泽:反射光的强度介于金属与非金属之间,光线暗淡,不刺眼,如赤铁矿的

光泽。

③非金属光泽:是一种不具金属感的光泽,主要是透明或半透明矿物。其种类有以下几种。

a. 金刚光泽:非金属光泽中最强的一种,似金刚石那样灿烂的光泽,如金刚石、锡石等。

b. 玻璃光泽:具有光滑表面如同玻璃的光泽,如石英、方解石、长石等。

c. 油脂光泽:具有玻璃光泽的矿物如石英等,因断口不平或表面有细微小孔而引起光线有一定程度的散射,使矿物表面呈动物脂肪似的光泽。

d. 珍珠光泽:呈片状并具极完全解理的浅色透明矿物,因光的连续反射,常呈现一种类似珍珠一样的光泽,如云母等。

e. 丝绢光泽:具有平行纤维状矿物,由于反射光互相干涉而产生像蚕丝棉状的光泽,如纤维石膏等。

f. 蜡状光泽:某些隐晶质致密块状集合体或胶状矿物呈现蜡状光泽,如叶蜡石、蛇纹石等。

g. 土状光泽:疏松土状集合体的矿物表面有许多细孔,光投射其上,就会发生散射,使表面暗淡无光,像土块似的,如高岭土等。

观察光泽时要注意与矿物的颜色互相区分开,同时尽量选矿物新鲜的表面,转动标本,观察反光最强的矿物小平面(晶面或解理面),不要求整个标本同时反光都强。

(4)透明度

透明度是指矿物透过可见光波的能力。观察矿物透明度是以矿物边缘是否透过光线为标准,矿物按透明程度可分为透明、半透明和不透明三类。常见的透明矿物有水晶、石膏、方解石、云母、长石、辉石和角闪石等;半透明矿物有闪锌矿、辰砂等;不透明矿物有磁铁矿、黄铁矿、石墨、自然金等。

金属矿物对光的吸收率高,一般不透明;非金属矿物对光的吸收率低,一般都是透明的。

3)观察矿物的力学性质

矿物的力学性质是指在外力作用下所表现的物理性质,具有鉴定意义的有硬度、解理、断口;另外,还有脆性、延展性、弹性、挠性等。

(1)硬度

矿物的硬度是指其抵抗外来机械力作用(如刻划、压入、研磨等)的能力。一般通过两种矿物相互刻划比较而得出其相对硬度,通常以摩氏硬度计作为标准。摩氏硬度计是以十种矿物的硬度表示十个相对硬度的等级,由软到硬的顺序为:滑石(1度)、石膏(2度)、方解石(3度)、萤石(4度)、磷灰石(5度)、正长石(6度)、石英(7度)、黄玉(8度)、刚玉(9度)、金刚石(10度)。

在野外用肉眼鉴定硬度时,通常采用更简易的鉴定法大致确定其被刻划矿物近似的硬度级别,即用小刀、指甲来刻划。一般指甲可刻动的硬度在2.5以下;指甲刻不动,小刀能刻动的硬度在2.5~5.5之间;小刀刻不动的硬度在5.5以上。

(2)解理与断口

矿物受力后沿其晶体内部一定的结晶方向(或结晶格架)裂开或分裂的性质称为解理。它是沿着矿物内部一定方向发生平行分离的特性,其裂开面称为解理面。解理面可以与晶面平行,也可以与晶面相交。

根据解理发育程度可分为以下几级。

①极完全解理:矿物可以剥成很薄的片,解理面完全光滑,如云母、绿泥石等矿物。

②完全解理:矿物受打击后易裂成平滑的面,如方解石。

③中等解理:破裂面大致平整,如辉石和角闪石。

④不完全解理:解理面不平整,大致可见。

在试验过程中,观察解理组数时,应从不同方向去看标本,如在某一方向上观察到一系列相互平行的解理面,则可定为一组解理;再转动到另一方向又发现另一系列相互平行的解理面,就可定为两组解理;依此类推。确定解理组数后,还应注意不同组解理面间的交角(或称为解理夹角),因为同种矿物一般具有固定的解理组数和解理夹角。有无解理面、解理组数多少、解理夹角的大小等都是识别矿物的重要标志。

断口是矿物被打击后,不以一定结晶方向发生破裂而形成的断开面。具有不完全解理或不具解理的矿物以及隐晶质矿物,在外力打击下便出现断口。断口的形态往往有一定的特征,可以作为鉴定矿物的辅助依据,常见的断口有以下几种:

①贝壳状断口　断口有圆滑的凹面或凸面,面上具有同心圆状波纹,形如蚌壳面,如石英就具明显的贝壳状断口。

②锯齿状断口　断口有似锯齿状,其凸齿和凹齿均比较规整,同方向齿形长短、形状差异并不大,如纤维石膏断口。

③参差状断口　断面粗糙不平,参差不齐,如磷灰石等。

④平坦状断口　其断面平坦且粗糙,无一定方向,如块状高岭石等。

(3)脆性和延展性

矿物受外力作用时容易破碎的性质称为脆性。如镜铁矿的硬度虽大于小刀,但由于它具有明显的脆性,因此可被小刀压碎出现颗粒或粉末。

矿物在锤击或拉引下,容易形成薄片和细丝的性质称为延展性,如自然金、自然银、自然铜等均具有良好的延展性。

(4)弹性和挠性

矿物受外力作用时发生弯曲形变,但当外力作用取消后,弯曲形变又恢复原状,此性质称为弹性,如云母、石棉等矿物。

如当外力取消后,弯曲了的形变不能恢复原状,则此性质称为挠性,如滑石、绿泥石、蛭石等。

4)观察矿物的其他性质

矿物除上述物理性质外,还具有一些其他性质,主要有相对密度、磁性、发光性及通过人的触觉、味觉、嗅觉等感官而感觉出矿物的某些性质。

(1)相对密度

矿物与同体积水(4 ℃)的质量比值,称为相对密度。通常用手估量就能分出轻、重,或者用体积相仿的不同矿物进行对比来确定,大致确定出所谓的重矿物和轻矿物。

(2)磁性

矿物能被磁铁吸引或本身能吸引铁屑的能力称为磁性。可用磁铁或磁铁矿粉末吸引进行测试。

(3)发光性

矿物在外来能量的激发下,能发出某种可见光的性质,称为发光性,如萤石、白钨矿在紫外线照射时均显荧光。

(4)通过人的感官所能感觉到的某些性质

通过人的触觉、味觉、嗅觉等感观而感觉出矿物的某些性质,如滑石和石膏的滑感,食盐的咸味,燃烧硫黄、黄铁矿、雌黄和雄黄的臭味等。

此外,还有如碳酸盐矿物与稀盐酸反应放出 CO_2 气泡,磷酸盐遇硝酸与钼酸铵使白色粉末变成黄色等，都是鉴定碳酸盐类和含磷矿物的好办法。

5）观察矿物在偏光显微镜下的特征

偏光显微镜是鉴定物质细微结构光学性质的一种显微镜。偏光显微镜的特点就是将普通光改变为偏振光进行镜检的方法，以鉴别某一物质是单折射性（各向同性）还是双折射性（各向异性）。双折射性是晶体的基本特征。因此，偏光显微镜被广泛地应用在透明矿物的显微鉴定中。一般从三个方面进行观察：

（1）观察单偏光系统下矿物的形态、解理、颜色、多色性、吸收性、突起等级等。

（2）观察正交偏光系统下矿物的消光现象、消光类型、消光角、干涉色级序、延性符号等。

（3）观察锥光系统下矿物的轴性、光性符号、光轴角、切面类型等。

常见的一些造岩矿物的镜下特征见表2.21。

常见的一些造岩矿物镜下特征 表2.21

名称	晶形	颜色	突起	解理	干涉色	消光性质	双晶	延性符号
石英	六方柱状	无色透明	低正突起	无解理	Ⅰ级白	平行消光	极少见双晶	正延性
方解石	不规则的等轴粒状	无色或白色	显著的闪突起	菱形解理	高级白	沿解理方向对称消光	聚片双晶或接触双晶	负延性
正长石	板状或短柱状	肉红色	低负突起	{001}完全，{010}较完全，{001}∧{010}＝90°	Ⅰ级灰—灰白	斜消光，消光角很小	卡斯巴双晶	负延性
白云母	假六方板片状	无色	低正突起	极完全解理	Ⅲ级	平行消光	有时可见贯穿三连晶	正延性
黑云母	假六方板片状	黑褐色，多色性显著	中正突起	极完全解理	Ⅱ级	平行消光	{001}云母律双晶	正延性
普通辉石	短柱状	绿黑—黑色	高正突起	完全解理，∧＝87°，具{100}、{010}裂理	Ⅰ级顶部到Ⅱ级	横断面上对称消光	简单双晶或聚片双晶	正延性
普通角闪石	长柱状	墨绿—黑色	中至高正突起	{110}解理完全，有{001}裂理	Ⅱ级底部	斜消光	聚片双晶	正延性

2.10.5 试验报告及作业

（1）肉眼鉴定常见造岩矿物时主要依据哪些特性？

（2）写出下列各组造岩矿物的镜下鉴定特征及主要区别点：正长石—斜长石；普通角闪石—普通辉石；方解石—白云石。

（3）按报告要求认真填写试验报告。

2.11 常见岩浆岩的综合鉴定试验

2.11.1 试验内容

（1）观察常见岩浆岩的颜色、结构与构造，分析常见岩浆岩的矿物组成，对典型岩浆岩进

行鉴定和描述,掌握观察的方法、步骤;

(2)学习对常见岩浆岩从宏观肉眼到微观偏光显微镜综合鉴定的方法。

2.11.2 试验要求

(1)根据岩层产状及岩石的结构、构造,区分深成岩、浅成岩和喷出岩;再根据矿物颜色、晶形及外表物理特征确定几个主要及次要矿物,视其百分比含量定出岩石的名称;

(2)了解对常见岩浆岩从宏观到微观综合鉴定的方法;了解偏光显微镜原理与构造;掌握镜下鉴定常见岩浆岩的方法。

2.11.3 主要仪器

常见岩浆岩标本10套,小刀,放大镜,偏光显微镜,常见岩浆岩薄片,地质标本陈列室等。

2.11.4 试验内容指导

岩浆岩是由地壳深处或上地幔中形成的高温熔融的岩浆侵入地壳或喷出地表冷凝而成的岩石。

1)*岩浆岩的矿物成分*

组成岩浆岩的矿物以硅酸盐矿物为主,其中最多的是长石、石英、黑云母、角闪石、辉石、橄榄石等(以上石英属于氧化物),占岩浆岩矿物总含量的99%,所以称之为岩浆岩的重要造岩矿物。其中颜色较浅的称为浅色矿物,因以二氧化硅和钾、钠的铝硅酸盐类为主,又称为硅铝矿物,如石英、长石等;其中颜色较深的称为暗色矿物,因以含铁、镁的硅酸盐类为主,又称为铁镁矿物,如黑云母、角闪石、辉石、橄榄石等。

岩浆岩中的矿物成分是岩浆岩分类的重要依据之一。岩石中含量较多、作为区分岩类依据的矿物,称为主要矿物。如花岗岩类中的石英和钾长石。岩石中含量较少、对区分岩类不起主要作用,但可作为进一步区分岩石种属依据的矿物,称为次要矿物。例如,石英在花岗岩类中为主要矿物,而在闪长岩类中则为次要矿物,其有无并不影响闪长岩的命名问题,但如果含有一定数量(5% ~20%)的石英,则可据此进一步分类称之为石英闪长岩。岩石中含量很少(一般不超过1%)、对岩石分类不起作用的矿物,称为副矿物,如磁铁矿、磷灰石等。

2)*岩浆岩的产状*

岩浆岩的产状是指岩体的形态大小、形成环境及与围岩的相互关系。岩浆岩的产状只有在野外才能观察到,室内只能通过图片、挂图、录像、模型来初步了解。

岩浆在地表或地下不同深度冷凝时,因温度、压力等条件不同,即使是同样成分的岩浆所形成的岩石,也具有不同的岩石形貌特征。这种差异主要表现在两个方面,即岩石的结构和构造。

3)*岩浆岩的结构*

岩浆岩的结构是指矿物的结晶程度,颗粒的形状、大小及矿物间的结合关系。常见的结构有以下几种。

(1)按矿物的结晶程度分

①全晶质结构:组成岩石的矿物全部结晶,如花岗岩。

②半晶质结构:组成岩石的矿物部分结晶,部分为玻璃质,如流纹岩。

③玻璃质(非晶质)结构:组成岩石的成分全未结晶,即全部为玻璃质,如黑曜岩。

结晶程度主要决定于岩石的形成环境和岩浆成分。深成岩是岩浆在地下深处相对封闭的条件下冷凝而成的岩石,因围岩导热性不好,压力大,挥发成分不易逸散,岩浆冷凝缓慢,往往形成全晶质岩石。据研究,某些大岩体冷却时间常为数十万年至一百万年以上。喷出岩形成于地表,冷却迅速,往往形成结晶程度较差的岩石。如果在相同冷凝条件下,基性岩浆温度高、黏性小、冷却相对较慢,其结晶程度往往比酸性岩浆要好一些。

(2)按照组成岩石的矿物颗粒大小分

①等粒结构:又称粒状结构,是岩石中同种主要矿物粒径大致相等的结构。常见于深成岩中。

②斑状结构:岩石中矿物颗粒相差悬殊,较大的颗粒称为斑晶,斑晶与斑晶之间的物质称为基质,基质为隐晶质或玻璃质。一般是斑晶结晶较早,晶形较好,而基质部分结晶较晚,多是熔浆喷出地表或上升至浅处迅速冷凝而成。斑状结构常为喷出岩或一些浅成岩所具有。

③似斑状结构:类似斑状结构,但斑晶更为粗大(可超过 1cm),而基质则多为中、粗粒显晶质结构。斑晶可以是与基质在相同或近似条件下,因某种成分过剩而形成的;也可以是在较晚时间经交代作用而形成的。似斑状结构常为某些深成岩所具有,如似斑状花岗岩。

4)*岩浆岩的构造*

岩浆岩的构造,是指各种组分在岩石中的排列方式或充填方式所反映出来的特征。常见的构造有以下几种。

(1)块状构造

块状构造是指岩石中矿物排列无一定方向,不具任何特殊形象的均匀块体,是深成侵入岩(如花岗岩)中最常见的一种构造。

(2)流纹构造

因熔浆流动由不同颜色、不同成分的隐晶质,或玻璃质,或拉长气孔等定向排列所形成的流状构造,称为流纹构造,常见于中酸性喷出岩(如流纹岩)中。流纹表示熔岩当时的流动方向。

(3)流动构造

岩浆在流动过程中所形成的构造称为流动构造,包括流线构造和流面构造。岩石中长条状、柱状矿物(如角闪石)呈长轴定向排列,称为流线构造,它一般平行于岩浆流动方向;岩石中片状矿物、板状矿物(如云母、长石)呈层状及带状排列,称为流面构造,它一般平行于岩体的接触面。因此利用流线和流面可以测定岩浆的流动方向和岩体接触面的产状。

(4)气孔构造

熔浆喷出地表,压力骤减,大量气体从中迅速逸出而形成的圆形、椭圆形或管状孔洞,称为气孔构造。这种构造往往为喷出岩所具有。

(5)杏仁构造

岩石中的气孔被以后的矿物质(方解石、石英、玛瑙、玉髓等)所填充,形似杏仁,故称为杏仁构造。

气孔构造和杏仁构造多分布于熔岩表层。在大规模熔岩流(如玄武岩)中常可见到多层气孔或杏仁构造,据此可以统计熔岩喷发次数。

上述岩石的结构和构造,不仅可以用来判断岩石形成的环境和条件,而且也是岩浆岩分类和命名的一项重要依据。

5)常见岩浆岩的观察与描述

(1)花岗岩:中—细粒花岗结构,块状构造。石英占30%左右,长石占60%左右,暗色矿物(黑云母、角闪石)成分少于10%,其中正长石多于斜长石。

(2)花岗斑岩:矿物成分相当于花岗岩的浅成岩,全晶质、斑状结构。斑晶主要是碱性长石和石英,有时也有黑云母、角闪石等。基质成分与斑晶相同,隐晶至微晶结构,致密块状构造。

(3)粗面岩:斑状结构,斑晶以透长石为主,并有少量的黑云母、斜长石,基质为粗面结构(大量碱性长石的柱状晶体成大致平行排列)或正斑结构(石英或玻璃质基质中发生了许多正方形和长方形碱性长石微晶)。

(4)闪长岩:主要由中斜长石和角闪石(或黑云母)组成,斜长石含量较角闪石含量多,并含有少量的黑云母、辉石、正长石和石英,暗色矿物占1/3左右。颜色浅灰至灰绿色,自形或半自形粒状结构,有时具似斑状结构。

(5)安山岩:主要由中性斜长石和角闪石组成。肉眼观察呈浅灰、深灰、红褐,以至黑色,蚀变后色调变成绿色,常具斑状结构。斑晶为宽板状中长石(斜长石)、辉石、角闪石、黑云母等,基质为隐晶质或玻基交织结构。斜长石有环带结构,角闪石和黑云母有暗化边现象,块状或气孔状构造等。

(6)辉长岩:主要矿物由斜长石和辉石组成。次要矿物有橄榄石、斜方辉石,有时有角闪石和黑云母,甚至还会含有钾长石和石英。副矿物有磁铁矿、磷灰石等。暗色矿物和浅色矿物含量大致相同。岩石颜色深,常呈黑色、灰色等,粗—中粒辉长结构,块状构造,有时呈条带状构造。

(7)辉绿岩:为浅成侵入岩。矿物成分与辉长岩相似,即主要由基性斜长石和单斜辉石组成。未经蚀变的辉绿岩,颜色多为深灰或黑色,风化后呈浅绿或绿灰色,具辉绿结构(白色的细长条斜长石搭成三角架,其间充填粒状的辉石)。辉绿岩易于蚀变,其蚀变情况大致与辉长岩相同。

(8)橄榄岩:主要由橄榄石组成,其次为辉石。

2.11.5 试验报告及作业

(1)简述深成岩、浅成岩、喷出岩的结构及构造特征,它们与成因有何关系?

(2)简述花岗岩镜下鉴定特征。

(3)按要求认真填写试验报告。

2.12 常见沉积岩的综合鉴定试验

2.12.1 试验内容

(1)观察常见沉积岩的结构和构造;区别一些典型沉积岩;对典型沉积岩进行鉴定和描述;

(2)学习对常见沉积岩从宏观肉眼到微观偏光显微镜综合鉴定的方法。

2.12.2 试验要求

(1)根据常见沉积岩的物质组成区分出碎屑岩类、黏土岩类和化学岩类，并以岩石的成分、结构、构造和胶结物等特征确定出各种岩石的名称；

(2)了解对常见沉积岩从宏观到微观综合鉴定的方法；了解偏光显微镜原理与构造；掌握镜下鉴定常见沉积岩的方法。

2.12.3 主要仪器

常见沉积岩标本10套，偏光显微镜，小刀，放大镜，稀盐酸，常见沉积岩薄片，地质标本陈列室等。

2.12.4 试验内容指导

沉积岩是指在地表或接近地表的岩石遭受风化剥蚀破坏的产物，经搬运、沉积和固结成岩作用而形成的岩石。沉积岩在地表分布极广，出露面积约占地表面积的75%。

1)沉积岩的基本特征

(1)沉积岩的形成

沉积岩的形成过程是一个长期而复杂的外力地质作用过程，一般可分为四个阶段。

①风化剥蚀阶段：地表或接近于地表的各种先成岩石，在温度变化、大气、水及生物长期的作用下，使原来坚硬完整的岩石逐步破碎成大小不同的碎屑，甚至改变了原来岩石的矿物成分和化学成分，形成新的风化产物。

②搬运作用阶段：岩石风化作用的产物，除少数部分残留在原地堆积外，大部分被剥离原地经流水、风及重力等作用，搬运至低地。

③沉积作用阶段：当搬运力逐渐减弱时，被携带的物质便陆续沉积下来。最初沉积的物质呈松散状态，故称为松散沉积物。

④固结成岩阶段：即松散沉积物转变成坚硬沉积岩的阶段。固结成岩作用主要有以下三种。

a. 压实，即上覆沉积物的重力压固，导致下伏沉积物孔隙减少，水分挤出，从而变得紧密坚硬。

b. 胶结，其他物质充填到碎屑沉积物粒间孔隙中，使其胶结变硬。

c. 重结晶作用，新成长的矿物产生结晶质间的联结。

(2)沉积岩的物质组成

沉积岩的矿物成分主要来源于先成的各种岩石的碎屑、造岩矿物和溶解物质。其中组成沉积岩的矿物，最常见的只有20几种，主要由碎屑物质、黏土矿物、化学沉积物和有机质及生物残骸等组成。碎屑物质主要是原岩风化的产物，可以是原岩经破坏后的残留碎屑，也可以是原岩经物理风化后，残留下来的抗风化能力较强的矿物碎屑，如较稳定的石英、长石、云母、岩屑等。黏土矿物主要是一些原生矿物经化学风化作用分解后所产生的次生矿物，它们是在常温常压以及在富含二氧化碳和水的表生环境条件下形成的，如高岭石、蒙脱石、水云母等。化学沉积物是从真溶液或胶体溶液中沉淀出来或生物化学沉积作用形成的矿物，如方解石、白云石、石膏、铁和锰的氧化物等。有机质及生物残骸是由生物残骸或经有机化学变化而形成的矿物,如贝壳、石油、泥炭等。

(3)沉积岩的颜色

影响沉积岩颜色的因素有碎屑成分、矿物成分、胶结物成分,以及成岩或成岩后的环境变化。含炭质、沥青质和细粒黄铁矿时,多呈灰色、灰黑色和黑色;含海绿石、孔雀石等多呈绿色;白色的岩石多由高岭石、石英、盐类等成分组成;胶结物含硅质、钙质、泥质多时颜色较浅,而含铁质多时颜色较深;深灰到黑色说明岩石中含有机质或锰、硫铁矿等杂质,是在还原环境中生成的岩石;肉红色及深红色是岩石中含较多的正长石或高价氧化铁,是在氧化环境下生成的;黄褐色与含褐铁矿有关;绿色常与含氧化亚铁有关,常生成于相对缺氧的还原环境。

(4)沉积岩的结构

沉积岩的结构是指沉积岩中各组成部分的形态、大小及结合方式。沉积岩常见的结构有以机械沉积为主的碎屑结构;以化学沉积为主的结晶结构;介于两者之间的泥质结构及以生物沉积为主的生物结构。

①碎屑结构。碎屑结构即岩石由粗粒的碎屑和细粒的胶结物胶结而成的一种结构。其特征有以下三点:

a. 按碎屑颗粒大小分为砾状结构(粒径大于2mm)、砂状结构(粒径为0.05~2mm)。其中粗砂结构,粒径为0.5~2mm;中砂结构,粒径为0.25~0.5mm;细砂结构,粒径为0.05~0.25mm;粉砂结构,粒径为0.005~0.05mm。

b. 按颗粒外形分为棱角状、次棱角状、次圆状和滚圆状结构。碎屑颗粒磨圆程度受颗粒硬度、相对密度大小及搬运距离等因素的影响。

c. 按胶结类型可分为基底胶结、孔隙胶结和接触胶结。

②泥质结构。泥质结构是颗粒直径小于0.005mm的碎屑或黏土矿物组成的结构,岩石外表呈致密状,肉眼无法分辨,这种结构是黏土岩的主要特征。

③结晶结构。结晶结构是由岩石中的颗粒在水溶液中结晶(如方解石、白云石等)或呈胶体形态凝结沉淀(如燧石)而成的,可分为鲕状、结核状、纤维状、致密块状等形态。

④生物结构。生物结构几乎全部是由生物遗体或生物碎片所组成的,为生物化学岩所特有的结构。

(5)沉积岩的构造

①层理构造:沉积岩的构造是指其组成部分的空间分布及其相互间的排列关系。沉积岩最主要的构造是层理构造。层理是沉积岩成层的性质,指岩石沿垂直方向变化所产生的成层现象,它通过岩石的物质成分、结构及颜色的突变或渐变而显现。由于形成层理的条件不同,层理有各种不同的形态类型,常见的有水平层理、斜层理、交错层理等。

②层面构造:层与层之间的界面称为层面。在层面上有时可看到波痕、雨痕和泥面干裂的痕迹。

③结核:在岩石中呈不规则或圆球形,其成分与周围岩石成分有明显不同,如石灰岩中的燧石结核。

④生物成因构造:由于生物的生命活动和生态特征,而在沉积物中形成的构造称为生物成因构造,如生物礁体、叠层构造、虫迹、虫孔等。

在沉积过程中,若有各种生物遗体或遗迹埋藏于沉积岩中,后经石化交代作用保留在岩石中,则称为化石,为沉积岩所特有的特征,是确定地层时代和沉积物形成环境的重要标志。

(6)沉积岩的分类

沉积岩的分类是以成因和组成的物质成分和结构来划分的，一般分为以下几类。

①碎屑岩类

碎屑岩类岩石是在内外动力地质作用下形成的碎屑物以机械方式沉积下来，并通过胶结物胶结起来的一类岩石。除正常沉积碎屑岩外，还包括火山碎屑岩。

沉积碎屑岩按粒度及含量分为砾岩、砂岩等。砾岩为沉积的砾石经压固胶结而成，碎屑物中岩屑较多。砾石多为岩块（这种岩块可以是多矿岩组成，也可以是单矿岩组成），一般含量>50%。根据砾石形状又可以分为角砾岩（砾石棱角明显）和砾岩（砾石有一定磨圆度）。砂岩为沉积的砂粒经固结而成，它的颜色决定于成分，具有明显的层理构造和砂状碎屑结构。按砂状碎屑的粒度，可进一步划分为粗粒、中粒、细粒和粉粒结构，以此分别定名为粗砂岩、中粒砂岩、细砂岩和粉砂岩。砂岩的主要成分是：石英、长石的矿物碎屑和岩屑。

②黏土岩类

黏土岩类岩石主要由粒径<0.004mm的碎屑物组成。这类岩石具有泥质结构，层理构造，当层理很薄，风化后呈叶片状，称为页理。具有页理构造的黏土岩称为页岩，否则称为泥岩。

③化学及生物化学岩类

化学及生物化学岩类岩石是一类由化学方式或生物参与作用下沉积而成的岩石，主要由盐类矿物和生物遗体组成，具有结晶结构、生物碎屑结构和层理构造。常见者多为碳酸盐，如结晶灰岩、鲕状灰岩、白云岩、生物灰岩等。

对碳酸盐类岩石（如白云岩和石灰岩）可用小刀刻划检验其硬度，用稀盐酸等测试其化学成分，并观察其不同的结构、构造、表面特征及含化石情况。

2）肉眼鉴定沉积岩的方法

肉眼鉴定沉积岩的具体步骤如下：

(1)首先按野外产状、物质成分、结构构造，将沉积岩按所属三大类型区分开。

(2)确定岩石的结构类型。如确定为碎屑结构，就要按粒度大小及矿物含量进一步区分。

(3)确定颗粒大小的方法是同标准方格纸或与标准砂比较，定名时一般以含量>50%者作为定名的基本名称，含量在25%～50%之间者以“×质”表示；含量在25%以下者则以“含××”表示。例如某岩石中的碎屑颗粒含量在80%以上，但砾级只有20%，其他则为砂级。根据上述原则，该岩石可命名为含砾砂岩。

(4)确定碎屑的类型后，还要对胶结物的成分进行鉴定。胶结物的成分可为泥质、钙质、硅质和铁质等单一类型，可以是钙—泥质或钙—铁质等复合类型。因多为化学沉积，颗粒细小，不易识别，所以肉眼鉴定时可用小刀刻划检测其硬度，观察其颜色，或用稀盐酸测试其化学成分中是否含碳酸钙等，并参考其固结程度来确定其胶结物成分。

对碎屑颗粒的形态（圆度和球度）也要进行鉴定描述。但除砾岩外，一般不参加命名。

鉴定岩石的物质成分及含量时，分两种情况：对于碎屑岩、黏土岩、化学岩及生物化学岩，主要是鉴定岩石的矿物成分和各自的含量，方法是用肉眼或简单的化学试剂来鉴定矿物的理化性质（如矿物的形态、颜色、硬度、解理、光泽及滴酸等），以确定所含矿物的种类；然后在一定范围内目估（如用线比法）各矿物的百分含量，从而确定岩石的名称，如长石砂岩、白云质灰岩等。对于含岩屑较多的岩石（如砾岩）应鉴定出砾石的岩石种类，并注意各类岩石的砾石含量百分比。

鉴定岩石的构造：鉴定构造除少数可在标本上观察到外，一般应到野外鉴定其层理构造和层面构造。

鉴定岩石的颜色:在描述岩石时要将岩石的新鲜面和风化面颜色予以分别描述。由于岩石往往是多种不同颜色的矿物组成的,因此描述的颜色应是岩石的总体颜色,绝非某种矿物的颜色。在描述用词上,习惯是将次要颜色写于前,主要颜色写于后,如黄绿色、黄褐色等。

综合描述举例:岩石的名称是按颜色 + 构造 + 结构 + 成分(或成分 + 结构)这个程序描述的。如石英砂岩:新鲜面为灰色,风化面为灰白色,具有厚层状(0.5 ~ 1m)层理;粗粒碎屑结构(粒度在 1mm 左右),磨圆度尚好,多呈浑圆状,分选性也好;碎屑成分主要为石英,含量达 90% 左右,其次为长石,含量达 10% 左右,多风化成高岭土;岩石坚硬,系硅质胶结。根据以上描述,岩石的全名应是:白色厚层状粗粒长石石英砂岩。对碳酸盐岩的命名,一般是结构 + 成分,如鲕状石灰岩。

2.12.5 常见沉积岩的鉴定特征

1)*砾岩*

砾岩具砾状结构,即 50% 以上的碎屑颗粒大于 2mm。砾石滚圆时称为砾岩,砾石具有棱角状时称为角砾岩。砾石主要由一种成分组成时称为单质砾岩,如石英砾岩;砾石成分复杂时称为复杂砾岩。

薄片观察:进一步确定砾石成分,研究砾石本身特点,如为石英岩砾石,则应注意砾石中石英的大小,有无波状消光和镶嵌结构等,进一步确定胶结物的成分和特性,有无生物残体和次生变化。例如黏土胶结物变成绢云母,以及手标本所不能见到的现象。

2)*砂岩*

砂岩具砂状结构,即 50% 以上的碎屑颗粒介于 0.06 ~ 2mm 之间。根据砂粒大小又可分为粗砂岩、中粒砂岩和细砂岩,按成分又可分为单矿物砂岩和复矿物砂岩。粉砂岩不易分辨碎屑颗粒,但断面较黏土岩粗糙。它也可以有单矿物粉砂岩和复矿物粉砂岩之分。黄土则是未经固结的亚砂土,颜色呈土黄色,松散状,层理不清,往往含碳酸钙结核,主要由长石、石英等粉砂组成。

上述碎屑岩如考虑胶结物的成分时,则命名前加胶结物作为形容词,如铁质石英砂岩(胶结物为铁质)。

薄片观察:

(1)进一步鉴定碎屑成分和碎屑本身的特点,如长石为哪种长石,风化情况及磨圆度如何等;又如石英有无波状消光、包裸体等。砂质岩中时常含有少量重矿物,手标本中看不出,需在薄片中鉴定,精确测定碎屑大小,并精确判断分选性和磨圆度(用对比法);成岩后生矿物的判断常需要在薄片下进行。成为粒状存在的成岩后生矿物常有以下特点:无圆化而晶形完整,新鲜透亮,有时有交代生物或碎屑颗粒的现象。同时,还需估计各种成分的含量。

(2)进一步鉴定胶结物的成分和结构特点(非晶质的,结晶质的,再生的,嵌晶的等),精确确定胶结类型。

(3)次生变化:如次生加大现象,胶结物溶蚀碎屑现象,非晶质胶结物重结晶等。

3)*黏土岩*

黏土岩为黏土岩类中固结较紧的一种致密状岩石,吸水性和可塑性较弱,水中不易泡软,这种岩石又称为泥岩。

薄片观察：

(1)进一步确定黏土的矿物成分；

(2)确定机械混入物或新生矿物的大小、形状和成分,并估计百分含量；

(3)鉴定生物化石；

(4)观察显微结构和构造(如鳞片状构造,纤维状结构等)；

(5)观察次生变化的痕迹。

4)*石灰岩*

石灰岩是由碳酸钙组成的岩石,常为灰色;由于含有机质多少不等,颜色可由浅到黑色;一般比较致密;断口呈贝壳状,硬度不大,加盐酸起泡;常因结构不同而给予不同名称,如鲕状灰岩和竹叶状灰岩等。同时灰岩中含有黏土矿物、硅质等杂质,故分别称其为泥灰岩和硅质灰岩。石灰岩用作冶金熔剂、建筑材料。

薄片观察：

(1)观察颗粒的种类(内碎屑、鲕粒、球粒、藻粒、生物颗粒等),生物遗体的种类、大小、完整程度和含量,鲕粒或内碎屑的形状、大小、成分和结构；

(2)观察填隙物的成分、颗粒大小、结构及其与被胶结组分的相互关系；

(3)观察机械混入物的大小和成分,对沉积矿物混入物进行详细鉴定；

(4)观察整个岩石的结构和构造特征；

(5)观察次生变化,如方解石的重结晶,白云石化现象。由于方解石和白云石在很多光学性质上是相同的,故很多情况下在薄片中无法区分它们,这时就需要采用薄片油浸法或染色来区别。但在有些情况下是可以区分的。白云岩化作用是石灰岩常见的一种现象,必须加以注意。白云岩化作用的结果可使岩石孔隙增加。次生白云岩有如下一些特点:菱形晶体完整,透明度较高,有交代现象,如交代生物遗体、鲕体、碎屑等,分布不均匀。

2.12.6 作业

(1)简述沉积岩与岩浆岩在成因、结构、构造及物质成分上的差别。

(2)独立完成教师所给标本的定名描述,并填写在试验报告纸上。

2.13 常见变质岩的综合鉴定试验

2.13.1 试验内容

(1)观察常见变质岩的颜色、结构和构造;区别一些典型的变质岩;对典型的变质岩进行鉴定和描述；

(2)学习对常见变质岩从宏观肉眼到微观偏光显微镜综合鉴定的方法。

2.13.2 试验要求

(1)掌握常见变质岩的鉴定方法,能识别主要的变质岩,初步了解它们的地质特征；

(2)了解对常见变质岩从宏观到微观综合鉴定的方法;了解偏光显微镜原理与构造;掌握镜下鉴定常见变质岩的方法。

2.13.3　主要仪器

常见变质岩标本10套，稀盐酸，小刀，放大镜，偏光显微镜，常见变质岩薄片，地质标本陈列室等。

2.13.4　试验内容指导

变质岩是由原来的岩石（岩浆岩、沉积岩和变质岩）在地壳中受到高温、高压及化学成分加入的影响，在固体状态下发生矿物成分和结构变化后形成的新岩石。

1）变质岩的一般特征

（1）变质岩的矿物成分

变质岩矿物成分的最大特征是变质矿物——变质作用中形成的矿物，它是鉴定变质岩的可靠依据。常见的变质矿物有：滑石、石榴子石、十字石、蓝晶石、硅线石、红柱石等。除变质矿物外，变质岩的主要造岩矿物是长石、石英、云母、辉石和角闪石等。绿泥石、绢云母、刚玉、蛇纹石和石墨等矿物有时能在变质岩中大量出现，这也是变质岩的一个鉴定特征。同时，这些矿物具有变质分带指示作用，如绿泥石、绢云母多出现在浅变质带，蓝晶石代表中变质带，而硅线石则存在于深变质带中。

（2）变质岩的结构

原岩的结构在变质作用过程中可以全部改变形成变质岩的结构，也可以部分残留。因此变质岩的结构具有变晶结构和变余结构两大类。

①变晶结构。变晶结构是指原岩在固态条件下，岩石中的各种矿物同时发生重结晶或变质结晶形成的结构。按变质矿物的粒度可分为等粒变晶结构、不等粒变晶结构及斑状变晶结构；按变晶矿物颗粒的绝对大小可分为粗粒变晶结构、中粒变晶结构和细粒变晶结构；按变晶矿物颗粒的形状分为粒状变晶结构、纤维状变晶结构和鳞片状变晶结构。

②变余结构。在变质作用过程中，由于变形和重结晶作用不强烈，原岩的矿物成分和结构特征没有得到彻底改造，使原岩的结构特征部分被保留下来，形成变余结构，也称为残留结构。变余结构的特点是：外貌上具有原沉积岩或岩浆岩的结构特征，而矿物成分上则表现出一些（特征）变质矿物的特点，许多情况下也保留了一些原岩矿物的特点。一般规律：各种变余结构较易出现在低级变质岩中，通常是原岩组分的化学活动性越小，粒度越粗大时，原岩的结构就越容易被保存下来。在中高级变质岩中，原岩结构一般都遭到较为彻底地改造，但有时仍可找到变余结构。

（3）变质岩的构造

岩石经变质作用后常形成一些新的构造特征，它是区别岩浆岩和沉积岩的特有标志，是变质岩的最重要特征之一。

①片麻状构造：特征是岩石主要由长石、石英等粒状矿物组成，但又有一定数量的呈定向排列的片状或柱状矿物，后者在粒状矿物中呈不均匀的断续分布，致使岩石外表显示深浅色泽相间的断续状条带，是片麻岩特有的构造。

②片状构造：指岩石中由大量片状矿物平行排列所形成的薄层状构造，片理薄而清晰，沿片理面易剥开成不规则的薄片，具有这种构造的岩石称为片岩。

③千枚状构造：特点是片理面呈较强的丝绢光泽，有小的皱纹，由极薄的片组成，易沿片理面劈成薄片状。千枚岩都具有这种构造。

④板状构造：指岩石中由显微片状矿物大致平行排列所成的具有平行板状劈理的构造。岩石一般变质程度较浅，呈厚板状，板面平整，沿板理极易劈成薄板状，板面微具光泽。具有这种构造的岩石称为板岩。

⑤块状构造：当变质作用中没有定向、高压这一因素时，则形成的变质岩中，矿物排列无一定方向，结构均一，一般称为块状构造。部分大理岩和石英岩具有这种构造。

(4)变质岩的分类

变质岩的分类与命名，首先是根据其构造特征，其次是结构和矿物成分，将其分为片麻岩、片岩、千枚岩、板岩、石英岩、大理岩等。

2)常见变质岩综合特征的观察

结合标本，对照教材和指导书，逐块进行观察，包括板岩、千枚岩、结晶片岩(云母片岩、滑石片岩、绿泥石片岩)、片麻岩、糜棱岩、大理岩和石英岩。

3)常见变质岩的肉眼鉴定和命名方法

肉眼鉴定变质岩的主要依据是构造特征和矿物成分。在矿物成分中，应特别注意哪些为变质岩所特有的变质矿物，如绢云母、石榴子石、红柱石、硅灰石等。

根据变质岩所具有的构造特征，可将其分为两大类：一类是具有片理构造的岩石，包括板岩、千枚岩、各种结晶片岩和片麻岩；另一类是不具片理构造的块状岩石，主要包括大理岩、石英岩等。

对具有片理构造变质岩的命名最常用的是"附加名称 + 基本名称"。其中"基本名称"以其片理构造类型表示，如具板状构造者，可定名为板岩；具片状构造者，可定名为片岩。附加名称以特征变质矿物的主要矿物成分或典型构造特征表示，如对一块具明显片麻状构造的岩石，可初定为"片麻岩"(基本名称)，若其矿物组成中含有特征变质矿物石榴子石，则在"片麻岩"前冠以"石榴子石"(附加名称)，即将该标本定名为"石榴子石片麻岩"。同样，对含滑石和绿泥石较多的片岩，可分别命名为"滑石片岩"和"绿泥石片岩"。其他如眼球状片麻岩等的命名亦如此。

对具有块状构造变质岩的命名，则应考虑其结构及成分特征，如粗粒大理岩，硅灰石大理岩等。

2.13.5 试验方法

(1)参照指导书和教材，对常见变质岩标本，在教师指导下进行独立观察学习；

(2)在深入观察学习的基础上，总结具有不同构造的变质岩的鉴定特征；

(3)观察偏光显微镜下的角闪片麻岩、绿泥石化长石砂岩和糜棱岩等薄片，加深对变质岩结构的认识。

2.13.6 常见变质岩的简要描述

板岩：常为灰黑色、黑色，少数为灰绿色、紫色或红色；主要由硅质及黏土矿物组成，肉眼难于辨识，偶尔可见少量云母、绿泥石细小鳞片；呈隐晶质结构，致密均匀，但具板状构造，板理面平整，光泽暗淡，且沿板理方向较易剥成薄板状。

千枚岩：常为黄色、褐红色、灰黑色或绿色；主要成分为细粒和鳞片状的石英、绢云母、绿泥石，沿片理面定向排列，呈现特有的千枚状构造；片理面上具有较强烈的丝绢光泽，垂直于片理面的断面上片理面起伏成皱纹状。

片岩：片状构造明显；常见的组成矿物有云母、绿泥石、滑石、石英、角闪石等，且其中片状矿物呈定向平行排列。此外，尚可见少量的石榴子石等，不含或仅含微量的长石。按所含片状矿物种类的不同，可具体定名为云母片岩、绿泥石片岩、滑石片岩、石墨片岩等。

片麻岩：常为灰白色、灰黑色或灰绿色；全晶质、显晶质、变晶结构，片麻状构造；主要矿物成分为石英和长石（两者含量之和大于50%，且长石含量大于25%），其次为黑云母、角闪石、辉石等（含量之和小于30%）。

大理岩：质纯者为白色，俗称汉白玉，含杂质时可为灰色、黄色、淡红色、淡绿色、紫褐色等；等粒（细粒至粗粒）结晶结构，块状构造；组成的矿物硬度较小，小刀易在其上留下刻痕。以方解石为主要组成矿物的大理岩遇稀盐酸时有明显的起泡现象；以白云石为主要组成矿物的大理岩则反应不显著，但其岩粉遇稀盐酸时可有微弱的起泡现象。

石英岩：质纯者为白色，含杂质时为灰色、黄色、红褐色或紫色；致密状结构，块状构造，一般具有较强的油脂光泽；主要矿物成分为石英，偶有少量长石、云母、绿泥石、角闪石及辉石等，岩性坚硬、性脆。

糜棱岩：具有明显的糜棱结构，组成物质（矿物、矿物集合体及其他因碾磨而成的极细物质）定向排列成条带或不同颜色的条纹，在条带或条纹之间常夹杂有大小不等的呈眼球状、扁豆状或透镜状的刚性物质（石英、长石或它们的集合体）；含少量绢云母、绿泥石、绿帘石、蛇纹石等。在野外现场，此种岩石往往仅分布在较大规模的断裂带中。

2.13.7 试验报告及作业

（1）主要变质岩的综合鉴定试验报告。

（2）变质岩的片理构造与沉积岩的层理构造间的区别。

（3）描述下列岩石间的主要区别：片麻岩—片岩；片麻岩—花岗岩；千枚岩—页岩—片岩；石英岩—石英砂岩—大理岩；板岩—薄板状石灰岩。

本章参考文献

[1] 中华人民共和国国家标准．GB/T 50123—1999　土工试验方法标准[S]．北京：中国计划出版社，1999.

[2] 中华人民共和国行业标准．SL 237—1999　土工试验规程[S]．北京：中国水利水电出版社，1999.

[3] 中华人民共和国行业标准．JTG E40—2007　公路土工试验规程[S]．北京：人民交通出版社，2007.

[4] 中华人民共和国行业标准．JGJ 106—2003　建筑基桩检测技术规范[S]．北京：中国建筑工业出版社，2004.

[5] 左建，郭成久．水利工程地质[M]．北京：中国水利水电出版社，2004.

[6] 尚岳全，王清．地质工程学[M]．北京：清华大学出版社，2006.

[7] 路凤香，桑隆康．岩石学[M]．北京：地质出版社，2006.

第 3 章　工程结构基本构件试验

3.1　电阻应变计灵敏系数测定试验

3.1.1　试验目的

(1)掌握静态电阻应变仪的操作规程和使用方法;
(2)掌握静态电阻应变仪多测点测量的基本原理;
(3)熟悉和掌握常用电阻应变片灵敏度系数的测定方法;
(4)验证惠斯顿电桥的加减特性。

3.1.2　试验试件

如图 3.1 所示为贴有电阻应变计的等强度梁和温度补偿块。

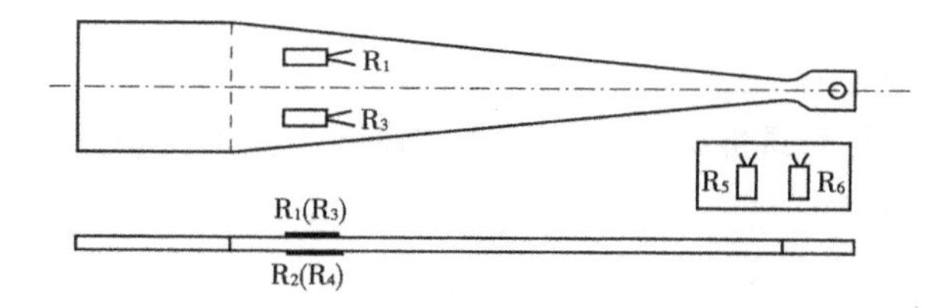

图 3.1　电阻应变计灵敏系数测定试验试件

3.1.3　试验设备及仪器

静态电阻应变仪,等强度梁试验装置,砝码,游标卡尺等。

3.1.4　试验原理

电阻应变计粘贴在处于单向应力状态的被测构件表面上,且应变计的敏感栅栅长方向(简称纵向)与应力方向平行,当构件受力产生变形时,设应变计的相对电阻变化为 $\frac{\Delta R}{R}$,试件表面贴片处的纵向应变为 ε ,则定义应变计的灵敏系数 K 为:

$$K = \frac{\Delta R/R}{\varepsilon} \tag{3.1}$$

由此可分别测量 $\frac{\Delta R}{R}$ 与 ε 的值便可求得应变计的灵敏系数 K 。

本试验测试构件为等强度悬臂梁(图 3.1),梁的端部受集中力而弯曲,其上下表面的轴向应变 ε (应变片纵向应变)可用三点式挠度计测得(在无合适的挠度计可用的情况下,使用材料力学中的方法求得)。

在等强度悬臂梁的上下表面分别贴有应变计 R_1、R_2、R_3、R_4,与等强度梁相同材料的补偿块上贴有温度补偿片 R_5、R_6,并将两者放置于同一温度场中。根据惠斯顿电桥的加减特性: $\varepsilon = \varepsilon_1 - \varepsilon_2 + \varepsilon_3 - \varepsilon_4$,可以设计许多桥路连接方案。在图 3.2 中,列举了四个试验方案可供同学们参考。

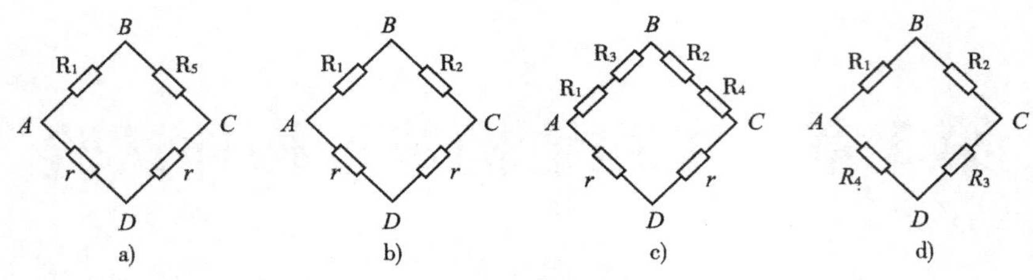

图 3.2　四种桥路接线方法

方案 a:工作片 R_1 与温度补偿片 R_5 组成半桥,另半桥为仪器内部固定电阻 r,此时 $\varepsilon_{测} = \varepsilon_p$,应变仪的读数等于等强度梁上测点的实际应变值。

方案 b:用工作片 R_1 与 R_2 组成半桥,另半桥为仪器内部固定电阻 r,此时 $\varepsilon_{测} = 2\varepsilon_p$,应变仪的读数等于等强度梁上测点实际应变值的两倍。

方案 c:用工作片 R_1 与 R_3 串联后接入电桥的 AB 桥臂,R_2、R_4 串联后接入电桥的 BC 桥臂,CD、DA 桥臂采用仪器内部精密电阻 r,此时 $\varepsilon_{测} = 2\varepsilon_p$。

方案 d:采用全桥连接,此时 $\varepsilon_{测} = 4\varepsilon_p$。

加载采用等量加载的方式,分为 4 级,分别测量在不同荷载作用下等强度梁上测点的应变值。

3.1.5　试验步骤

(1)测量等强度梁的几何尺寸;

(2)调整静态电阻应变仪的 $K_{测}$,使其等于 2.00;

(3)制订桥路及加载方案(要求采用两种以上不同桥路方案),按预定试验方案连接桥路;

(4)初始平衡;

(5)加载,读取并记录应变值;

(6)卸载,每种桥路重复三遍加载;

(7)采用第二方案桥路连接,重复步骤(4)~(6);

(8)试验完成,拆除测试导线,关闭仪器电源等,整理试验现场。

3.1.6　试验数据记录及其计算处理

电阻应变计灵敏系数测定试验记录见表 3.1。

1)理论计算

等强度梁各截面的正应力 $\sigma_{理}$ 相等。

$$\sigma_{理} = \frac{M}{W} = \frac{6PL}{bh^2} \tag{3.2}$$

式中:P——所加载荷的重力;

L——加载点至等强度梁试件根部的距离;

b——等强度梁试件根部的宽度;

h——等强度梁试件的梁高。

2)灵敏系数计算

$$K_i = \frac{\varepsilon_{测} K_{测}}{n \cdot \varepsilon_{理}}, n = \frac{\varepsilon_{测}}{\varepsilon_P} \tag{3.3}$$

式中：K_i——所测定电阻应变计的灵敏系数；

$K_{测}$——试验时仪器所设定的灵敏系数值；

$\varepsilon_{测}$——试验中读取的应变值；

$\varepsilon_{理}$——理论计算的应变值。

电阻应变计灵敏系数测定试验记录表 表 3.1

原始数据	截面宽度	截面高度	梁的长度	截面模量	弹性模量
加载次数	荷载(kg)	$\varepsilon_{理}$	$\varepsilon_{测}$	K_i	K
1					
2					
3					

3.1.7 试验报告要求

(1)简述试验名称、试验目的、试验设备；

(2)阐述试验原理、试验方案、测点布置图及桥路连接图；

(3)列出原始数据，计算、整理试验结果；

(4)总结各种接桥方式的特点并比较各方案的优劣，推举最佳试验方案。

3.2 钢筋混凝土梁正截面破坏试验

3.2.1 试验目的

(1)通过对钢筋混凝土梁的承载力、挠度、钢筋应变及裂缝等参数的测定，了解钢筋混凝土梁受弯构件(适筋梁)受力破坏的一般过程；

(2)通过试验验证钢筋混凝土受弯构件平均应变平截面假定的正确性；

(3)通过试验加深对适筋钢筋混凝土受弯构件正截面受力特点、变形性能和裂缝开展规律的理解；

(4)掌握试验数据的分析、处理和表达方法，提高分析和解决问题的能力。

3.2.2 试验试件

试验试件为钢筋混凝土梁一根(适筋梁),纵向受力钢筋为2ϕ8(热轧Ⅰ级钢),箍筋为ϕ6@150(热轧Ⅰ级钢),尺寸及配筋如图3.3所示。混凝土设计强度等级为C25,钢筋保护层厚度为20mm。

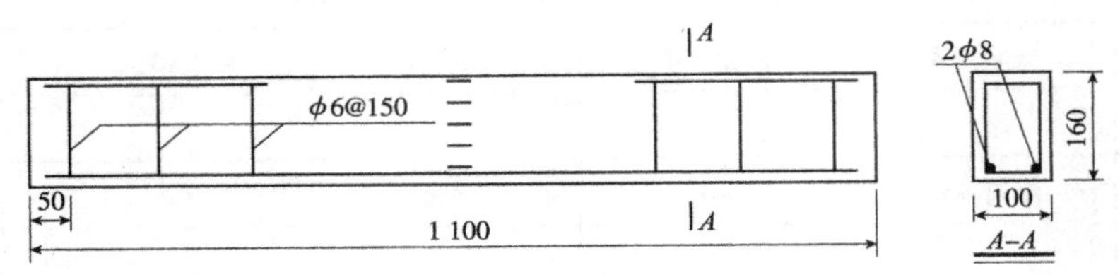

图3.3 钢筋混凝土梁正截面破坏试验试件(尺寸单位:mm)

3.2.3 试验设备及仪器

手动螺旋千斤顶、压力传感器各1个,静态电阻应变仪1台,百分表及磁性表座各3个,裂缝测宽仪1台,钢卷尺1把,反力装置1套。

3.2.4 试验方法

1)测试内容及测点布置

测试具体项目:正截面应变,受拉钢筋主应变,梁跨中挠度,裂缝发展情况,开裂荷载,屈服荷载,破坏荷载。如图3.4所示,在钢筋混凝土梁的纯弯区段侧表面均匀布置5个电阻应变计(自行设计测点位置),试验前完成应变计粘贴工作,梁内受拉主筋各布一枚电阻应变计。挠度测点:跨中测点1个,支座不均匀沉降测点各1个。

2)加载装置及加载方案

梁的试验荷载一般较大,加载采用千斤顶加载方式。构件试验荷载的布置应符合设计规定,当不能相符时,应采用等效荷载的原则进行代换,使构件试验的内力图与设计的内力图相近,并使两者最大受力部位的内力值相等。

作用在试件上的试验设备质量及试件自重等应作为第一级荷载的一部分。确定试件的实际开裂荷载和破坏荷载时,应包括试件自重和作用在试件上的垫板、分配梁等加荷设备质量(本试验梁的跨度小,这些影响可忽略不计)。本次试验采用反位加载的方式进行加载,具体如图3.5所示。

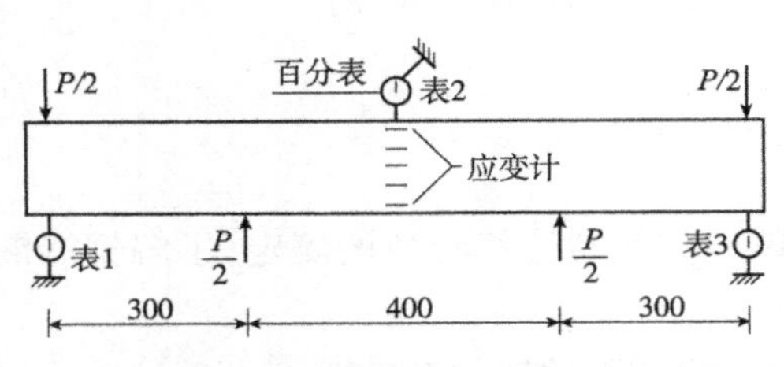

图3.4 钢筋混凝土梁正截面破坏试验应变计布置(尺寸单位:mm)

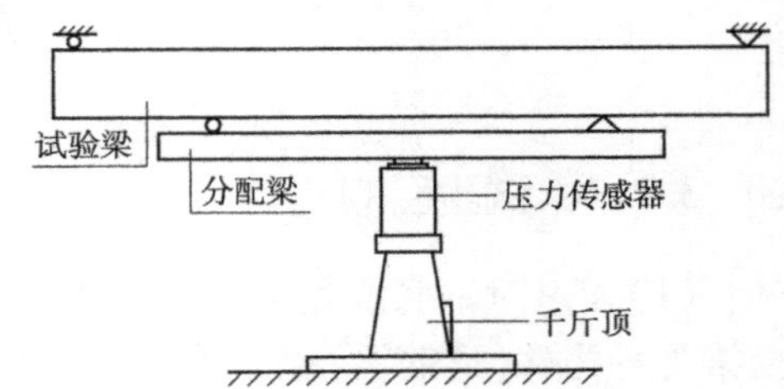

图3.5 钢筋混凝土梁正截面破坏试验反位加载装置

加载方案:分级加载,混凝土开裂前,每级加载2kN;开裂后,每级加载4kN;当纵向钢筋受力屈服后,以跨中位移控制,每级加载2mm,直至试件破坏。每级加载持荷时间为5~10min,

当读数稳定后开始读数并记录，数据填入记录表内。

3）开裂荷载的确定

（1）放大镜观察法

用放大倍率不低于四倍的放大镜观察裂缝的出现。

（2）荷载—挠度曲线判别法

测定试验结构构件的最大挠度，取其荷载—挠度曲线上斜率首次发生突变时的荷载值作为开裂荷载实测值。

（3）连续布置应变计法

在截面受拉区最外层表面，沿受力主筋方向在拉应力最大区段的全长范围内连续搭接布置应变计，以监测应变值的发展，取任一应变计的应变增量有突变时的荷载值作为开裂荷载实测值。

构件在加载过程中第一次出现裂缝时，应取前一级荷载值作为开裂荷载实测值；当在规定的荷载持续时间内出现裂缝时，应取本级荷载值与前一级荷载值的平均值作为其开裂荷载实测值；当在规定的荷载持续时间结束后出现裂缝时，应取本级荷载值作为其开裂荷载实测值。

4）试验结构构件裂缝的量测

试验结构构件开裂后应立即对裂缝的发生及发展情况进行详细观测，量测使用状态试验荷载值作用下的最大裂缝宽度及各级荷载作用下的主要裂缝宽度、长度及裂缝间距，并应在试件上标出，绘制裂缝展开图。

5）承载力的确定

构件受力情况为轴心受拉、偏心受拉、受弯、大偏心受压时，若出现如下状况之一者为构件被破坏，此时即为极限承载力。

（1）对有明显物理流限的热轧钢筋，其受拉主钢筋应力达到屈服强度，受拉应变达到0.01；对无明显物理流限的钢筋，其受拉主钢筋的受拉应变达到0.01；

（2）受拉主钢筋拉断；

（3）受拉主钢筋处最大垂直裂缝宽度达到1.5mm；

（4）挠度达到跨度的1/50；对于悬臂结构，挠度达到悬臂长的1/25；

（5）受压区混凝土压坏。

3.2.5 试验步骤

试验前学生应仔细阅读试验指导书，了解试验过程；粘贴电阻应变计（程序为构件表面磨平处理、表面清洗、粘贴应变计、导线焊接等），要求位置准确、粘贴牢固、无气泡。根据试验梁的截面尺寸、配筋数量、材料强度等估算试验梁的开裂荷载值和破坏荷载值。试验时，由学生自己提出具体实施方案，经指导教师同意后，分组自行操作试验。教师给出试验所需的仪器设备并进行实时指导。具体试验步骤如下：

（1）检查试验装置并按照预定试验方案进行试件安装，布置测试仪表；

（2）测量梁的实际跨度、截面尺寸、加载点位置及混凝土应变计位置等；

（3）预加载试验（按破坏荷载的20%考虑，），按1～3级预加载（0－2kN－3kN－4kN），测读数据，观察试件、装置和仪表工作是否正常并及时排除故障；预载值必须小于构件的开裂荷

载值,然后卸载至0;

(4)确认仪表等均正常后,试验开始,读初值;

(5)按预定加载方案进行正式加载,在试验梁上发现第一条裂缝后,对试验梁表面裂缝进行标记,确定开裂荷载读数;试验中应认真观察试验梁上原有裂缝的发展和新裂缝的出现等情况并进行标记,读取裂缝宽度,量测裂缝间距并记录试验数据;

(6)卸载,记录试验梁破坏时裂缝的分布情况;

(7)试验完成后,整理试验现场。

3.2.6 试验数据记录及其计算处理

根据规范和参考有关研究成果进行计算,自拟或参考以下记录表格(表3.2~表3.4)。

钢筋混凝土梁正截面破坏试验应变记录表 表3.2

测点 / 荷载	混凝土截面					主筋	
	测点1	测点2	测点3	测点4	测点5	测点6	测点7

钢筋混凝土梁正截面破坏试验挠度记录表 表3.3

测点 / 荷载	表1		表2		表3	
	实测值	增量值	实测值	增量值	实测值	增量值

钢筋混凝土梁正截面破坏试验裂缝记录表 表3.4

裂缝 / 荷载	第1条		第2条		第3条		……
	宽度	纵向长度	宽度	纵向长度	宽度	纵向长度	
裂缝距梁端距离							

注:在裂缝展开图中应详细记录裂缝的位置、长度、宽度(对应于纵向受力钢筋侧向投影处)。

3.2.7 试验报告要求

(1)简述试验名称、试验目的、试验设备。

(2)描述试验方案(如梁的受力分布情况,电阻应变计的分布方案、加载方案等)、梁的破坏过程(尤其是裂缝的扩展情况),根据试验记录的试验数据,整理各类记录表格。

(3)利用混凝土应变测试数据,绘制梁正截面应变图,分析截面应力是否符合现有理论。绘制荷载—钢筋应变曲线(标注开裂荷载和屈服荷载)。

(4)根据试验过程中记录的百分表读数,计算各级荷载作用下试验梁的实测跨中挠度值,作 P-f 曲线。绘制荷载—挠度曲线和荷载—构件变形曲线,进行挠度结果比较。

(5)根据试验中观察到第一条裂缝时荷载的读数,推算试验梁的实测开裂荷载值,计算试验梁相应的开裂弯矩值。根据试验梁破坏时的荷载值,计算试验梁相应的破坏弯矩值,将各实测值与理论值进行比较，分析差异原因。

(6)绘制开裂后各级荷载下的裂缝分布图。

(7)叙述梁的破坏形态和特征。

(8)谈谈试验体会。

(9)附试验原始数据。

3.3 钢筋混凝土柱偏心受压试验

3.3.1 试验目的

(1)通过试验初步掌握钢筋混凝土偏心受压柱静载试验的程序和方法；

(2)了解钢筋混凝土偏心受压柱的破坏过程及其特征；

(3)测试钢筋混凝土偏心受压柱的开裂荷载和极限荷载，并与理论计算值比较，以验证理论计算的正确性；

(4)进一步熟悉和掌握液压加载系统、电阻应变仪及裂缝测宽仪等仪器设备的使用方法。

3.3.2 试验模型

试验模型采用矩形截面，截面尺寸为100mm×100mm，受压高度为600mm，受力尺寸为180mm×100mm，受力的合力至截面中心的距离(偏心距)为40mm，混凝土的强度等级为C25，钢筋(Ⅱ级)直径为8mm。钢筋混凝土偏心受压柱试验模型，如图3.6所示。

3.3.3 试验装置

试验柱置于压力机台座上，通过单刀铰支座加载，由压力机读取荷载读数，用应变片量测试验柱中部截面应变，用百分表量测跨中侧向挠度，用裂缝测宽仪量测试裂缝宽度。钢筋混凝土偏心受压柱试验加载装置，如图3.7所示。

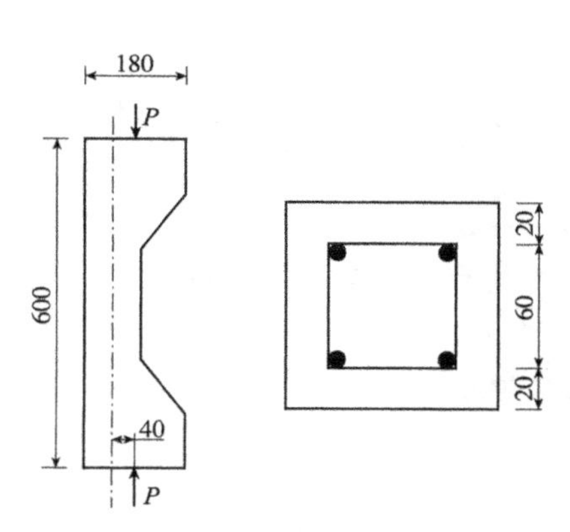

图3.6 钢筋混凝土偏心受压柱试验模型(尺寸单位:mm)

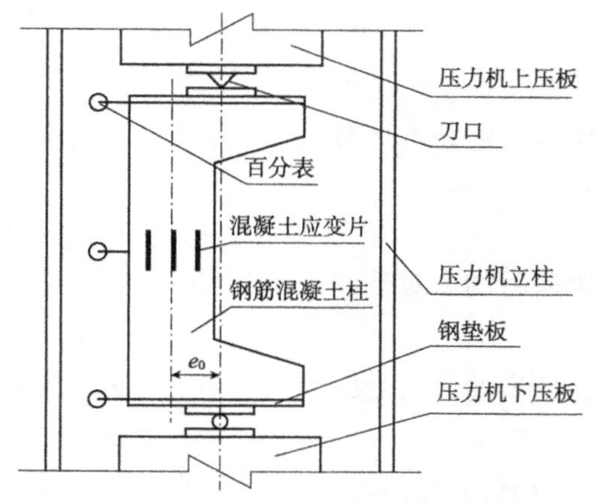

图3.7 钢筋混凝土偏心受压柱试验加载装置

3.3.4 试验设备及仪器

万能试验机(或液压加载装置)，电阻应变仪，百分表，裂缝测宽仪，游标卡尺、钢尺等。

3.3.5 试验原理

在弯矩和轴力共同作用下的构件,轴力与弯矩对于构件的作用效应存在着叠加和制约作用的关系,即当给定轴力 N 时,有其唯一对应的弯矩 M,或者说构件可以在不同的轴力 N 和弯矩 M 的组合下达到其极限承载力。钢筋混凝土偏心受压构件因偏心距及纵向钢筋不同,主要有两种破坏形态:受拉破坏(大偏心受压破坏)和受压破坏(小偏心受压破坏)。对于大偏心受压破坏,受拉钢筋首先达到屈服强度导致受压混凝土压坏,临近破坏时有明显的预兆,裂缝显著开展,其构件的承载力取决于受拉钢筋的强度和数量。对于小偏心受压破坏,受压一侧的边缘混凝土的应变达到极限压应变,混凝土被压碎;同一侧的钢筋压应力达到屈服强度,而另一侧的钢筋,不论受拉还是受压,其应力均达不到屈服强度;破坏前,构件横向变形无明显的急剧增长,其正截面承载力取决于受压区混凝土强度和受压钢筋强度。

钢筋混凝土柱构件正截面承载力计算可采用以下基本假定:①截面应变分布符合平截面假定;②不考虑混凝土的抗拉强度;③受压区混凝土的极限压应变 $\varepsilon_{\mathrm{hmax}} = 0.003$;④混凝土的压应力图形为矩形,应力集度为 R_{a},矩形应力图的高度 x 等于按平截面确定的中和轴高度 x_{c} 乘以系数0.9,即 $x = 0.9x_{\mathrm{c}}$。

矩形截面偏心受压构件正截面承载力计算图式,如图3.8所示。

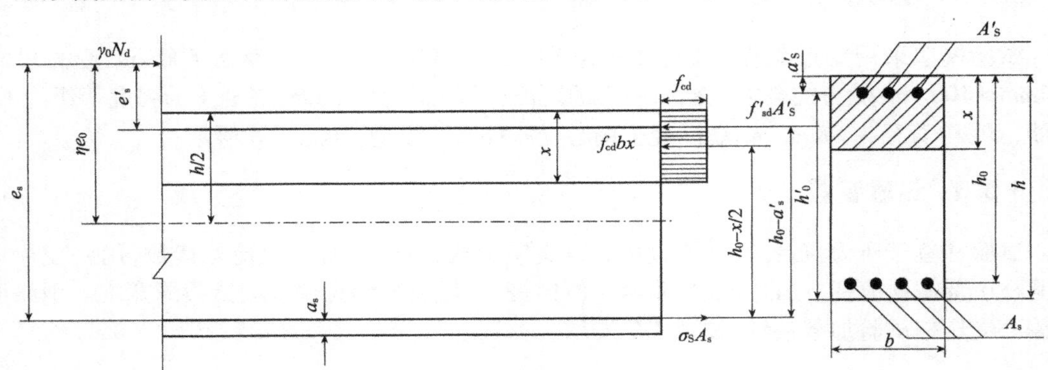

图3.8 矩形截面偏心受压构件正截面承载力计算图式

承载力的基本计算公式,可通过构件破坏时的内力平衡条件求得,即由轴向力平衡条件得:

$$\gamma_0 N_{\mathrm{d}} \leqslant f_{\mathrm{cd}} bx + f'_{\mathrm{sd}} A'_{\mathrm{s}} - \sigma_{\mathrm{s}} A_{\mathrm{s}} \tag{3.4}$$

由所有的力对受拉边(或受压较小边)钢筋合力作用点取矩的平衡条件得:

$$\gamma_0 N_{\mathrm{d}} e_{\mathrm{s}} \leqslant f_{\mathrm{cd}} bx(h_0 - x/2) + f'_{\mathrm{sd}} A'_{\mathrm{s}}(h_0 - a'_{\mathrm{s}}) \tag{3.5}$$

由所有的力对受压较大边钢筋合力作用点取矩的平衡条件得:

$$\gamma_0 N_{\mathrm{d}} e'_{\mathrm{s}} \leqslant - f_{\mathrm{cd}} bx(x/2 - a'_{\mathrm{s}}) + \sigma_{\mathrm{s}} A_{\mathrm{s}}(h_0 - a'_{\mathrm{s}}) \tag{3.6}$$

由所有的力对轴向力作用点取矩的平衡条件得:

$$f_{\mathrm{cd}} bx(e_{\mathrm{s}} - h_0 + x/2) = \sigma_{\mathrm{s}} A_{\mathrm{s}} e_{\mathrm{s}} - f'_{\mathrm{sd}} A'_{\mathrm{s}} e'_{\mathrm{s}} \tag{3.7}$$

以上式中:σ_{s} ——受拉边(或受压较小边)钢筋的应力,其值与受压区高度 x 有关,当 $x \leqslant \xi_{\mathrm{b}} h_0$ 时,取 $\sigma_{\mathrm{s}} = f_{\mathrm{sd}}$;当 $x > \xi_{\mathrm{b}} h_0$,且混凝土的强度等级为C50及以下时,取

$$\sigma_{\mathrm{s}} = 0.0033 E_{\mathrm{s}} \left(\frac{0.8}{x/h_0} - 1 \right) \tag{3.8}$$

e_s——轴向力作用点至受拉边(或受压较小边)钢筋合力作用点的距离,其值可以表达为

$$e_s = \eta e_0 + h_0 - h/2$$

e'_s——轴向力作用点至受压较大边钢筋合力作用点的距离,其值可以表达为

$$e'_s = \eta e_0 - h/2 + a'_s$$

e_0——轴向力作用点至混凝土截面重心轴的距离,即初始偏心距,$e_0 = M_d/N_d$;

η——偏心距增大系数。

当计算大偏心受压构件承载力时,为了保证受压钢筋的应力达到抗压强度设计值,混凝土受压区高度应满足 $x \geqslant 2a'_s$;如果不满足,则说明受压钢筋离中性轴太近,构件破坏时受压钢筋的应力达不到抗压强度设计值。此时,构件的正截面承载力可按下列公式近似求得:

$$\gamma_0 N_d e'_s \leqslant f_{sd} A_s (h_0 - a'_s) \tag{3.9}$$

在计算小偏心受压构件承载力时,当轴向力作用在纵向钢筋 A_s 和 A'_s 之间,为了防止离轴向力较远一侧混凝土先压坏,尚应满足下列条件:

$$\gamma_0 N_d e'_s \leqslant f_{cd} bh(h'_0 - h/2) + f_{sd} A_s (h_0 - a'_s) \tag{3.10}$$

此时,e'_s 的数值应以正值代入式(3.10),即 $e'_s = h/2 - \eta e_0 - a'_s$;$h'_0$ 为受压较大边钢筋合力作用点至截面受压较小边的距离,$h'_0 = h - a'_s$。

对于大偏心受压破坏,其破坏形态实质上与受弯破坏类似,其混凝土开裂弯矩可以采用以下公式:

$$M_{cr} = \gamma f_{tk} W_0 \tag{3.11}$$

式中:γ——构件受拉区塑性影响系数,$\gamma = 2S_0/W_0$;

f_{tk}——混凝土轴心抗拉强度标准值;

S_0——全截面换算截面重心轴以上(或以下)部分面积对换算截面重心轴的面积矩;

W_0——全截面换算截面面积对受拉边缘的弹性抵抗矩。

由此,可得到开裂压力的表达式为:

$$P_{cr} = M_{cr}/e_0$$

3.3.6 试验步骤

(1)按照试验模型的要求制作钢筋混凝土柱,并在四根受力钢筋上粘贴应变片,然后再进行浇筑混凝土;

(2)浇筑完成后,将钢筋混凝土柱进行养护,然后储存在试验室的试件堆放区;

(3)在钢筋混凝土柱中部截面粘贴应变片;

(4)安装钢筋混凝土柱,按拟定的偏心距调整试验柱上加载点的位置,连接应变片到应变仪;

(5)安装百分表,检查仪表,调整仪表初始读数;

(6)利用压力机进行分级加载,每级加载后,立即测读并记录应变仪、百分表以及压力机荷载读数;

(7)在所加荷载约为试验柱估算的破坏荷载的60%~70%时,注意观察裂缝是否出现;当发现第一条裂缝后记录前一级荷载下压力机荷载读数,并用裂缝测宽仪测量裂缝宽度;在以后继续注意观察裂缝的出现和开展情况;

(8)加载至试验柱破坏,记录压力机荷载读数;

(9)卸载,记录试验柱破坏时的裂缝分布情况;

(10)试验完成,清理试验现场。

3.3.7 试验数据处理及误差分析

(1)根据试验压力机的荷载与侧向挠度的系列数据,制作相应的表格,绘制相应的荷载—挠度曲线图,并进行相应分析;

(2)根据试验压力机的荷载与混凝土应变的系列数据,制作相应的表格,绘制相应的荷载—混凝土应变曲线图,并进行相应分析;

(3)根据试验压力机的荷载与钢筋应变的系列数据,制作相应的表格,绘制相应的荷载—钢筋应变曲线图,并进行相应分析;

(4)绘制裂缝分布图,并记录开裂荷载;

(5)记录试件的极限荷载,并描述试件破坏的最终形态;

(6)综合分析荷载—挠度曲线图、荷载—混凝土应变曲线图、荷载—钢筋应变曲线图、裂缝分布图以及试件破坏的最终形态等,以此来判断构件的破坏是属于小偏心受压破坏还是大偏心受压破坏;

(7)根据理论计算开裂荷载和极限荷载,将实测值与理论值进行比较,计算出相对误差,并进行分析讨论。

3.3.8 试验报告要求

(1)写出试验名称、试验目的与要求、试验原理、试验设备及仪器、试验步骤等;

(2)分别制作试验荷载与侧向挠度、混凝土应变以及钢筋应变等系列数据的表格,绘制相应的图形,并进行分析,以此得出相应的试验结论;

(3)绘制裂缝分布图,给出开裂荷载;描述试件破坏的最终形态,并给出试件的极限荷载;

(4)理论计算开裂荷载和极限荷载,将实测值与理论值进行比较,计算出相对误差,并分析产生误差的原因;

(5)得出试验结论;

(6)写出试验心得体会。

3.4 简支钢桁架静载试验

3.4.1 试验目的

(1)通过试验掌握静载试验常用仪器、设备使用方法,并了解其主要性能指标;

(2)通过试验对桁架的工作性能及计算理论作出评判,深刻理解对称性的含义;

(3)对结构静载试验的试验方案、方法设计有所了解;

(4)掌握试验数据的整理、分析和表达方法,学会误差分析和加载—卸载分析;

(5)通过分工协作,培养团结合作的团队精神。

3.4.2 试验模型

钢桁架,跨度3.6m,上下弦、腹杆均采用等边角钢2∠25mm×3($F=2\times143.2\text{mm}^2$),节点

板厚 $\delta = 10\text{mm}$，测点布置如图 3.9 所示。钢材采用 Q345。试件的材料性能：$E_s = (200 \sim 210) \times 10^9 \text{Pa}$；$f_{sy} = 345\text{MPa}$。

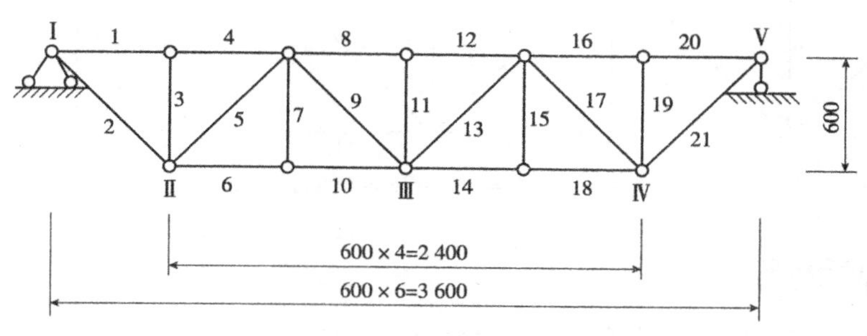

图 3.9　简支钢桁架计算简图（尺寸单位：mm）

1 ~ 21 - 电阻应变片；I ~ V - 挠度计

3.4.3　试验装置

钢桁架简支于两个滚轴支座上，利用杠杆原理，通过在桁架纵向对称轴的上弦中心处分级加载，读取各级荷载读数，用应变片测试桁架杆件中部截面应变，用百分表量测下弦节点的竖向挠度。钢桁架试验加载装置如图 3.10 所示。

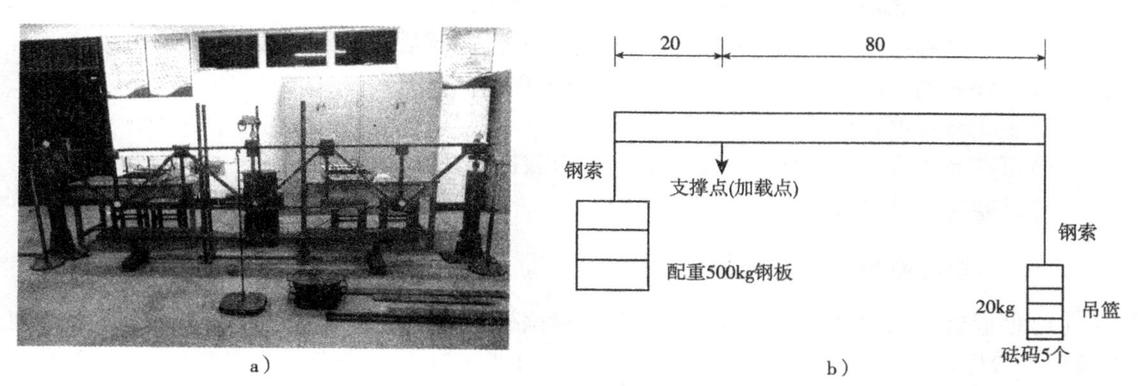

图 3.10　钢桁架静载试验加载装置示意图（尺寸单位：cm）

3.4.4　试验设备及仪器

压力传感器与测力仪，电阻应变仪，百分表与磁性表架，加载砝码，钢尺等。

3.4.5　试验原理

根据桁架计算理论（节点法与截面法）计算钢桁架在单位荷载作用下各杆的内力值，并标注在相应各杆处（图 3.11），再根据胡克定律（$\sigma = E\varepsilon$）、杆件的实测截面面积 F、弹性模量 E 和实测应变值列表计算杆件内力（$N_{测} = EF\varepsilon_{测}$），并与杆件内力理论值进行比较，或将应变的理论值[$\varepsilon_{理} = N_{理}/(EF)$]与实测值进行比较。依据实测杆件截面积 F 和弹性模量 E 计算各节点挠度理论值：$f_v = \sum \frac{\overline{N}_i N_i}{EF_i} L_i$，根据试验时百分表读数及梯形图处理法（图 3.12）得到各节点挠度试验值，并将各节点挠度试验值与理论值进行比较。

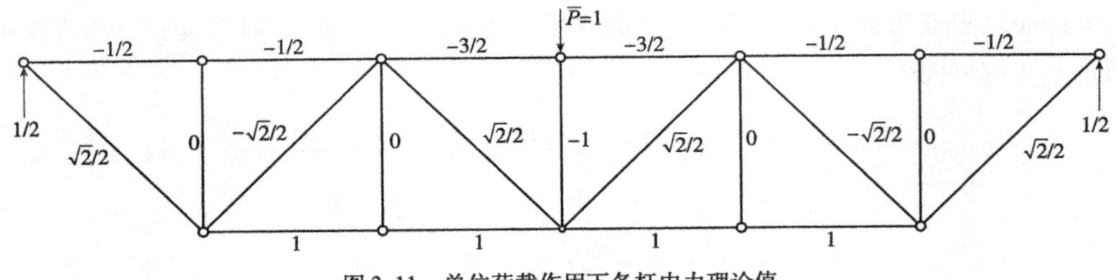

图 3.11　单位荷载作用下各杆内力理论值

3.4.6　试验步骤

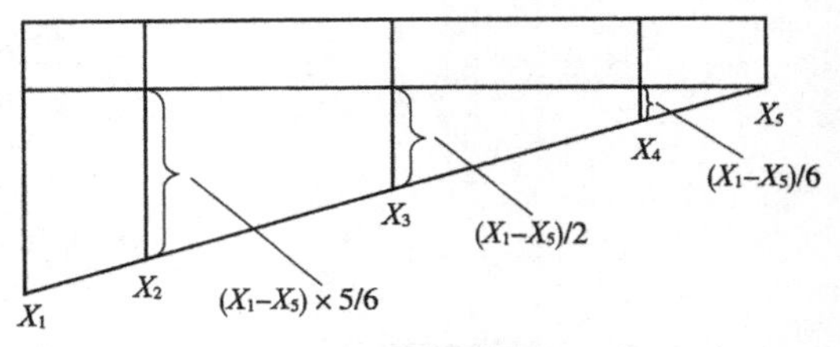

图 3.12　梯形图处理法

(1)考察试验场地及仪器设备,听取试验介绍并写出试验方案与试验方法;画记录表和计算简图,进入试验室进行试验;

(2)检查试件和试验装置,架设百分表,要求垂直对准,先按单点加载方案安装杠杆加载装置;

(3)安装百分表,将各杆应变片及补偿片连接线连接到应变仪的 A、B 接线端;

(4)预加载试验(1kN 荷载),检查装置试件和仪表是否正常,发现问题及时排除,然后卸预载;

(5)做好记录准备,读取仪表初值并记录好初始值;

(6)正式试验:分 5 级加载,每级 0.5kN(或 1kN),满载后分 2 级卸载,加卸载每级停歇时间为 5min,停歇的中间读数并记录,读数应尽可能保证同时性;

(7)正式试验可重复两次;

(8)再选择 2 点和 3 点加载方案重复上述步骤进行试验;

(9)试验完成,清理试验现场。

3.4.7　试验数据处理及误差分析

(1)根据试验测得的各杆的应变试验值与根据桁架计算理论(节点法与截面法)计算桁架在单位荷载作用下各杆的内力值及根据胡克定律计算得到的应变理论值进行比较,制作相应的计算表格和结果表格,绘制相应的荷载—应变曲线图,图中标明杆件号及理论与试验曲线,并进行相应分析;

(2)根据挠度计算公式和计算表格对下弦的三个节点计算在一级荷载作用下的挠度理论值,根据试验时百分表读数及梯形图处理法得到各节点挠度试验值,将各节点挠度试验值与理论值进行比较,制作相应的计算表格和结果表格,绘制相应的荷载—应变曲线图,并进行相应分析;

(3)根据试验挠度结果表格,绘制荷载—整体变形曲线图,并进行相应分析;

(4)根据应变和挠度的试验值与理论计算值,以及记录表中的加载与卸载记录数据,进行误差分析与加载—卸载分析;

(5)将实测值与理论值进行比较,计算出相对误差,并进行分析讨论。

3.4.8　试验报告要求

(1)写出试验名称、试验目的与要求、试验原理、试验设备及仪器、试验步骤等;

(2)试验数据整理、分析、表达(记录表格→计算表格→结果表格→结果图);

(3)绘制 P-ε 图、P-f 图、L-f 图;

(4)将实测值与理论值分别绘制在上述结果图中,并分别用虚线与实线两种线形表达;
(5)得出试验结论;
(6)写出试验心得体会与合理化建议。

3.5 刚架试验

3.5.1 试验目的

(1)通过试验掌握静载试验常用仪器、设备使用方法,并了解其主要性能指标;
(2)通过对刚架测点位移及内力的测量,对刚架结构的工作特性及计算理论进行巩固与消化;
(3)进一步学习结构静载试验的试验方案、方法设计;
(4)掌握试验数据的整理、分析和表达方法,学会误差分析、加载—卸载分析;
(5)通过对超静定刚架结构的试验,进一步巩固超静定结构的求解计算方法、步骤。

3.5.2 试验模型

刚架,跨度2.0m,高1.2m,采用10号工字钢($F=2\ 120\text{mm}^2$),固端钢板厚$\delta=20\text{mm}$,测点布置如图3.13所示。钢材采用Q345。试件的材料性能:$E_s=(200\sim210)\times10^9\text{Pa}$;$f_{sy}=345\text{MPa}$。

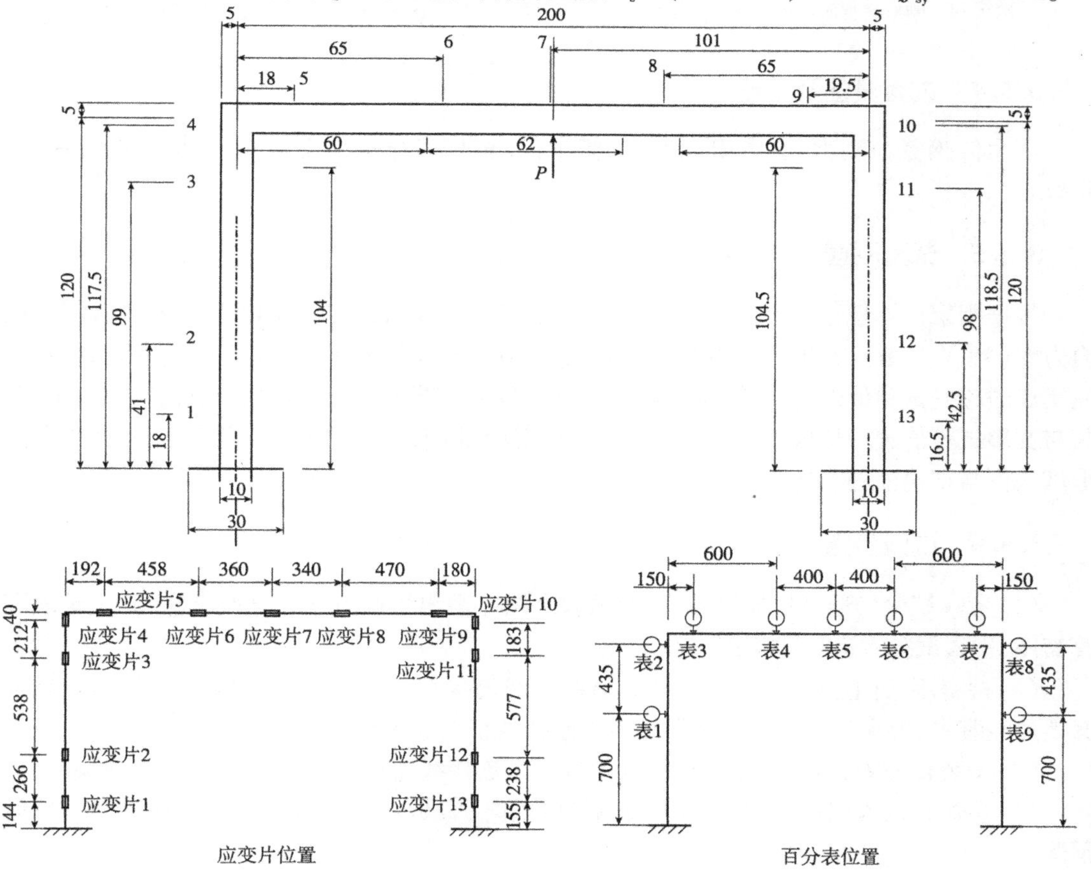

图3.13 刚架计算简图(尺寸单位:cm)

1~13-电阻应变片

3.5.3 试验装置

刚架既作为试验结构又作为承受反力的装置，通过在刚架的横向与纵向对称轴的轴线中心线上，利用千斤顶、压力传感器与测力仪进行分级加载，读取各级荷载读数，同时在各个控制点处布置应变与变形测点，并用应变仪与百分表读取各级荷载作用下各个控制点的应变与变形读数，用倾角仪测试刚架各个刚接点的角度值。刚架试验加载装置，如图 3.14、图 3.15 所示。

图 3.14　刚架试验加载装置（两点加载）

图 3.15　刚架试验加载装置（单点加载）

3.5.4 试验设备及仪器

压力传感器与测力仪，电阻应变仪、倾角仪，百分表与磁性表架，千斤顶及钢垫块，钢卷尺等。

3.5.5 试验原理

根据刚架计算理论（力法与位移法）计算刚架在一级荷载作用下刚架的内力值与相应的内力图（M、N、V 图），并根据内力组合与胡克定律（$\sigma = E\varepsilon$）得到各控制点的应变理论值，与各控制点的应变试验值进行比较；依据超静定结构位移计算方法计算各控制点的变形理论值，将其与变形试验值进行比较，根据试验时用倾角仪测试刚架各个刚接点的角度值，将各刚节点变形试验值与理论值进行比较。

3.5.6 试验步骤

（1）考察试验场地及仪器设备，听取试验介绍并写出试验方案与试验方法；画记录表和计算简图，进入试验室进行试验；

（2）检查刚架固定端是否固定，安装试验加载设备装置，先按单点加载方案安装千斤顶及其他加载装置，要求千斤顶及传感器轴线与刚架的横向与纵向对称轴的轴线重合；

（3）安装百分表，将各控制点应变片及补偿片连接线连接到应变仪的 A、B 接线端；

（4）预加载试验（1kN 荷载），检查装置试件和仪表是否正常，发现问题及时排除，然后卸预载；

（5）做好记录准备，读取仪表初值并记录好初始值；

（6）正式试验，分 5 级加载，每级 5kN，满载后分 2 级卸载，加卸载每级停歇时间为 5min，

停歇的中间读数并记录,读数应尽可能保证同时性;

(7)正式试验可重复两次;

(8)再用2点加载方案重复上述步骤进行试验;

(9)试验完成,清理试验现场。

3.5.7 试验数据处理及误差分析

(1)根据试验测得的各控制点的应变试验值与根据刚架计算理论(力法与位移法)计算刚架在一级荷载作用下各控制点的应变组合理论值进行比较,制作相应的计算表格和结果表格,绘制各控制点相应的荷载—应变曲线图,图中标明各控制点点号及理论与试验曲线,并进行相应分析;

(2)根据超静定结构位移计算方法计算各控制点的变形理论值,将各控制点的变形试验值与理论值进行比较,制作相应的计算表格和结果表格,绘制各控制点相应的荷载—应变曲线图,并进行相应分析;

(3)根据试验变形结果表格,绘制各级荷载—整体变形曲线图,并进行相应分析;

(4)根据试验时用倾角仪测试刚架各个刚接点的角度值,将各刚接点变形试验值与理论值进行比较,深化理解刚接点的含义;

(5)将实测值与理论值进行比较,计算出相对误差,并进行分析讨论;

(6)将单点加载与两点加载试验结果进行对比分析,进而推广应用到集中荷载与分布荷载对结构内力的影响。

3.5.8 试验报告要求

(1)写出试验名称、试验目的与要求、试验原理、试验设备及仪器、试验步骤等;

(2)试验数据整理、分析、表达(记录表格→计算表格→结果表格→结果图);

(3)绘制各控制点的 P-ε 图、P-f 图以及刚架在各级荷载作用下的整体变形图;

(4)将实测值与理论值分别绘制在上述结果图中,并分别用虚线与实线两种线形表达;

(5)得出试验结论;

(6)写出试验心得体会与合理化建议。

3.6 超声回弹法测试混凝土强度试验

3.6.1 试验目的

(1)了解无损检测混凝土强度的几种方法以及它们之间的适用范围;

(2)了解回弹仪的基本构造,掌握回弹仪的正确使用方法;

(3)掌握非金属超声仪的使用方法;

(4)熟练掌握处理回弹值及超声声时值的方法;

(5)掌握混凝土构件的抗压强度综合评定方法。

3.6.2 试验设备及仪器

混凝土回弹仪,非金属超声波仪,打磨工具、耦合剂以及计算器等。

3.6.3 试验原理

当浇筑新建结构的混凝土时,可以同时浇筑一些立方体试块,来检测混凝土一定龄期对应的抗压强度,该方法在试验研究时得到了大量的应用,但是在工程现场检测由于混凝土试块的限制,往往采用非破损检测技术。非破损检测技术可直接在结构构件上进行全面检测,能够比较真实地反映构件材料的实际强度,可以在不破坏结构和不影响使用性能的条件下检测结构内部有关材料质量的信息,现已在工程中广泛应用。目前,非破损检测方法检测混凝土结构材料强度的方法主要有:回弹法,超声法,超声回弹综合法。对于局部破损检测混凝土强度的方法主要有:钻芯法,拔出法,贯入法。

回弹法检测混凝土强度就是采用回弹仪弹击混凝土表面,用测量混凝土的表面硬度(用回弹值来表示)来推算其抗压强度;其适用于龄期为14~1 000d,抗压强度为10~60MPa的混凝土强度检测。超声法检测混凝土强度是根据混凝土的抗压强度与超声波在混凝土中的传播速度有一定的相关性。超声回弹综合法检测混凝土强度既能反映混凝土的表层状态,又能反映混凝土的内部构造,且在推算混凝土强度时不需考虑碳化深度的影响,其测试精度优于超声或回弹单一测试方法,表达式如下:

$$f_{cu}^{c} = Av^{B}R_{m}^{C} \tag{3.12}$$

式中:f_{cu}^{c}——测区混凝土强度的换算值;

v——测区超声波在混凝土中的传播速度;

R_m——测区平均回弹值;

A、B、C——常数项。

1)构件的选取及测区处理

(1)测区布置应符合以下要求:当按单个构件检测时,应在构件上均匀布置,测区每个构件上的测区数不应少于10个;对于长度小于或等于2m的构件,其测区数可适当减少但不应少于3个。

(2)测区的布置宜在构件混凝土浇筑方向的侧面;测区应均匀分布,相邻两测区的间距不宜大于2m;测区宜避开钢筋密集区和预埋件;测区尺寸为200mm×200mm;测试面应清洁、平整、干燥,不应有接缝饰面层、浮浆和油垢,避开蜂窝麻面部位,必要时可用砂轮片清除杂物和磨平不平整处,并清除残留粉尘。

(3)结构或构件上的测区应注明编号,并记录测区位置和外观质量情况;结构或构件的每一测区宜先进行回弹测试,后进行超声测试,且回弹值和超声声速值必须一一对应。

2)回弹值测试原理

确定回弹值的原理示意图,如图3.16所示。

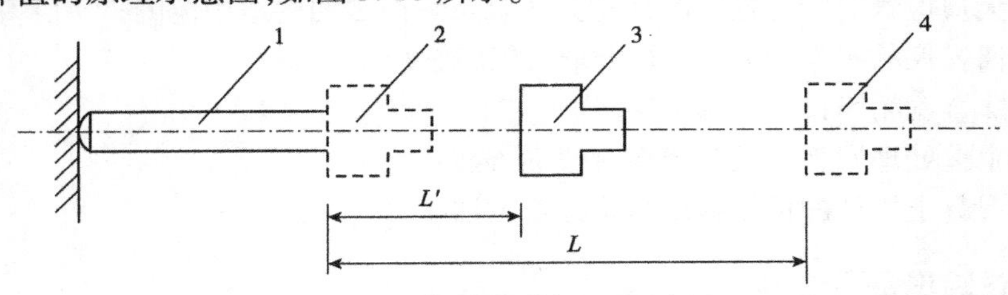

图3.16 确定回弹值的原理示意图

1-弹击杆;2-重锤弹击时的位置;3-重锤回跳最远的位置;4-重锤发射前的位置

$$R = L'/L \times 100\% \tag{3.13}$$

式中：R——回弹仪的回弹值；

L——弹击弹簧的初始拉伸长度；

L'——重锤反弹位置的拉伸长度。

用回弹仪测试时宜使仪器处于水平状态测试混凝土浇筑方向的侧面；如不能满足这一要求，也可在非水平状态测试或测试混凝土浇筑方向的顶面或底面。对构件上每一测区的两个相对测试面各弹击点，每一测点的回弹值测读精确至1.0。相邻两测点的间距一般不小于30mm，测点距构件边缘或外露钢筋铁件的距离不小于50mm，并且同一测点只允许弹击一次。计算测区平均回弹值时应从该测区两个对测面的16个回弹值中剔除3个最大值和最小值，然后将余下的10个回弹值按下列公式计算。

$$R_m = \frac{1}{10}\sum_{i=1}^{10} R_i \tag{3.14}$$

式中：R_m——测区平均回弹值，计算至0.1；

R_i——第i个测点的回弹值。

非水平状态测得的回弹值应按下列公式修正：

$$R_a = R_m + R_\alpha \tag{3.15}$$

式中：R_a——修正后的测区回弹值；

R_α——测试角度α的回弹修正值。

非水平状态测得的回弹修正值见表3.5。

非水平状态测得的回弹修正值 表3.5

R_m / 角度(°)	20	25	30	35	40	45	50
向上90	-6.0	-5.5	-5.0	-4.5	-4.0	-3.8	-3.5
向下90	4.0	3.8	3.5	3.3	3.0	2.8	2.5

由混凝土浇筑方向的顶面或底面测得的回弹值应按下列公式修正：

$$R_a = R_m + (R_\alpha^a + R_\alpha^b) \tag{3.16}$$

式中：R_α^a、R_α^b——分别为测区顶面、底面的回弹修正值。

混凝土浇筑顶面、底面测得的回弹修正值见表3.6。

混凝土浇筑顶面、底面测得的回弹修正值 表3.6

R_m / 浇筑面	20	25	30	35	40	45	50
顶面	2.5	2.0	1.5	1.0	0.5	0	0
底面	-3.0	-2.5	-2.0	-1.5	-1.0	-0.5	0

3）超声声时值测试原理

超声波在混凝土中传播速度的表达式如下：

$$v = \sqrt{\frac{E_d(1-\mu)}{\rho(1+\mu)(1-2\mu)}} \tag{3.17}$$

式中：v——测区超声波在混凝土中的传播速度；

E_d——混凝土的弹性模量；

μ——混凝土的泊松比；

ρ——混凝土的密度。

混凝土超声波检测系统，如图 3.17 所示。

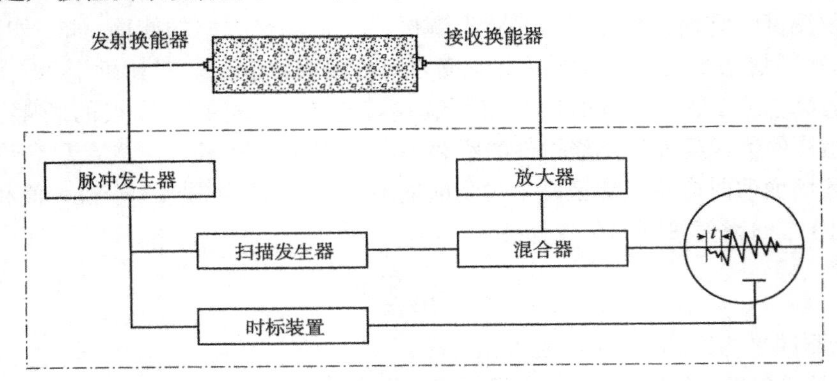

图 3.17　混凝土超声波检测系统

测区布置与回弹法布置相同。在每个测区内的相对测试面上，应布置 3 个测点，且每对发射换能器和接收换能器应在同一轴线上。注意测试时，必须保证换能器与被测混凝土表面的良好耦合（如涂抹凡士林、黄油等）。测区声速值应按下列公式计算：

$$v = l/t_m \tag{3.18}$$

$$t_m = (t_1 + t_2 + t_2)/3 \tag{3.19}$$

式中：v——测区声速值，km/s；

l——超声测距，mm；

t_m——测区平均声时值，μs；

t_1、t_2、t_3——分别为测区中 3 个测点的声时值。

3.6.4　试验步骤

（1）在混凝土测试试件布置 10 个测区，其测区尺寸为 200mm × 200mm，然后对测区表面进行清洁、平整、干燥处理，最后在每个测区的两个对侧面均匀布置 16 个回弹测点和 3 个超声对测点。

（2）使用回弹仪对混凝土柱测试试件 10 个测区的所有回弹测点进行测试，测试时首先将回弹仪的弹击杆顶住混凝土的表面，轻压仪器，使按钮松开，放松压力时弹击杆伸出，挂钩挂上弹击锤；其次使仪器的轴线垂直于混凝土的表面并缓慢均匀施压，待弹击锤脱钩冲击弹击杆后，弹击锤回弹带动指针向后移动至某一位置时，指针块上的示值刻线在刻度尺上表示出一定数值即为回弹值，记录该回弹值（精确至 1.0）；逐渐对仪器减压，使弹击杆自仪器内伸出，然后再进行下一个回弹值的测试，直至所有回弹测点测试完成。

（3）计算各个测区的平均回弹值，计算时应从各个测区的 16 个回弹值中剔除 3 个最大值和最小值，然后将余下的 10 个回弹值进行算术平均得到测区平均回弹值 R_m（准确至 0.1）。在测试时，如果仪器处于非水平状态，同时构件测区又非混凝土的浇筑侧面，则应对测得的回弹值先进行角度修正，然后再进行顶面或底面的修正。

（4）使用非金属超声波仪测试声时值。测试时，首先量取对测点的距离；其次再用仪器专配的连接电缆分别将发射换能器和接收换能器与主机的“发射”接口及“接收 1”接口相连，打开主机电源，进入测试主界面，按超声回弹综合法测强按钮，根据现场测试条件设置参数；然后将与仪器连接好的发射换能器与接收换能器直接耦合，点击采样，仪器发射超声波信号并接收，再次点击采样，停止发射，保存并设置声时值 t_0；参数设置完毕后，按采样按钮，仪器开始发射超声波，接收换能器接收信号并在窗口中显示，再次按采样按钮才可中止采集，如果信号质量较好，则保存该测试结果，如果测试信号质量较差，欲重新测试，则不用保存该测试结果，继续按采样按钮重新采集数据，直至将所有测区（一般一个测区布置 3 个测点）测试完毕；最后切换进入分析界面，将各个测区对应的回弹平均值输入界面，仪器将自动得到混凝土的换算强度。测试工作完后，点击文件菜单中的另存为图标，选择保存类型为文本数据结果文件，该格式文件可用记事本、Word 和 Excel 打开。

(5) 试验完成，设备整理、装箱，清理试验现场。

3.6.5 试验数据处理及误差分析

超声回弹综合法适用于以中型回弹仪、低频超声仪按综合法检测建筑结构和构筑物中的普通混凝土抗压强度值，其中混凝土强度换算值 f_{cu} 是根据用超声回弹综合法取得的测值换算成相当于被测结构物所处条件及龄期下边长 150mm 立方体试块的抗压强度值，混凝土强度推定值 $f_{cu,e}$ 是相应于强度换算值总体分布中保证率不低于 95% 的强度值。

1）混凝土强度换算值的理论计算

构件第 i 个测区的混凝土强度换算值 $f_{cu,i}$，应根据修正后的测区回弹值 R_{ai} 及修正后的测区声速值 v_{ai}，优先采用专用或地区测强曲线推定。当无该类测强曲线时，经验证后也可按下列公式计算。

粗集料为卵石时：

$$f_{cu,i} = 0.038 (v_{ai})^{1.23} (R_{ai})^{1.95} \tag{3.20}$$

粗集料为碎石时：

$$f_{cu,i} = 0.008 (v_{ai})^{1.72} (R_{ai})^{1.57} \tag{3.21}$$

式中：$f_{cu,i}$——第 i 个测区的混凝土强度换算值，MPa（准确至 0.1MPa）；

v_{ai}——第 i 个测区修正后的声速值，km/s（准确至 0.01km/s）；

R_{ai}——第 i 个测区修正后的回弹值（准确至 0.1）。

相对标准误差 e_r，可按下式表示：

$$e_r = \frac{\sqrt{\sum_{i=1}^{n} (f_{cu}/f_{cu,i} - 1)^2}}{n - 1} \tag{3.22}$$

式中：e_r——相对标准误差，MPa；

f_{cu}——混凝土抗压强度，MPa。

2）混凝土强度推定值的理论计算

结构或构件的混凝土强度推定值 $f_{cu,e}$ 可按下列条件确定：当按单个构件检测时，单个构件的混凝土强度推定值取该构件各测区中最小的混凝土强度换算值；当按批抽样检测时该批构件的混凝土强度推定值应按下列公式计算。

$$f_{cu,e} = {}^{m}f_{cu} - 1.645\,{}^{s}f_{cu} \tag{3.23}$$

$$^{m}f_{cu} = \frac{1}{n}\sum_{i=1}^{n} f_{cu,i} \tag{3.24}$$

$$^{s}f_{cu} = \frac{1}{n-1}\sqrt{\sum_{i=1}^{n}(f_{cu,i})^2 - n(^{m}f_{cu})^2} \tag{3.25}$$

式中：$^{m}f_{cu}$——混凝土强度换算值的平均值，MPa；

$^{s}f_{cu}$——混凝土强度换算值的标准差，MPa。

3.6.6 试验报告要求

(1)写出试验名称、试验目的与要求、试验原理、试验设备及仪器、试验步骤等；

(2)制作回弹值和声时值的测试结果一览表；

(3)将混凝土强度推定值的实测值与理论值进行比较，计算出相对误差，并分析产生误差的原因；

(4)写出试验结论以及试验心得体会。

3.6.7 思考题

(1)试阐述回弹法、超声回弹综合法以及钻芯法等测试混凝土强度的适用范围。如果是表面受到损害的混凝土结构，拟采用什么方法测试混凝土强度，并论述选择该方法的理由。

(2)国内外对长龄期混凝土一般采用微破损检测方法——钻芯取样法。钻芯取样法虽然能得到满意的结果，但由于钻孔要使结构局部受损，故不宜在同一结构中大量重复使用。结构上还不允许在预应力和小构件上钻取芯样，检测适用范围受到限制，同时钻芯取样法对现场测试要求条件较高，测试成本较高。另外，《回弹法检测混凝土抗压强度技术规程》(JGJ/T 23—2011)要求检测的混凝土构件龄期在14～1 000d，超声回弹综合法虽然消除了一些龄期所造成的影响，但《超声回弹综合法检测混凝土强度技术规程》(CECS 02:2005)中规定的统一曲线适用龄期为7～720d。对于多年龄期甚至长达几十年的混凝土结构，若按此种曲线推定混凝土强度，将产生较大的误差，使得检测结果不能反映混凝土的现时强度。由此可见，要使超声回弹综合法能够适用于长龄期混凝土，关键是要得到超声回弹综合法专用测强曲线。因此，阐述要得到超声回弹综合法长龄期的专用测强曲线，拟采取怎样的研究思路，并拟采用怎样的方法验证所得到的曲线的适用性和可靠性。

3.7 简支钢桁架模态试验

3.7.1 试验目的

(1)了解模态试验的过程及方法，了解模态测试软件；

(2)通过简支钢桁架的模态试验，获得钢桁架模态参数(频率、阻尼、振型)；

(3)初步了解结构模态参数对分析结构设计、评定结构动态特性的作用。

3.7.2 试验模型

试验模型采用的钢桁架模型及尺寸如图3.18、图3.19所示。

图 3.18　试验模型采用钢桁梁模型

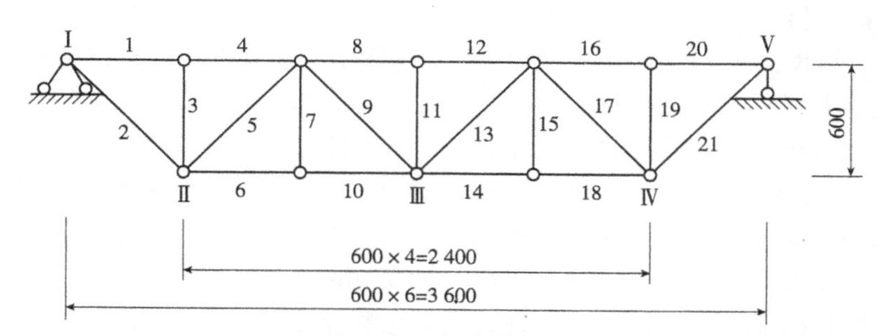

图 3.19　试验模型尺寸(尺寸单位:mm)

1 ~21 - 电阻应变片;Ⅰ ~Ⅴ - 挠度计

3.7.3　试验装置(图 3.20)

3.7.4　试验设备及仪器

简支钢桁架,低通滤波放大器 AZ804,数据采集箱 AZ116/308,振动及动态数据分析软件 CRAS 7.0,压电式传感器,力锤,计算机,导线,接头等。

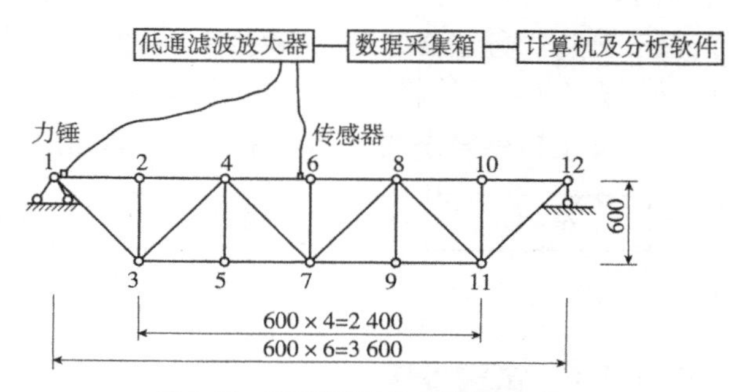

图 3.20　试验装置(尺寸单位:mm)

3.7.5　试验原理

模态分析是研究结构动力特性的一种近代方法,是系统辨别方法在工程振动领域中的应用。模态是机械结构的固有振动特性,每一个模态具有特定的固有频率、阻尼比和模态振型。这些模态参数可以由计算或试验分析取得,这样一个计算或试验分析过程称为模态分析。这个分析过程如果是由有限元计算的方法取得的,则称为计算模态分析;如果通过试验将采集的系统输入与输出信号经过参数识别获得模态参数,则称为试验模态分析。通常模态分析都是指试验模态分析。

模态分析的经典定义:将线性定常系统振动微分方程组中的物理坐标变换为模态坐标,使方程组解耦,成为一组以模态坐标及模态参数描述的独立方程,以求出系统的模态参数。坐标变换的变换矩阵为模态矩阵，其每列为模态振型。

模态分析基本过程如下：

(1)激励方法。试验模态分析是人为地对结构物施加一定动态激励，采集各点的振动响应信号及激振力信号，根据力和响应信号，用各种参数识别方法获取模态参数。激励方法不同，相应的识别方法也不同。目前主要有单输入单输出(SISO)、单输入多输出(SIMO)、多输入多输出(MIMO)三种方法。按照输入力的信号特征还可分为正弦慢扫描、正弦快扫描、稳态随机(包括白噪声、宽带噪声或伪随机)、瞬态激励(包括随机脉冲激励)等。

(2)数据采集。SISO 方法要求同时高速采集输入与输出两个点的信号，用不断移动激励点位置或响应点位置的办法取得振形数据。SIMO 及 MIMO 的方法则要求大量通道数据的高速并行采集，因此要求大量的振动测量传感器或激振器，试验成本较高。

(3)时域或频域信号处理。例如谱分析、传递函数估计、脉冲响应测量以及滤波、相关分析等。建立结构数学模型。根据已知条件，建立一种描述结构状态及特性的模型，作为计算及识别参数的依据。目前一般假定系统为线性的。由于采用的识别方法不同，故也分为频域建模和时域建模。根据阻尼特性及频率耦合程度，还可分为试模态模型或复模态模型等。

(4)参数识别。按识别域的不同可分为频域法、时域法和混合域法，混合域法是指在时域识别复特征值，再回到频域中识别振型，激励方式不同(SISO、SIMO、MIMO)，相应的参数识别方法也不尽相同，并非越复杂的方法识别的结果越可靠。对于目前大多数不是十分复杂的结构，只要取得了可靠的频响数据，即使用较简单的识别方法也可能获得良好的模态参数；反之，即使用最复杂的数学模型、最高级的拟合方法，如果频响测量数据不可靠，则识别的结果也一定不会理想。参数识别的结果得到了结构的模态参数模型，即一组固有频率、模态阻尼以及相应各阶模态的振形。因结构复杂，由许多自由度组成的振型也相当复杂，所以必须采用动画的方法，将放大了的振型叠加到原始的几何形状上。

以上四个步骤是模态试验及分析的主要过程。而支持这个过程的除了激振拾振装置、双通道 FFT 分析仪、台式或便携式计算机等硬件外，还要有一个完善的模态分析软件包。通用的模态分析软件包必须适合各种结构物的几何特征，设置多种坐标系，划分多个子结构，具有多种拟合方法，并能将结构的模态振动在屏幕上以三维实时动画显示。

简支钢桁梁模态测试基本原理示意图如图 3.21 所示。

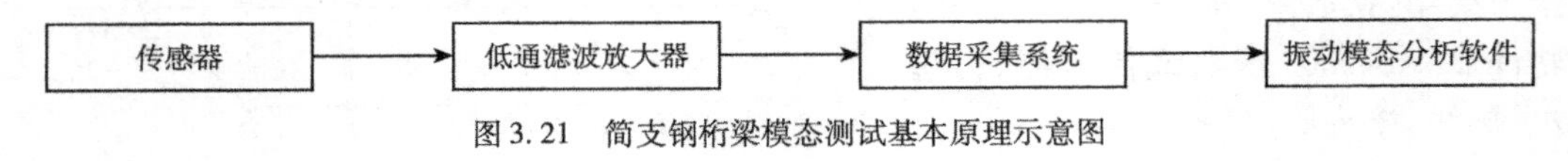

图 3.21　简支钢桁梁模态测试基本原理示意图

3.7.6　试验步骤

(1)将试验桁架安装好，测量记录模型尺寸，设计支撑位置，设计确定敲击点或激振点位置并编号；

(2)正确连接好低通滤波放大器、数据采集箱、传感器、计算机连线及竖向加速度传感器，设置好低通滤波放大器放大倍数和滤波频率；

(3)开启各仪器电源，运行计算机，启动桌面图标“CRAS 7.0”，进入软件运行界面，熟悉软件界面和功能；

(4)在 D:\TEST 下建立一个试验文件，正确设置模型参数，建立简支结构模型，进入导纳测量对话框，正确选择好采样频率和窗函数、平均块数、测量单位、软件放大倍数、测量方向等，进入采集状态；

(5)根据编号，正确锤击不同的测点，采集力锤信号和加速度响应信号；

(6)数据采集完成后进行参数识别，选择导纳测量模式，进行初始估计，曲线拟合，观测所测试振型；

(7)根据测试振型，判定各测点测试数据是否正常，如果发现测试数据异常，返回步骤(5)，重新测试异常测点，直至完成全部测试；

(8)将测试结果保存在Word文档中，打印测试结果，关闭仪器，填写试验记录和仪器使用记录。

3.7.7 试验数据处理及误差分析

(1)列举出桁架实测试验结果；

(2)根据理论计算结果，主要从刚度指标分析处理测试结果，评价简支钢桁梁的实际刚度；

(3)试验结论和收获。

3.7.8 试验报告要求

(1)写出试验名称、试验目的与要求、试验原理、试验设备及仪器、试验步骤等；

(2)打印实测模态图形，并进行分析，以此得出相应的试验结论；

(3)得出试验结论；

(4)写出试验心得体会。

本章参考文献

[1] 中华人民共和国国家标准. GB 50152—1992 混凝土结构试验方法标准[S]. 北京：中国建筑工业出版社，1992.

[2] 中华人民共和国国家标准. GB 50010—2010 混凝土结构设计规范[S]. 北京：中国建筑工业出版社，2011.

[3] 赵清澄，石沅. 试验应力分析[M]. 北京：科学出版社，1987.

[4] 中华人民共和国行业标准. JGJ/T 23—2011 回弹法检测混凝土抗压强度技术规程[S]. 北京：中国建筑工业出版社，2011.

[5] 中华人民共和国行业标准. CECS 02：2005 超声回弹综合法检测混凝土强度技术规程[S]. 北京：中国计划出版社，2005.

[6] 戴诗亮. 随机振动试验技术[M]. 北京：清华大学出版社，1984.

[7] 周详. 实测结构动力特性中共振法计算方法的改进[J]. 动态分析与测试技术，1992，10(1).

第4章 测量学实验

4.1 水准仪的构造与使用

4.1.1 实验目的与要求

(1)了解DS3微倾式水准仪的基本构造、各部件及调节螺旋的名称和作用,熟悉其使用方法;

(2)掌握DS3水准仪的安置、瞄准、精平和读数方法;

(3)练习普通水准测量一个测站的观测、记录与计算方法;

(4)了解DZS3自动安平水准仪的构造特点,以及它与DS3的不同之处。

4.1.2 实验内容

(1)认识水准仪各个部件,熟悉各个螺旋的作用,掌握水准仪的操作使用方法;

(2)分别用DS3、DZS3水准仪测量地面两点之间的高差,用红、黑面读数,试算红面中丝读数减去尺底常数是否等于黑面中丝读数。

4.1.3 实验步骤简要

1)安置仪器,认识DS3水准仪,了解仪器基本构造、各部件名称和作用

①安放三角架。选择坚固平坦的地面张开三脚架,使架头大致水平,高度适中;三条架腿开度适当,如果地面松软,则将架腿的三个脚尖插牢于土中,使脚架稳定。

②安置仪器。打开仪器箱用双手将仪器取出,放在三角架架头上,一手握住仪器,一手旋转脚架中心连接螺旋,将仪器固连在三脚架架头上。

③观察熟悉仪器。仔细观察仪器的各个部件,熟悉各螺旋的位置、名称和作用,试着旋拧各个螺旋以了解其功能。

2)水准仪的使用

水准仪的操作步骤为粗平、瞄准水准尺、精平、读数。

①粗平。粗平即粗略整平仪器。通过旋转水准仪基座上的三个脚螺旋使圆水准器气泡居中,仪器的竖轴大致铅垂,从而使望远镜的视准轴大致水平。在整平过程中,旋转脚螺旋方向与圆水准器气泡移动方向的规律是:用左手旋转脚螺旋,则气泡移动方向和左手大拇指移动方向一致(俗称左手法则);用右手旋转脚螺旋,则气泡移动方向和右手食指移动方向一致,如图4.1所示。将望远镜水平转动180°,检查圆水准器气泡是否仍然

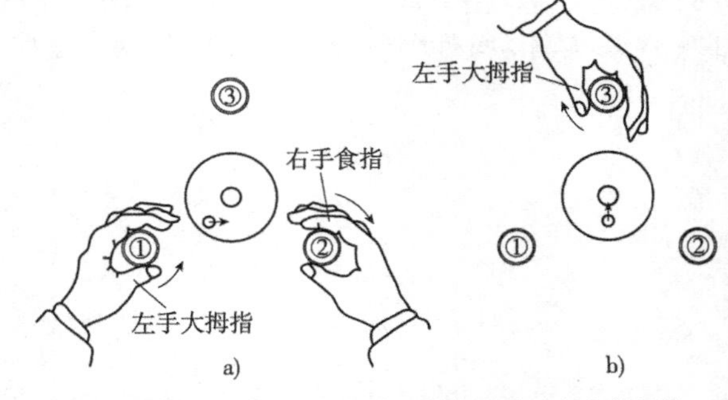

图4.1 脚螺旋转动方向与圆水准器气泡移动方向的规律

居中，否则重新整平。

②瞄准水准尺。首先进行目镜对光，将望远镜对向一明亮背景（如天空或白色明亮物体），转动望远镜目镜调焦螺旋，使望远镜内的十字丝影像非常清晰。其次松开制动螺旋，转动望远镜，用望远镜上的瞄准器（照门和准星或粗瞄器）瞄准水准尺，然后旋紧制动螺旋。从望远镜中观测目标，旋转望远镜物镜调焦螺旋，使水准尺的成像清晰。再旋转水平微动螺旋，使十字丝纵丝位于水准尺中心线上或水准尺的一侧。观测员眼睛在目镜端上下移动，观察水准尺影像是否与十字丝有相对移动。若有，则说明存在视差，这时应再仔细调节目镜和物镜对光螺旋，直到水准尺影像与十字丝无相对移动为止。若实在难以完全消除视差，则以眼睛平视读数为准。

③精平。从气泡观察窗内观察水准管气泡，旋转微倾螺旋，使气泡两端影像严密吻合（气泡居中），此时视线即处于水平位置。注意转动微倾螺旋要徐徐而进，不宜太快；微倾螺旋转动方向与符合水准管气泡左侧影像移动方向一致。

④读数。仪器精平后，应立即用十字丝的中丝在水准尺上读数。读数应根据水准尺刻度按由小到大的原则进行；先估读水准尺上的毫米数，然后报出全部读数；读数一般应为四位数，即米、分米、厘米和毫米；读数应迅速、果断、准确，不要拖泥带水。读数后应立即查看水准管气泡两端影像是否仍然吻合，若仍吻合，则读数有效，否则应重新使水准管气泡两端影像吻合后再读数。

3）测站水准测量练习

在地面上选定两点分别作为后视点和前视点，放上尺垫并在其上立尺，在距两尺距离大致相等的点上放置水准仪，按粗平、瞄准后视尺、精平、读数，瞄准前视尺、精平、读数的顺序进行测量练习；若水准尺为双面尺，还应按同法读取水准尺红面读数。记录数据并计算高差。

换一人重新安置仪器，进行上述观测，直致小组所有成员全部观测完毕，小组各成员所测高差之差不得超过 ±5mm；各成员黑面中丝读数加上水准尺常数减去红面中丝读数不应超过 ±3mm。

4）自动安平水准仪的认识及使用

自动安平水准仪的构造和操作与微倾式水准仪基本相同，与微倾式水准仪比较，自动安平水准仪没有水准管和微倾螺旋。仪器粗平（圆水准器气泡居中）后，在自动安平补偿器的作用下，可迅速获得水平视线时的读数。自动安平水准仪操作简便，无须精平，速度快，工作效率高，能防止微倾式水准仪操作中忘记精平的失误。

4.1.4 仪器和附件（以组为单位）

DS3 水准仪 1 台，DZS3 自动安平水准仪 1 台，水准尺 1 对，尺垫 1 对，记录板 1 块。

4.1.5 注意事项

（1）水准仪安放到三脚架上必须立即将中心连接螺旋旋紧，以防仪器从脚架上掉下摔坏；
（2）开箱后先看清仪器放置情况及箱内附件情况，用双手取出仪器并随手关箱；
（3）仪器旋扭不宜拧得过紧，微动螺旋只能旋扭到适中位置，不宜太过头；
（4）自动安平水准仪一般为正像望远镜，读数前无精平动作，但要进行相关检查，以判断补偿装置是否有效；
（5）仪器装箱一般要松开水平制动螺旋，试着合上箱盖，不可用力过猛，以免压坏仪器。

4.1.6 实验报告

（1）实验目的；

(2)实验内容:写出水准仪各部件的名称,读数练习记录(表4.1)。

水准仪读数练习记录表 表4.1

测站	点号	尺面	后视读数(m)	前视读数(m)	高差(m)	黑红面读数差(mm)	尺常数(m)
		黑面					
		红面					
		黑面					
		红面					
		黑面					
		红面					
		黑面					
		红面					

4.2 高程测量综合实验

4.2.1 普通水准测量实验

1)实验目的

(1)掌握普通水准测量一个测站的工作程序和一条水准路线的施测方法;

(2)掌握普通水准测量的观测、记录、高差及闭合差的计算方法。

2)实验内容

按普通水准测量要求,施测一条闭合水准路线,路线长度约500m,设6~8个测站。高差闭合差要求如下式:

$$f_{h允} = \pm 12\sqrt{n} \quad (\text{mm}) \tag{4.1}$$

式中:n——测站数。

3)实验步骤

(1)拟订施测路线。在指导教师的指导下,选一已知水准点作为高程起始点,记为BM_i,选择有一定长度(约500m)、一定高差的路线作为施测路线。一般设6~8个测站,1人观测、1人记录、2人立尺,施测1~2站后应轮换工种。

(2)施测第一站。以已知高程点BM_i作后视,在其上立尺,在施测路线的前进方向上选择适当位置为第一个立尺点(转点1,记为ZD_1或TP_1)作为前视点,在ZD_1处放置尺垫,尺垫上立尺(前视尺)。将水准仪安置在距后视点、前视点距离大致相等的位置(常用步测),按粗平、瞄准后视尺、精平、读数a_1的顺序进行测量,并记入记录表中对应后视栏中;再转动望远镜瞄前尺、精平、读数b_1,将前视读数记入前视栏中。(本次实验只读水准尺黑面)

(3)计算高差。h_1 = 后视读数 - 前视读数 = $a_1 - b_1$,将结果记入高差栏中。

(4)仪器迁至第二站,第一站的前视尺不动变为第二站的后视尺,第一站的后视尺移到转点2上,变为第二站的前视尺,按与第一站相同的方法进行观测、记录、计算。

(5)按以上程序依选定的水准路线施测,直至回到起始水准点BM_1为止,完成最后一个测站的观测记录。

(6)成果校核。计算闭合水准路线的高差闭合差，$f_h = \sum h \leqslant \pm 12\sqrt{n}$ (mm)，n 为测站数。若高差闭合差超限，应先进行计算校核；若非计算问题，则应进行返工重测。

4)仪器及附件

DS3 水准仪 1 台，水准尺 1 对，尺垫 1 对，记录板 1 块。

5)注意事项

(1)立尺员应将水准尺立直，注意不要将尺立倒，并通过步测使各测站的前、后视距离基本相等；

(2)正确使用尺垫，尺垫只能放在转点处，已知高程点和待求高程点上均不能放置尺垫；

(3)同一测站，只能粗平一次(测站重测，需重新粗平仪器)；每次读数前，均应检查水准管气泡是否居中，并注意消除视差；

(4)仪器未搬迁时，前、后视点上的尺垫均不能移动；仪器搬迁了，后视尺立尺员才能携尺和尺垫前进，但前视点上的尺垫仍不能移动；若前视点上的尺垫移动了，则需从起点开始重测；

(5)测站数一般布置为偶数站。

6)实验报告

(1)实验目的；

(2)实验内容；

(3)实验记录(表 4.2)与成果处理。

水准测量记录表 表 4.2

仪器型号： 日期： 记录：

测站	测点	标尺读数(m)		高差(m)		高程(m)	备注
		后尺	前尺	+	−		
Σ							
	计算检核	$\sum a - \sum b =$		$\sum h =$			
		$H_B - H_A =$		$H_B - H_A = \sum h = \sum a - \sum b$			

注：$f_h = \sum h =$ $f_{h允} = \pm 12\sqrt{n}$(mm) =

因为 $f_h \leqslant f_{h允}$，所以该水准测量成果合格。

4.2.2 四等水准测量实验

1)实验目的

(1)掌握四等水准测量的观测、记录、计算方法；

(2)熟悉四等水准测量的主要技术指标,掌握测站及水准路线的检核方法。

2)任务与要求

按四等水准测量的方法,施测一条闭合水准路线,路线长度约500m,设6~8个测站。高差闭合差限差如下:

$$f_{h允} = \pm 6\sqrt{n}(\text{mm})$$

3)实验步骤

(1)拟订施测路线,在指导教师的指导下,选一已知水准点作为高程起始点,记为BM_i,选择一定长度(约500m)、一定高差的路线作为施测水准路线。一般设6~8个测站,1人观测、1人记录、2人立尺,施测1~2站后应轮换工种。

(2)四等水准测量测站观测程序如下:

①瞄准后视标尺黑面,精平,读取下丝、上丝、中丝读数;

②瞄准前视标尺黑面,精平,读取下丝、上丝、中丝读数;

③瞄准前视标尺红面,精平,读取中丝读数;

④瞄准后视标尺红面,精平,读取中丝读数。

这种观测程序简称为"后、前、前、后"。

(3)四等水准测量计算与技术要求:

①后(前)视距=后(前)视尺(下丝-上丝)×100,下(上)丝读数以米为单位,后(前)视距长度应≤80m;

②后、前视距差=后视距-前视距,应≤5m;

③视距累积差=前站累积差+本站视距差,应≤10m;

④前(后)视黑、红面读数差=黑面读数+标尺常数-红面读数,应≤3mm;

⑤黑(红)面高差=后视黑(红)读数-前视黑(红)读数,黑、红面高差之差=黑面高差-(红面高差±0.1m),应≤5mm;

⑥高差中数=[黑面高差+(红面高差±0.1m)]/2。

(4)在已知水准点和第一个转点上分别立后视、前视水准尺,水准仪置于距两尺等距处。粗平后,按上述测站观测程序进行观测,并记入表格相应位置,进行测站计算与校核。各项指标均符合要求后方可迁站;否则,立即重测该站。

(5)仪器迁至第二站,第一站的前视尺不动变为第二站的后视尺,第一站的后视尺移到转点2上,变为第二站的前视尺,按与第一站相同的方法进行观测、记录、计算。

(6)按以上程序依选定的水准路线方向继续施测,直至回到起始水准点BM_1为止,完成最后一个测站的观测、记录、计算与校核。各站水准尺的移动与普通水准测量一样。

(7)计算高差闭合差及其允许值。当$f_h = \sum h_{中} \leq f_{h允} = \pm 6\sqrt{n}$mm($n$为测站数)或$\pm 20\sqrt{L}$mm($L$为水准路线长度)时,成果合格;否则需查明原因,返工重测。

4)仪器及附件

水准仪或自动安平水准仪1台,水准尺1对,尺垫1对,记录板1块。

5)注意事项

(1)一般注意事项与普通水准测量相同;

(2)施测中每一站均需现场进行测站计算和校核,确认测站各项指标均合格后才能迁站;水准路线测量完成后,应计算水准路线高差闭合差,高差闭合差小于允许值方可收测;否则,应查明原因，返工重测；

（3）实验中严禁专门化作业，小组成员的工种应进行轮换，保证每人都能担任到每一项工种；

（4）测站数一般应设置为偶数；为确保前后视距大致相等，可采用步测法；同时在施测过程中，应注意调整前后视距，以保证前后视距累积差不超限。

6）实验报告

（1）实验目的；

（2）实验内容；

（3）实验记录（表4.3）；

（4）实验成果处理：测站计算、校核，水准路线测量成果校核。

四等水准测量记录表 表4.3

<table>
<tr><th rowspan="4">测站编号</th><th rowspan="2">后尺</th><th>上丝</th><th rowspan="2">前尺</th><th>上丝</th><th rowspan="4">方向及尺号</th><th colspan="2" rowspan="2">标尺读数</th><th rowspan="4">K+黑减红</th><th rowspan="4">高差中数</th><th rowspan="4">备注</th></tr>
<tr><th>下丝</th><th>下丝</th></tr>
<tr><th colspan="2">后距</th><th colspan="2">前距</th><th rowspan="2">黑面</th><th rowspan="2">红面</th></tr>
<tr><th colspan="2">视距差 d</th><th colspan="2">$\sum d$</th></tr>
<tr><td rowspan="4"></td><td colspan="2"></td><td colspan="2"></td><td>后</td><td></td><td></td><td></td><td rowspan="3"></td><td rowspan="4">K为尺常数</td></tr>
<tr><td colspan="2"></td><td colspan="2"></td><td>前</td><td></td><td></td><td></td></tr>
<tr><td colspan="2"></td><td colspan="2"></td><td>后－前</td><td></td><td></td><td></td></tr>
<tr><td colspan="2"></td><td colspan="2"></td><td colspan="5"></td></tr>
<tr><td rowspan="4"></td><td colspan="2"></td><td colspan="2"></td><td>后</td><td></td><td></td><td></td><td rowspan="3"></td><td rowspan="4"></td></tr>
<tr><td colspan="2"></td><td colspan="2"></td><td>前</td><td></td><td></td><td></td></tr>
<tr><td colspan="2"></td><td colspan="2"></td><td>后－前</td><td></td><td></td><td></td></tr>
<tr><td colspan="2"></td><td colspan="2"></td><td colspan="5"></td></tr>
<tr><td rowspan="4"></td><td colspan="2"></td><td colspan="2"></td><td>后</td><td></td><td></td><td></td><td rowspan="3"></td><td rowspan="4"></td></tr>
<tr><td colspan="2"></td><td colspan="2"></td><td>前</td><td></td><td></td><td></td></tr>
<tr><td colspan="2"></td><td colspan="2"></td><td>后－前</td><td></td><td></td><td></td></tr>
<tr><td colspan="2"></td><td colspan="2"></td><td colspan="5"></td></tr>
<tr><td rowspan="4"></td><td colspan="2"></td><td colspan="2"></td><td>后</td><td></td><td></td><td></td><td rowspan="3"></td><td rowspan="4"></td></tr>
<tr><td colspan="2"></td><td colspan="2"></td><td>前</td><td></td><td></td><td></td></tr>
<tr><td colspan="2"></td><td colspan="2"></td><td>后－前</td><td></td><td></td><td></td></tr>
<tr><td colspan="2"></td><td colspan="2"></td><td colspan="5"></td></tr>
</table>

4.3 经纬仪的构造与使用

4.3.1 实验目的

（1）根据测角原理掌握经纬仪的构造特点；

（2）认识DJ6光学经纬仪的基本结构、主要部件名称和作用、轴系关系；

(3)学会经纬仪的基本操作和读数方法；

(4)在认识 DJ6 光学经纬仪的基础上，了解 DJ2 光学经纬仪的构造特点和操作特点。

4.3.2 实验内容

(1)认识 DJ6 经纬仪各部件的名称，熟悉经纬仪各螺旋的作用及操作方法；

(2)了解经纬仪上主要轴线的名称及应满足的条件；

(3)练习经纬仪的基本操作和读数；

(4)了解 DJ2 经纬仪与 DJ6 经纬仪的差别、操作特点，练习 DJ2 光学经纬仪的重合法读数方法。

4.3.3 实验步骤

(1)认识 DJ6 光学经纬仪的各操作部件，掌握其使用方法。将经纬仪三脚架架腿张开安放在地面上，使架头大致水平，三个脚尖插入地面使之稳定。开箱取出经纬仪放在架头上，一手扶住经纬仪，一手旋紧脚架中心连接螺旋，将经纬仪与三脚架稳固连接。逐一认识经纬仪的各操作部件，了解其作用及使用方法。

经纬仪一般分为照准部、水平度盘和基座三个部分。

①照准部：照准部是一个可绕竖轴水平转动的门形支架，架上嵌固望远镜，望远镜上固接着竖直度盘和读数显微镜。经纬仪的大部分部件都在照准部上，除上述几个部件外还有望远镜制动和微动螺旋、度盘进光反射镜、竖直度盘指标水准管和水准管微动螺旋、照准部水准管、照准部制动和微动螺旋、光学对中器。

②水平度盘：水平度盘是一个边缘刻有角度分划的套在经纬仪竖轴上的玻璃圆盘。水平度盘可绕竖轴旋转，但在照准部转动时，水平度盘静止不动。水平度盘的转动是通过拨动度盘变换手轮来实现的。度盘变换手轮在水平度盘下方，嵌在机座边缘，不用时以外壳罩着，防止在测角中碰动。

③基座：基座在使用中起着连接三脚架与照准部的作用，在基座上有三个脚螺旋和一个圆水准器，用于经纬仪的对中和整平。松开基座上的轴座固定螺旋，照准部和度盘可以从轴座上脱开，所以一般情况下不能拧松轴座固定螺旋，否则仪器照准部可从轴座上脱开而掉到地上。

(2)掌握经纬仪的基本操作。经纬仪的基本操作步骤可分为：对中、整平、瞄准和读数。

①对中：将仪器中心安置在测站点的铅垂线上。在地上画十字（或打木桩）作为测站标志，用垂球或光学对中器对中。对中后应使测站标志位于光学对中器刻划圆圈的中心。

②整平：使仪器的竖轴竖直，水平度盘水平。旋转照准部，使照准部水准管平行于任意两个脚螺旋的连线，用两手大拇指同时向内（或同时向外）方向旋转这两个脚螺旋，使水准管气泡居中，气泡移动方向与左手大拇指运动方向一致（图 4.2）。将照准部旋转 90°，使水准管与原来一对脚螺旋的连线垂直，转动第三个脚螺旋，使气泡居中。再转回原方向，检查气泡居中情况，直到照准部转动任何位置气泡都居中为止。

对中和整平相互影响，需反复进行，直至对中和整平均满足要求为止。

③瞄准：松开照准部和望远镜制动螺旋，望远镜对向一明亮背景，转动目镜使十字丝清晰；用望远镜上的粗瞄准器（或照门准星）瞄准目标，旋紧制动螺旋，转动物镜调焦螺旋，使目标清晰；旋转照准部微动螺旋和望远镜微动螺旋，精确瞄准目标（图 4.3）。

④读数：读数时，先打开度盘照明反光镜，调整反光镜的开度和方向，使读数窗亮度适中，旋转读数显微镜目镜，使刻划清晰，然后按分划读数。

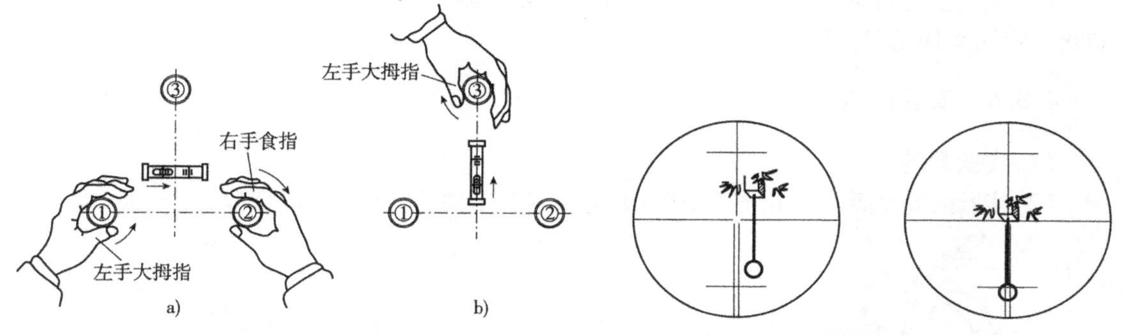

图 4.2 照准部水准管整平方法

图 4.3 水平角测量瞄准照准标志的方法

(3)找一个固定点，在其上进行经纬仪的基本操作练习。

①练习用光学对中器对中、整平经纬仪的方法。

②练习用望远镜精确瞄准目标、调焦、消除视差的方法。

③练习 DJ6 光学经纬仪的读数方法，读数记入实验报告相应表格中。

④练习配置水平度盘读数的方法。

(4)了解 DJ2 经纬仪与 DJ6 经纬仪的差别、操作特点，练习 DJ2 光学经纬仪的重合法读数方法。读数记入实验报告相应表格中。

DJ2 光学经纬仪与 DJ6 光学经纬仪构造基本相同，只在度盘读数方面存在如下差异：

①DJ2 光学经纬仪采用重合读数法。

②DJ2 光学经纬仪的度盘读数显微镜中，只能显示水平度盘或竖直度盘中的一种影像，通过旋转度盘换像手轮来实现。

4.3.4 仪器和附件

DJ6 光学经纬仪 1 台，DJ2 光学经纬仪 1 台，小花杆及小三脚架 1 套，记录板 1 块。

4.3.5 注意事项

(1)实验课前应认真阅读《测量学》教材中相关内容，注意轴座螺旋是否松动。

(2)开箱后应先看清仪器在箱内的放置情况；然后用双手取出仪器并随手关箱，将仪器安放到三脚架上时，必须是一只手抓住仪器一侧支架，另一只手托住基座底部，将仪器放置到三脚架上并立即旋紧中心连接螺旋；在架头上移动经纬仪完成对中后，也应立即旋紧中心连接螺旋，以防仪器从三脚架上掉下摔坏。

(3)操作仪器时，用力要均匀。转动照准部或望远镜，要先松开制动螺旋，切不可强行转动仪器。旋紧制动螺旋时，也不宜用力过大。微动螺旋、脚螺旋均有一定的调节范围，应尽量使用中间部分。

(4)仪器装箱时要松开水平制动和竖直制动螺旋。竖盘自动归零经纬仪装箱时，要把自动归零开关旋到“OFF”位置。

(5)使用带分微尺读数装置的 DJ6 光学经纬仪，读数时应估读到 0.1′，即 6″，故读数的秒值部分应为 6″的整数倍。

(6) DJ2 光学经纬仪读数前，应旋转测微手轮使度盘对径分划线重合后，方可读数，且读数和计算均取至秒，而不取 0.1″。

(7) 使用竖盘自动归零经纬仪，竖盘读数应在竖盘指标自动归零补偿器正常工作、竖盘分划线稳定而无摆动时读取。

4.3.6 实验报告

(1) 实验目的；

(2) 实验内容包括：①写出图 4.4 中 DJ6 经纬仪各部件的名称；②DJ6 读数练习记录（表 4.4）。

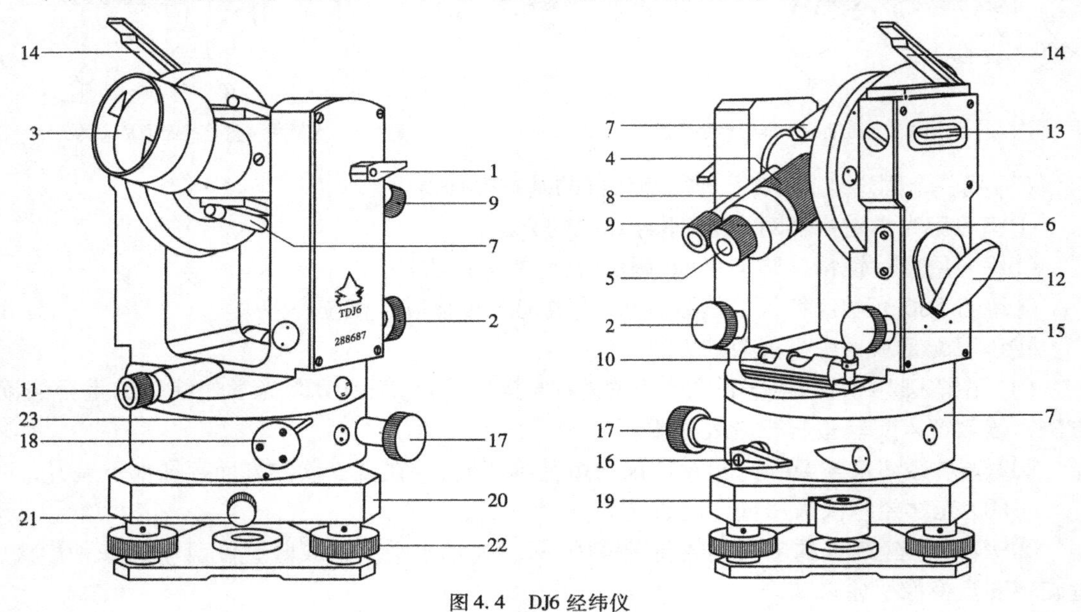

图 4.4 DJ6 经纬仪

DJ6 光学经纬仪水平度盘读数记录表 表 4.4

测站	目标	盘左读数	盘右读数	[盘左 +（盘右 ±180°）]/2
	角度值			
	角度值			

4.4 角度测量的综合性实验

4.4.1 水平角测量实验

1) 实验目的

(1) 掌握用 DJ6 光学经纬仪按测回法和方向观测法观测水平角的方法及工作程序；

(2)掌握测回法和方向观测法观测水平角的记录、计算方法和各项限差要求。

2)实验内容

(1)在一个测站点上,选择4个目标,每人用测回法各对两个目标之间的水平夹角观测一测回;一组4人所测各角构成一个圆周,根据各人所测角度之和与360°之差是否满足要求进行成果校核;

(2)每人对4个目标用方向观测法观测一测回。

3)操作步骤简要

在测站点上安置仪器,在距测站一定距离(≥50m)不同方向上选择或树立目标A、B、C、D。

(1)测回法测水平角:对中、整平仪器后,每人选择相邻两个目标(A与B、B与C、C与D、D与A),按测回法进行观测。测回法一测回操作程序为:

①盘左,瞄准左目标(如A),读数为a并记录;转动照准部瞄准右目标(如B),读数为b并记录,则$\beta_{左}=b-a$,此为上半测回。

②盘右,瞄准右目标(如B),读数为b'并记录;逆转照准部瞄准左目标(如A),读数为a'并记录,则$\beta_{右}=b'-a'$,此为下半测回。

③当$\beta_{左}-\beta_{右}=\Delta\beta\leqslant\pm40''$时,则成果合格。取上、下半测回角值的均值$\beta=\dfrac{\beta_{左}+\beta_{右}}{2}$作为该角一测回角值。

④换1人按同样方法观测其他各角。

⑤当$(\beta_1+\beta_2+\cdots+\beta_n)-360°\leqslant\pm40''\sqrt{n}$,全组成果合格。

(2)方向观测法测水平角:每人按方向观测法对4个目标进行一测回观测。方向观测法一测回操作程序为:

①盘左,瞄准起始方向A,转动度盘配置手轮,将水平度盘读数配置在略大于0°00′00″的读数处,读取该方向的实际读数,记入表格内相应栏中。松开照准部顺时针依次瞄准B、C、D目标,读数并记录。继续顺转,回到A目标,称为归零,观测并记录,记录顺序为从上往下,计算归零差。此为上半测回。

②盘右,瞄准A目标,读数、记录,逆时针依次瞄准D、C、B目标,读数、记录、归零并计算归零差。记录顺序为从下向上。

③计算一测回归零方向值。

④换一人,进行第二测回观测,操作方法与步骤同前所述,仅是盘左零方向要变换水平度盘位置,应配置在比45°稍大的读数处。以后每换一人,度盘读数变化45°。

⑤若同一方向各测回归零方向值互差不超过限差要求,则计算各测回归零方向值的平均值。

⑥计算各相邻方向之间的水平角。

⑦DJ6经纬仪方向观测法的各项限差如下:半测回归零差≤±18″,同一方向各测回归零方向值互差≤±24″。

4)仪器及附件

DJ6经纬仪1台,大花杆4根,小花杆4根,记录板1块。

5)注意事项

(1)测回法每个单角起始方向盘左应将度盘配置在"0°"附近。

(2)方向观测法应选择距离稍远、易于照准的清晰目标作为起始方向(零方向)。

(3)随时注意水准管气泡是否居中。

(4)观测过程中,同一测回上下半测回之间一般不允许重新整平,确有必要时(如照准部水准管气泡偏离居中位置大于1格)则重新整平后需要重测该测回。不同测回之间允许在测回间重新整平仪器。

(5)记录员听到观测员读数后应向观测员回报,经观测员默许后方可记入手簿,以防听错而记错。

(6)方向观测法测回间盘左零方向的水平度盘读数应变动 $180°/n$(n 为测回数)。本实验测4测回,故 $n=4$。

6)实验报告

(1)实验目的;

(2)实验内容;

(3)实验记录(表4.5)与成果处理。

表4.5

测站	盘位	目标	水平度盘读数 (° ′ ″)	半测回角值 (° ′ ″)	一测回角值 (° ′ ″)
	左				
	右				
	左				
	右				
	左				
	右				
Σ					
$f_\beta = \sum\beta - 360°$					

4.4.2 竖直角测量实验

1)实验目的

掌握竖直角观测及计算方法。

2)实验内容

每人观测2个目标的竖直角各一测回。

3)操作步骤

(1)在指定的控制点 A 上架设经纬仪,完成对中、整平工作;在另一控制点 B 处竖立花杆;

(2)转动照准部及望远镜,盘左使十字丝中丝切准目标 B 点花杆顶端;

(3)调节竖盘指标水准管微动螺旋,使竖盘指标水准管气泡居中;

(4)读取竖盘读数 L 并记录;

(5)计算竖直角 $\alpha_L = 90° - L$(全圆顺时针刻划);

(6)盘右用中丝截准目标 B 点花杆顶端；
(7)调节竖盘指标水准管微动螺旋，使竖盘指标水准管气泡居中；
(8)读取竖盘读数 R 并记录；
(9)计算竖直角 $\alpha_R = R - 270°$(全圆顺时钟刻划)；
(10)计算竖直角平均值和指标差。

$$\alpha = \frac{1}{2}(\alpha_L + \alpha_R) \tag{4.2}$$

$$x = \frac{1}{2}(L + R - 360°) \tag{4.3}$$

4)仪器及附件
DJ6 经纬仪 1 台，大花杆 2 根，记录板 1 块。
5)注意事项
(1)测量竖直角时一定要用中丝准确切准目标；
(2)读竖盘读数前应使竖盘指标水准管气泡居中。
6)实验报告
(1)实验目的；
(2)实验内容；
(3)实验记录(表 4.6)与成果处理。

竖直角观测记录表 表 4.6

测站	目标	竖盘位置	竖盘读数 (° ′ ″)	半测回竖直角 (° ′ ″)	指标差	一测回竖直角 (° ′ ″)

4.5 测绘仪器的检验与校正

4.5.1 水准仪检校实验

1)实验目的
(1)熟练掌握水准仪各轴系之间的关系，以及各仪器轴线必须满足的几何条件；
(2)运用理论知识，掌握水准仪的实际检校步骤与方法。
2)实验内容
(1)圆水准器检校(圆水准器轴平行于水准仪的竖轴)；
(2)十字丝横丝检校(十字丝横丝垂直于水准仪的竖轴)；
(3)管水准器轴平行于视准轴的检校。
3)实验步骤简要
(1)圆水准器的检校

①检验方法：安置水准仪，调节脚螺旋使圆水准器气泡居中，将照准部绕竖轴旋转 180°，观察圆水准器气泡是否偏离中心，若偏离，说明不满足条件需要校正。

②校正方法：调节基座脚螺旋使气泡退回偏离量的一半，用校正针稍微松开定位于圆水准器底部中心的固定螺钉（图 4.5），然后拨动围绕固定螺钉的三个校正螺钉，使气泡居中，然后拧紧固定螺钉。

③重复检验、校正步骤数次，直到照准部转动到任何方向气泡都居中为止，则该项检校完毕。

(2)十字丝横丝的检校

①检验方法：完成圆水准器检校后，保持水准仪整平，距仪器 10m 左右寻找一明显、固定的目标点，转动微倾螺旋及水平微动螺旋，使十字丝中心的交点与目标点相切后制动照准部，旋转水平微动螺旋，使目标点运动到中丝一端，若该点偏离中丝则需要校正。

②校正方法：旋开十字丝分划板护罩，松开 4 个十字丝压环螺钉（图 4.6），转动十字丝分划板，使中丝和目标点相切，重新拧紧十字丝压环螺钉即可。

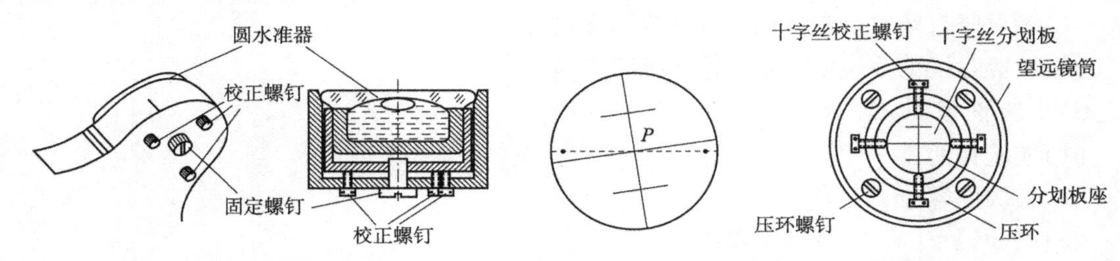

图 4.5 圆水准器的校正螺钉

图 4.6 十字丝横丝的检校

(3)水准管的检校

①检验方法：在相距 100m 左右，选定有一定高差的 A、B 两点，打下木桩；在距 A、B 两点距离相等的位置安置仪器；在 A、B 两点上竖立前、后视水准尺；采用变换仪器高度的方法，两次测定 A、B 两点间的高差 h''_{AB}、h'_{AB}，若 $\Delta h = h''_{AB} - h'_{AB} \leqslant 2 \sim 3\text{mm}$，则取两次高差的平均值 h_{AB} 作为正确高差；将仪器迁站至离 B 点 3m 处安置仪器，精平后读取 B 尺读数 b；瞄准 A 尺精平，读取 A 尺读数 a，若 $a \neq b + h_{AB}$，则需校正。

②校正方法：旋转微倾螺旋使 A 尺上读数为 $b + h_{AB}$，这时候水准管气泡必不符合；松开水准管左右校正螺旋，调节上下校正螺旋（图 4.7），一松一紧，先松后紧，使水准管气泡符合，旋紧左右校正螺旋（操作过程中注意保持读数不变）；重复以上检验与校正步骤，直至较差 $\leqslant \pm 3\text{mm}$ 或 $i = \frac{\Delta h}{D_{AB}} \rho'' \leqslant 20''$ 为止。其中，Δh 为两次高度之差，D_{AB} 为两点间距离，ρ'' 为 206 265″。

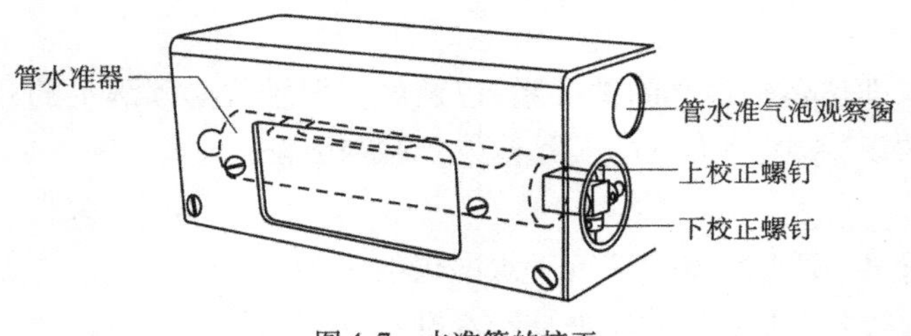

图 4.7 水准管的校正

4)仪器与工具

水准仪，水准尺，校正工具，记录板。

5）注意事项

（1）被松开的螺钉和护盖必须重新拧紧，各种螺钉都不能拧得过紧；

（2）每项检校都需反复进行；

（3）检校的顺序不能颠倒。

6）实验报告

（1）实验目的。

（2）实验内容包括：水准仪圆水准器、水准仪十字丝横丝，以及水准仪水准管的检验校正。

（3）检校实施情况说明：

①水准仪圆水准器的检验校正说明图及文字表述。

要求画出校正螺旋位置及注明螺旋升降（图4.8）。

②水准仪十字丝横丝的检验校正说明图及文字表述。

请添加十字丝及 P 点位置（图4.9）。

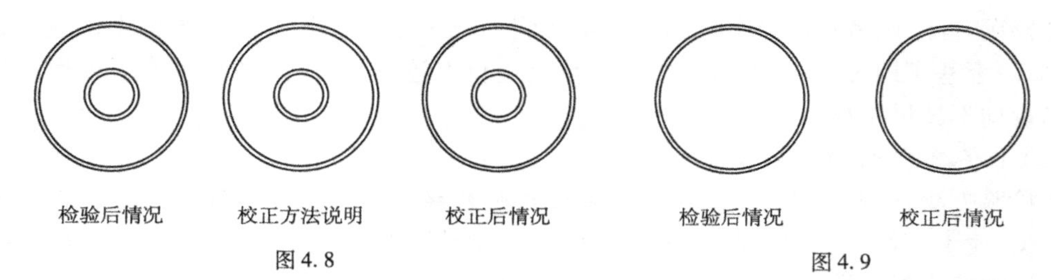

图4.8　　图4.9

③水准仪水准管轴平行于视准轴的检验校正说明图及文字表述（表4.7）。

请另外画出检校示意图。

表4.7

仪器位置	项　　目	第一次	第二次	第三次
在中点测高差	点尺读数			
	点尺读数			
	高差 h			
在　点附近测高差	点尺读数			
	点尺读数			
	高差 h			
在　点附近校正	Δh			
	i''			
	远尺正确读数			

4.5.2　经纬仪检校实验

1）实验目的

（1）熟练掌握经纬仪各轴系之间的关系，以及各仪器轴线必须满足的几何条件；

（2）运用理论知识，掌握经纬仪的实际检校步骤与方法。

2）实验内容

（1）照准部水准管的检校；

（2）十字丝竖丝的检校；

（3）视准轴的检校；

（4）横轴的检校；

（5）竖盘指标差的检校；

（6）光学对点器的检校。

3）实验步骤简要

（1）照准部水准管的检校

①检验方法：将经纬仪大致整平后，转动照准部，使水准管平行于任意两个基座螺旋 A、B 的连线，调节这两个基座螺旋 A、B，严格使水准管气泡居中。将照准部旋转 180°，若气泡仍然居中，则说明水准管轴与竖轴相垂直，满足条件；若气泡偏离则需要校正。

②校正方法：调节水准管上下两个校正螺旋，一松一紧，先松后紧，使气泡退回偏离量的一半；调节两个基座螺旋 A、B，使气泡居中。反复进行上述两个步骤，直到水准管气泡在各方向的偏离量均不超过半格为止。

（2）十字丝竖丝的检校

①检验方法：安置仪器后，在距离仪器 10m 左右寻找一明显、固定的目标点，转动照准部与望远镜，使十字丝中心的交点与目标点相切后，制动照准部与望远镜；旋转竖直微动螺旋，使目标点运动到纵丝一端，若该点偏离纵丝则需要校正。

②校正方法：旋开十字丝环外护盖，松开 4 个十字丝固定螺钉，转动十字丝分划板，使纵丝和目标点相切，拧紧十字丝固定螺钉即可。

（3）视准轴的检验与校正

①检验方法（图 4.10）：选一约 100m 长的平坦场地，中间安置经纬仪，场地一端插测钎，一端横放一尺，两处应与仪器同高。盘左瞄准测钎，将照准部制动。倒转望远镜瞄准尺子，并读取纵丝在尺上切取的读数 B_1。盘右瞄准测钎，将照准部制动。倒转望远镜瞄准尺子，并读取纵丝在尺上切取的读数 B_2。若 B_1 与 B_2 读数相同，则说明视准轴与横轴垂直，否则需要校正。

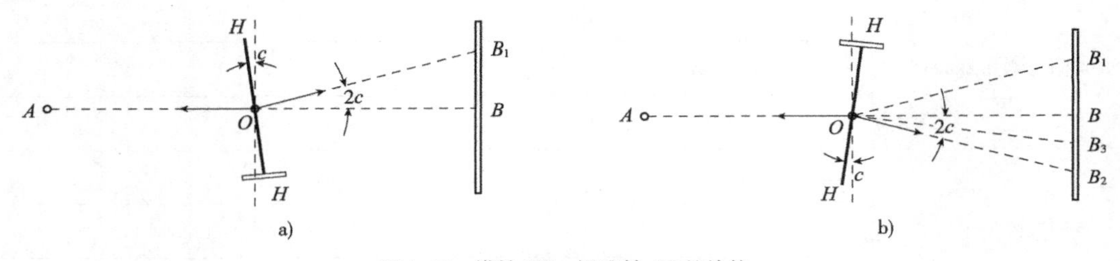

图 4.10　横轴 $HH \perp$ 视准轴 CC 的检校

②校正方法：计算出正确的 B 值，即 $B_3 = B_2 - (B_2 - B_1)/4$。旋开十字丝环外盖，稍许松开十字丝上下校正螺钉，将左右校正螺钉一松一紧，先松后紧，使望远镜十字丝竖丝对准正确的 B 值。旋紧十字丝上下校正螺钉，盖上十字丝环外盖。重复检验与校正步骤，直至 $c'' = \frac{\overline{B_1B_2}}{4S}\rho'' \leq 60''$（$S$ 为尺仪距，ρ'' 为 206 265″）为止。

(4)横轴的检验与校正

①检验方法(图4.11):在一距高墙30m远处安置经纬仪,在墙与经纬仪同高的位置上,水平安置一根尺子。盘左,转动望远镜,保持仰角大于30°后,在墙上选一点P,瞄准后制动照准部。将望远镜放平,读取水平尺上读数M_1。盘右仍然瞄准P点,制动照准部。将望远镜放平,读取水平尺上读数M_2。若M_1与M_2相同,则说明横轴与竖轴垂直;否则需要校正。

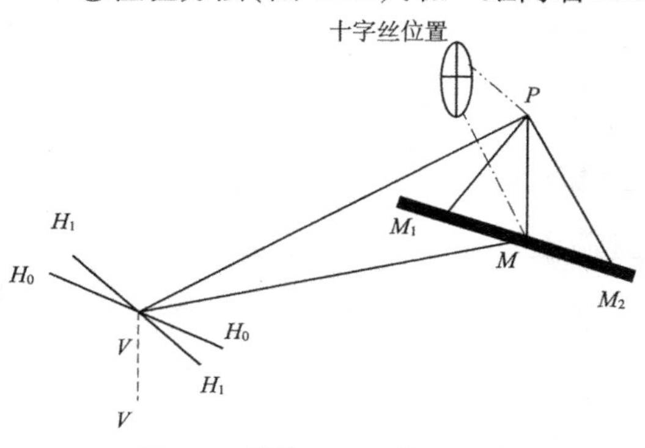

图4.11 横轴$HH\perp$竖轴VV的检校

②校正方法:计算M_1与M_2的平均值M。旋转水平微动螺旋,使十字丝竖丝对准尺上的M读数。转动望远镜至P点附近,此时十字丝纵丝与P点之间有横向位移。松开支架的护盖,转动横轴偏心环,使十字丝竖丝与P点重合。合上支架护盖,紧固螺旋。

(5)竖盘指标差的检验与校正

①检验方法:经纬仪安置好后选一远处并有高差的目标作为N点。盘左用十字丝中丝切准目标点N,调节竖盘指标水准管微动螺旋,使气泡居中,读取竖盘读数为L。倒转望远镜,盘右用十字丝中丝切准目标点N,按照同样的方法读取竖盘读数为R。计算指标差$X=\frac{1}{2}(L+R-360°)$,对于DJ6经纬仪当$X\leqslant 30''$时可以不校正,否则需要校正。

②校正方法:计算盘右正确的竖盘读数$R_0=R-X$(盘左则为$L_0=L-X$);保持照准部与望远镜位置不变,调节竖盘指标水准管微动螺旋,使竖盘读数为R_0。旋下指标水准管护盖,用改正针转动指标水准管上下校正螺旋,一松一紧,先松后紧,使气泡居中,旋上护盖。此项检验与校正需反复进行,直到指标差$X\leqslant 30''$为止。

(6)光学对点器的检验与校正

①检验方法:严格整平经纬仪,在三脚架正下方的地上铺放一张白纸,调节光学对点器,使对点器的分划板圆圈及白纸同时清晰。在白纸上标出分划板圆圈位置为A_1。转动照准部到180°方向,按照同样的方法在白纸上标出分划板圆圈位置为A_2。若A_1与A_2重合,则说明光学对点器的光轴与仪器竖轴重合,不重合则需要校正。

②校正方法:先在纸上连接A_1、A_2点,标出A_1、A_2的中点A。打开光学对点器棱镜的护盖,调节光学对点器的校正螺旋,改变转向棱镜位置,使分划板圆圈对准中点A即可,旋紧护盖。此项检验与校正需反复进行,直到满足条件为止。以上检校项目可根据具体情况及条件选择完成。

4)仪器与工具

经纬仪,小花杆(或测钎),小标尺,三脚架,校正工具,记录板。

5)注意事项

(1)被松开的螺钉和护盖必须重新拧紧,各种螺钉都不能拧得过紧;

(2)每项检校都需反复进行;

(3)检校的顺序不能颠倒。

6)实验报告

(1)实验目的。

(2)实验内容。

(3)检校实施情况：

①经纬仪照准部水准管的检验与校正说明；

②经纬仪十字丝竖丝的检验与校正图文说明；

③经纬仪视准轴的检验与校正图文说明；

④经纬仪横轴的检验与校正图文说明；

⑤经纬仪竖盘指标差的检验与校正计算及说明(表4.8)。

表4.8

内　容	第一次	第二次	第三次
盘左时瞄准目标点的读数 L			
盘右时瞄准目标点的读数 R			
指标差 $X=\frac{1}{2}(L+R-360°)$			
盘右时的正确读数 R_0			

注:第一次、第二次填写检验和初校数据,第三次填写校正后的合格成果,$X\leq\pm30''$。

⑥经纬仪的光学对点器的检验与校正说明(图4.12)

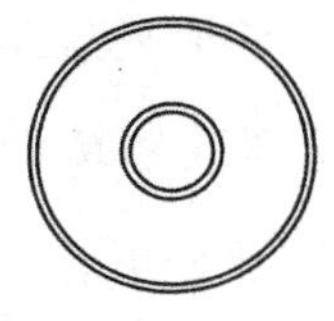

标注检验时的A_1、A_2位置

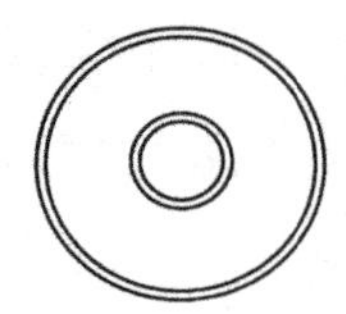

标注校正后的A_1、A_2、A位置

图　4.12

4.6　距离测量与直线定向综合实验

4.6.1　实验目的及要求

(1)掌握钢尺量距的方法；

(2)掌握罗盘仪的基本构造以及用罗盘仪测定直线磁方位角的方法。

4.6.2　实验内容

(1)直线丈量:钢尺一般量距方法；

(2)直线定向:用罗盘仪测定直线磁方位角。

4.6.3　实验步骤

(1)直线丈量

①选择比较平坦的地面,在相距50~70m距离处分别打4个木桩,为A、B、C、D点,构成四边形,并在桩上用铅笔或小钉标记点位。

②用20m或30m长的钢尺,按一般量距方法,丈量AB的长度,往返一测回,精度$K\leq\frac{1}{2\,000}$。

③目估定线：A、B 点上各立一根花杆，一人（定线人）站在 A 杆后 1m 左右处，另一人手持花杆在 AB 之内离 A 杆略小于一个尺段处站立，定线人用眼睛观测 A、B 杆的同一侧，构成视线，指挥持杆人左右移动，当三杆成一直线时，则持杆人插定花杆不动。

④平量法测距：后尺手持钢尺零端，前尺手持钢尺末端，后尺手将“0”刻划对准 A 桩上的点位，前尺手将尺紧靠定线花杆，抬平钢尺并拉紧，后尺手发出“预备”令，当“0”刻划正好对准 A 桩上点位的瞬间，后尺手发出“测量”令，前尺手在整 20m 或 30m 处紧靠钢尺垂直地插一测钎。此为第一整尺段，记为 $l_1 = l$。

⑤按上述方法采用目估定线和平量法测量第二整尺段、第三整尺段……，记为 $l_2 = l$、$l_3 = l$……最后到 B 点不足一尺段的距离，称为余长，记为 q。余长由后（或前）尺手从尺上对一整分划，前（或后）尺手利用尺零端处的毫米分划读数，由整分划减去前（或后）尺读数算得，这样就完成了从 A 到 B 的丈量。

⑥以上为一个往测，往测长 $D_{往} = l_1 + l_2 + \cdots + q_{往} = nl + q_{往}$。

⑦将钢尺掉头按上法进行返测，返测长为 $D_{返} = nl + q_{返}$。

⑧计算距离和精度：若 $K = \dfrac{|D_{往} - D_{返}|}{\dfrac{D_{往} + D_{返}}{2}} = \dfrac{\Delta D}{D_{平}} \leqslant \dfrac{1}{2\ 000}$，则成果合格，取往返均值作为 A、B 间的水平距离；否则应查明原因，重新丈量。按照同样的方法量取其他各边边长。

⑨说明：在测量过程中，应始终保持钢尺尺面水平。当尺段高差较大，抬平钢尺离地面较远，投点困难时，可采用锤球投点。当测回数较多时，每测回的往返测钢尺均需掉头。不用整尺段丈量时，要分段记录好长度。

（2）直线定向

①在 A 点架设罗盘仪，完成对中、整平。在 B 点立花杆作为瞄准目标。转动罗盘仪照准部及望远镜，使纵丝瞄准花杆，制动照准部。

②松开磁针制动螺旋，等待磁针静止后，读取磁针北端所指的水平度盘上读数至 0.5°并记录，该读数为正磁方位角 A_{mAB}。

③移动罗盘仪至 B 点，花杆立于 A 点作为瞄准目标，松开磁针制动螺旋，等待磁针静止后，读取磁针北端所指的水平度盘上读数至 0.5°并记录，该读数为反磁方位角 A_{mBA}。

④当 $A_{mAB} - (A_{mBA} \pm 180°) \leqslant 0.5°$，则成果合格，否则重新测量 A_{mAB}、A_{mBA}。

⑤说明：罗盘仪连接中有球臼结构，整平用圆水准盒指示，所以整平快，但比较粗。磁针在测量时必须是活动的，读数必须用北端（一般北端用红色表示或南端绕有铜丝）。水平度盘的“0”刻划应位于望远镜的物镜一端。

4.6.4 仪器及工具

钢尺，罗盘仪，花杆，木桩，测钎，记录板，锤球，尺夹。

4.6.5 注意事项

（1）钢尺要抬平、拉直，不要扭曲打折，字面朝上，用力 10kg 且稳定；

（2）直线丈量每次往返都必须单独定线；

（3）直线丈量中前进时，应将钢尺抬起，不可在地面上拖拉；

（4）直线定向时，应避开高压电力线和磁铁，否则会对测量成果造成较大影响；

(5)罗盘仪装箱时要注意锁定磁针。

4.6.6 实验报告

(1)实验目的;
(2)实验内容;
(3)实验记录(表4.9);
(4)成果处理及评价。

距离测量与直线定向记录表 表4.9

<table>
<tr><td colspan="3">工程名称:
钢尺型号:</td><td colspan="3">日期:
天气: 温度:</td><td colspan="3">量距:
记录:</td></tr>
<tr><td>测线</td><td>方向</td><td>整尺段</td><td>零 尺 段</td><td>总 计</td><td>较差</td><td>精 度</td><td>平均值</td><td>方位角</td></tr>
<tr><td rowspan="2"></td><td>往</td><td></td><td></td><td></td><td rowspan="2"></td><td rowspan="2"></td><td rowspan="2"></td><td></td></tr>
<tr><td>返</td><td></td><td></td><td></td><td></td></tr>
<tr><td colspan="2">成果计算
及成果评价</td><td colspan="3">$K = \dfrac{D_{往} - D_{返}}{\dfrac{D_{往} + D_{返}}{2}} = \dfrac{\Delta D}{D_{平}} =$</td><td colspan="4">$\alpha_{AB} - (\alpha_{BA} \pm 180°) =$</td></tr>
</table>

4.7 全站仪的构造与使用

4.7.1 实验目的

(1)了解全站仪的基本结构与性能、各操作部件、螺旋的名称和作用;
(2)熟悉操作面板主要功能;
(3)掌握全站仪的基本操作方法。

4.7.2 实验内容

(1)认识仪器的主要部件、螺旋的名称和作用;
(2)认识面板的主要操作功能;
(3)练习全站仪进行角度测量、距离测量、坐标测量等基本工作。

4.7.3 实验步骤简要

(1)认识全站仪的构造、部件名称和作用。全站仪的基本构造主要包括:光学系统、光电测角系统、光电测距系统、微处理机、显示控制/键盘、数据/信息存储器、输入/输出接口、电子自动补偿系统、电源供电系统、机械控制系统等部分。

(2)认识全站仪的操作面板(图4.13～图4.15为NTS－305各模式下操作面板)。

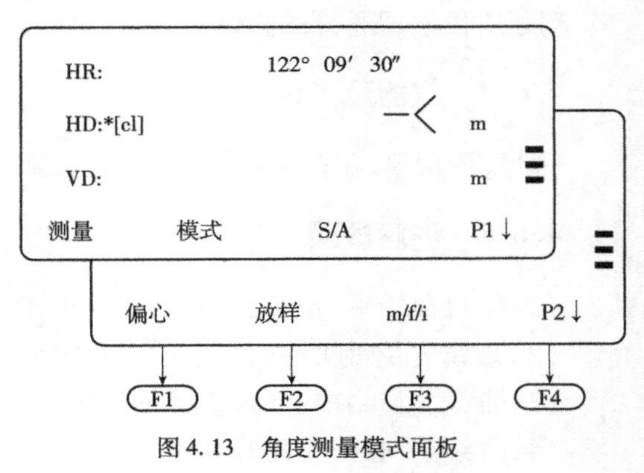

图4.13 角度测量模式面板

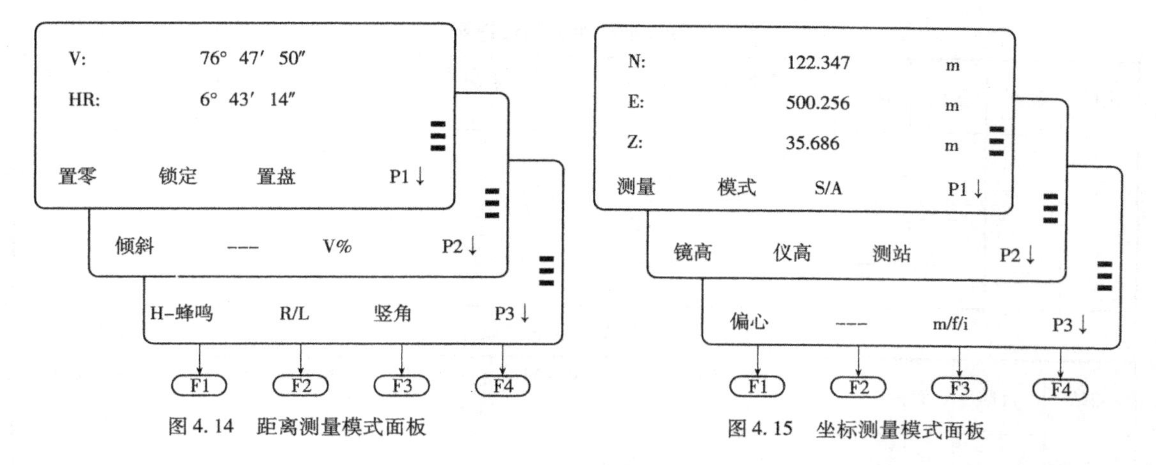

图 4.14 距离测量模式面板　　图 4.15 坐标测量模式面板

(3)熟悉全站仪的基本操作功能。全站仪的基本测量功能是测量水平角、竖直角和斜距，借助机内固化软件，组成多种测量功能。如计算并显示平距、高差以及镜站点的三维坐标，进行偏心测量、对边测量、悬高测量和面积测量计算等功能。

(4)练习并掌握全站仪的安置与观测方法。在一个测站上安置全站仪，选择两个目标点安置反光镜，练习水平角、竖直角、距离及三维坐标的测量，观测数据记入实验报告相应表中。

①水平角测量：在角度测量模式下，每人用测回法测两镜站间水平角一个测回，同组各人所测角值之差应满足相应的限差要求。

②竖直角测量：在角度测量模式下，每人观测 1 个目标的竖直角一个测回，要求各人所测同一目标的竖直角角值之差应满足相应的限差要求。

③距离测量：在距离测量模式下，分别测量测站至两镜站的斜距、平距以及两镜站间距离。

④三维坐标的测量：在坐标测量模式下，选一个后视方向，固定仪器，输入后视方位角、测站坐标、测站高程和仪器高，转动仪器，测量两镜站坐标，分别输入反光镜高等各镜站高程。

4.7.4 仪器与工具

全站仪 1 套，反光镜 2 套，记录板 1 块。

4.7.5 注意事项

(1)全站仪是目前结构复杂、价格较贵的先进仪器之一，在使用时必须严格遵守操作规程，注意爱护仪器；

(2)在阳光下使用全站仪测量时，一定要撑伞遮阳，严禁用望远镜对准太阳；

(3)仪器、反光镜站必须有人看守，观测时应尽量避免两侧和后面反射物所产生的信号干扰；

(4)开机后先检测信号，停测时随时关机；

(5)更换电池时，应先关断电源开关。

4.7.6 实验报告

(1)实验目的。

(2)实验内容包括：认识仪器的主要部件，写出全站仪各部件的名称；了解全站仪的操作面板；基本测量功能练习记录(表 4.10 ~ 表 4.12)。

水平角、水平距离测量记录表　　表 4.10

测站	测回	盘位	目标	水平度盘读数 (° ′ ″)	半测回角值 (° ′ ″)	一测回平均值 (° ′ ″)	水平距离 (m)

竖直角测量记录表　　表 4.11

测站	目标	盘位	竖直度盘读数 (° ′ ″)	半测回竖直角 (° ′ ″)	一测回竖直角 (° ′ ″)	竖盘指标差 (″)

三维坐标测量记录表　　表 4.12

测站 仪高	后视 点号	后视方位角 (° ′ ″)	测点号	x 坐标 (m)	y 坐标 (m)	镜高 (m)	高程 H (m)
		30 30 35	测站	32 400.573	48 250.345		75.378
			1				
			2				
			3				

4.8 全站仪三维导线测量

4.8.1 实验目的与任务

(1)了解导线测量工作内容和方法,进一步提高测量技术水平;

(2)掌握全站仪坐标测量原理和方法。

4.8.2 实验内容

利用全站仪三维导线测量功能测量一个任意三角形的各角点坐标。

4.8.3 实验步骤

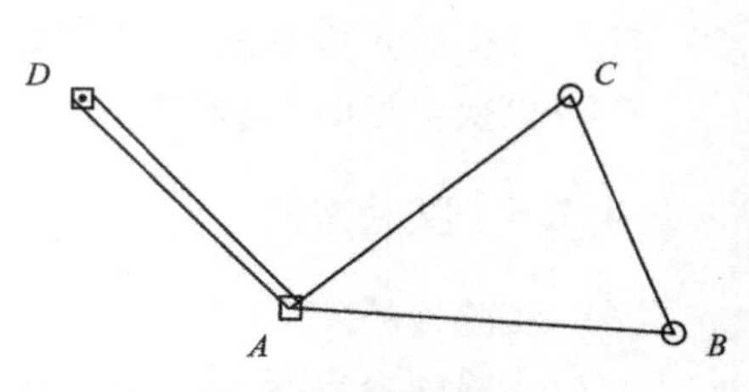

图 4.16 实验区域点位布置

(1)在实验区域内选取 A、B、C、D 四点,A、D 点通视,A、B、C 点相互通视,如图 4.16 所示组成三角形,假设 AD 为已知方位边,A 为已知点。

(2)在 A 点架设全站仪,对中、整平后,量取仪器高,输入测站坐标、高程、仪器高。以 D 为后视点,设置后视已知方位角。

(3)依次观测 C 点、B 点,输入各反光镜高,测量并记录其三维坐标及 AB 方位角、距离。

(4)搬站至 B 点,以 B 为测站,以 A 为后视点,观测 C 点,记录其三维坐标及 BC 方位角、距离,注意各边高差应取对向观测高差的平均值,以消除球气差的影响。

(5)搬站至 C 点,以 C 为测站,以 B 为后视点,观测 A 点,记录其三维坐标及 CA 方位角、距离。

(6)计算坐标闭合差,评定导线精度。

4.8.4 仪器及工具

全站仪 1 套,对中架 2 副,棱镜 2 个,花杆 1 根,记录板 1 块。

4.8.5 注意事项

(1)边长较短时,应特别注意严格对中;

(2)瞄准目标一定要精确;

(3)注意目标高和仪器高的量取和输入。

4.8.6 实验报告

(1)实验目的;

(2)实验内容;

(3)实验记录;

(4)成果处理与成果评价。

已知:A 点坐标,$x=1\ 000.000\text{m}$,$y=2\ 000.000\text{m}$,$H=78.375\text{m}$。$A\sim D$ 点方位角:60°30′45″(全站仪一般输入 60.3045)。

区域点位布置如图 4.16 所示。请按表 4.13 填入数据。

表 4.13

测站 仪高 i	点号		方位角 (° ′ ″)	x 坐标 (m)	y 坐标 (m)	镜高 v (m)	高差 h (m)	H 高程 (m)
	后视	前视						
A	D		60 30 45					
$i=$		B						
B	A							
$i=$		C						
C	B							
$i=$		A						

4.9 经纬仪测绘法成图

4.9.1 实验目的

(1)掌握视距测量观测及计算方法;

(2)掌握三角高程测量原理;

(3)掌握极坐标法测量地形碎部点的方法；

(4)掌握地形图的绘制方法。

4.9.2　实验内容

(1)碎部点的观测、记录、计算；

(2)测绘一地形较简单的小范围地形图。

4.9.3　实验步骤

经纬仪测绘法成图原理如图 4.17 所示。

1)测量前准备工作

(1)经纬仪对中、整平，量取仪器高 i(量至厘米)；

(2)用红布条在塔尺上标定目标高 v(为便于计算，目标高通常与仪器高相等)；

(3)瞄准控制点 B 方向进行定向，将水平度盘配置在 $0°00'00''$；

(4)掌握跑尺立点要领：规律跑尺，反映原貌，布点均匀，一点多用，扶稳立直，勾绘草图。

2)测量及计算步骤(图 4.18)

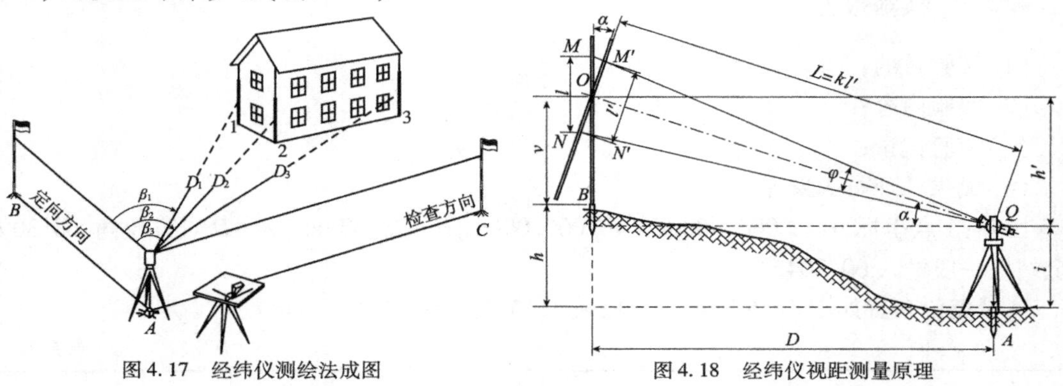

图 4.17　经纬仪测绘法成图　　　图 4.18　经纬仪视距测量原理

(1)盘左，将经纬仪十字丝纵丝瞄准位于立尺点的塔尺，用十字丝中丝截住红布条。

(2)读取上丝读数 M、下丝读数 N，计算上下丝读数之差(尺间隔)$l = M - N$，则视距读数为 kl ($k = 100$)，并记录。为了加快视距读数，也可以转动望远镜，使中丝在红布条附近上下移动，用上丝(或下丝)截住标尺整分米刻划，自上丝(或下丝)向下丝直接数出尺间隔 l，读取视距读数，如上下丝之差为 23.5cm，则视距读数为 23.5m。读出视距读数后，再将中丝准确地截住红布条。

(3)调节竖盘指标水准管微动螺旋，使竖盘指标水准管气泡居中。

(4)读取竖盘读数至分，并记录。读取水平度盘读数至分，并记录。

(5)计算竖直角 $\alpha = 90° - (L - x)$。

(6)计算水平距离 $D = kl \cdot \cos^2\alpha$，精确至 dm。

(7)计算出计算高差 $h' = D\tan\alpha$，精确至 cm。

(8)计算总高差 $h = h' + i - v$。如果测量时，十字丝中丝都截住红布条，即表示仪器高与目标高相等，因此 $h = h'$。

(9)计算测点高程 $H_j = H_{站} + h$，精确至 cm(H 站为测站高程)。

3)展绘碎部点

(1)在图上根据控制点 A、B 的坐标，定出 A、B 两点的点位，在测站点 A 上插一绣花针，连

A、B 方向线，作为该测站的“0”方向线；

(2)将地形量角器中孔套入测站点绣花针；

(3)根据水平角读数，用地形量角器定出测点的方向；

(4)根据水平距离且依据地形图比例尺，在定出的方向上用铅笔确定测点的准确位置；

(5)字头朝北标注各测点高程，根据现场情况绘连地物；

(6)注意检查点位及高程有无错漏、测点密度是否均匀；

(7)现场勾绘等高线。

4.9.4 仪器和工具

经纬仪，平板，塔尺，花杆，量角器，小针，记录板，绘图用具，皮尺，红布条。

4.9.5 注意事项

(1)测竖直角时一定要用中丝切住目标(红布条)，读竖盘读数前应注意竖盘指标水准管气泡是否居中；若经纬仪带有竖盘指标自动归零装置，则应将竖盘指标自动归零，开关置于“ON”；

(2)极坐标法施测碎部点，视距读数由观测员一次读出，读后不要忘记用中丝切住目标高；

(3)随时检查“0”方向，若“0”方向变动在10′以内，允许重新配“0”；当“0”方向变动超过10′，前区间的测点成果作废；

(4)随时整平仪器，但一经重新整平需重新检查“0”方向，当“0”方向变动超过10′，前区间的测点成果作废；

(5)记录应保持干净、整洁，计算应准确、完整；

(6)当目标高标志被遮住，可任意切目标高，按 $h = h' + i - v$ 计算高差；

(7)注意协调配合。

4.9.6 实验报告

(1)实验目的；

(2)实验内容；

(3)实验记录(表4.14)及成果处理。

地形测量记录表 表4.14

测 区________ 日 期：________ 天 气：________ 仪 器：________ 作业小组：________

测站高程________ 仪器高：________ 观 测：________ 记 录：________

测站名称	测点	视距读数	水平角(° ′)	中丝读数	竖直角		水平距离	高差计算值	测点高程	备注
					竖盘读数	竖直角				
		(m)		(m)	(° ′)	(° ′)	(m)	(m)	(m)	
计算公式： 实验体会与成果评定：										

4.10 数字化成图

4.10.1 实验目的

掌握用全站仪进行大比例尺地面数字测图外业数据采集的作业方法和内业成图的方法，学会使用数字测图系统软件(如 CASS 等)。

4.10.2 实验内容

(1)全站仪地面数字测图外业数据采集；

(2)全站仪数字化测图的内业成图。

4.10.3 实验步骤

数字化测图根据所使用设备的不同,可采用两种方式实现:草图法和电子平板法。

电子平板法由于笔记本电脑价格较贵,电池连续使用时间短,数字测图成本高,故实际中多采用草图法。

1)草图法数字测图的流程

外业使用全站仪测量碎部点三维坐标的同时,领图员绘制碎部点构成的地物形状和类型并记录下碎部点点号(必须与全站仪自动记录的点号一致)。

内业将全站仪或电子手簿记录的碎部点三维坐标,通过 CASS 软件传输到计算机、转换成 CASS 坐标格式文件并展点,根据野外绘制的草图在 CASS 中绘制地物。

2)全站仪野外数据采集步骤

(1)置仪:在控制点上安置全站仪,检查中心连接螺旋是否旋紧,对中、整平、量取仪器高、开机。

(2)创建文件:在全站仪 Menu 中,选择“数据采集”进入“选择一个文件”,输入一个文件名后确定,即完成文件创建工作。此时仪器将自动生成两个同名文件,一个用来保存采集到的测量数据,一个用来保存采集到的坐标数据。

(3)输入测站点:输入一个文件名,“回车”后即进入数据采集之输入数据窗口,按提示输入测站点点号及标识符、坐标、仪器高,后视点点号及标识符、坐标、镜高,仪器瞄准后视点,进行定向。

(4)测量碎部点坐标:仪器定向后,即可进入“测量”状态,输入所测碎部点点号、编码、镜高后,精确瞄准竖立在碎部点上的反光镜,按“坐标”键,仪器即测量出棱镜点的坐标,并将测量结果保存到前面输入的坐标文件中,同时将碎部点点号自动加 1 返回测量状态。再输入编码、镜高,瞄准第二个碎部点上的反光镜,按“坐标”键,仪器又测量出第二个棱镜点的坐标,并将测量结果保存到前面的坐标文件中。按此方法,可以测量并保存其后所测碎部点的三维坐标。

3)下载碎部点坐标

完成外业数据采集后,使用通信电缆将全站仪与计算机的 COM 口连接好,启动通信软件,设置好与全站仪一致的通信参数后,执行下拉菜单“通信/下传数据”命令;在全站仪上的内存管理菜单中,选择“数据传输”选项,并根据提示顺序选择“发送数据”、“坐标数据”和选择文件,然后在全站仪上选择确认发送,再在通信软件上的提示对话框上单击“确定”,即可将采集到的碎部点坐标数据发送到通信软件的文本区。

4)格式转换

将保存的数据文件转换为成图软件(如 CASS)格式的坐标文件格式。执行下拉菜单"数据/读全站仪数据"命令,在"全站仪内存数据转换"对话框中的"全站仪内存文件"文本框中,输入需要转换的数据文件名和路径,在"CASS 坐标文件"文本框中输入转换后保存的数据文件名和路径。这两个数据文件名和路径均可以单击"选择文件",在弹出的"标准文件"对话框中输入。单击"转换",即完成数据文件格式转换。

5)展绘碎部点、成图

执行下拉菜单"绘图处理/定显示区"确定绘图区域;执行下拉菜单"绘图处理/展野外测点点位",即在绘图区得到展绘好的碎部点点位,结合野外绘制的草图绘制地物;再执行下拉菜单"绘图处理/展高程点"。经过对所测地形图进行屏幕显示,在人机交互方式下进行绘图处理、图形编辑、修改、整饰,最后形成数字地图的图形文件。通过自动绘图仪绘制地形图。

4.10.4 仪器及工具

全站仪 1 套,棱镜及杆、镜框 1 套,计算机 1 台,绘图仪 1 台,图纸若干。

4.10.5 注意事项

(1)控制点数据由指导教师统一提供;

(2)在作业前应做好准备工作,全站仪的电池、备用电池均应充足电;

(3)用电缆连接全站仪和计算机时,应选择与全站仪型号相匹配的电缆,小心稳妥地连接;

(4)采用数据编码时,数据编码要规范、合理;

(5)外业数据采集时,记录及草图绘制应清晰、信息齐全;不仅要记录观测值及测站有关数据,同时还要记录编码、点号、连接点和连接线等信息,以方便绘图;

(6)数据处理前,要熟悉所采用软件的工作环境及基本操作要求。

4.10.6 实验报告

(1)实验目的。

(2)实验内容。

(3)实验记录与成果:

①实验数据记录见表 4.15(可打印粘贴);

数字地形测量记录表 表 4.15

测站:________ 测站高程:________ 仪器高:________ 定向点:________ 测量小组:________

点号	代 码	水平角 (° ′)	水平距离 (m)	x 坐 标 (m)	y 坐 标 (m)	高 程 H (m)	备 注

②草图(可作附件);

③绘图仪输出图(作附件或粘贴)。

(4)实验体会或收获。

4.11 建筑基线的放样(测设)

4.11.1 实验目的

(1)培养学生读图、用图的能力,能在地形图上进行设计;

(2)掌握施工放样的几种基本方法;

(3)学会对放样结果进行误差分析和精度评定。

4.11.2 实验内容

(1)在已有的地形图上设计一条建筑基线;

(2)在图上读取该基线起、终点坐标,设计、选择放样方法;

(3)根据已知控制点数据和设计点数据,按设计方案计算放样数据;

(4)放样该基线的平面位置和高程;

(5)对放样结果进行误差分析,评定放样结果的精度。

4.11.3 实验步骤

1)图上设计基线位置

(1)从已有图纸上根据控制点位置和建筑物轴线位置设计一条建筑基线,须满足:建筑基线与建筑物轴线水平或垂直;控制点尽量与基线的起、终点通视。

(2)读取基线的起、终点坐标,设计放样方案。

2)测设数据的准备

(1)准备控制点资料(一般选择原测图控制点作为放样控制点)。

(2)选择测站点和定向点。

(3)计算各点的放样数据。

3)放样数据

用经纬仪正、倒镜分中法放样角度β,钢尺放样水平距离D,水准仪放样高程。

(1)在测站点上安置经纬仪。

(2)盘左:望远镜照准已知方向,配置水平度盘读数为0°00′00″。松开照准部,顺时针转到度盘读数约为β值时制动,用水平微动螺旋准确调至读数β。指挥人员在望远镜视线上适当的位置打一木桩,用小钉准确地在木桩上标定其位置。

(3)盘右:望远镜再照准已知方向,配置水平度盘读数为180°00′00″。松开照准部,逆时针转到度盘读数约为$180° + \beta$值时制动,用微动螺旋准确调至读数$180° + \beta$。指挥人员在望远镜视线方向原木桩上,用小钉准确地标定其位置。若两点重合,该点即是正确位置;若两点不重合,则取两点连线的中点作为正确位置,则该点与测站点的连线方向即为放样方向(图4.19)。

(4)在已放样方向上粗放设计距离D并测量丈量时钢尺温度t,打桩,用水准仪往返测定测站点与粗放点间的高差(图4.20)。

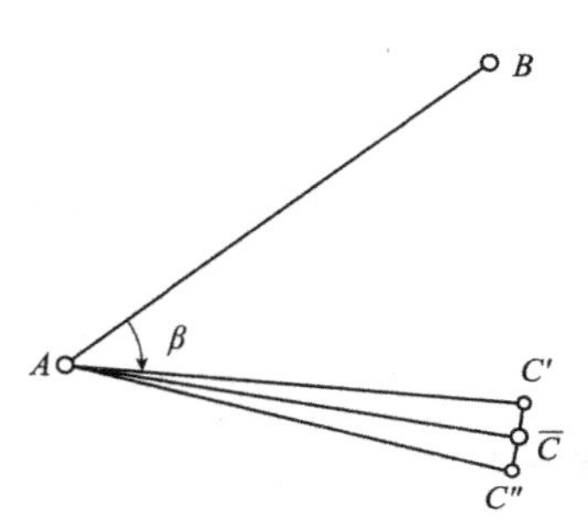

图 4.19　正、倒镜分中法放样水平角

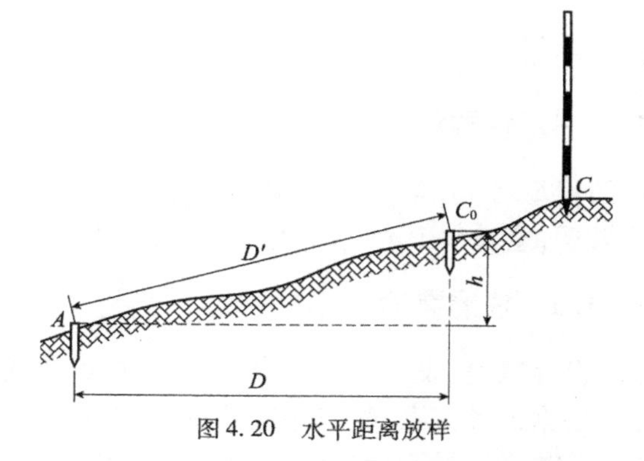

图 4.20　水平距离放样

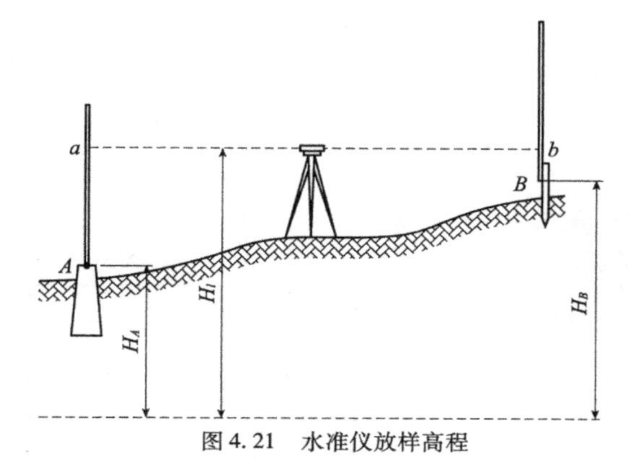

图 4.21　水准仪放样高程

(5)计算三项改正数和实际已粗放平距 D' 及距离改正数 ΔD。在已放样方向上延长或缩短 ΔD 即可。

(6)安置水准仪于测站点和放样点间,读后视读数,算前视应读数,指挥人员在前视点上下移动水准尺至前视读数为前视应读数为止,尺底做标记,即为设计高程位置(图 4.21)。

(7)按照同样的方法放样其余各点。

4)全站仪坐标法放样

(1)在测站点上安置全站仪,对中、整平、量取仪器高,并记录。

(2)开机,设置水平度盘和竖直度盘指标(绝对式度盘不需设置度盘指标)。进入坐标菜单,建立放样文件(可一次输入所有坐标及点号,放样时则只需输入点号)或直接进入坐标放样状态。

(3)输入测站坐标 x_0、y_0、H_0 和仪器高,输入后视点坐标,按显示的要求瞄准后视点,"回车"确认。

(4)输入放样点 1 的坐标,"回车"确认。仪器显示放样方向的方位角和仪器由已知方向至放样方向所需旋转的角度 dHR 和方向(箭头表示),按仪器提示,松开照准部制动螺旋,转动照准部至 $dHR=0$,即为放样方向。

(5)指挥人员在望远镜视线方向上适当的位置树立反光镜,望远镜上下转动瞄准反光镜,按测量键,仪器显示实测距离与放样距离之差 d_{HD}(或 ΔD),按显示前后移动反光镜,直至显示距离差为 0,该立镜点即为放样点的平面位置,打木桩并用小钉准确地标定其位置。输入镜高,仪器显示该点的填、挖高度值 D_z(或 ΔH),提高或降低反光镜(注意保持镜高不变),至显示填、挖高度为 0,则反光镜杆杆底尖端处即为设计高程位置,做好标记。若为挖方,则标记做在地面上,旁边设一指示桩,说明挖方高度。

(6)按"next"或"继续"键,仪器显示点号自动加 1,输入其坐标,重复步骤(4)、(5)放样其余各点。

5)精度评定

基线两端点放样完毕,实测两端点间水平距离 $D_{测}$,并根据两端点设计坐标计算两端点间的水平距离 D_0,计算其水平距离差和相对误差,要求相对误差应≤1/5 000,即 $\frac{|D_{测}-D_0|}{D_0}\leqslant$

$\frac{1}{5\ 000}$。

4.11.4 仪器和工具

经纬仪1台，水准尺1对，花杆2根，钢尺1把，温度计1根，弹簧秤1支，铁锤1把，木桩、小铁钉若干，全站仪1套，反光镜2副，记录板1块。

4.11.5 注意事项

(1)设计数据、设计方案应事先做好，测设过程的计算数据要现场计算，且保证计算无误；
(2)根据设计方案，领取相应的仪器、工具；
(3)若放样结果不满足要求，需返工重做。

4.11.6 实验报告

(1)实验目的；
(2)实验内容；
(3)实验数据包括：放样示意图，放样数据准备(表4.16)；

建筑基线的放样数据记录表 表4.16

点　名	x坐标(m)	y坐标(m)	高程(m)	填挖值(m)	备注

(4)成果及精度评定；
(5)放样误差分析；
(6)实验体会与收获。

4.12 圆曲线测设

4.12.1 实验目的与要求

(1)掌握圆曲线主点测设要素的计算；
(2)掌握圆曲线主点里程的计算；
(3)掌握圆曲线主点的测设方法；
(4)掌握用切线支距法、偏角法进行圆曲线的详细测设方法。

4.12.2 实验内容

(1)根据指定的数据计算测设要素和主点里程；
(2)设置圆曲线主点；
(3)用切线支距法进行圆曲线详细测设；
(4)用偏角法进行圆曲线详细测设。

4.12.3 实验步骤

1)测设数据的准备

(1)根据给定的转角 α 和圆曲线半径 R 计算曲线测设要素 T、L、E、D；

(2)根据给定的交点里程，计算主点 ZY、YZ、QZ 里程桩号；

(3)按切线支距法计算各桩详细测设坐标 x_i、y_i；

(4)按偏角法计算各桩详细测设数据 Δ_i、C_1、C_0。

2)圆曲线主点测设(图4.22)

(1)在交点 JD_i 处架设经纬仪，完成对中、整平工作后，转动照准部瞄准 JD_{i-1}，制动照准部，转动变换手轮使水平度盘读数为 0°00′00″，转动望远镜进行指挥定向，从 JD_i 出发在该切线方向上量取切线长 T，得 ZY 点，打桩标记。

(2)转动照准部瞄准 JD_{i+1}，制动照准部，转动望远镜进行指挥定向，从 JD_i 出发在该切线方向上量取切线长 T，得 YZ 点，打桩标记。

(3)确定分角线方向：当路线左转时，顺时针转动照准部至水平度盘读数为 $\frac{180°-\alpha}{2}$ 时，制动照准部，此时望远镜视线方向为分角线方向。当路线右转时，顺时针转动照准部至水平度盘读数为 $\frac{180°+\alpha}{2}$ 时，制动照准部，然后倒转望远镜，此时望远镜视线方向为分角线方向。

(4)在分角线方向上，从 JD_i 量取外距 E，定出 QZ 点并打桩标记。

3)用切线支距法进行圆曲线详细测设(图4.23)

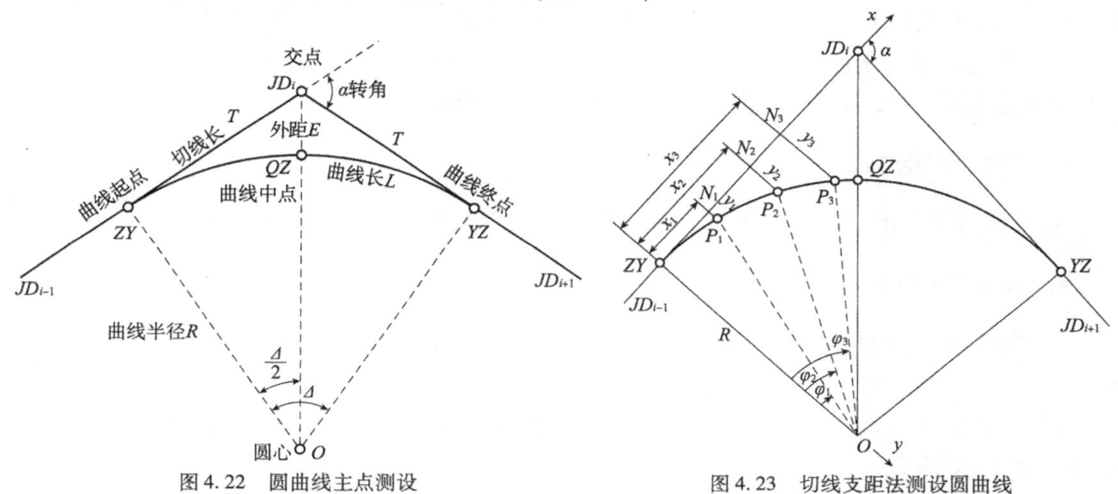

图4.22　圆曲线主点测设

图4.23　切线支距法测设圆曲线

(1)经纬仪仍然架设于 JD_i 处，转动照准部瞄准 JD_{i-1}，制动照准部，转动望远镜进行指挥定向，以 ZY 为原点，在该切线上向 JD_i 丈量各中桩对应的 x_1、x_2、x_3……x_n 值，得出并保留各相应垂足点，以 N_1、N_2……N_n 表示。

(2)从各垂足点找出垂直于切线的方向，根据各点相应的 y 值标定曲线上的详细测设点 P_1、P_2……P_n，直至 QZ，完成前半条曲线的详细测设。

(3)以 YZ 点为原点，采用以上同样方法，完成另半条曲线的详细测设。

(4)检查：丈量各测设点的弦长，与相应的弧长相比较，两者之差的绝对值不宜大于相应的弦弧差。

(5)详测曲中点 QZ 位置和主点放样定出的 QZ 位置比较，横向误差不应大于 0.1m，纵向误差不应超过 $\pm\frac{L}{1\,000}$(L 为曲线长度)。

4)用偏角法进行圆曲线详细测设(图 4.24)

(1)在圆曲线起点 ZY 点安置经纬仪,完成对中、整平工作。

(2)转动照准部,瞄准交点 JD_i(切线方向),转动变换手轮,将水平度盘读数配置为 0°00′00″。

(3)根据计算出的第一点的偏角值大小 Δ_1 转动照准部,当路线左转时,逆时针转动照准部至水平度盘读数为 $360° - \Delta_1$;当路线右转时,顺时针转动照准部至水平度盘读数为 Δ_1(其他偏角方向的确定都参照此法,即左:$360° - \Delta_i$,右:Δ_i);以 ZY 为原点,在望远镜视线方向上量出第一段相应的弦长 C_1 定出第一点 P_1,设桩。

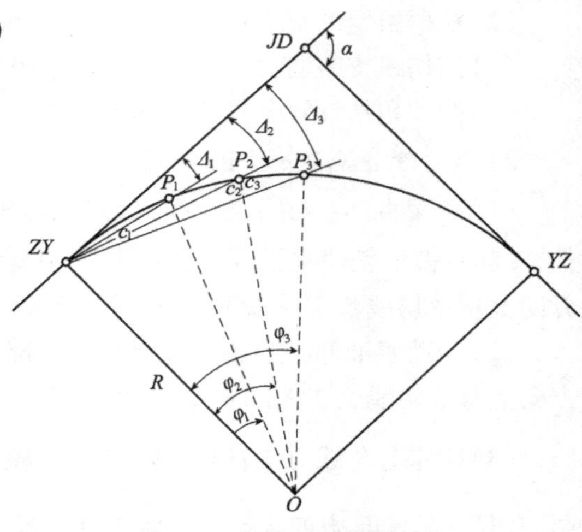

图 4.24 偏角法测设圆曲线

(4)根据第二个偏角值的大小 Δ_2 转动照准部,定出偏角方向。以 P_1 为圆心,以 C_0 为直径画圆弧,与视线方向相交得出第二点 P_2,设桩。

(5)按照上一步的方法,依次定出曲线上各个整桩点点位,直至曲中点 QZ,若通视条件好,可一直测至 YZ 点。比较详测和主点测设所得的 QZ、YZ 点,进行精度校核。

(6)偏角法进行圆曲线详细测设也可从圆直点 YZ 开始,以同样的方法进行测设。但要注意偏角的拨转方向及水平度盘读数,与上半条曲线是相反的。

4.12.4 仪器和工具

经纬仪,花杆,钢尺,皮尺,木桩,铁锤,测钎,十字架,竹桩,记录板,小红纸。

4.12.5 注意事项

(1)切线支距法测设曲线时,为了避免支距过长,一般由 ZY 点或 YZ 点分别向 QZ 点施测;

(2)偏角法测设时,拉距是从前一曲线点开始,必须以对应的弦长为直径画圆弧,与视线方向相交,获得该点;

(3)由于偏角法存在测点误差累积的缺点,因此一般由曲线两端的 ZY、YZ 点分别向 QZ 点施测;

(4)注意偏角的拨转方向及水平度盘读数。

4.12.6 实验报告

(1)实验目的。

(2)实验内容。

(3)实验实施、记录及成果处理。

(4)成果检核与评价。

①已知数据:

JD 里程 =　　　　　路线转角 α =　　　　　圆曲线半径 R =　　　　　路线转向 =(左、右)

②曲线测设元素及主点里程桩号计算(表 4.17)。

曲线测设元素及主点里程桩号计算表 表 4.17

$T=$	ZY 里程 $=JD$ 里程 $-T=$	
$L=$	YZ 里程 $=ZY$ 里程 $+L=$	
$E=$	QZ 里程 $=YZ$ 里程 $-L/2=$	
$D=$	JD 里程 $=QZ$ 里程 $+D/2=$	（校核）
$L/2=$	$(180°-\alpha)/2=$	

③叙述主点测设方法与步骤。

④阐明切线支距法或偏角法测设圆曲线的计算。

⑤切线支距法及偏角法测设圆曲线数据计算表(表 4.18)。

切线支距法及偏角法测设圆曲线数据计算表 表 4.18

里程桩号	至 $ZY(YZ)$ 的弧长 l_i (m)	圆心角 φ_i (° ′ ″)	切线支距坐标		中桩偏角值
			x (m)	y (m)	

4.13 带缓和曲线的圆曲线测设

4.13.1 实验目的与要求

(1)掌握缓和曲线测设要素的计算;

(2)掌握缓和曲线主点里程桩号的计算;

(3)掌握缓和曲线主点的测设方法;

(4)掌握用切线支距法、偏角法进行带缓和曲线的圆曲线详细测设。

4.13.2 实验内容

(1)根据给定的数据计算测设要素和主点里程;

(2)测设带缓和曲线的圆曲线主点;

(3)用切线支距法进行带缓和曲线的圆曲线详细测设;

(4)用偏角法进行带缓和曲线的圆曲线详细测设。

4.13.3 实验步骤简要

1)计算

(1)按给定的设计数据计算测设要素:T_H、L_H、E_H、D_H、L_Y、q、p、β_0、β;

(2)计算主点 ZH、HY、QZ、YH、HZ 的里程桩号;

(3)根据切线支距法计算曲线详细测设数据；

(4)根据偏角法计算曲线详细测设数据。

2)测设步骤

(1)ZH 点的测设:在 JD_i上架设仪器完成对中整平,将望远镜瞄准 JD_{i-1},制动照准部。拨动水平度盘变换手轮,将水平度盘读数变换为0°00′00″。保持照准部不动,以望远镜定向。从 JD_i出发在该切线方向上量取切线长 T_H,得到直缓 ZH 点,打桩定点(图4.25)。

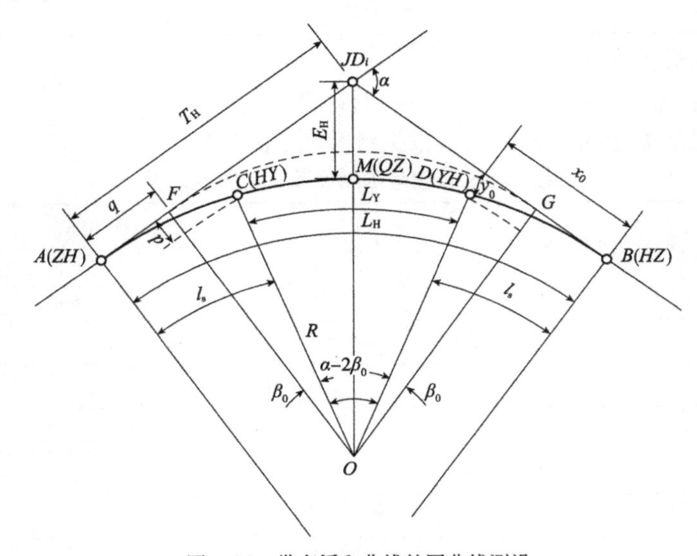

图4.25 带有缓和曲线的圆曲线测设

(2)HY 点的测设:保持照准部不动,以望远镜定向。从 ZH 出发在该切线方向上,量取 x_0 得到垂足,在该垂足上用十字架定出垂直于切线方向的垂线,并从垂足沿该垂线方向量取 y_0 得到 HY 点,打桩定点。

(3)QZ 点测设:先确定分角线方向。当路线左转时,顺时针转动照准部至水平度盘读数为 $\frac{180°-\alpha}{2}$ 时,制动照准部,此时望远镜视线方向为分角线方向。当路线右转时,顺时针转动照准部至水平度盘读数为 $\frac{180°+\alpha}{2}$ 时,制动照准部,然后倒转望远镜,此时望远镜视线方向为分角线方向。

在分角线方向上,从 JD_i量取外距 E_H,定出 QZ 点并打桩。

(4)HZ 点的测设;转动照准部,将望远镜瞄准 JD_{i+1},制动照准部,望远镜定向。从 JD_i出发在该切线方向上,量取切线长 T_H,得到缓直点 HZ,打桩定点。

(5)YH 点的测设:保持照准部不动,以望远镜定向。从 HZ 点出发在该切线方向上,向 JD_i 量取 x_0得到垂足,在该垂足上用十字架定出垂线方向,并从垂足沿该垂线方向量取 y_0得到 YH 点,打桩定点。

3)切线支距法进行带缓和曲线的圆曲线详细测设(图4.26)

(1)先计算各桩的切线支距坐标(包括缓和曲线部分和圆曲线部分),然后进行测设,其测设方法与圆曲线切线支距法相同。

(2)曲中点 QZ 测设后和原主点放样所得 QZ 位置进行比较,横向误差不大于0.1m,纵向

误差不超过 $\pm\frac{L}{1\ 000}$(L 为曲线长度),则满足精度要求。

4)偏角法进行带缓和曲线的圆曲线详细测设(图 4.27)

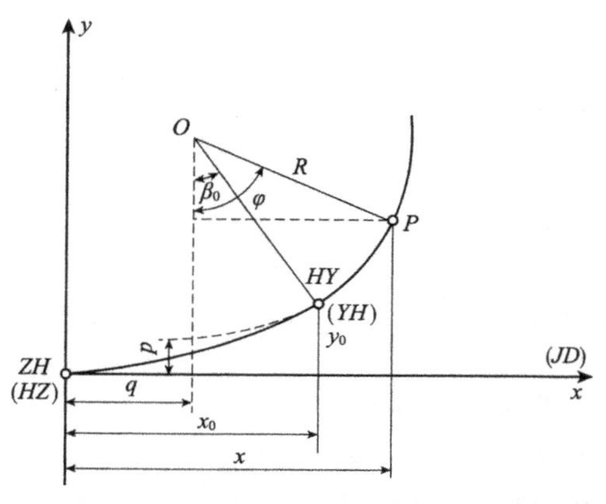

图 4.26　切线支距法测设带缓和曲线的圆曲线

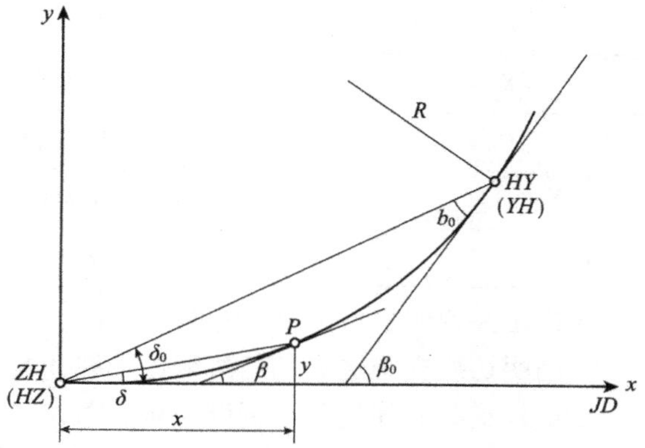

图 4.27　偏角法测设带缓和曲线的圆曲线

(1)在 ZH 或 HZ 处置仪,完成对中、整平工作。按与偏角法测设圆曲线一样进行缓和曲线部分的测设。比较详测和主点测设所得的 HY 点,进行精度校核。

(2)圆曲线部分各点的测设须将仪器迁至 HY 或 YH 点上进行,这时需要先定出 HY 或 YH 点的切线方向。

(3)仪器置于 HY(或 YH)点上,瞄准 ZH(或 HZ)点,水平度盘配置为 b_0(当路线右转时,配置水平度盘读数为 $360° - b_0$),旋转照准部至水平度盘读数为 0°00′00″并倒镜,此时视线方向即为 HY(或 YH)点的切线方向。

(4)据 HY(或 YH)点的切线方向,按无缓和曲线的圆曲线一样测设圆曲线部分,直至 QZ 点,若通视条件好,可一直测至 YH 点。比较详测和主点测设所得的 QZ、YH 点,进行精度校核。

4.13.4　仪器和工具

经纬仪,钢尺,皮尺,花杆,木桩,铁锤,测钎,十字架,竹桩,记录板,小红纸。

4.13.5　注意事项

(1)测设时注意校核,保证准确性和精度,尤其是主点位置不能错;

(2)切线支距法测设曲线时,为了避免支距过长,一般由 ZH 点或 HZ 点分别向 QZ 点施测。

4.13.6　实验报告

(1)实验目的。

(2)实验内容。

(3)实验实施、记录及成果处理。

(4)成果校核与评价。

①已知数据:

JD 里程 =　　　　　　路线转角 α =　　　　　　圆曲线半径 R =　　　　　　缓和曲线长 l_s =

②曲线测设元素及主点里程计算(表 4.19)。

曲线测设元素及主点里程计算表　　表 4.19

$\beta_0=$	$\delta_0=$	$b_0=$	$q=$	$p=$
$T_H=$	ZH 里程 $=JD$ 里程 $-T_H=$			
$L_H=$	HY 里程 $=ZH$ 里程 $+l_s=$			
$E_H=$	YH 里程 $=HY$ 里程 $+L_Y=$			
$D_H=$	HZ 里程 $=YH$ 里程 $+l_s=$			
$L_Y=$	QZ 里程 $=HZ-L_H/2=$			
	JD 里程 $=QZ+D_H/2=$		（校核）	

③作图并说明主点测设方法与步骤。

④阐明切线支距法和偏角法测设带缓和曲线的圆曲线计算方法。

⑤切线支距法和偏角法测设带缓和曲线的圆曲线数据计算表(表 4.20)。

切线支距法和偏角法测设带缓和曲线的圆曲线数据计算表　　表 4.20

里程桩号	缓和曲线段上各桩至 ZH 点或 HZ 点的弧长 l_h(m)	圆曲线段上各桩至 HY 点或 YH 点的弧长 l(m)	偏角值 δ_i (° ′ ″)	圆心角 φ (° ′ ″)	切线支距坐标	
					X (m)	Y (m)

4.14 纵断面测量

4.14.1 实验目的与要求

掌握中桩地面高程的测量方法及施测方法。

4.14.2 实验内容

(1)高程控制测量(基平测量);

(2)中桩高程测量(中平测量);

(3)绘制纵断面图。

4.14.3 实验步骤

1)高程控制测量(基平测量)

(1)路线水准点的布设。选一约 2 000m 长的路线,沿线路每 400m 左右在一侧布设水准点,用木桩标定或选在固定地物上用油漆标记。

(2)施测。用DS3自动安平水准仪按四等水准测量要求，进行往返观测或单程双仪器高法测量水准点之间的高差（每组测量一段），并求得各个水准点的高程。

(3)精度要求。每组往返观测或单程双观测高差不符值$f_h \leqslant 20\sqrt{L}$(mm)（L以km计）。

2）中桩高程测量（中平测量）

(1)如图4.28所示，在路线和已知水准点附近安置水准仪，后视已知水准点（如BM_1），读取后视读数至毫米并记录，计算仪器视线高程（仪器视线高程=后视点高程+后视读数）。

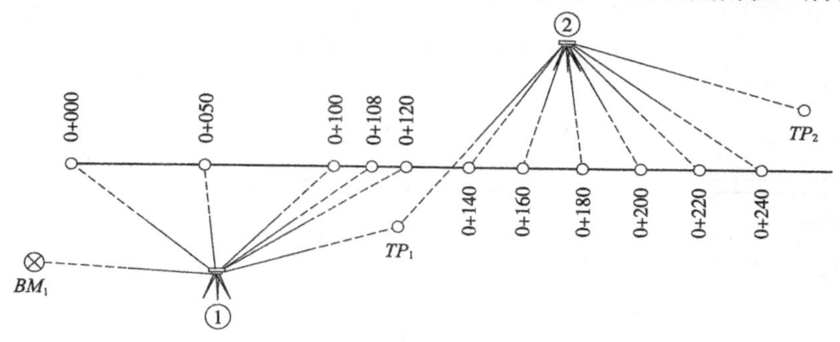

图4.28 中桩高程测量

(2)分别在各中桩桩点处立尺，读取相应的标尺读数（称中视读数）至厘米，记录各中桩桩号和其相应的标尺读数，计算各中桩的高程（中桩高程=仪器视线高程-中视读数）。

(3)当中桩距仪器较远或高差较大，无法继续测定其他中桩高程时，可在适当位置选定转点，如ZD_1。用尺垫或固定点标志，在转点上立尺，读取前视读数，计算前视点即转点的高程（转点的高程=仪器视线高程-前视读数）。

(4)将仪器移到下一站，重复上述步骤，后视转点ZD_1，读取新的后视读数，计算新一站的仪器视线高程，测量其他中桩的高程。

(5)依此方法继续施测，直至附合到另一个已知高程点（如BM_2）上。

(6)计算闭合差f_h，当$f_h \leqslant 50\sqrt{L}$(mm)（L为相应测段路线长度，以km计）时，则成果合格，且不分配闭合差。

(7)如此法完成整个路线中桩高程测量。

3）纵断面图的绘制

以中桩桩号为横坐标（比例为1:1 000），中桩高程为纵坐标（比例为1:100），在厘米格纸上绘制路线纵断面图。

4.14.4 仪器工具

自动安平水准仪1台，水准尺2把，尺垫2个，记录板1块，铅笔，橡皮，小刀等。

4.14.5 注意事项

(1)水准点要设置在稳定、便于保存、方便施测的地方；

(2)施测前需抄写各中桩桩号，以免漏测；施测中立尺员要报告桩号，以便核对；

(3)转点设置必须牢靠，若有碰动、改变一定要重测；

(4)个别中桩点因过低，无法读取中视读数时，可以将尺子抬高一段距离后读数，量取抬高的距离值，加到中视读数中，但此种情况不宜过多。

4.14.6 实验报告

(1)实验目的。

(2)实验内容。

(3)实验数据记录:

①高程控制测量记录(表4.21);

②中桩高程测量记录(表4.22)。

四等水准测量(基平)记录表 表4.21

日期________________ 作业组________________

天气________________ 测自__________至__________ 观测者________________

仪器________________ 记录者________________

测站编号	后尺 上丝	前尺 上丝	方向及尺号	标尺读数		K+黑减红	高差中数	备注
	后尺 下丝	前尺 下丝		黑面	红面			
	后距	前距						
	视距差 d	$\sum d$						
			后					K为尺常数
			前					
			后－前					
			后					
			前					
			后－前					
			后					
			前					
			后－前					
			后					
			前					
			后－前					

中桩高程测量(中平)记录 表4.22

点号	中桩桩号	水准尺读数			仪器视线高程	高程(m)	备注
		后视	中视	前视			
BM_1							
BM_2							

（4）成果处理包括：高程控制测量；中桩高程测量；纵断面图绘制（纵断面图绘制在厘米格纸上作为附表）。

4.15 全站仪坐标法测设中线与断面

4.15.1 实验目的与要求

掌握全站仪测设道路中线、中桩高程和横断面的测量方法和计算方法。

4.15.2 实验内容

（1）道路控制测量；

（2）测设元素、里程桩号计算；

（3）道路中线逐桩坐标计算；

（4）中桩测设、中桩高程测量；

（5）横断面测量。

4.15.3 实验步骤

1）道路选线与控制导线测量

选一约500m长的路线，现场选定（或图上选定）路线起点、交点2～3个，沿线布设2～3个附合导线点，用全站仪按三维导线施测，求得各导线点的坐标和高程。将路线起点、交点与控制导线联测，以获得路线起点、交点的坐标。

2）计算测设元素、里程桩号

根据路线起点、交点坐标，计算交点间距、方位角、路线转角。设计各交点转弯半径和缓和曲线长度。计算各曲线测设元素和曲线主点里程桩号。

3）逐桩坐标计算

①曲线主点坐标计算；②曲线上中桩坐标计算；③直线上中桩坐标计算。

4）测设中桩和测量中桩高程

（1）在待测中桩附近的控制导线点（测站点）上安置全站仪，对中、整平、量取仪器高准确至厘米，输入测站坐标、高程、仪器高。

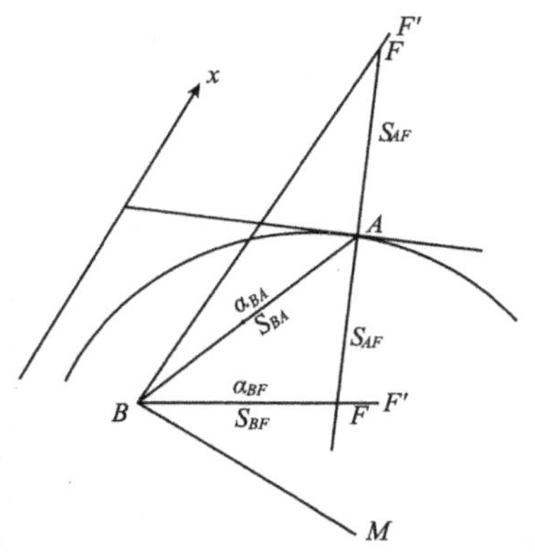

图4.29 全站仪坐标法测设中桩和横断面

（2）以相邻控制导线点定向，即输入相邻控制导线的坐标并瞄准该点。

（3）输入待测中桩的坐标，仪器显示测站至该中桩的方位角、距离，按仪器提示转动照准部使 $dHR=0$，得该中桩方向，指挥立镜员将反光镜立于该方向上，测距，仪器显示实测距离与待测设距离之差 d_D，指挥立镜员前、后移动反光镜，直至 $d_D=0$，则该点即为该中桩点，打桩设标。

（4）在该点上立反光镜，读报反光镜高，观测员输入镜高并测距，仪器显示该中桩高程并记录。

（5）横断面测量：如图4.29所示，立镜员移反光镜至大致的横断面方向上某变坡点 F'处,全站仪照准反光镜后,读出水平度盘读数,即可计算出导线点至立镜点的坐标方位角。横断面点坐标计算公式为:

$$\left.\begin{aligned} x_F &= x_A + S_{AF}\cdot\cos\alpha_{AF} = x_B + S_{BF}\cdot\cos\alpha_{BF} \\ y_F &= y_A + S_{AF}\cdot\sin\alpha_{AF} = y_B + S_{BF}\cdot\sin\alpha_{BF} \end{aligned}\right\} \tag{4.4}$$

把 S_{AF}、S_{BF}看做未知数,解方程得:

$$\left.\begin{aligned} S_{AF} &= \frac{(x_B - x_A)\sin\alpha_{BF} - (y_B - y_A)\cos\alpha_{BF}}{\sin(\alpha_{BF} - \alpha_{AF})} \\ S_{BF} &= \frac{(x_B - x_A)\sin\alpha_{AF} - (y_B - y_A)\cos\alpha_{AF}}{\sin(\alpha_{BF} - \alpha_{AF})} \end{aligned}\right\} \tag{4.5}$$

式中:S_{AF}——横断面变坡点至中桩的水平距离;

S_{BF}——横断面变坡点至测站点的水平距离。

在 BF'方向上测设 S_{BF},则 F 点必定位于中桩 A 的横断面上。按步骤(4)测量该点高程。依此,可测量该横断面上其他各点。

(6)重复步骤(3)~(5)可测设其余中桩、测量其余中桩高程和横断面。

4.15.4 仪器和工具

全站仪,袖珍计算机(如 PC-E500 等),反光镜,小钢卷尺,铁锤,木桩,竹桩。

4.15.5 注意事项

(1)中桩坐标和控制导线坐标必须是同一坐标下的坐标;

(2)可采用袖珍计算机程序进行计算。

4.15.6 实验报告

(1)实验目的。

(2)实验内容。

(3)实验原理:

①交点间距、方位角、转角计算公式;

②曲线要素、主点里程桩号计算原理图、计算式;

③逐桩坐标计算式。

切线支距坐标:圆曲线,缓和曲线部分,带有缓和曲线的圆曲线部分。

逐桩坐标(控制导线坐标系):主点坐标,曲线上中桩坐标,直线上中桩坐标。

(4)测设与测量数据(表 4.23)。

全站仪坐标法测量数据记录表(单位:m)　　表 4.23

中桩桩号	中桩坐标		中桩高程测量	横断面测量											
				左1		左2		左3		右1		右2		右3	
	x	y		S	H	S	H	S	H	S	H	S	H	S	H

注:表中 S 指横断面变坡点至中桩的水平距离;H 为横断面变坡点的高程。

4.16 工程建筑物的变形观测

4.16.1 实验目的与要求

使学生通过对建筑物的变形观测,掌握水平位移观测、沉降观测方法以及数据处理方法,并对结果进行分析,找出变形原因及其规律。

4.16.2 实验内容

(1)水平位移观测;
(2)沉降观测;
(3)数据处理。

4.16.3 实验步骤

1)水平位移观测

水平位移观测为根据平面控制点测定建(构)筑物的平面位置随时间而移动的测量工作。

(1)设标:选一施工和运营期间的大型工程建筑物(如大桥、高层建筑等),在其上按一定规律设置一组或几组观测标志。

(2)平面控制网布设:根据建筑物的形状和大小及场区实际情况,布设与之相适用的平面控制网。

(3)观测:按设计方案定期对观测标志位置进行观测。

(4)观测成果整理:检核观测成果,计算水平位移、位移方向及倾斜度。

2)沉降观测

用精密水准测量方法,通过观测布设在建筑物上的沉降观测点与水准基点之间的高差变化值,来推求建筑物的沉降情况。

(1)观测点布设:根据建筑物的大小、荷重、基础形式和地质条件等选定观测点。

(2)水准点的布设:在建筑物基础压力和振动影响范围以外,选择土质坚固、稳定的地方,埋设3个以上水准点。

(3)实施:用精密水准仪按设计的观测方案定期进行精密水准测量,测出建筑物上观测点相对于水准基点的相对高程,从而推求其下沉量。

(4)观测成果整理:检核观测成果,计算本次观测沉降量。

3)数据处理与分析

绘出各点时间—位移关系曲线、时间—荷载关系曲线、时间—沉降量关系曲线,判断倾斜、沉降趋势和规律,提出处理意见。

4.16.4 仪器和工具

电子(数字)水准仪或精密光学水准仪,全站仪,精密水准尺或条码尺。

4.16.5 注意事项

(1)变形观测要求观测精度高,因此应使用精密水准仪、精密全站仪(或精密经纬仪),采用精密测量方法;

(2)为真实和及时反映建筑物的形变信息,必须按照工程进度和实际情况按时进行变形观测,不得补测和漏测;

(3)观测中应尽量减少误差干扰,应做到定人、定仪器、定时间、定路线,以使各期观测条件基本相同;

(4)观测成果应准确、可靠、完整。

4.16.6 实验报告

(1)实验目的。

(2)实验内容。

(3)观测方案包括:水平位移观测方案,沉降观测方案。

(4)观测成果:

①位移观测(表4.24)。

位移观测成果表 表4.24

观测日期(年、月、日)														
工程施工进度情况														
荷载情况(t/m^2)														
观测点1	x坐标(m)													
	y坐标(m)													
	位移(mm)	本次	x方向											
			y方向											
		累计	x方向											
			y方向											

②沉降观测(表4.25)。

沉降观测成果表 表4.25

观测日期(年、月、日)													
工程施工进度情况													
荷载情况(t/m^2)													
观测点1	高程(m)												
	下沉(mm)	本次											
		累计											

(5)成果处理:绘出各点时间—位移关系曲线、时间—荷载关系曲线、时间—沉降量关系曲线图。

(6)结论及变形原因分析。

4.17 桥隧控制测量(三角测量)

4.17.1 实验目的与要求

掌握桥隧控制网的布设、观测、平差计算和精度评定。

4.17.2　实验内容

(1)布设桥隧控制网(常为四边形、三角形、双四边形及四边形与三角形组合);
(2)方向观测法精密测角和部分边长测量;
(3)按坐标间接平差计算各三角点坐标,并评定其精度。

4.17.3　实验步骤

布网:如图4.30所示,根据桥(隧道)长、桥(隧)型设计控制网,实地踏勘选点,埋桩设标。

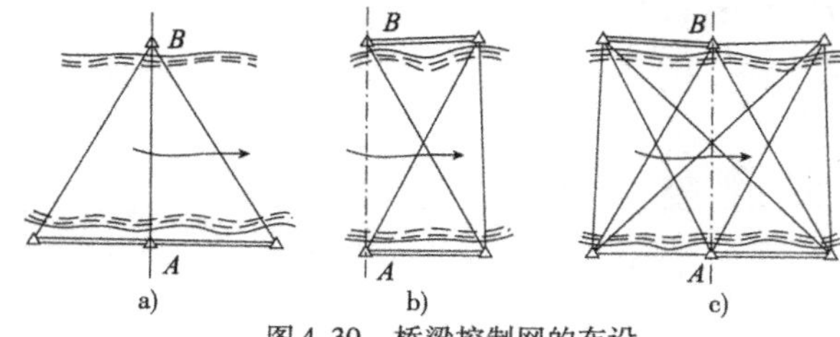

图4.30　桥梁控制网的布设

观测:方向观测法精密测量网内所有内角,全站仪测量网内部分边长。

(1)内业平差计算,即坐标间接平差;
(2)近似坐标计算;
(3)按方向、观测边长列误差方程;
(4)定权;
(5)构成法方程并求解;
(6)计算误差椭圆参数;
(7)计算点位误差;
(8)桥轴线精度评定。

4.17.4　主要仪器

J2精密经纬仪,2″全站仪,反光镜,计算机,记录板。

4.17.5　注意事项

(1)布网要求图形简单、图形强度大;
(2)测量时注意校核,保证准确性和精度;
(3)内业计算可采用计算机程序计算,在机房完成。

4.17.6　实验报告

(1)实验目的。
(2)实验内容。
(3)实验方案设计(包括网形设计,水平角、边长观测方案)。
(4)观测数据与已知数据(表4.26)。

表4.26

已知数据　　　已知点坐标:
　　　　　　　已知边方位角:

观测角号	观测角值 (° ′ ″)	观测角号	观测角值 (° ′ ″)	观测边号	观测边长 (cm)

(5)平差计算:
①近似坐标计算(表4.27);

近似坐标计算表 表 4.27

点号	坐标		边号	近似坐标增量		近似边长
	x^0	y^0		Δx^0	Δy^0	S^0

②权及误差方程系数计算(可列表);

③法方程构成与求解(N 阵、N^{-1} 阵);

④误差椭圆参数及点位误差计算(φ_E、φ_F、E、F、M_P);

⑤精度评定。

4.18 GPS 在控制测量中的应用

4.18.1 实验目的

根据工程特点,掌握 GPS 的布网方法、外业观测、高程拟合方法和成果处理。

4.18.2 实验内容

(1)GPS 控制测量外业;

(2)内业基线解算、控制点坐标求算及精度评定。

4.18.3 实验步骤

1)布网

根据布网目的、控制网的应用范围、卫星状况、预期应达到的精度、仪器设备情况和交通装备设施等综合考虑,进行 GPS 的网形设计。再根据工程的具体要求和地形情况,确定布网观测方案,如图 4.31 所示。

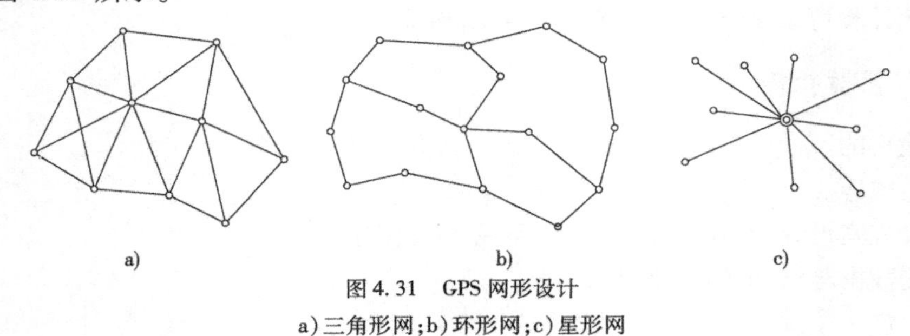

图 4.31 GPS 网形设计

a)三角形网;b)环形网;c)星形网

2)选点与建标

选择地面基础稳定、易于保存、方便安置接收设备、便于操作、视野开阔、交通方便、周围无强烈干扰卫星信号接收的物体的地方,埋设具有中心标志的标石。

3)外业实施

按照技术设计时所拟订的观测计划进行外业观测,用 GPS 接收机采集来自 GPS 卫星的电磁波信号。

(1)天线安置:将 GPS 接收机天线精确地安置到标志中心的铅垂线上,精确整平。

(2)天线安置后,应在观测时段的前后各量取天线高一次。要求两次测量之差应不大于3mm,取均值作为最后天线高并记录。

(3)观测:开机,捕获 GPS 卫星信号并对其进行跟踪、接受和处理,以获取所需的定位和观测数据。

(4)观测记录与测量手簿:观测记录由 GPS 接收机自动形成,并记录在存储介质上。其内容为:GPS 卫星星历及卫星钟差参数;伪距观测值,载波相位观测值,相应的 GPS 时间等。测量手簿由观测人员在观测过程中填写,不得测后补记。手簿内容包括:测站信息(如测站点号、观测时段号、近似坐标、天线高等),天气状况,气象元素,观测人员等。

4)成果检核与数据处理

等外业观测工作完成后,一般当天即将观测数据下载到计算机中,解算 GPS 基线向量。基线向量的解算软件一般采用仪器厂家提供的软件。

当完成基线向量解算后,应对解算成果进行检核,常见的有同步环和异步环的检测。根据规范要求的精度,剔除误差大的数据,必要时还需要进行重测。

当进行数据的检核后,即可将基线向量组网进行平差计算。最终得到各观测点在指定坐标系中的坐标。

5)精度评定

对坐标值的精度进行评定。

4.18.4 主要仪器

GPS 接收机,计算机。

4.18.5 注意事项

(1)在选定 GPS 点位时,应保证视场内周围障碍物的高度角小于15°;

(2)点位应远离大功率无线电发射源(如电视台、微波站等),其距离应大于400m;远离高压输电线,其距离应大于200m;

(3)点位附近不应有强烈干扰卫星信号接收的物体,并尽量避开大面积水域;

(4)选点建标后,应绘制点之记、测站环视图和 GPS 网图,作为提交的选点技术资料。

4.18.6 实验报告

(1)实验目的;

(2)实验内容;

(3)GPS 控制网的技术设计包括:布网范围,布网方案及网形设计,精度标准,坐标系统与起算数据,GPS 点的高程;

(4)GPS 测量的外业实施;

(5)数据处理报告(可用软件生成附后)。

4.19 RTK GPS 施工放样

4.19.1 实验目的与要求

了解 RTK GPS 放样原理,掌握放样方法。

4.19.2　实验内容

(1)建立 GPS 基准站和流动站;

(2)用流动站放样道路中线和其他工程点;

(3)GPS 碎部测量。

4.19.3　实验步骤

(1)根据测量任务,收集测区控制点资料,包括控制点坐标、等级、类型,中央子午线经纬度、坐标系统,控制点周围的地形和位置环境。

(2)求定测区转换参数:选择在测区四周及中心均匀分布且能有效地控制测区的几个(3个以上)已知控制点上,安置 RTK GPS 接收机,实时获得控制点的 WGS-84 坐标,实时求解测区坐标转换参数。

(3)参考站的选定和建立:在已有控制点中,选择地势高、交通方便、天空较开阔、周围无高度角大于 10 °的障碍物,并且有利于卫星信号的接收和数据链发射、土质坚实、不易破坏的点作为参考站。

(4)野外作业:在参考站上安置 GPS 接收机,打开接收机,输入参考站的精确地方坐标和天线高,基准站 GPS 接收机连续接受所有可视 GPS 卫星信号,同时通过数据发射电台将其测站坐标、观测值、卫星跟踪状态及接收机工作状态发送出去。流动站接收机在跟踪 GPS 卫星信号的同时,接收来自基准站的数据,进行处理后获得流动站的三维 WGS-84 坐标,在通过与基准站相同的坐标转换参数将 WGS-84 转换为地方坐标,并在流动站的手持控制器上实时显示。若进行放样,则接受机还可将实时位置与设计值相比较,并在流动站的手持控制器上实时显示移动方向,指导放样。

(5)内业数据处理:由于 RTK GPS 实时得到了流动站的坐标,因此,内业工作主要是下载记录的实测坐标,显示坐标点位、轨迹,并对点位图形进行放大、缩小及漫游等操作。

4.19.4　主要仪器

基准站:RTK GPS 接收机,GPS 天线,数据发送电台,天线,电源,脚架。

流动站:RTK GPS 接收机,GPS 天线,数据接收电台,天线,电源,背包,手持控制器,对中杆。

4.19.5　注意事项

为防止数据链丢失以及多路径效应的影响,参考站周围应无 GPS 信号反射物(大面积水域、大型建筑物等),无高压线、电视台、无线电发射站、微波站等干扰源。

4.19.6　实验报告

(1)实验目的;

(2)实验内容;

(3)RTK GPS 放样原理及数据准备(表 4.28);

RTK GPS 数据准备记录表　　　　表 4.28

点　名	x 坐标(m)	y 坐标(m)	高程(m)	备注

(4)实验记录。

4.20　虚拟实验

4.20.1　实验目的

了解仪器内部构造，特别是光路系统；掌握 GPS 的解算，数字成图原理与方法，图像处理方法。

4.20.2　实验内容

(1)仪器内部构造虚拟操作；
(2)GPS 解算过程的模拟操作；
(3)数字成图过程模拟；
(4)图像处理等模拟操作。

4.20.3　实验步骤

1)仪器内部构造虚拟操作

打开仪器构造仿真操作软件，按提示进入仪器各部件，了解其内部构造。

2)GPS 解算过程的模拟操作

执行 GPS 成果处理仿真操作，即可逐步了解并掌握 GPS 的整个解算过程。

3)数字成图过程模拟

执行 CASS 成图软件，进入成图过程演示学习（\cass\demo\study. dwg），按提示步骤进行仿真操作，即可在短时间内了解并掌握数字成图的整个过程。

4)图像处理等模拟操作

图像处理的内容很多，有图像预处理（包括各种辐射校正、几何校正）、图像增强（包括波谱信息增强、空间信息增强）、图像变换、图像分类等内容，各项内容均有相应的软件来实现。下面利用 Titan Image 软件自带的 Samples 数据中的 spot. tmg，介绍 Titan Image 软件中空间滤波增强实验过程。

Titan Image 中的空间滤波主要有高通滤波和低通滤波。

(1)高通滤波（锐化）：对遥感图像进行高通滤波处理的目的是为了突出图像的边缘、线状目标或某些亮度变换率大的部分。高通滤波主要包括普通高通滤波，拉普拉斯滤波等。

在主菜单中选择“解译”→“滤波处理”→“常用滤波”项，打开该对话框，输入处理范围，选择要进行线性拉伸的波段数。选择滤波方法为“高通边缘增强滤波”，单击“确定”即可完成拉伸操作。再按上述方法，选择滤波方法为“高通滤波”，单击“确定”即可完成高通滤波操作。

(2)低通滤波（平滑）：与高通滤波突出图像边缘相反，低通滤波可以减少图像变化的梯度，使亮度平缓渐变。低通滤波主要有中值滤波、均值滤波。

①中值滤波：在主菜单中选择“解译”→“滤波处理”→“中值滤波”项，打开该对话框，选择中值滤波和模板大小，单击“确定”即可。

②均值滤波:在主菜单中选择“解译”→“滤波处理”→“均值滤波”项,打开该对话框,对同一幅图像执行均值滤波。

4.20.4 仪器与工具

计算机,软件,课件,仿真操作软件。

4.20.5 注意事项

(1)遵守机房管理规章制度,服从管理人员的安排;
(2)有问题及时向指导教师或管理员反映,不得私自处理。

4.20.6 实验报告

(1)实验目的;
(2)实验内容;
(3)虚拟操作过程;
(4)虚拟操作收获与体会。

本章参考文献

[1] 唐平英,等. 测量学实验指导与实验报告[M]. 北京:人民交通出版社,2005.
[2] 贺跃光,高成发,徐卓揆,等. 工程测量[M]. 北京:人民交通出版社,2007.
[3] 赵建三,王唤良,贺跃光,等. 测量学[M]. 北京:中国电力出版社,2008.
[4] 贺国宏. 桥隧控制测量[M]. 北京:人民交通出版社,1999.
[5] 邹永廉. 测量学[M]. 北京:人民交通出版社,1986.
[6] 许娅娅,雒应. 测量学[M]. 北京:人民交通出版社,2006.

第二篇 专业篇

第5章　路基路面工程试验

5.1　无机结合料稳定材料试验

在粉碎的或原状松散的土中掺入一定量的无机结合料(包括水泥、石灰或工业废渣等)和水,经拌和得到的混合料在压实与养生后,其抗压强度符合规定要求的材料称为无机结合料稳定材料。无机结合料稳定类基层与底基层主要有:水泥稳定土、石灰稳定土、石灰工业废渣稳定土等。其中土作为基层材料的骨架,水泥和石灰则属于基层材料的胶凝物质。由于胶凝的机理不同,水泥属于水硬性胶凝材料,而石灰则属于气硬性胶凝材料。无机结合料稳定材料由于胶凝性质的不同和材料配比的多变性原因,其工程性质千差万别,则相应的试验检测方法也较复杂。

5.1.1　无机结合料稳定材料的击实试验

不同的无机结合料稳定材料,在不同的无机结合料剂量、含水率、击实功下可以达到不同的密实度。在公路工程的施工质量控制过程中,要求在一定压实功的作用下达到最大的密实度。本试验方法适用于在规定的试筒内,对水泥稳定土(在水泥水化前)、石灰稳定土及石灰(或水泥)粉煤灰稳定土进行击实试验,以绘制稳定土的含水率—干密度关系曲线,从而确定其最佳含水率和最大干密度。

1)试验目的与适用范围

(1)试验集料的最大粒径宜控制在37.5mm以内(方孔筛)。

(2)试验方法类别。本试验方法分为三类,各类击实方法的主要参数列于表5.1。

试验方法类别　　表5.1

类别	锤的质量(kg)	锤击面直径(cm)	落高(cm)	试筒尺寸			锤击层数	每层锤击次数	平均单位击实功(J)	容许最大粒径(mm)
				内径(cm)	高(cm)	容积(cm^3)				
甲	4.5	5.0	45	10	12.7	997	5	27	2.687	25
乙	4.5	5.0	45	15.2	12.7	2 177	5	59	2.687	25
丙	4.5	5.0	45	15.2	12.7	2 177	3	98	2.677	40

2)仪器设备

(1)击实筒:小型,内径100mm、高127mm的金属圆筒,套环高50mm,底座;中型,内径152mm、高170mm的金属圆筒,套环高50mm,直径151mm和高50mm的筒内垫块,底座。

(2)多功能自控电动击实仪:击锤的底面直径50mm,总质量4.5kg。击锤在导管内的总行程为450mm。

(3)电子天平:量程4 000g,感量0.01g。

(4)电子天平:量程15kg,感量0.1g。

(5)方孔筛:孔径53mm、37.5mm、26.5mm、19mm、4.75mm、2.36mm的筛各1个。

(6)量筒:50mL、100mL和500mL的量筒各1个。

(7)直刮刀:长200～250mm、宽30mm和厚3mm,一侧开口的直刮刀,用以刮平和修饰大试件的表面。

(8)刮土刀:长150～200mm、宽约20mm的刮刀,用以刮平和修饰小试件的表面。

(9)工字型刮平尺:30mm×50mm×310mm,上下两面和侧面均刨平。

(10)拌和工具:约400mm×600mm×70mm的长方形金属盘,拌和用平头小铲等。

(11)脱模器。

(12)测定含水率用的铝盒、烘箱等其他用具。

(13)游标卡尺。

3)试料准备

将具有代表性的风干试料(必要时,也可以在50℃烘箱内烘干)用木锤或木碾捣碎,土团均应捣碎到能通过4.75mm的筛孔。但应注意不使粒料的单个颗粒破碎或不使其破碎程度超过施工中拌和机械的破碎率。

如试料是细粒土,将已捣碎的具有代表性的土过4.75mm的筛备用(用甲法或乙法做试验)。

如试料中含有粒径大于4.75mm的颗粒,则先将试料过25mm的筛,如存留在筛孔为25mm筛上颗粒的含量不超过10%,则将过26.5mm的筛料留作备用(用甲法或乙法做试验)。

如试料中粒径大于19mm的颗粒含量超过10%,则将试料过37.5mm的筛留作备用(用丙法试验)。

每次筛分后,均应记录超尺寸颗粒的百分率。

在预定做击实试验的前一天,取有代表性的试料测定其风干含水率。对于细粒土,试样应不少于100g;对于中粒土(粒径小于25mm)的各种集料,试样应不少于1 000g;对于粗粒土的各种集料,试样应不少于2 000g。

在试验前,用游标卡尺准确测量试模的内径、高和垫块的高,以计算试筒的容积。

4)试验步骤

(1)甲法

①先将已筛分的试样用四分法逐次分小,至最后取出10～15kg试料。再用四分法将已取出的试料分成5～6份,每份试料的干质量为2.0kg(对于细粒土)或2.5kg(对于各种中粒土)。

②预定5～6个不同的含水率,依次相差0.5%～1.5%,且其中至少有两个大于和两个小于最佳含水率。对于中、粗粒土在最佳含水率附近取0.5%,其余取1%;对于细粒土取1%;对于黏土,特别是重黏土,可能需要取2%。

③按预定含水率制备试样。将1份试料平铺于金属盘内,将事先计算得到的该份试料中应加的水量均匀地喷洒在试料上,用小铲将试料充分拌和到均匀状态(如为石灰稳定土和水泥、石灰综合稳定土,可将石灰和试料一起拌匀),然后装入密闭容器或塑料口袋内浸润备用。

浸润时间:黏性土12～24h,粉性土6～8h,砂性土、砂砾土、红土砂砾、级配砂砾等可以缩短到4h左右,含土很少的未筛分碎石、砂砾和砂可缩短到2h。浸润时间一般最长不应超过24h。

应加水量可按下式计算：

$$Q_w=\left(\frac{Q_n}{1+0.01w_n}+\frac{Q_c}{1+0.01w_c}\right)\times0.01w-\frac{Q_n}{1+0.01w_n}\times0.01w_n-\frac{Q_n}{1+0.01w_c}\times0.01w_c \tag{5.1}$$

式中：Q_w——混合料中应加的水量，g；

Q_n——混合料中素土（或集料）的质量，g；其原始含水率为 w_n，即风干含水率，%；

Q_c——混合料中水泥或石灰的质量，g；其原始含水率为 w_c，%；

w——要求达到的混合料含水率，%。

④将所需要的稳定剂水泥加到浸润后的试料中，并用小铲、泥刀或其他工具充分拌和到均匀状态。加有水泥的试样拌和后，应在1h内完成下述击实试验，拌和后超过1h的试样，应予作废（石灰稳定土和石灰粉煤灰除外）。

⑤试筒套环与击实底板应紧密连接。将击实筒放在坚实的地面上，取制备好的试样（仍用四分法）400～500g（其量应使击实后的试样等于或略高于筒高的1/5）倒入筒内，整平其表面并稍加压紧，然后按所需击数进行第一层试样的击实。击实时，击锤应自由铅直落下，落高应为45cm，锤迹必须均匀分布于试样面。第一层击实完后，检查该层高度是否合适，以便调整以后几层的试样用量。用刮土刀或螺丝刀将已击实层的表面"拉毛"，然后重复上述做法，进行其余四层试样的击实。最后一层试样击实后，试样超出试筒顶的高度不得大于6mm，超出高度过大的试件应该作废。

⑥用刮土刀沿套环内壁削挖（使试样与套环脱离）后，扭动并取下套环。齐筒顶细心刮平试样，并拆除底板。如试样底面略突出筒外或有孔洞，则应细心刮平或修补。最后用工字型刮平尺齐筒顶和筒底将试样刮平。擦净试筒的外壁，称其质量并准确至5g。

⑦用脱模器推出筒内试样。从试样内部由上到下取两个有代表性的样品（可将脱出试件用锤打碎后，用四分法采取），测定其含水率，计算至0.1%。两个试样含水率的差值不得大于1%，所取样品的数量见表5.2（如只取一个样品测定含水率，则样品的质量应为表列数值的两倍）。

测稳定土含水率的样品数量 表5.2

最大粒径(mm)	样品质量(g)	最大粒径(mm)	样品质量(g)
2.36	约50	37.5	约1 000
19	约300		

烘箱的温度应事先调整到110℃左右，以使放入的试样能立即在105～110℃的温度下烘干。

⑧按第③～⑦项的步骤进行其余含水率下稳定土的击实和测定工作。

凡已用过的试样，一律不再重复使用。

（2）乙法

在缺乏内径为10cm的试筒时，以及在需要与承载比等试验结合起来进行时，可采用乙法进行击实试验。本法更适宜于粒径达19mm的集料。

①先将已过筛的试料用四分法逐次分小，至最后取出约30kg试料。再用四分法将取出的试料分成5～6份，每份试料的干质量约为4.4kg（细粒土）或5.5kg（中粒土）。

②以下各步的做法与甲法第②～⑧项相同，但应该先将垫块放入筒内底板上，然后加料并

击实。所不同的是，每层需取制备好的试样约为900g（对于水泥或石灰稳定细粒土）或1 100g（对于稳定中粒土），每层的锤击次数为59次。

(3)丙法

①先将已过筛的试料用四分法逐次分小，至最后取出约33kg试料。再用四分法将取出的试料分成6份（至少5份），每份风干质量约5.5kg。

②预定5~6个不同的含水率，依次相差0.5%~1.5%。在估计的最佳含水率左右可只差1%，其余差2%。

③同甲法第③项。

④同甲法第④项。

⑤将试筒、套环与夯击底板紧密地连接在一起，并将垫块放在筒内底板上。击实筒应放在坚实（最好是水泥混凝土）的地面上；取制备好的试样1.8kg左右[其量应使击实后的试样略高于筒高的1/3（高出1~2mm）]倒入筒内，整平其表面，并稍加压紧。然后按所需击数进行第一层试样的击实（共击98次）。击实时，击锤应自由铅直落下，落高应为45cm，锤迹必须均匀分布于试样面。第一层击实完后检查该层的高度是否合适，以便调整以后两层的试样用量。用刮土刀或螺丝刀将已击实的表面“拉毛”，然后重复上述做法，进行其余两层试样的击实。最后一层试样击实后，试样超出试筒顶的高度不得大于6mm。超出高度过大的试件应该作废。

⑥用刮土刀沿套环内壁削挖（使试样与套环脱离）后，扭动并取下套环。齐筒顶细心刮平试样，并拆除底板，取走垫块。擦净试筒的外壁，称重并准确至5g。

⑦用脱模器推出筒内试样。从试样内部由上到下取两个有代表性的样品（可将脱出试件用锤打碎后，用四分法采取），测定其含水率，计算至0.1%。两个试样含水率的差值不得大于1%。所取样品的数量应不少于700g，如只取一个样品测定含水率，则样品的数量应不少于1 400g。烘箱的温度应事先调整到110℃左右，以使放入的试样能立即在105~110℃的温度下烘干。

⑧按第③~⑦项进行其余含水率下稳定土的击实和测定。

5)计算及制图

(1)按下式计算每次击实后稳定材料的湿密度：

$$\rho_w = \frac{Q_1 - Q_2}{V} \tag{5.2}$$

式中：ρ_w——稳定材料的湿密度，g/cm^3；

Q_1——试筒与湿试样的总质量，g；

Q_2——试筒的质量，g；

V——试筒的容积，cm^3。

(2)按下式计算每次击实后稳定材料的干密度：

$$\rho_d = \frac{\rho_w}{1 + 0.01w} \tag{5.3}$$

式中：ρ_d——试样的干密度，g/cm^3；

w——试样的含水率，%。

以干密度为纵坐标，以含水率为横坐标，在普通直角坐标纸上绘制干密度—含水率的关系曲线，驼峰形曲线顶点的纵横坐标分别为稳定土的最大干密度和最佳含水率。最大干密度用两位小数表示。如最佳含水率的值在12%以上，则用整数表示（准确至1%）；如最佳含水率的值在6% ~12%之间,则用一位小数“0”或“5”表示(准确至0.5%);如最佳含水率的值小于6%,则取一位小数,并用偶数表示(准确至0.2%)。

如试验点不足以连成完整的驼峰形曲线,则应该进行补充试验。

(3)超尺寸颗粒的校正:当试样中大于规定最大粒径的超尺寸颗粒的含量为5% ~30%时,按下式对试验所得最大干密度和最佳含水率进行校正(超尺寸颗粒的含量小于5%时,可以不进行校正)。

最大干密度按下式校正:

$$\rho'_{dm} = \rho_{dm}(1-0.01P) + 0.9 \times 0.01PG'_{\alpha} \tag{5.4}$$

式中:ρ'_{dm}——校正后的最大干密度,g/cm³;

ρ_{dm}——试验所得的最大干密度,g/cm³;

P——试样中超尺寸颗粒的百分率,%;

G'_{α}——超尺寸颗粒的毛体积相对密度,准确至0.01g/cm³。

最佳含水率按下式校正:

$$w'_0 = w_0(1-0.01P) + 0.01Pw_{\alpha} \tag{5.5}$$

式中:w'_0——校正后的最佳含水率,%;

w_0——试验所得的最佳含水率,%;

P——试样中超尺寸颗粒的百分率,%;

w_{α}——超尺寸颗粒的吸水率,%。

6)精密度或允许误差

应做两次平行试验,两次试验最大干密度的差不应超过0.05g/cm³(稳定细粒土)和0.08g/cm³(稳定中粒土和粗粒土),最佳含水率的差不应超过0.5%(最佳含水率小于10%)和1.0%(最佳含水率大于10%)。

7)试验报告

(1)试样的最大粒径、超尺寸颗粒的百分率;

(2)水泥的种类和强度等级或石灰中有效氧化钙和氧化镁的含量;

(3)水泥和石灰的剂量或石灰粉煤灰土(粒料)的配合比;

(4)所用试验方法类别;

(5)最大干密度;

(6)最佳含水率并附击实曲线。

5.1.2 无机结合料稳定材料无侧限抗压强度试验

由于材料的强度不仅与材料品种有关,还与试验及养生条件有关。根据《公路工程无机结合料稳定材料试验规程》(JTG E51—2009)的规定,材料组成设计一般以7d无侧限抗压强度为准,即在路面结构设计过程中,无侧限抗压强度是用来评价无机结合料稳定材料强度的关键指标之一。无侧限抗压强度的大小,直接影响到无机结合料稳定材料的路用性能。因此,必须了解无机结合料稳定材料的无侧限抗压强度试验方法。

1)试验目的与适用范围

本试验方法适用于测定无机结合料稳定材料(包括稳定细粒土、中粒土和粗粒土)试件的无侧限抗压强度,有室内配合比设计试验及现场检测。试件制备可采用预定干密度用静力压实法制备或用锤击法制备,但应尽可能用静力压实法制备等干密度的试件。试件为圆柱体,高:直径=1:1。

室内配合比设计试验和现场检测两者在试料准备上是不同的,前者根据设计配合比称取试料并拌和,按要求制备试件;后者则在工地现场取拌和的混合料作试料,并按要求制备试件。

2)取样频率

在现场按规定频率取样,按工地预定达到的压实度制备试件。试件数量每 $200m^2$ 或每工作班:无论稳定细粒土、中粒土或粗粒土,当多次试验结果的偏差系数 $C_v \leqslant 10\%$ 时,可为6个试件,当 $C_v = 10\% \sim 15\%$ 时,可为9个试件;$C_v > 15\%$ 时,则需13个试件。

3)仪器设备

(1)方孔筛:孔径37.5mm、26.5mm及2.36mm的筛各1个。

(2)试模。适用于下列不同土的试模尺寸为:细粒土(最大粒径不超过10mm),试模的直径×高=50mm×50mm;中粒土(最大粒径不超过25mm),试模的直径×高=100mm×100mm;粗粒土(最大粒径不超过40mm),试模的直径×高=150mm×150mm。

(3)脱模器。

(4)反力框架:规格在400kN以上。

(5)液压千斤顶(200~1 000kN)。

(6)夯锤和导管:击锤的底面直径为50mm,总质量4.5kg,击锤在导管内的总行程为450mm。

(7)密封湿汽箱或湿汽池:放在保持恒温的小房间内。

(8)水槽:深度应大于试件高度50mm。

(9)路面材料强度试验仪或其他合适的压力机,但后者的规格应不大于200kN。

(10)电子天平:称量4 000g,感量0.01g。

(11)电子天平:称量15kg,感量0.1g。

(12)量筒、拌和工具、漏斗、大小铝盒、烘箱等。

4)试料准备

(1)试样准备

将具有代表性的风干试料(必要时,也可以在50℃烘箱内烘干)用木锤和木碾捣碎,但应避免破碎粒料的原粒径。将土过筛并进行分类,在预定做试验的前一天,取有代表性的试料测定其风干含水率。对于细粒土,试样应不少于100g;对于中粒土,试样应不少于1 000g;对于粗粒土,试样的质量应不少于2 000g。

(2)无机结合料混合料的最佳含水率和最大干密度

按《公路工程无机结合料稳定材料试验规程》(JTG E51—2009)确定无机结合料混合料的最佳含水率和最大干密度。

(3)配制混合料

①对于同一无机结合料剂量的混合料,需要制备相同状态的试件数量(平行试验的数量)与土类型及操作的仔细程度有关。对于无机结合料稳定细粒土,至少应该制作6个试件;对于无机结合料稳定中粒土和粗粒土,至少分别应该制作9个和13个试件。

②称取一定数量的风干土并计算干土的质量,其数量随试件大小而变。对于50mm×50mm的试件,1个试件需干土180~210g;对于100mm×100mm的试件,1个试件需干土

1 700 ~ 1 900g；对于 150mm × 150mm 的试件，1 个试件需干土 5 700 ~ 6 000g。对于细粒土，可以一次称取 6 个试件的土；对于中粒土，可以一次称取 3 个试件的土；对于粗粒土，一次只称取 1 个试件的土。

③将称好的土放在长方盘（尺寸约为 400mm × 600mm × 70mm）内。向土中加水，对于细粒土（特别是黏性土）使其含水率较最佳含水率小 3%，对于中粒土和粗粒土可按最佳含水率加水。将土和水拌和均匀后放在密闭容器内浸润备用。如为水泥、石灰综合稳定土，可将石灰和土一起拌匀后进行浸润。

浸润时间：黏性土 12 ~ 24h，粉性土 6 ~ 8h，砂性土、砂砾土、红土砂砾、级配砂砾等可以缩短到 4h 左右，含土很少的未筛分碎石、砂砾及砂可以缩短到 2h。

④在浸润过的试料中，加入预定数量的水泥或石灰（水泥或石灰剂量按干土即干集料质量的百分率计）并拌和均匀。在拌和过程中，应将预留的 3% 的水（对于细粒土）加入土中，使混合料的含水率达到最佳含水率。拌和均匀且加有水泥的混合料应在 1h 内按下述方法制成试件，超过 1h 的混合料应该作废。其他结合料稳定土的混合料虽不受此限制，但也应尽快制成试件。

（4）按预定的干密度制备试件

用反力框架和液压千斤顶制备试件。制备一个预定干密度的试件需要的稳定土混合料数量 m_1（g）可按下式计算：

$$m_1 = \rho_d V(1 + w) \tag{5.6}$$

式中：V——试模的体积；

w——稳定土混合料的含水率，%；

ρ_d——稳定土试件的干密度，g/cm³。

将试模的下压柱放入试模的下部，但外露 2cm 左右。将称量的规定数量的稳定土混合料 m_1 分 2 ~ 3 次灌入试模中（利用漏斗），每次灌入后用夯棒轻轻均匀插实。如制备的是 50mm × 50mm 的小试件，则可以将混合料一次倒入试模中，然后将上压柱放入试模内，应使上压柱也外露 2cm 左右（上下压柱露出试模外的部分应该相等）。

将整个试模（连同上下压柱）放到反力框架内的千斤顶上（千斤顶下应放一扁球座），加压直到上下压柱都压入试模为止。维持压力 2min，解除压力后，取下试模，拿去上压柱，并放到脱模器上将试件顶出（利用千斤顶和下压柱），称取试件的质量（m_2），小试件和中试件准确到 0.01g，大试件准确至 0.1g。然后用游标卡尺量试件的高度（h），准确到 0.1mm。

用击锤制备试件的步骤同前，只是用击锤（可以利用做击实试件的锤，但压柱顶面需要垫一块牛皮或胶皮，以保护锤面和压柱顶面不受损伤）将上下压柱打入试模内。

（5）养生

试件从试模内脱出并称量后，应立即放到密封湿汽箱和恒温室内进行保温保湿养生。但中试件和大试件应先用塑料薄膜包覆，养生时间视需要而定，作为工地控制，通常都只取 7d。整个养生期间的温度应保持在（20 ± 2）℃，相对湿度在 95% 以上。

养生期的最后一天，应该将试件浸泡在水中，水的深度应使水面在试件顶上约 2.5cm。在浸泡水中前，应再次称取试件的质量（m_3）。在养生期间，试件质量的损失应该符合下列规定：小试件不超过 1g，中试件不超过 4g，大试件不超过 10g。质量损失超过此规定的试件，应该作废。

5)试验步骤

(1)将已浸水一昼夜的试件从水中取出,用软的旧布吸试件表面的可见自由水,并称取试件的质量(m_4)。

(2)用游标卡尺量试件的高度(h_1),准确到0.1mm。

(3)将试件放到路面材料强度试验仪的升降台上(台上先放一扁球座),进行抗压试验。试验过程中,应使试件的形变等速增加,并保持速率约为1mm/min,记录试件破坏时的最大压力P。

(4)从试件内部取有代表性的样品(经过打破)测定其含水率(w_1)。

6)结果计算

(1)试件的无侧限抗压强度R_c(MPa)

对于小试件:

$$R_c = \frac{P}{A} = 0.000\ 51P(\text{MPa}) \tag{5.7}$$

对于中试件:

$$R_c = \frac{P}{A} = 0.000\ 127P(\text{MPa}) \tag{5.8}$$

对于大试件:

$$R_c = \frac{P}{A} = 0.000\ 057P(\text{MPa}) \tag{5.9}$$

式中:P——试件破坏时的最大压力,N;

A——试件的截面面积,$A = \frac{\pi}{4}D^2$;

D——试件的直径,mm。

(2)精密度或允许误差

若干次平行试验的偏差系数C_v应符合下列规定:小试件不大于6%,中试件不大于10%,大试件不大于15%。

(3)强度评定

如为现场检测,需按下述方法对无侧限抗压强度进行评定。

①评定路段试样的平均强度$\overline{R}$应满足下列要求。

$$\overline{R} \geqslant \frac{R_d}{1 - Z_\alpha C_v} \tag{5.10}$$

式中:R_d——设计抗压强度,MPa;

C_v——试验结果的偏差系数(以小数计);

Z_α——标准正态分布表中随保证率而变的系数,高速公路、一级公路:保证率95%,$Z_\alpha = 1.65$;其他公路:保证率90%,$Z_\alpha = 1.282$。

②评定路段内无机结合料稳定材料强度评为合格时得满分,不合格时得零分。

7)试验报告

(1)材料的颗粒组成;

(2)水泥的种类和强度等级;

(3)确定最佳含水率时的结合料用量以及最佳含水率和最大干密度;

(4)水泥或石灰剂量或石灰(或水泥)、粉煤灰和集料的比例;

(5)试件干密度(准确到0.01g/cm^3)或压实度;

(6)吸水量以及测抗压强度时的含水率(%);

(7)抗压强度小于2.0MPa时,采用两位小数,并用偶数表示;大于2.0MPa时,采用1位小数;

(8)若干个试验结果的最小值和最大值、平均值$\overline{R}_c$、标准差S、偏差系数C_v和95%概率的值$R_{c0.95}$($R_{c0.95}=\overline{R}_c-0.645S$)。

5.1.3 无机结合料稳定材料室内抗压回弹模量试验(顶面法)

抗压回弹模量是路面结构设计中的一个基本参数,其值的大小直接影响到路面材料的强度特性和应力应变特性,还影响到路面结构厚度的取值。

1)试验目的与适用范围

本试验方法适用于在室内对无机结合料稳定材料试件进行抗压回弹模量的试验。

2)仪器设备

(1)加载主机:路面材料强度试验仪或其他类似仪器。

(2)测形变的装置:圆形金属平面加载顶板和圆形金属平面加载底板,板的直径应大于试件的直径,底板直径线两侧有立柱,立柱上装有千分表夹。也可以直接利用直径为152mm击实筒的底座。

(3)千分表(1/1 000mm),2只。

(4)其他设备同无侧限抗压强度试验的要求,但不含50mm×50mm的试模。

3)试料准备

(1)试料准备同无侧限抗压强度试验的要求。

(2)确定无机结合料混合料的最佳含水率和最大干密度。

(3)制作试件。

①试件数量。对于同一无机结合料剂量的混合料需要制作相同状态的试件数量(平行试验的数量)与土类及操作的仔细程度有关。对于无机结合料稳定细粒土,应该制作不少于6个试件,并要求模量试验结果的偏差系数不超过10%。对于无机结合料稳定中粒土,应该制作不少于15个试件,并要求模量试验结果的偏差系数不超过15%。

②称量一定数量的风干土并计算干土的质量,其数量随试件大小而变。对于1个100mm×100mm的稳定细粒土试件需干土1 400~1 600g;对于1个100mm×100mm的稳定中粒土试件需干土1 700~1 900g;对于1个150mm×150mm的稳定粗粒土试件需干土5 700~6 000g。

③将称量的土放在长方盘(尺寸约为400mm×600mm×70mm)内,向土中加水,将土和水拌和均匀后放在密封容器内浸润备用。如为石灰稳定土、水泥石灰综合稳定土或石灰粉煤灰稳定土,则可将石灰和土或石灰粉煤灰和土一起拌匀后放在密封容器浸润备用。

浸润时间同无侧限抗压强度试验的要求。

④在浸润过的试料中,加入预定数量的水泥或石灰并拌和均匀。拌和均匀的加有水泥的混合料应在1h内按下述方法制成试件。超过1h的混合料应该作废,其他结合料稳定土混合料虽不受此限,但也应尽快制成试件。

⑤按预定的干密度制作试件,同无侧限抗压强度试验的要求。

⑥养生，同无侧限抗压强度试验的要求。

⑦试件准备。圆柱形试件的两个端面应用水泥净浆彻底抹平。将试件直立桌上，在上端面用早强高强水泥净浆薄涂一层后，在表面撒少量0.25～0.5mm的细砂，用直径大于试件的平面圆形钢板放在顶面，加压旋转圆形钢板，使顶面齐平。边旋转边平移并迅速取下钢板。如有净浆被钢板粘去，则重新用净浆补平，并重复上述步骤。一个端面整平后，放置4h以上，然后将另一端面同样整平。整平应该达到：加载板放在试件顶面后，在任一方向都不会翘动。试件整平后放置8h以上。

⑧将端面已经处理平整的试件浸水一昼夜，水面高于试件顶面约2.5cm。

4）试验步骤

（1）加载板上计算单位压力的选定值：对于无机结合料稳定基层材料，用0.5～0.7MPa；对于无机结合料稳定底基层材料，用0.2～0.4MPa。实际加载的最大单位压力应略大于选定值。

（2）将试件浸水24h后从水中取出并用布擦干后放在加载底板上，在试件顶面撒少量0.25～0.5mm的细砂，并手压加载顶板在试件顶面边加压边旋转，使细砂填补表面微观的不平整，并使多余的砂流出，以增加顶板与试件的接触面积。

（3）安置千分表，使千分表的脚支在加载顶板直径线的两侧并离试件中心距离大致相等。

（4）将带有试件的测形变装置放到路面材料强度试验仪的升降台上（也可以先将测形变装置放在升降台上，再安置试件和千分表），调整升降台的高度，使加载顶板与测力环下端的压头中心与加载顶板的中心接触。

（5）预压：先用拟施加的最大载荷的一半进行两次加荷卸荷预压试验，使加载顶板与试件表面紧密接触。第二次卸载后等待1min，然后将千分表的短指针约调到中间位置，并将长指针调到0，记录千分表的原始读数。

（6）回弹形变测量：将预定的单位压力分成5～6个等分，作为每次施加的压力值。实际施加的荷载应较预定级数增加一级。施加第一级荷载（如为预定最大荷载的1/5），待荷载作用达1min时，记录千分表的读数，同时卸去荷载，让试件的弹性形变恢复，到0.5min时记录千分表的读数。施加第二级荷载（为预定最大荷载的2/5），同前，待荷载作用1min，记录千分表的读数，卸去荷载。卸荷后达0.5min时，再记录千分表的读数，并施加第三级荷载。如此逐级进行，直至记录下最后一级荷载下的回弹形变。

5）结果计算

（1）计算每级荷载下的回弹形变l，l = 加荷时读数 - 卸荷时读数。

（2）以单位压力p为横坐标（向右），以回弹形变l为纵坐标（向下），绘制p与l的关系曲线。修正曲线开始段的虚假形变。

（3）用加载板上的计算单位压力p以及与其相应的回弹形变l按下式计算回弹模量E：

$$E = \frac{pH}{l} \tag{5.11}$$

式中：p——单位压力，MPa；

H——试件高度，mm；

l——试件回弹形变，mm。

6）试验报告

本试验的报告内容同承载板法。

5.1.4 无机结合料稳定材料间接抗拉强度试验(劈裂试验)

在路面设计中不仅要求材料的抗压弹性模量,而且还要求材料的抗拉强度或间接抗拉强度(劈裂强度),材料在标准条件下的参数及在现场制件条件下的参数,材料强度、模量与时间的变化等。本节介绍无机结合料稳定材料的间接抗拉强度试验方式。

1)试验目的和适用范围

本试验方法适用于测定无机结合料稳定材料(包括稳定细粒土、中粒土和粗粒土)试件的间接抗拉强度。试件制备可按预定干密度用静力压实法制备或用击锤法制备,但应尽可能用静力压实法制备等干密度的试件。试件为圆柱体,高:直径 =1:1。对其他综合稳定材料的间接抗拉强度试验应参照本试验方法。

2)仪器设备

(1)试模。适用于下列不同土的试模尺寸为:细粒土(最大粒径不超过 10mm),试模的直径×高 =50mm×50mm;中粒土(最大粒径不超过 25mm),试模的直径×高 =100mm×100mm;粗粒土(最大粒径不超过 40mm),试模的直径×高 =150mm×150mm。

(2)路面材料强度试验仪或其他测力环式压力机,须备有能量 2kN 及 20kN 的测力环。

(3)压条。采用半径与试件半径相同的弧面压条,其长度应大于试件的高度。不同尺寸试件采用的压条宽度和弧面半径:试件尺寸为 50mm×50mm 的宽度为 6.35mm,弧面半径为 25mm;试件尺寸为 100mm×100mm 的宽度为 12.70mm,弧面半径为 50mm;试件尺寸为150mm×150mm 的宽度为 18.75mm,弧面半径为 75mm。

(4)其余试验设备均与无侧限抗压强度试验相同。

3)试料准备

(1)试料准备与无侧限抗压强度试验相同。由于龄期三个月的水泥稳定土和龄期半年的其他稳定土是半刚性材料,试验时也可以不用压条。

(2)确定无机结合料混合料的最佳含水率和最大干密度。

(3)制备试件方法与无侧限抗压强度试验相同。

(4)养生方法与无侧限抗压强度试验相同。作为应力检验用时,水泥稳定土、水泥粉煤灰稳定土的养生时间应是 90d,石灰稳定土和石灰粉煤灰稳定土的养生时间应是六个月。整个养生期间的温度,应该保持在(20±2)℃。

养生期的最后一天,应该将试件浸泡水中,水的深度应使水面在试件顶上约 2.5cm。在浸泡水中之前,应再次称试件的质量。在养生期间,试件的质量损失应该符合下列规定:小试件不超过 1g;中试件不超过 4g;大试件不超过 10g。质量损失超过此规定的试件,应该作废。

4)试验步骤

(1)将已浸水一昼夜的试件从水中取出,用软的旧布吸去试件表面的可见自由水,并称试件的质量。

(2)用游标卡尺量试件的高度(H),准确至 0.1mm。

(3)在压力机的升降台上置一压条,将试件横置在压条上,在试件的顶面也放一压条(上下压条与试件的接触线必须位于试件直径的两端,并与升降台垂直)。

试验过程中,应使试验的形变等速增加,并保持速率约为 1mm/min,记录试件破坏时的最大压力 P。

(4)从试件内部取有代表性的样品(经过打碎)测定其含水率。

5)结果计算

试件的间接抗拉强度 R_i(MPa)用下列相应的公式计算。

(1)无压条时

对于小试件:

$$R_i=\frac{2P}{\pi dH}=0.012\,732\,\frac{P}{H}\text{(MPa)} \tag{5.12}$$

对于中试件:

$$R_i=\frac{2P}{\pi dH}=0.006\,366\,\frac{P}{H}\text{(MPa)} \tag{5.13}$$

对于大试件:

$$R_i=\frac{2P}{\pi dH}=0.004\,244\,\frac{P}{H}\text{(MPa)} \tag{5.14}$$

式中:P——试件破坏时的最大压力,N;

d——试件的直径,mm;

H——浸水后试件的高度,mm。

(2)有加载压条时

$$R_i=\frac{2P}{\pi dH}\left(\sin2\alpha-\frac{a}{d}\right) \tag{5.15}$$

式中:a——压条的宽度,mm;

α——半压条宽对应的圆心角;

其余符号意义同前。

对于小试件:

$$R_i=0.012\,526\,\frac{P}{H}\text{(MPa)} \tag{5.16}$$

对于中试件:

$$R_i=0.006\,263\,\frac{P}{H}\text{(MPa)} \tag{5.17}$$

对于大试件:

$$R_i=0.004\,178\,\frac{P}{H}\text{(MPa)} \tag{5.18}$$

(3)精密度或允许误差。

若干次平行试验的偏差系数 C_v 应符合下列规定:小试件不大于10%,中试件不大于10%,大试件不大于15%。

6)试验报告

(1)集料的颗粒组成;

(2)水泥的种类和强度等级或石灰的有效氧化钙和氧化镁含量;

(3)确定最佳含水率时的结合料剂量以及最佳含水率和最大干密度;

(4)水泥或石灰剂量或石灰(或水泥)粉煤灰和集料的比例;

(5)试件干密度(准确到0.01g/cm³)或压实度;

(6)吸水量以及测间接抗拉强度时的含水率;

(7)间接抗拉强度,用两位小数表示;

(8)若干个试验结果的最小值和最大值、平均值、标准差 S、偏差系数 C_v 和95%概率的值。

5.1.5 承载板(CBR)试验

1)试验目的与适用范围

(1)本方法只适应于在规定的试筒内制件后,对各种土和路面基层、底基层材料进行承载板试验。

(2)试样的最大粒径宜控制在20mm以内,最大不得超过40mm且含量不超过5%。

2)仪器设备

(1)直圆孔筛:孔径40mm、20mm及5mm的筛各1个。

(2)试筒:内径152mm,高度170mm的金属圆筒;套环,高50mm;筒内垫块,直径151mm,高50mm;夯击底板,同击实仪。

(3)夯锤和导管:夯锤的底面直径50mm,总质量4.5kg;夯锤在导管内的总行程为450mm。

(4)贯入杆:端面直径50mm,长约100mm的金属柱。

(5)路面材料强度仪或其他载荷装置:能量不小于50kN,能调节贯入速度至1mm/min,可采用测力计式。

(6)百分表:3个。

(7)试件顶面上的多孔板(测试件吸水时的膨胀量)。

(8)多孔底板(试件放上后浸泡在水中)。

(9)测膨胀量时支承百分表的架子。

(10)承载板:直径150mm,中心孔眼直径52mm,每块质量1.25kg,共4块,并沿直径分为两个半圆块。

(11)水槽:浸泡试件用,槽内水面应高出试件顶面25mm。

(12)其他:台秤,感量为度件用量的0.1%;拌和盘,直尺,滤纸,脱模器等与击实试验相同。

3)试样准备

(1)将具有代表性的风干试料(必要时可在50℃烘箱内烘干),用木碾捣碎,但应尽量注意不使土或粒料的单个颗粒破碎。土团均应捣碎到通过5mm的筛孔。

(2)采用有代表性的试料50kg,用40mm的筛筛除大于40mm的颗粒,并记录超尺寸颗粒的百分数。

(3)将已过筛的试料按四分法取出约25kg,再用四分法将取出的试料分成4份,每份质量6kg,供击实试验和制作试件用。

(4)在预定做击实试验的前一天,取有代表性的试料测定其风干含水率。测定含水率用的试样数量可参照击实试验中的数量。

4)试验步骤

(1)称试筒本身质量(m_1),将试筒固定在底板上,将垫块放入筒内,并在垫块上放一张滤纸,安上套环。

(2)将1份试料,按规定的层数和每层击数进行击实,求试料的最大干密度和最佳含水率。

(3)将其余3份试料,按最佳含水率制备3个试件。将1份试料平铺于金属盘内,按事先计算得的该份试料应加的水量喷洒在试料上。用小铲将试料充分拌和到均匀状态,然后装入密闭容器或塑料口袋内浸润备用。浸润时间:重黏土不得少于24h,轻黏土可缩短到2h,砂土可缩短到1h,天然砂砾可缩短到2h左右。

制作每个试件时,都要取样测定试料的含水率。

注:需要时,可制备三种干密度试件。如每种干密度试件制作3个,则共制9个试件。每层击数分别为30次、50次和98次,使试件的干密度从低于95%到等于100%的最大干密度。这样,9个试件共需试料约为55kg。

(4)将试筒放在坚硬的地面上,取备好的试样分3~5次倒入筒内(视最大料径而定)。按五层法时,每层需试样约900g(细粒土)~1 100g(粗粒土);按三层法时,每层需试样1 700g左右(击实后的试样应高出1/3筒高度1~2mm)。整平表面,并稍加压紧,然后按规定的击数进行第一层试样的击实,击实时锤应自由垂直落下,锤迹必须均分布于试样面上。第一层击实完后,将试样层面"拉毛",然后再装入套筒,重复上述方法进行其余每层试样的击实。大试筒击实后,试样不宜高出筒高10mm。

(5)卸下套环,用直刮刀沿试筒顶修平击实的试件,表面不平整处用细料修补。取出垫块,称试筒和试件的质量(m_2)。

(6)泡水测膨胀量的步骤如下:

①在试件制成后,取下试件顶面的残破滤纸,放一张完整的滤纸,并在上安装附有调节杆的多孔板,在多孔板上加4块荷载板。

②将试筒与多孔板一起放入槽内(先不放水),并用拉杆将模具拉紧,安装百分表,并读取初读数。

③向水槽内放水,使水自由进到试件的顶部和底部。在泡水期间,槽内水面应保持在试件顶面以上大约25mm。通常试件要泡水4昼夜。

④泡水终了时,读取试件上百分表的终读数,并按下式计算膨胀量:

$$\text{膨胀量} = \text{泡水后试件高度变化}/\text{原试件高}(120\text{mm}) \times 100 \tag{5.19}$$

⑤从水槽中取出试件,倒出试件顶面的水,静置15min,让其排水,然后卸去附加荷载多孔板、底板和滤纸,并称重(m_3),以计算试件湿度和密度的变化。

(7)贯入试验的步骤如下:

①将泡水试验终了的试件放到路面材料强度试验仪的升降台上,调整扁球座,使贯入杆与试件顶面全面接触,在贯入杆周围放置4块荷载板。

②先在贯入杆上施加45N的荷载,然后将测力和测变形的百分表指针都调整至零点。

③加荷载使贯入杆以1~1.25mm/min的速度压入试件,记录测力计内百分表某些读数时的贯入量,并注意使贯入量为250×10^{-2}mm时,能有5个以上的读数。因此,测力计的第一个读数应是贯入量30×10^{-2}mm左右。

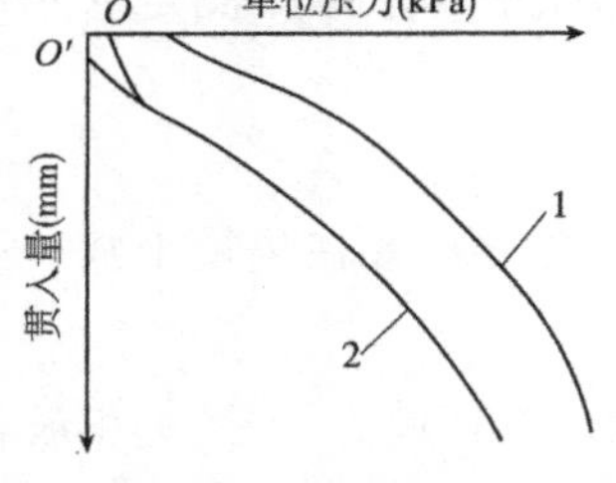

图5.1 单位压力与贯入量的关系曲线

5)结果计算

(1)以单位压力(p)为横坐标,贯入量(l)为纵坐标,绘制p-l关系曲线,如图5.1所示。图中曲线1是合适的,曲线2开始段是凹曲线,需要进行修正。修正时在变曲率点引一切线,与纵坐标交于O'点,O'即为修正后的原点。

(2)一般采用贯入量为2.5mm时的单位压力与标准压

力之比作为材料承载比(*CBR*),即:

$$CBR = p/7\ 000 \times 100 \tag{5.20}$$

式中:*CBR*——承载比,%;

p——单位压力,kPa。

同时计算贯入量为5mm时的承载比:

$$CBR = p/10\ 500 \times 100$$

如贯入量为5mm时的承载比大于2.5mm时的承载比,则试验要重做。如重做后的结果仍然如此,则采用贯入量为5mm时的承载比。

(3)试件的湿密度按下式计算:

$$\rho = \frac{m_2 - m_1}{2\ 177} \tag{5.21}$$

式中:ρ——试件的湿密度,g/cm³;

m_2——试筒和试件的总质量,g;

m_1——试筒的质量,g;

2 177——试筒的容积,cm³。

(4)泡水后试件的吸水量按下式计算:

$$w_a = m_3 - m_2 \tag{5.22}$$

式中:w_a——泡水后试件的吸水量,g;

m_3——泡水后试筒和试件的总质量,g;

m_2——试筒和试件的总质量,g;

6)精密度或允许误差

如根据3个平行试验结果计算得到的承载比变异系数 C_v 大于12%,则去掉一个偏大的值,取其余2个结果的平均值。如 C_v 小于12%,且3个平行试验结果计算的干密度偏差小于0.03g/cm³,则取3个结果的平均值。如3个试件结果计算的干密度偏差超过0.03g/cm³,则去掉一个偏大的值,取其余2个结果的平均值。

承载比小于100,相应偏差不大于5%;承载比大于100,相应偏差不大于10%。

5.2 沥青试验

在道路沥青的技术标准中,主要的指标有密度、含蜡量、延度、软化点、闪点、溶解度,以及进行热老化试验(包括薄膜加热试验与蒸发损失试验)等。而我国的重交通道路石油沥青的特点是:沥青含蜡量低,高温黏度大,低温延性好,抗老化性能强,能符合重交通道路石油沥青技术要求,可满足高等级公路的使用要求。

5.2.1 沥青与粗集料的黏附性试验

1)试验目的与适用范围

本方法适用于检验沥青与粗集料表面的黏附性及评定粗集料的抗水剥离能力。对于最大粒径大于13.2mm的集料应用水煮法,对最大粒径小于或等于13.2mm的集料应用水浸法进行试验。对料源相同、最大粒径既有大于13.2mm又有小于13.2mm的集料,取水煮法试验为标准,对细粒式沥青混合料应以水浸法试验为标准。

2)试验仪器

(1)天平:称量500g,感量不大于0.01g。

(2)恒温水槽:能保持温度在(80±1)℃。

(3)拌和用小型容器;容积为500mL。

(4)烧杯:容积为1 000mL。

(5)试验架。

(6)细线:尼龙线或棉线、铜丝线。

(7)铁丝网。

(8)标准筛:孔径9.5mm、13.2mm、19mm的筛各1个。

(9)烘箱:装有自动温度调节器。

(10)电炉、燃气炉。

(11)玻璃板:尺寸为200mm×200mm左右。

(12)搪瓷盘:尺寸为300mm×400mm左右。

(13)其他:拌和铲、石棉网、纱布、手套等。

3)水煮法试验方法与步骤

(1)准备工作

①将集料过孔径为13.2mm、19mm的筛,取粒径为13.2~19mm、形状接近立方体的规则集料5个,用洁净水洗净,置于温度为(105±5)℃的烘箱中烘干,然后放在干燥器中备用。

②将大烧杯中盛水,并置加热炉的石棉网上煮沸。

(2)试验步骤

①将集料逐个用细线在中部系牢,再置于温度为(105±5)℃的烘箱内烘干1h。准备沥青试样。

②逐个取出加热的矿料颗粒用线提起,浸入预先加热的沥青(石油沥青温度为130~150℃)(煤沥青温度为100~110℃)试样中45s后,轻轻拿出,使集料颗粒完全为沥青膜所裹覆。

③将裹覆沥青的集料颗粒悬挂于试验架上,下面垫一张纸,使多余的沥青流掉,并在室温下冷却15min。

④待集料颗粒冷却后,逐个用线提起,浸入盛有煮沸水的大烧杯中央,调整加热炉,使烧杯中的水保持微沸状态,如图5.2b)和c)所示,但不允许有沸开的泡沫,如图5.2a)所示。

⑤浸煮3min后,将集料从水中取出,观察矿料颗粒上沥青膜的剥落程度,并按表5.3评定其黏附性等级。

⑥同一试样应平行试验5个集料颗粒,并由两名以上经验丰富的试验人员分别评定后,取平均等级作为试验结果。

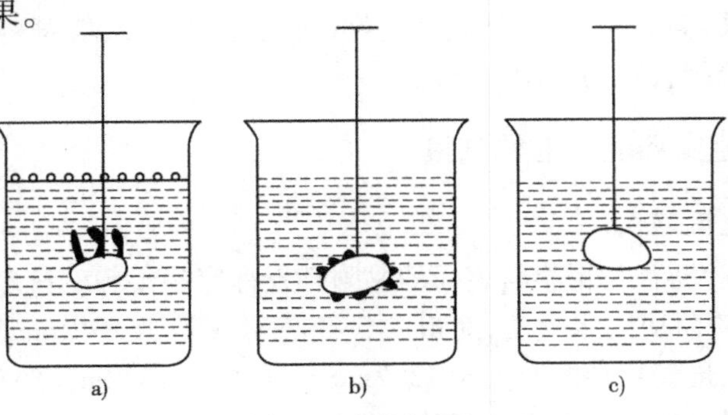

图5.2　水煮法试验

4）水浸法试验方法与步骤

（1）准备工作

①将集料过孔径为9.5mm、13.2mm的筛，取粒径为9.5～13.2mm形状规则的集料200g，用洁净水洗净，并置于温度为（105±5）℃的烘箱中烘干，然后放在干燥器中备用。

②准备沥青试样，加热。

③将煮沸过的热水注入恒温水槽中，并维持温度在（80±1）℃。

（2）试验步骤

①按四分法称取集料颗粒（9.5～13.2mm）100g置搪瓷盘中，连同搪瓷盘一起放入已升温至沥青拌和温度以上5℃的烘箱中持续加热1h。

②按每100g矿料加入沥青（5.5±0.2）g的比例称取沥青，准确至0.1g，放入小型拌和容器中，一起置于同一烘箱中加热15min。

③将搪瓷盘中的集料倒入拌和容器的沥青中后，从烘箱中取出拌和容器，立即用金属铲均匀拌和1～1.5min，使集料完全被沥青薄膜裹覆。然后，立即将裹有沥青的集料取20个，用小铲移至玻璃板上摊开，并置室温下冷却1h。

④将放有集料的玻璃板浸入温度为（80±1）℃的恒温水槽中，保持30min，并将剥离及浮于水面的沥青用纸片捞出。

⑤由水中小心取出玻璃板，浸入水槽内的冷水中，仔细观察裹覆集料的沥青薄膜的剥落情况。由两名以上经验丰富的试验人员分别目测，评定剥离面积的百分率，评定后取平均值表示。

注：为使估计的剥离面积百分率较为正确，宜先制取若干个不同剥离率的样本，用比照法目测评定，不同剥离率的样本，可用加不同比例抗剥离剂的改性沥青与酸性集料拌和后浸水得到，也可由同一种沥青与不同集料品种拌和后浸水得到，样本的剥离面积百分率逐个仔细计算得出。

⑥由剥离面积面分率按表5.3评定沥青与集料黏附性的等级。

沥青与集料的黏附性等级 表5.3

试验后石料表面上沥青膜剥落情况	黏附性等级
沥青膜完全保存，剥离面积百分率接近于0	5
沥青膜少部为水所移动，厚度不均匀，剥离面积百分率少于10%	4
沥青膜局部明显地为水所移动，基本保留在石料表面上，剥离面积百分率少于30%	3
沥青膜大部为水所移动，局部保留在石料表面上，剥离面积百分率大于30%	2
沥青膜完全为水所移动，石料基本裸露，沥青全浮于水面上	1

5）试验报告

试验结果应记录采用的方法及集料粒径。

5.2.2 沥青薄膜加热试验

1）试验目的与适用范围

本方法适用于测定道路石油沥青薄膜加热后的质量损失，并根据需要，测定薄膜加热后残留物的针入度、黏度、软化点、脆点及延度等性质的变化，以评定沥青的耐老化性能。

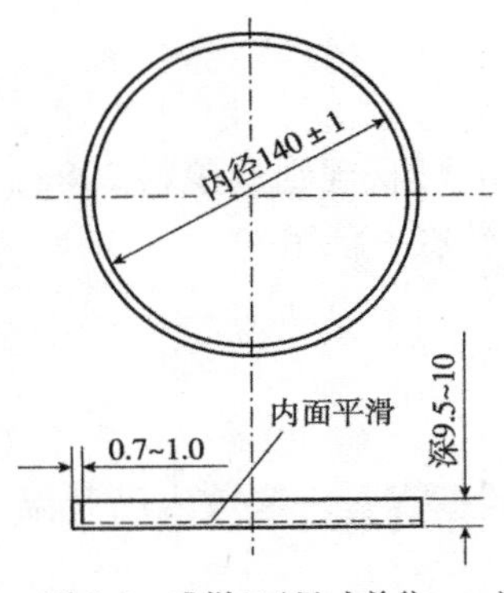

图 5.3　盛样皿(尺寸单位:mm)

2)仪器设备

(1)旋转薄膜加热烘箱:标称温度范围为200℃,控温的准确度为1℃,装有温度调节器和可转动的圆盘架。圆盘直径为360~370mm,上面有4个浅槽,供放置盛样皿,转盘中心由一垂直轴悬挂于烘箱的中央,由传动机构使转盘水平转动,速度为(5.5±1)r/min。门为双层,两层之间应留有间隙,内层门为玻璃质,只要打开外门,即可通过玻璃读取烘箱中温度计的读数。烘箱应能自动通风,为此在烘箱上下部设有气孔,以供热空气和蒸气的逸出和空气进入。

(2)盛样皿:由铝或不锈钢制成,不少于4个,形状及尺寸如图5.3所示。

(3)温度计:0~200℃,分度为0.5℃(允许由普通温度计代替)。

(4)天平:感量不大于1mg。

(5)其他:干燥器、计时器等。

3)试验方法与步骤

(1)准备工作

①将洁净、烘干、冷却后的盛样皿编号,称其质量(m_0),准确至1mg。

②准备沥青试样,分别注入4个已称质量(50±0.5)g的盛样皿中,并形成沥青厚度均匀的薄膜,放入干燥器中冷却至室温后称取质量(m_1),准确至1mg。同时按规定方法,测定沥青试样薄膜加热试验前的针入度、黏度、软化点、脆点及延度等性质。当试验项目需要,预计沥青数量不够时,可增加盛样皿数目,但不允许将不同品种或不同标号的沥青,同时放在一个烘箱中试验。

③将温度计垂直悬挂于转盘轴上,位于转盘中心,水银球应在转盘顶面上的6mm处,并将烘箱加热并保持至(163±1)℃。

(2)试验步骤

①把烘箱调整水平,使转盘在水平面上以(5.5±1)r/min的速度旋转,转盘与水平面倾斜角不大于3°,温度计位置距转盘中心和边缘距离相等。

②在烘箱达到恒温163℃后,将盛样皿迅速放入烘箱内的转盘上,并关闭烘箱门和开动转盘架;使烘箱内温度回升至162℃时开始计时,连续5h并保持温度在(163±1)℃。但从放置盛样皿开始至试验结束的总时间,不得超过5.25h。

③加热后取出盛样皿,放入干燥器中冷却至室温后,随机取其中两个盛样皿分别称其质量(m_2),准确至1mg。注意,即使不进行质量损失测定,亦应放入干燥器中冷却,但不称量,然后进行以下步骤。

④将盛样皿置一石棉网上,并连同石棉网放回温度为(163±1)℃的烘箱中转动15min;然后,取出石棉网和盛样皿,立即将沥青残留物样品刮入一适当的容器内,置于加热炉上加热并适当搅拌使其充分融化达流动状态。

⑤将热试样倾入针入度盛样皿或延度、软化点等试模内,并按规定方法进行针入度等各项薄膜加热试验。如在当日不能进行试验时,试样应在容器内冷却后放置过夜,但全部试验必须在加热后72h内完成。

4)结果计算

(1)沥青薄膜试验后质量损失按下式计算,精确至小数点后一位(质量损失为负值,质量增加为正值)。

$$L_T = \frac{m_2 - m_1}{m_1 - m_0} \times 100 \tag{5.23}$$

式中:L_T——试样薄膜加热质量损失,%;

m_0——试样皿质量,g;

m_1——薄膜烘箱加热前盛样皿与试样合计质量,g;

m_2——薄膜烘箱加热后盛样皿与试样合计质量,g。

(2)沥青薄膜烘箱试验后,残留物针入度比为残留物针入度占原试样针入度的比值,按下式计算:

$$K_P = \frac{P_2}{P_1} \times 100 \tag{5.24}$$

式中:K_P——试样薄膜加热后残留物针入度比,%;

P_1——薄膜加热试验前原试样的针入度,0.1mm;

P_2——薄膜烘箱加热残留物后原试样的针入度,0.1mm。

(3)沥青薄膜加热试验的残留物软化点增值按下式计算:

$$\Delta T = T_2 - T_1 \tag{5.25}$$

式中:ΔT——薄膜加热试验后软化点增值,℃;

T_1——薄膜加热试验前软化点,℃;

T_2——薄膜加热试验后软化点,℃。

(4)沥青薄膜加热试验黏度比按下式计算:

$$K_\eta = \frac{\eta_2}{\eta_1} \tag{5.26}$$

式中:K_η——薄膜加热试验前后60℃黏度比;

η_2——薄膜加热试验后60℃黏度,Pa·s;

η_1——薄膜加热试验前60℃黏度,Pa·s。

(5)沥青的老化指数按下式计算:

$$C = \lg\lg(\eta_2 \times 10^3) - \lg\lg(\eta_1 \times 10^3) \tag{5.27}$$

式中:C——沥青薄膜加热试验的老化指数。

5)试验报告

(1)质量损失。当两个试样皿的质量损失符合重复性试验精密度要求时,取其平均值作为试验结果,精确至小数点后两位。

(2)根据需要记录残留物的针入度及针入度比、软化点及软化点增值、黏度及黏度比、老化指数、延度、脆点等各项性质的变化。

(3)精密度或允许差。

①当薄膜加热后质量损失小于或等于0.4%时,重复性试验的允许差为0.04%,复现性试验的允许差为0.16%。

②当薄膜加热后质量损失0.4%时,重复性试验的允许差为平均值的8%,复现性试验的允许差为平均值的40%。

③残留物针入度、软化点、延度、黏度等性质试验的精密度应符合相应试验方法的规定。

5.3 沥青混合料试验

沥青混合料是由适当比例的粗集料、细集料以及填料与沥青在严格控制条件下拌和而成。要保证沥青路面的使用性能，沥青结合料等级、沥青混合料配合比设计、检验沥青混合料的使用性能必须严格按照沥青路面使用性能具体考虑。

5.3.1 沥青混合料试件制作方法（击实法）

沥青混合料的制备和试件成型，是按照设计的配合比，应用现场实际材料，在试验室用小型拌和机按规定的拌制温度制备成沥青混合料；然后将这种混合料在规定成型温度下，用击实法制成直径为101.6mm、高为63.5mm的圆柱体试件，供测定其物理常数和力学性质用。

1）仪器设备

（1）击实仪：由击实锤，直径为98.5mm的平圆形击实头及带手柄的导向棒组成。用人工或机械将压实锤举起从（457.2 ±1.5）mm高度沿导向棒自由落下击实，标准击实锤质量为（4 536 ±9）g。

（2）标准击实台：用以固定试模。在200mm ×200mm ×457mm的硬木墩上面有一块305mm ×305mm ×25mm的钢板，木墩用4根型钢固定在下面的水泥混凝土板上。木墩采用青冈木、松木或其他干密度为0.67 ~0.77g/cm³ 的硬木制成。人工击实或机械击实必须有此标准击实台。

自动击实仪是将标准击实锤及标准击实台安装于一体，并用电力驱动使击实锤连续击实试件且自动计数的设备。击实速度为（60 ±5）次/min。

（3）沥青混合料拌和机：能保证拌和温度并充分拌和均匀，可控制拌和时间，容量不少于10L。搅拌叶自转速度为70 ~80r/min，公转速度为40 ~50r/min。

（4）脱膜器：电动或手动，可无破损地推出圆柱体试件，备有要求尺寸的推出环。

（5）试模：每种至少3组，由高碳钢或工具钢制成，每组包括内径101.6mm、高约87.0mm的圆柱形金属筒，底座（直径约120.6mm）和套筒（内径101.6mm、高约69.8mm）各1个。

（6）烘箱：大、中型烘箱各1台，装有温度调节器。

（7）天平或电子秤：用于称量矿料，分度值不大于0.5g；用于称量沥青，分度值不大于0.1g。

（8）沥青运动黏度测定设备：毛细管黏度计、赛波特重油黏度计或布洛克菲尔德黏度计。

（9）擦刀或大螺丝刀。

（10）温度计：分度值不大于1℃。

（11）其他：电炉或煤气炉、沥青熔化锅、拌和铲、试验筛、滤纸（或普通纸）、胶布、卡尺、秒表、粉笔、棉纱等。

2）试验方法与步骤

（1）准备工作

①确定制作沥青混合料试件的拌和与压实温度。

a. 用毛细管黏度计测定沥青的运动黏度，绘制黏温曲线。当使用石油沥青时，以运动黏度为（170 ±20）mm²/s时的温度为拌和温度，以（280 ±30）mm²/s时的温度为压实温度。亦可用赛氏黏度计测定赛波特黏度，以(85 ±10)s 时的温度为拌和温度，以(140 ±15)s 时的温度为压实温度。

b. 当缺乏运动黏度测定条件时，试件的拌和与压实温度可按有关技术资料推荐的选用，并根据沥青品种和标号进行适当调整。针入度小、稠度大的沥青取高限，针入度大、稠度小的沥青取低限，一般取中值。

②将各种规格的矿料在(105 ±5)℃的烘箱中烘干至恒重(一般不少于 4 ~6h)。根据需要，可将粗细集料过筛后，用水冲洗再烘干备用。

③分别测定不同粒径细集料及填料(矿粉)的表观密度，并测定沥青的密度。

④将烘干分级的粗细集料按每个试件设计配合比组成要求称其质量，在一金属盘上混合均匀。矿粉单独加入，放入烘箱中预热至沥青拌和温度以上约 15℃(石油沥青通常为 163℃)备用。一般按一组试件(每组 4 ~6 个)备料，但进行配合比设计时宜分别备料。

⑤将沥青试样用电热套或恒温烘箱熔化加热至规定的沥青混合料拌和温度备用。

⑥用蘸有少许黄油的棉纱擦拭干净试模、套筒及击实座等，并置于 100℃左右烘箱中加热 1h 备用。

(2)混合料拌制

①将沥青混合料拌和机预热至拌和温度以上 10℃左右备用。

②将每个试件预热的粗细集料置于拌和机中，用小铲适当混合后加入需要数量的已加热至拌和温度的沥青。开动拌和机，一边搅拌一边将拌和叶片插入混合料中拌和 1 ~1. 5min，然后暂停拌和。加入单独加热的矿粉，继续拌和至均匀为止，并使沥青混合料保持在要求的拌和温度范围内。标准的总拌和时间为 3min。

3)试件成型

①将拌好的沥青混合料均匀称取一个试件所需的用量(约 1 200g)。当一次拌和几个试件时，宜将其倒入经预热的金属盘上，用小铲拌和均匀分成几份，分别取用。

②从烘箱中取出预热的试模及套筒，用蘸有少许黄油的棉纱擦拭套筒、底座及击实锤底面，将试模装在底座上(也可垫一张圆形的吸油性小的纸)。按四分法从四个方向用小铲将混合料铲入试模中，用插刀沿周边插捣 15 次，中间插捣 10 次。插捣后将沥青混合料表面整平成凸弧面。

③插入温度计，至混合料中心附近，检查混合料温度。

④待混合料温度符合要求的压实温度后，将试模连同底座一起放在击实台上固定(也可在装好的混合料上垫一张吸油性小的圆纸)，再将装有击实及导向棒的压实头插入试模中，开启电动机(或人工)将击实锤从 457mm 的高度自由落下击实规定的次数(75 次、50 次或 35 次)。

⑤试件击实一面后，取下套筒，将试模掉头，装上套筒，然后以同样的方式和次数击实另一面。

⑥试件击实结束后，如上下面垫有圆纸，应立即用镊子取下，用卡尺量取试件离试模上口的高度，并由此计算试件高度。如高度不符合要求时，试件应作废，并按下式调整试件的混合料数量，使高度符合(63. 5 ±1. 3)mm 的要求。

$$q = q_0 \times \frac{63.5}{h_0} \tag{5.28}$$

式中：q——调整后沥青混合料用量，g；

q_0——制备试件的沥青混合料实际用量,g;

h_0——制备试件的实际高度,mm。

⑦卸去套筒和底座,将装有试件的试模横向放置,冷却至室温后,置脱模机上脱出试件。将试件仔细置于干燥洁净的平面上,在室温下静置12h以上供试验使用。

5.3.2 沥青混合料马歇尔稳定度试验

马歇尔稳定度的试验方法由马歇尔提出,迄今已有半个多世纪,经过许多研究者的改进,目前普遍是测定马歇尔稳定度(*MS*)、流值(*FL*)和马歇尔模数(*T*)三项指标。稳定度是指标准尺寸试件在规定温度和加荷速度下,在马歇尔仪中最大的破坏荷载(kN);流值是达到最大破坏荷载时试件的垂直变形(以0.1mm计),马歇尔模数为稳定度除以流值。

沥青混合料稳定度试验是将沥青混合料制成直径101.6mm、高63.5mm的圆柱形试件,在稳定度仪上测定其稳定度和流值,以这两项指标来表征其高温时的抗变形能力。

根据沥青混合料的力学指标(稳定度和流值)和物理常数(密度、空隙率和沥青饱和度等),以及水稳性(残留稳定度)和抗车辙(动稳定度)检验,即可确定沥青混合料的配合比组成。

1)仪具与材料

(1)沥青混合料马歇尔试验仪:可用符合国家标准“沥青混合料马歇尔试验仪”技术要求的产品,也可采用带数字显示或用 x、y 记录荷载—位移曲线的自动马歇尔试验仪。试验仪最大荷载不小于25kN,测定精度100N,加载速率应保持在(50±5)mm/min,并附有测定荷载与试件变形的压力环(或传感器)、流值计(或位移计)、钢球(直径为16mm)和上下压头(曲率半径为50.8mm)等。

(2)恒温水槽:能保持水温于测定温度±1℃的水槽,深度不少于150mm。

(3)真空饱水容器:由真空泵和真空干燥器组成。

(4)烘箱。

(5)天平:分度值不大于0.1g。

(6)温度计:分度1℃。

(7)卡尺或试件高度测定器。

(8)其他:棉纱、黄油。

2)试验方法与步骤

(1)用卡尺(或试件高度测定器)测量试件直径和高度[如试件高度不符合(63.5±1.3)mm要求或两侧高度差大于2mm时,此试件应作废],并按有关方法测定试件的物理指标。

(2)将恒温水槽(或烘箱)调节至要求的试验温度,对于黏稠石油沥青混合料,其试验温度为(60±1)℃。将试件置于已经达到规定温度和恒温水槽(或烘箱)中保温30~40min。试件应垫起,离容器底部不小于5cm。

(3)马歇尔试验仪的上下压头放入水槽(或烘箱)中达到同样的温度,将上下压头从水槽(或烘箱)中取出擦拭干净内面。为使上下压头滑动自如,可在下压头的导棒上涂少量黄油,再将试件取出置于下压头上,盖上上压头,然后装在加载设备上。

(4)将流值测定装置安装于导棒,使导向套管轻轻地压住上压头,同时将流值计读数调零。在上压头的球座上放妥钢球,并对准荷载测定装置(应力环或传感器)的压头,然后调整应力环中百分表的指针对准零或将荷重传感器的读数复位为零。

(5)启动加载设备,使试件承受荷载,加载速度为(50 ± 5)mm/min。当试验荷载达到最大值的瞬间,取下流值计,同时读取应力环中百分表(或荷载传感器)的读数和流值计的流值读数(从恒温水槽中取出试件至测出最大荷载值的时间,不应超过30s)。

3)试验结果和计算

(1)稳定度及流值

①由荷载测定装置读取的最大值即试样的稳定度。当用应力环百分表测定时,根据应力环表测定曲线,将应力环中百分表的读数换算为荷载值,即试件的稳定度(MS),以kN计。

②由流值计及位移传感器测定装置读取的试件垂直变形,即为试件的流值(FL),以0.1mm计。

(2)马歇尔模数

试件的马歇尔模数按下式计算:

$$T=\frac{MS\times 10}{FL} \tag{5.29}$$

式中:T——试件的马歇尔模数,kN/mm;

MS——试件的稳定度,kN;

FL——试件的流值,0.1mm。

4)试验结果报告

(1)当一组测定值中某个数据与平均值之差大于标准差的k倍时,该测定值应予舍弃,并以其余测定值的平均值作为试验结果。当试验数n为3、4、5、6个时,k值分别为1.15、1.46、1.67、1.82。

(2)试验结果报告包括马歇尔稳定度、流值、马歇尔模数以及试件尺寸、试件的密度、空隙率、沥青含量、沥青体积百分率、沥青饱和度、矿料间隙率等各项物理指标。

5.3.3 沥青混合料谢伦堡沥青析漏试验

谢伦堡沥青析漏试验是德国为沥青玛蹄脂碎石沥青混合料的配合比设计而制订的方法,它是为了确定沥青混合料有无多余的自由沥青或沥青玛蹄脂而进行的试验,由此确定最大沥青用量。与飞散试验相结合,可以得出一个合理的沥青用量范围。

1)试验目的与适用范围

本方法用以检测沥青结合料在高温状态下从沥青混合料析出并沥干多余的游离沥青的数量,供检验沥青玛蹄脂碎石混料(SMA)、排水式大空隙沥青混合料(OGFC)或沥青碎石类混合料的最大沥青用量使用。

2)仪器设备

(1)烧杯:800mL。

(2)烘箱。

(3)小型沥青混合料拌和机或人工炒锅。

(4)玻璃板。

(5)天平:感量不大于0.1g。

(6)其他:拌和机、手铲、棉纱等。

3)试验步骤

(1)根据实际使用的沥青混合料的配合比,对集料、矿粉、沥青、纤维稳定剂等用小型沥青混合料拌和机拌和混合料。拌和时纤维稳定剂应在加入粗细集料后加入,并适当干拌分散,再加入沥青拌和至均匀。每次只能拌和一个试件,对粗集料较多而沥青用量较少的混合料,小型沥青混合料拌和机拌匀有困难时,也可以采用手工炒拌的方法。一组试件分别拌和4份,每份为1kg。第1锅拌和后应予废弃不用,使拌和锅或炒锅黏附一定量的沥青结合料,以免影响后面3锅油石比的准确性。当为施工质量检验时,直接从拌和机取样使用。

(2)洗净烧杯,干燥,称取烧杯质量(m_0)。

(3)将拌和好的1kg混合料,倒入800mL烧杯中,称烧杯及混合料的总质量(m_1)。

(4)在烧杯上加玻璃板盖,放入温度为(170±2)℃的烘箱中,持续(6±1)min。

(5)取出烧杯,不加任何冲击或振动,将混合料向下扣倒在玻璃板上,称取烧杯以及黏附在烧杯上的沥青结合料、细集料、玛蹄脂等的总质量(m_2),准确到0.1g。

4)结果计算

沥青析漏损失按下式计算:

$$\Delta m = \frac{m_2 - m_0}{m_1 - m_0} \times 100 \tag{5.30}$$

式中:m_0——烧杯质量,g;

m_1——烧杯及试验用沥青混合料质量,g;

m_2——烧杯以及黏附在烧杯上的沥青结合料、细集料、玛蹄脂等的总质量,g;

Δm——沥青析漏损失,%。

5)试验报告

试验至少应平行试验3次,取平均值作为试验结果。

5.3.4 沥青混合料单轴压缩试验(圆柱体法)

1)试验目的与适用范围

(1)本方法适用于测定热拌沥青混合料的抗压回弹模量和抗压强度。按照《公路沥青路面设计规范》(JTG D50—2006)确定沥青混合料结构层的设计参数时应按本方法执行。如特殊规定,用于计算弯沉的抗压回弹模量的标准试验温度为20℃;用于验算弯拉应力的抗压回弹模量的标准试验温度为15℃;加载速度为2mm/min。本试验方法原来仅规定测试沥青混合料的抗压强度,以一次性加载达到破坏时的最大荷载计算。

(2)本方法适用于直径(100±2.0)mm、高(100±2.0)mm的沥青混合料圆柱体试件。

2)仪器设备

(1)万能材料试验机,其他可施加荷载并测试变形的路面材料试验设备也可使用,但均必须满足下列条件。

①最大荷载应满足不超过其量程的80%,且不小于量程的20%的要求,宜采用100kN。具有球形支座,压头可以活动与试件紧密接触。

②具有环境保温箱,控温准确度0.5℃。当缺乏环境保温箱时,试验室应设置空调,控温准确度1.0℃。

③能符合加载速率保持2mm/min的要求。试验机宜有伺服系统,在加载过程中速度基本不变。当采用马歇尔试验仪手动控制时,应事先校准手摇速率,以达到2mm/min加载速率的要求。

(2)变形量测装置：抗压试验加载用上下压板，下压板下有带球面的底座。压板直径为120mm，在直径102mm处有一浅的放置试件的圆周刻印。下压板直径线两侧有立柱顶杆，上压板直径线两侧装有千分表架，表架中心与顶杆中心位置一致（图5.4）。当试验机具有自动测定试件垂直变形或自动测记试件的压力与变形曲线功能时，可直接使用，不必另外配备变形量测装置。

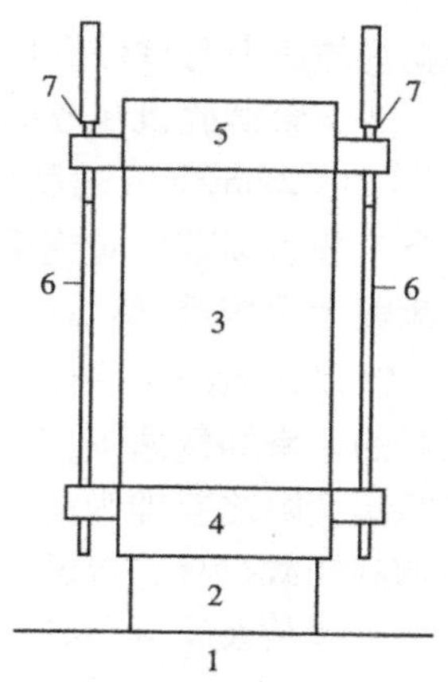

图5.4　加载装置示意图
1-试验机；2-球座；3-试件；4-下压板；5-上压板；6-顶杆；7-千分表或其他变形量测装置

(3)千分表(1/1 000mm)，2只。

(4)恒温水槽：用于试件保温，温度能满足试验温度要求，控温精密度±0.5℃。恒温水槽的液体应能不断循环回流。深度应大于试件高度50mm。

(5)台秤或天平：感量不大于0.5g。

(6)温度计：分度为0.5℃；秒表、卡尺等。

3)试验方法与步骤

(1)准备工作

①用静压法制备成型沥青混合料试件，也可从轮碾机成型的板块试件上用钻芯机钻取试件。试件尺寸应符合直径(100±2.0)mm、高(100±2.0)mm的要求。如有条件，可采用振动压实或搓揉法成型试件（试件尺寸及成型方法应在报告中注明）。试件密度应符合马歇尔标准击实密度(100±1.0)%的要求。

②试件成型后不等完全冷却即可脱模，用卡尺量取试件高度，若最高部位与最低部位的高度差超过2mm时试件应作废。用于抗压强度试验的试件数不得少于3个，用于抗压回弹模量的一组试件数宜为3～6个。

③将试件放置在室温条件下24h，用卡尺在各个试件上下两断面的垂直方向上正确量取试件直径，取4个数的平均值作为试件的计算直径(d)，准确至0.1mm。

④用卡尺在各个试件的4个对称位置上正确量取试件高度，取4个数的平均值作为试件的计算高度(h)，准确至0.1mm。

⑤测定试件的密度、空隙率等各项物理指标。

⑥将试件置于规定的试验温度（15℃或20℃）的恒温水槽中保温2.5h以上，保温时试件之间的距离应不小于10mm。此时压板、底座也应同时保温。在有空调的试验室内测试时，将室温调至要求的温度，试件放置12h以上。

⑦使试验机环境保温箱或空调试验室达到要求的试验温度。

(2)抗压强度试验步骤

①将下压板、底座置于试验机升降台座上对中，迅速取出试件放在压板中央刻线位置，加上上压板。

②将试件从恒温水槽中取出，立即置于压力机台座以2mm/min的加载速率均匀加载直至破坏，读取荷载峰值(P)，准确至100N。

(3)抗压回弹模量试验步骤

①确定加载级别：首先测试抗压强度平均值P，大体均匀地分成10级荷载，分别取$0.1P$、$0.2P$、$0.3P$……$0.7P$七级（可取成接近的整数）作为试验荷载。

②将下压板、底座置于试验机升降台座上对中，迅速取出试件放在下压板中央刻线位置，加上上压板，在两侧千分表架上安置千分表，与下压板相应位置的千分表顶杆接触。如果利用

试验机的压力与试件变形自动测试功能时，做好相应的测试准备。

③调整试验机台座的高度，使加载顶板与压头中心轻轻接触。

④以 2mm/min 速度加载至 0.2P 进行预压保持 1min，观察两侧千分表增值是否接近，若两个千分表读数反向或增值差异大于 3 倍，则表明试件是偏心受压，应敲动球座适当调整，直至读数大致接近，然后卸载，并重复预压一次。卸载至零后记录两个千分表的原始读数。

⑤以 2mm/min 速度加载至第 1 级荷载(0.1P)，立即记取千分表读数及实际荷载数，并以同样的速率卸载回零，开始启动秒表，待试件回弹变形 30s 后，再次记取千分表读数，加载与卸载两次读数之差即为此级荷载下试件的回弹变形(ΔL_i)。然后依次进行第 2、3……7 级荷载的加载卸载过程，方法与第 1 级荷载相同，分别加载至 0.2P、0.3P……0.7P，卸载，并分别记取千分表读数及实际荷载，得出各级荷载的回弹变形 ΔL_i。

4)结果计算

(1)沥青混凝土试件的抗压强度按下式计算。

$$R_c = \frac{4P}{\pi d^2} \tag{5.31}$$

式中：R_c——试件的抗压强度，MPa；

P——试件破坏时的最大荷载，N；

d——试件直径，mm。

(2)计算各级荷载下试件实际承受的压强 q_i。在方格纸上绘制各级荷载的压强 q_i 与回弹变形 ΔL_i，将 q_i-ΔL_i 关系绘成一平顺的连续曲线，使之与坐标轴相交得出修正原点，根据此修正原点坐标轴从第 5 级荷载(0.5P)读取压强 q_5 及相应的 ΔL_5。沥青混合料试件的抗压回弹模量按下式计算：

$$q_i = \frac{4P_i}{\pi d^2} \tag{5.32}$$

$$E' = \frac{q_5 \times h}{\Delta L_5} \tag{5.33}$$

式中：q_i——相应于各级试验荷载 P 作用下的压强，MPa；

P_i——施加于试件的各级荷载值，N；

E'——抗压回弹模量，MPa；

q_5——相应于第 5 级荷载(0.5P)时的荷载压强，MPa；

h——试件轴心高度，mm；

ΔL_5——相应于第 5 级荷载(0.5P)时原点修正后的回弹变形(mm)。

5)试验报告

(1)当一组试件的测定值中某个测定值与平均值之差大于标准差的 k 倍时，该测定值应予舍弃，有效试件数为 n 时的 k 值列于表 5.4。对其余测定值按下式的 t 分布法计算整理，得到供路面设计用的抗压回弹模量值。

$$E = E' - \frac{t}{\sqrt{n}}S \tag{5.34}$$

式中：E——供路面设计用的抗压回弹模量值，MPa；

E'———组试件实测抗压回弹的平均值，MPa；

S———组试件样品实测值的标准差，MPa；

n——一组试件的有效试件数；

t——随保证率而变的系数。对高速公路及一级公路的保证率为95%，其他等级公路的保证率为90%。$t/\sqrt{n}$值见表5.4。

有效试件数与 t 值的关系 表5.4

有效试件数 n	临界值 k	$t/\sqrt{n}$	
		保证率95%	保证率90%
3	1.15	1.686	1.089
4	1.46	1.177	0.819
5	1.67	0.954	0.686
6	1.82	0.823	0.603
7	1.94	0.734	0.544
8	2.03	0.670	0.500
9	2.11	0.620	0.466
10	2.18	0.580	0.437

(2)试验结果均应注明试件尺、成型方法、试验温度、加载速度，以及试验结果的平均值、标准差、变异系数。必要时注明试件的密度、空隙率等。

5.4 压实度试验

压实度是路基路面施工质量检测的关键指标之一，表征现场压实后的密实状况，压实度越高，密实度越大，材料整体性能越好。因此，路基路面施工中，碾压工艺成为施工质量控制的关键工序。对于路基土、路面半刚性基层及粒料类柔性基层而言，压实度是指工地实际达到的干密度与室内标准击实试验所得的最大干密度的比值；对沥青面层、沥青稳定基层而言，压实度是指现场实际达到的密度与室内标准密度的比值。在室内对细粒土或多种路面材料进行压实试验时，影响土或路面材料达到规定密实度的主要因素有：含水率、土或材料的颗粒组成以及击实功等。在施工现场碾压细粒土的路基时，影响路基达到规定压实度的主要因素有：土的含水率、碾压层的厚度、压实机械的类型和功能、碾压遍数以及地基的强度。在工地碾压级配集料时，影响集料达到规定密实度的主要因素，除上述因素外，还有集料的特性(包括质量、级配的均匀性和细料的塑性指数)以及下承层的强度。

5.4.1 挖坑灌砂法测定压实度

1)试验目的

灌砂法是利用均匀颗粒的砂去置换试洞的体积，它是当前最常用的方法，很多工程都把灌砂法列为现场测定密度的主要方法。该方法可用于测试各种土或路面材料的密度，缺点是需要携带较多的量砂，而且称量次数较多，因此测试速度较慢。

采用此方法时，应符合下列规定：

(1)当集料的最大粒径小于13.2mm、测定层的厚度不超过150mm时，宜采用直径为100mm的小型灌砂筒测试。

(2)当集料的粒径等于或大于13.2mm,但不大于31.5mm,测定层的厚度超过200mm,但不超过200mm时,应用直径为150mm的大型灌砂筒测试。

2)仪具与材料

(1)灌砂筒:有大小两种,根据需要采用。形式和主要尺寸见图5.5及表5.5。储砂筒筒底中心有一个圆孔,下部装一倒置的圆锥形漏斗,漏斗上端开口,直径与储砂筒的圆孔相同。漏斗焊接在一块铁板上,铁板中心有一圆孔与漏斗上开口相接。储砂筒筒底与漏斗之间设有开关。开关铁板上也有一个相同直径的圆孔。

灌砂仪的主要尺寸 表5.5

结构		小型灌砂筒	大型灌砂筒
储砂筒	直径(mm)	100	150
	容积(cm^3)	2 120	4 600
流砂孔	直径(mm)	10	15
金属标定罐	内径(mm)	100	150
	外径(mm)	150	200
金属方盘基板	边长(mm)	350	400
	深(mm)	40	50
	中孔直径(mm)	100	150

注:如集料的最大粒径超过40mm,则应相应地增大灌砂筒和标定罐的尺寸。如集料的最大粒径超过60mm,灌砂筒和现场试洞的直径应为200mm。

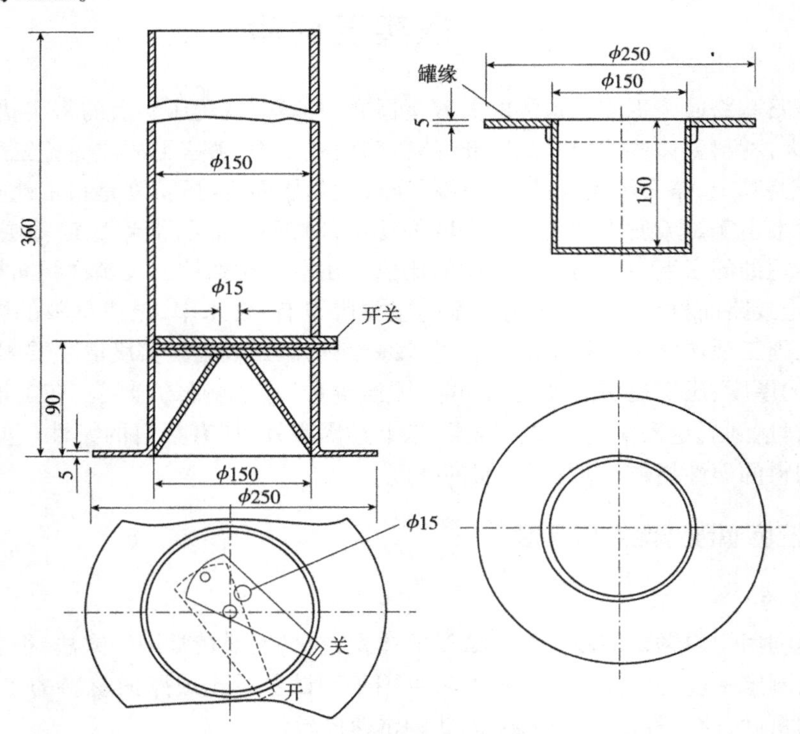

图5.5 灌砂筒和标定罐(尺寸单位:mm)

(2)金属标定罐:用薄铁板制作的金属罐,上端周围有一罐缘。

(3)基板:用薄铁板制作的金属方盘,盘的中心有一圆孔。

(4)玻璃板:边长为500~600mm的方形板。

(5)试样盘:小筒挖出的试样可用铝盒存放,大筒挖出的试样可用300mm×500mm×40mm的搪瓷盘存放。

(6)天平或台秤:称量10~15kg,感量不大于1g。用于含水率测定的天平精度,对细粒土、中粒土、粗粒土宜分别为0.01g、0.1g、1.0g。

(7)含水率测定器具:如铝盒、烘箱等。

(8)量砂:粒径为0.30~0.60mm及0.25~0.50mm清洁干燥的均匀砂,约2 040kg,使用前须洗净、烘干,并放置足够长的时间,使其与空气的湿度达到平衡。

(9)盛砂的容器:塑料桶等。

(10)其他:凿子、螺丝刀、铁锤、长把勺、小簸箕、毛刷等。

3)试验方法与步骤

(1)标定筒下部圆锥体内砂的质量

①在灌砂筒筒口高度上,向灌砂筒内装砂至距筒顶15mm左右为止。称取装入筒内砂的质量(m_1),准确至1g。以后每次标定及试验都应该维持装砂高度与质量不变。

②将开关打开,让砂自由流出,并使流出砂的体积与工地所挖试坑内的体积相当(可等于标定罐的容积),然后关上开关。

③不晃动储砂筒的砂,轻轻地将灌砂筒移至玻璃板上,将开关打开,让砂流出,直到筒内砂不再下流时,将开关关上,并细心地取走灌砂筒。

④收集并称量留在板上的砂或称量筒内的砂,准确至1g。玻璃板上的砂就是填满锥体的砂(m_2)。

⑤重复上述测量三次,取其平均值。

(2)标定量砂的单位质量(γ_s)

①用水确定标定罐的容积(V),准确至1mL。

②在储砂筒中装入质量为m_1的砂,并将灌砂筒放在标定罐上,将开关打开,让砂流出,在整个流砂过程中,不要碰动灌砂筒,直到砂不再下流时,将开关关闭。取下灌砂筒,称取筒内剩余砂的质量m_3,准确至1g。

③按下式计算填满标定罐所需砂的质量(m_a):

$$m_a = m_1 - m_2 - m_3 \tag{5.35}$$

式中:m_a——标定罐中砂的质量,g;

m_1——装入灌砂筒内的砂的总质量,g;

m_2——灌砂筒下部圆锥体内砂的质量,g;

m_3——灌砂入标定罐后,筒内剩余砂的质量,g。

④重复上述测量三次,取其平均值。

⑤按下式计算量砂的单位质量:

$$\gamma_s = \frac{m_a}{V} \tag{5.36}$$

式中:γ_s——量砂的单位质量,g/cm^3;

V——标定罐的体积,g/cm^3。

(3)试验步骤

①在试验地点,选一块平坦表面,并将其清扫干净,其面积不得小于基板面积。

②将基板放在平坦表面上。当表面的粗糙度较大时，则将盛有量砂(m_5)的灌砂筒放在基板中间的圆孔上，将灌砂筒的开关打开，让砂流入基板的中孔内，直到储砂筒内的砂不再下流时关闭开关。取下灌砂筒，并称量筒内砂的质量(m_6)，准确至1g。当需要检测厚度时，应先测量厚度后再进行这一步骤。

③取走基板，并将留在试验地点的量砂收回，重新将表面清扫干净。

④将基板放回清扫干净的表面上(尽量放在原处)，沿基板中孔凿洞(洞的直径与灌砂筒一致)。在凿洞过程中，应注意勿使凿出的材料丢失，并随时将凿出的材料取出装入塑料袋中，不使水分蒸发，也可放在大试样盒内。试洞的深度应等于测定层厚度，但不得有下层材料混入，最后将洞内的全部凿松材料取出。对土基或基层，为防止试样盘内材料的水分蒸发，可分几次称取材料的质量。称量全部取出材料的总质量(m_w)，准确至1g。

⑤从挖出的全部材料中取出有代表性的样品，放在铝盒或洁净的搪瓷盘中，测定其含水率(w，以%计)。样品的数量如下：用小灌砂筒测定时，对于细粒土，不少于100g；对于各种中粒土，不少于500g。用大灌砂筒测定时，对于细粒土，不少于200g；对于各种中粒土，不少于1 000g；对于粗粒土或水泥、石灰、粉煤灰等无机结合料稳定材料，宜将取出的全部材料烘干，且不少于2 000g，称其质量(m_d)，准确至1g。当为沥青表面处治或沥青贯入结构类材料时，则省去测定含水率步骤。

⑥将基板安放在试坑上，将灌砂筒安放在基板中间(储砂筒内放满砂质量m_1)，使灌砂筒的下口对准基板的中孔及试洞，打开灌砂筒的开关，让砂流入试坑内。在此期间，应注意勿碰动灌砂筒。直到储砂筒内的砂不再下流时，关闭开关。小心取走灌砂筒，并称量筒内剩余砂的质量(m_4)，准确至1g。

⑦如清扫干净的平坦表面的粗糙度不大，也可省去上述②和③的操作。在试洞挖好后，将灌砂筒直接对准放在试坑上，中间不需要放基板。打开筒的开关，让砂流入试坑内。在此期间，应注意勿碰动灌砂筒。直到储砂筒内的砂不再下流时，关闭开关，小心取走灌砂筒，并称量剩余砂的质量(m'_4)，准确至1g。

⑧仔细取出试筒内的量砂，以备下次试验时再用，若量砂的湿度已发生变化或量砂中混有杂质，则应该重新烘干、过筛，并放置一段时间，使其与空气的湿度达到平衡后再用。

4)结果计算

(1)按下式计算填满试坑所用的砂的质量m_b：

灌砂时，试坑上放有基板

$$m_b = m_1 - m_4 - (m_5 - m_6) \tag{5.37}$$

灌砂时，试坑上不放基板

$$m_b = m_1 - m'_4 - m_2 \tag{5.38}$$

式中：m_b——填满试坑的砂的质量，g；

m_1——灌砂前灌砂筒内砂的质量，g；

m_2——灌砂筒下部圆锥内砂的质量，g；

m_4、m'_4——灌砂后，灌砂筒内剩余砂的质量，g；

$m_5 - m_6$——灌砂筒下部圆锥体内及基板和粗糙表面间砂的合计质量，g。

(2)按下式计算试坑材料的湿密度ρ_w：

$$\rho_w = \frac{m_w}{m_b} \times \gamma_s \tag{5.39}$$

式中：m_w——试坑中取出的全部材料的质量，g；

γ_s——量砂的单位质量，g/cm³。

(3) 按下式计算试坑材料的干密度 ρ_d：

$$\rho_d = \frac{\rho_w}{1 + 0.01w} \tag{5.40}$$

式中：w——试坑材料的含水率，%。

(4) 水泥、石灰、粉煤灰等无机结合料稳定土，可按下式计算干密度：

$$\rho_d = \frac{m_d}{m_b} \times \gamma_s \tag{5.41}$$

式中：m_d——试坑中取出的稳定土的烘干质量，g。

当试坑材料组成与击实试验的材料有较大差异时，可用试坑材料做标准击实，求取实际的最大干密度。

5) 试验中应注意的问题

灌砂法是施工过程中最常用的试验方法之一。此方法表面上看起来较为简单，但实际操作时常常不好掌握，并会引起较大误差；又因为它是测定压实度的依据，故经常是质量检测监督部门与施工单位之间发生矛盾或纠纷的环节。因此应严格遵循试验的每个细节，以提高试验精度。为使试验做得准确，应注意以下几个环节：

(1) 量砂要规则。量砂如果重复使用，一定要注意晾干，处理一致，否则影响量砂的松方密度。

(2) 每换一次量砂，都必须测定松方密度，漏斗中砂的数量也应该每次重做。因此量砂宜事先准备较多数量，切勿到试验时临时找砂，又不做试验，仅使用以前的数据。

(3) 地表面处理要平整，只要表面凸出一点(即使 1mm)，使整个表面高出一薄层，其体积也算到试坑中去了，会影响试验结果。

(4) 在挖坑时试坑周壁应笔直，避免出现上大下小或上小下大的情形，这样会使检测密度偏大或偏小。

(5) 灌砂时检测厚度应为整个碾压层厚，不能只取上部或者取到下一个碾压层中。

5.4.2 环刀法测定压实度

1) 试验目的

环刀法是测量现场密度的传统方法。国内习惯采用的环刀容积通常为 200cm³，环刀高度通常约为 5cm。用环刀法测得的密度是环刀内土样所在深度范围内的平均密度，不能代表整个碾压层的平均密度。由于碾压土层的密度一般是从上到下减小的，若环刀取在碾压层的上部，则得到的数值往往偏大，若环刀取的是碾压层的底部，则所得的数值将明显偏小。就检查路基土和路面结构层的压实度而言，需要的是整个碾压层的平均压实度，而不是碾压层中某一部分的压实度，因此在用环刀法测定土的密度时，应使所得密度能代表整个碾压层的平均密度。然而，这在实际检测中是比较困难的，只有使环刀所取的土恰好是碾压层中间的砂，环刀法所得的结果才可能与灌砂法的结果大致相同。另外，环刀法适用面较窄，对于含有粒料的稳定土及松散性材料无法使用。

2) 仪具与材料

(1) 人工取土器或电动取土器：人工取土器包括环刀，环盖，定向筒和击实锤系统(导杆、落锤、手柄)。环刀内径为 6～8cm，高 23cm，壁厚 1.52mm。

电动取土器由底座、行走轮、立柱、齿轮箱、升降机构、取芯头等组成。

电动取土器主要技术参数为:工作电压 DC24V(36Ah);转速 5 070r/min,无级调整;整机质量约 35kg。

(2)天平:感量 0.1g(用于取芯头内径小于 70mm 样品的称量),或 1.0g(用于取芯头内径 100mm 样品的称量)。

(3)其他:镐,小铁锹,修土刀,毛刷,直尺,钢丝锯,凡士林,木板及测定含水率设备等。

3)试验方法与步骤

(1)用人工取土器测定黏性土及无机结合料稳定细粒土密度

①擦净环刀,称取环刀质量 m_2,准确至 0.1g。

②在试验地点,将面积约 30cm×30cm 的地面清扫干净。并将压实层铲去表面浮动及不平整的部分,达到一定深度,使环刀打下后,能达到要求的取土深度,但不得扰动下层。

③将定向筒齿钉固定于铲平的地面上,顺次将环刀、环盖放入定向筒内与地面垂直。

④将导杆保持垂直状态,用取土器落锤将环刀打入压实层中,至环盖顶面与定向筒上口齐平为止。

⑤去掉击实锤和定向筒,用镐将环刀及试样挖出。

⑥轻轻取下环盖,用修土刀自边至中削去环刀两端余土,用直尺检测直至修平为止。

⑦擦净环刀外壁,用天平称取环刀及试样合计质量 m_1,准确至 0.1g。

⑧自环刀中取出试样,取具有代表性的试样,测定其含水率。

(2)用人工取土器测定砂性土或砂层密度

①如为湿润的砂土,试验时不需要使用击实锤和定向筒。在铲平的地面上,仔细挖出一个直径较环刀外径略大的砂土柱,将环刀刃口向下,平置于砂土柱上,用两手平衡地将环刀垂直压下,直到砂土柱突出环刀上端约 2cm 时为止。

②削掉环刀口上的多余砂土,并用直尺刮平。

③在环刀上口盖一块平滑的木板,一手按住木板,另一只手用小铁锹将试样从环刀底部切断,然后将装满试样的环刀转过来,削去环刀刃口上部的多余砂土,并用直尺刮平。

④擦净环刀外壁,称环刀与试样合计质量(m_1),精确至 0.1g。

⑤自环刀中取具有代表性的试样测定其含水率。

⑥干燥的砂土不能挖成砂土柱时,可直接将环刀压入或打入土中。

(3)用电动取土器测定无机结合料细粒土和硬塑土密度

①装上所需规格的取芯头。在施工现场取芯前,选择一块平整的路段,将四只行走轮打起,四根定位销钉采用人工加压的方法,压入路基土层中。松开锁紧手柄,旋动升降手轮,使取芯头刚好与土层接触,锁紧手柄。

②将蓄电池与调速器接通,调速器的输出端接入取芯机电源插口。指示灯亮,显示电路已通;启动开关,电动机工作,带动取芯机构转动。根据土层含水率调节转速,操作升降手柄,上提取芯机构,停机、移开机器。由于取芯头圆筒外表有几条螺旋状突起,切下的土屑排在筒外顺螺纹上旋抛出地表,因此,将取芯套筒套在切削好的上芯立柱上,摇动即可取出样品。

③取出样品,立即按取芯套筒长度用修土刀或钢丝锯修平两端,制成所需规格土芯,如拟进行其他试验项目,装入铝盒,送试验室备用。

④用天平称量土芯带套筒质量(m_1),从土芯中心部分取试样测定含水率。

4)结果计算

按下式分别计算试样的湿密度 ρ_w 及干密度 ρ_d：

$$\rho_w = \frac{4 \times (m_1 - m_2)}{\pi d^2 h} \tag{5.42}$$

$$\rho_d = \frac{\rho_w}{1 + 0.01w} \tag{5.43}$$

式中：ρ_w——试样的湿密度，g/cm³；

ρ_d——试样的干密度，g/cm³；

m_1——环刀或取芯套筒与试样合计质量，g；

m_2——环刀或取芯套筒质量，g；

d——环刀或取芯套筒直径，cm；

h——环刀或取芯套筒高度，cm；

w——试样的含水率，%。

5.4.3 钻芯法测定沥青面层压实度

1)试验目的与适用范围

钻芯法测定沥青面层压实度适用于检验从压实的沥青路面上钻取的沥青混合料芯样试件的密度，以评定沥青面层的施工压实度。

2)仪器设备

路面取芯钻机；天平，感量不大于0.1g；溢流水槽；吊篮；石蜡；其他：卡尺，毛刷，小勺，取样袋(容器)，电风扇。

3)试验方法与步骤

(1)钻取芯样

钻取路面芯样，芯样直径不宜小于100mm。当一次钻孔取得的芯样包含有不同层位的沥青混合料时，应根据结构组合情况用切割机将芯样沿各层结合面锯开分层进行测定。

(2)测定试件密度

①将钻取的试件在水中用毛刷轻轻刷净黏附的粉尘。如试件边角有浮松颗粒，应仔细清除。

②将试件晾干或用电风扇吹干不少于24h，直至恒重。

③按《公路工程沥青及沥青混合料试验规程》(JTG E20—2011)的沥青混合料试验方法测定试件毛体积密度 ρ_f。当试件的吸水率小于2%时，采用表干法测定(如果用表观密度代替毛体积密度，则表观密度 ρ_s 采用水中重法测定)；当吸水率大于2%时，用蜡封法测定；对空隙率很大的透水性混合料及开级配混合料用体积法测定。

注：在测定沥青混合料密度的方法中，水中重法最为简单，也是我国长期使用的传统方法，但在美国的试验方法中，没有水中重法，只有表干法与蜡封法。水中重法测定的是表观密度，与表干法、蜡封法、体积法测定的毛体积密度在意义上是不同的。但是当试件非常致密，几乎不吸水时，试件的表干质量与空中质量差别极小。例如，马歇尔试件可能相差仅1g，仅占试件质量的0.1%，采用水中重法测定的表观密度与表干法测定的毛体积密度相差不超过0.01g/cm³，计算的空隙率相差约0.2%，基本上在试验误差范围内。为此，在这种情况下，用水中重法测定的表观密度代替表干法测定的毛体积密度是可以的，这将使工程上的试验工作大为简化。

(3)确定计算压实度的标准密度

根据现行的《公路沥青路面施工技术规范》(JTG F40—2004)的规定,确定计算压实度的标准密度。

4)结果计算

(1)当计算压实度的沥青混合料的标准密度采用马歇尔击实试件成型密度或试验路段钻孔取样密度时,沥青面层的压实度按下式计算:

$$K=\frac{p_f}{\rho_0}\times 100 \tag{5.44}$$

式中:K——沥青面层的压实度,%;

p_f——沥青混合料芯样试件的毛体积密度(或表观密度),g/cm^3;

ρ_0——沥青混合料的标准密度,g/cm^3。

(2)由沥青混合料的标准密度计算压实度时,应按下式进行空隙率折算,作为标准密度,再按下式计算压实度:

$$K=\frac{\rho_s}{\rho_t}\times 100 \tag{5.45}$$

式中:ρ_s——沥青混合料芯样试件的实际密度,g/cm^3;

ρ_t——沥青混合料的最大理论密度,g/cm^3。

5)试验报告

压实度试验报告应记载压实度检查的标准密度及依据,并列表表示各测点的试验结果。

5.4.4 核子密度湿度仪测定压实度

1)试验目的

核子密度湿度仪测定压实度的方法适用于现场用核子密度湿度仪以散射法或直接透射法测定路基或路面材料的密度和含水率,并计算施工压实度。本方法适用于施工质量的现场快速评定,不宜用作仲裁试验或评定验收的依据。

2)仪具与材料

(1)核子密度湿度仪:一种是插入式核子密实度、含水率测定仪,在使用前需要在拟测量的位置打一个洞(洞深等于拟测的深度),然后将探头插入洞中进行测量,此法又称为直接透射法。另一种是表面式核子密实度、含水率测定仪,可以直接放在表面上进行测量,无需打洞,此法又称为散射法。更先进的一种核子密实度、含水率测定仪还带有电子计算机。这类仪器的优点是测量速度快,需要的人员少,可用于测量各种土(包括冻土)和路面材料的密度及它们的含水率,因此受到质量检验人员的欢迎。

核子密度湿度仪必须符合国家规定的关于健康保护和安全使用标准,密度的测定范围为1.12~2.73g/cm^3,测定误差不大于±0.03g/cm^3。含水率的测量范围为0~0.64g/cm^3,测定误差不大于±0.015g/cm^3。核子密度湿度仪主要包括下列部件。

①γ射线源:双层密封的同位素放射源,如铯-137、钴-60或镭-226等。

②中子源:如镅(241)-铍等。

③探测器:γ射线探测器,如G-M计数管、氦-3管、闪烁晶体或热中子探测器等。

④读数显示设备:如液晶显示器、脉冲计数器、数率表或直接读数表。

⑤标准板:提供检验仪器操作和散射计数参考标准用。

⑥安全防护设备:符合国家规定要求的设备。

⑦刮平板:钻杆、接线等。

(2)细砂:粒径为0.15~0.3mm。

(3)天平或台秤。

(4)其他:毛刷等。

3)试验方法与步骤

(1)适用范围

本方法用于测定沥青混合料面层的压实密度时,在表面用散射法测定,所测定沥青面层的层厚应不大于根据仪器性能决定的最大厚度。用于测定土基或基层材料的压实密度及含水率时,打洞后用直接透射法测定,测定层的厚度不宜大于20cm。

(2)准备工作

①每天使用前按下列步骤用标准板测定仪器的标准值:

a. 接通电源,按照仪器使用说明书建议的预热时间,预热测定仪。

b. 在测定前,应检查仪器性能是否正常。在标准板上取3~4个读数的平均值建立原始标准值,并与使用说明书提供的标准值核对,如标准读数超过仪器使用说明书规定的限界时,应重复此项标准的测量。若第二次标准计数仍超出规定的限界时,需视作故障并进行仪器检查。

②在进行沥青混合料压实层密度测定前,应用核子仪对钻孔取样的试件进行标定;测定其他材料密度时,宜与挖坑灌砂法的结果进行标定。标定的步骤如下:

a. 选择压实的路表面,按要求的测定步骤用核子仪测定密度,并读数。

b. 在测定的同一位置用钻机钻孔法或挖坑灌砂法取样,量测厚度,按规定的标准方法测定材料的密度。

c. 对同一种路面厚度及材料类型,在使用前至少测定15处,求取两种不同方法测定的密度的相关关系,其相关系数应不小于0.95。

③测试位置的选择:

a. 按照随机取样的方法确定测试位置,但与距路面边缘或其他物体的最小距离不得小于30cm。核子仪距其他的射线源不得小于10m。

b. 当用散射法测定时,应用细砂填平测试位置路表结构凹凸不平的空隙,使路表面平整,能与仪器紧密接触。

c. 当使用直接透射法测定时,在表面上用钻杆打孔,孔深略深于要求测定的深度,孔应竖直圆滑并稍大于射线源探头。

④按照规定的时间,预热仪器。

(3)测定步骤

①如果采用散射法测定,应将核子仪平稳地置于测试位置上。

②如采用直接透射法测定,应将放射源棒放下插入已预先打好的孔内。

③打开仪器,测试员退至距离仪器2m以外,按照选定的测定时间进行测量,到达测定时间后,读取显示的各项数值,并迅速关机。

注:各种型号的仪器在具体操作步骤上略有不同,可按照仪器使用说明书进行。

4)结果计算

按下式计算施工干密度及压实度:

$$\rho_d = \frac{\rho_w}{1 + 0.01w} \tag{5.46}$$

$$k = \frac{\rho_d}{\rho_0} \times 100 \tag{5.47}$$

以上式中：k——测试地点的施工压实度，%；

w——含水率，以小数表示；

ρ_w——试样的湿密度，g/cm^3；

ρ_d——试样的干密度，g/cm^3；

ρ_0——沥青混合料的标准密度，g/cm^3。

5)试验报告

测定路面密度及压实度的同时，应记录气温、路面的结构深度、沥青混合料类型、面层结构及测定厚度等数据和资料。

6)试验安全注意事项

(1)仪器工作时，所有人员均应退至距离仪器2m以外的地方；

(2)仪器不使用时，应将手柄置于安全位置，仪器应装入专用的仪器箱内，放置在符合核辐射安全规定的地方；

(3)仪器应由经有关部门审查合格的专人保管，专人使用，对从事仪器保管及使用的人员，应遵照有关核辐射检测的规定，不符合核防护规定的人员，不宜从事此项工作。

5.5 承载能力测试试验

国内外普遍采用回弹弯沉值来表征路基路面的承载能力，回弹弯沉值越大，承载能力越小，反之则越大。通常所说的回弹弯沉值是指标准后轴双轮组轮隙中心处的最大回弹弯沉值。在路表测试的回弹弯沉值可以反映路基、路面的综合承载能力。回弹弯沉值在我国已广泛使用，并且有很多的经验及研究成果，不仅用于新建路面结构的设计(设计弯沉值)和施工控制与验收(竣工验收弯沉值)，也用于旧路补强设计。

1)弯沉

弯沉是指在规定的标准轴载作用下，路基路面表面轮隙位置产生的总垂直变形(总弯沉)或垂直回弹变形值(回弹弯沉)，以0.01mm为单位。

2)设计弯沉值

根据设计年限内一个车道上预测通过的累计当量轴次、公路等级、面层和基层类型而确定的路面弯沉设计值。

3)竣工验收弯沉值

竣工验收弯沉值是检验路面是否达到设计要求的指标之一。当路面厚度计算以设计弯沉值为控制指标时，则验收弯沉值应小于或等于设计弯沉值；当厚度计算以层底拉应力为控制指标时，应根据拉应力计算所得的结构厚度，重新计算路面弯沉值，该弯沉值即为竣工验收弯沉值。

弯沉值的测试方法较多，目前应用最多的是贝克曼梁法，在我国已有成熟的经验。但由于其测试速度等因素的限制，各国都对快速连续或动态测定进行了研究，主要有法国洛克鲁瓦式自动弯沉仪，丹麦等国家发明并几经改进形成的落锤式弯沉仪(FWD)，美国的振动弯沉仪等。这些在我国均有引进，现将几种方法各自的特点作简单比较，见表5.6。

几种弯沉测试方法比较

表 5.6

方　法	特　点
贝克曼梁法	传统方法，速度慢，静态测试，比较成熟，目前属于标准方法
自动弯沉仪法	利用贝克曼梁原理快速连续，属于静态测试范畴，但测定的是总弯沉，因此使用时应用贝克曼梁进行标定换算
落锤式弯沉仪法	利用重锤自由落下的瞬间产生的冲击荷载测定弯沉，属于动态弯沉，并能反算路面的回弹模量，快速连续，使用时应用贝克曼梁法进行标定换算

5.5.1 贝克曼梁测定路基路面回弹弯沉

1）试验目的

（1）适用于测定各类路基、路面的回弹弯沉，用以评定其整体承载能力，可供路面结构设计使用。

（2）测定的路基、沥青路面的回弹弯沉值可供交工和竣工验收使用。

（3）测定的路面回弹弯沉可为公路养护管理部门制订养路修路计划提供依据。

（4）沥青路面的弯沉以标准温度20℃时为准，在其他温度[超过（20±2）℃范围]测试时，对厚度大于5cm的沥青路面，弯沉值应予温度修正。

2）仪具与材料

（1）测试车：双轴、后轴双侧4轮的载货车，其标准轴荷载、轮胎尺寸、轮胎间隙及轮胎气压等主要参数应符合表5.7的要求。测试车可根据需要按公路等级选择，高速公路、一级及二级公路应采用后轴100kN的BZZ—100；其他等级公路也可采用后轴60kN的BZZ—60。

测定弯沉用的标准轴参数

表 5.7

标准轴载等级	BZZ—100	BZZ—60
后轴标准轴载 P(kN)	100±1	60±1
一侧双轮荷载(kN)	50±0.5	30±0.5
轮胎充气压力(MPa)	0.70±0.05	0.50±0.05
单轮传压面当量圆直径(cm)	21.30±0.5	19.50±0.5
轮隙宽度	应满足能自由插入弯沉仪测头的测试要求	

（2）路面弯沉仪：由贝克曼梁、百分表及表架组成。贝克曼梁由铝合金制成，上有水准泡，其前臂（接触路面）与后臂（装百分表）长度比为2∶1。弯沉仪长度有两种：一种长3.6m，前后臂分别为2.4m和1.2m；另一种加长的弯沉仪长5.4m，前后臂分别为3.6m和1.8m。当在半刚性基层沥青路面或水泥混凝土路面上测定时，宜采用长度为5.4m的贝克曼梁弯沉仪，并采用BZZ—100标准车。弯沉值采用百分表测量，也可用自动记录装置进行测量。仪器构造如图5.6所示。

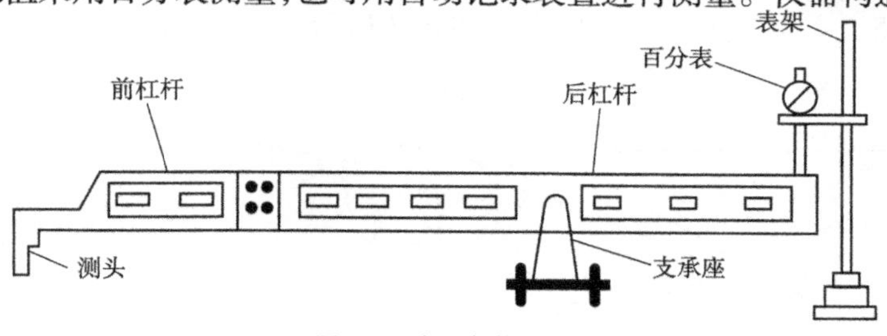

图 5.6　弯沉仪构造图

(3)接触式路面温度计:端部为平头,分度不大于1℃。

(4)其他:皮尺、口哨、白油漆或粉笔、指挥旗等。

3)试验方法与步骤

(1)试验前准备工作

①检查并保持测定用标准车的车况及制动性能良好,轮胎内胎符合规定充气压力。

②向汽车车槽中装载(铁块或集料),并用地中衡称量后轴总质量,符合要求的轴重规定。汽车行驶及测定过程中,轴重不得变化。

③测定轮胎接地面积:在平整光滑的硬质路面上用千斤顶将汽车后轴顶起,在轮胎下方铺一张新的复写纸,轻轻落下千斤顶,即在方格纸上印上轮胎印痕,用求积仪或数方格的方法测算轮胎接地面积,准确至0.1cm^2。

④检查弯沉仪百分表测量灵敏情况。

⑤当在沥青路面上测定时,用路表温度计测定试验时气温及路表温度(一天中气温不断变化,应随时测定),并通过气象台了解前5d的平均气温(日最高气温与最低气温的平均值)。

⑥记录沥青路面修建或改建时材料、结构、厚度、施工及养护等情况。

(2)测试步骤

①在测试路段布置测点,其距离随测试需要而定。测点应在路面行车道的轮迹带上,并用白油漆或粉笔画上标记。

②将试验车后轮轮隙对准测点后3~5cm处的位置上。

③将弯沉仪插入汽车后轮之间的缝隙处,与汽车方向一致,梁臂不得碰到轮胎,弯沉仪测头置于测点上(轮隙中心前方3~5cm处),并安装百分表于弯沉仪的测定杆上,百分表调零,用手指轻轻叩打弯沉仪,检查百分表是否稳定回零。

弯沉仪可以是单侧测定,也可以双侧同时测定。

④测定者吹哨发令指挥汽车缓缓前进,百分表随路面变形的增加而持续向前转动。当表针转动到最大值时,迅速读取初读数 L_1。汽车仍在继续前进,表针反向回转,待汽车驶出弯沉影响半径(3m以上)后,吹口哨或挥动红旗指挥停车。待表针回转稳定后读取终读数 L_2。汽车前进的速度宜为5km/h左右。

4)弯沉仪的支点变形修正

(1)当采用长度为3.6m的弯沉仪对半刚性基层沥青路面、水泥混凝土路面等进行弯沉测定时,有可能引起弯沉仪支座处变形,因此测定时应检验支点有无变形。此时,应用另一台检验用的弯沉仪安装在测定用的弯沉仪的后方,其测点架于测定用弯沉仪的支点旁。当汽车开出时,同时测定两台弯沉仪的弯沉读数,如检验用弯沉仪百分表有读数,即应该记录并进行支点变形修正。当在同一结构层上测定时,可在不同的位置测定5次,求平均值,以后每次测定时以此作为修正值。支点变形修正的原理如图5.7所示。

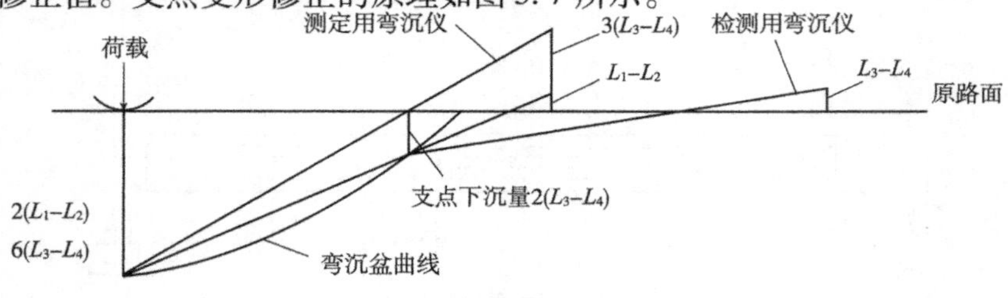

图5.7　弯沉仪支点变形修正原理

(2)当采用长5.4m的弯沉仪测定时,可不进行支点变形修正。

5)结果计算及温度修正

(1)测点的回弹弯沉值按下式计算:

$$L_T = (L_1 - L_2) \times 2 \tag{5.48}$$

式中:L_T——在路面温度为T时的回弹值;

L_1——车轮中心邻近弯沉仪测头时百分表的最大读数即初读数;

L_2——汽车驶出弯沉影响半径后百分表的最大读数即终读数。

上述读数均准确至0.01mm。

(2)进行弯沉仪支点变形修正时,路面测点的回弹沉值按下式计算:

$$L_T = (L_1 - L_2) \times 2 + (L_3 - L_4) \times 6 \tag{5.49}$$

式中:L_1——车轮中心邻近弯沉仪测头时百分表的最大读数即初读数,0.01mm;

L_2——汽车驶出弯沉影响半径后百分表的最大读数即终读数,0.01mm;

L_3——车轮中心临近弯沉仪测头时检验用弯沉仪的最大读数,0.01mm;

L_4——汽车驶出弯沉影响半径后检验用弯沉仪的终读数,0.01mm。

此式适用于测定用弯沉仪支座处有变形,但百分表架处路面已无变形的情况。

(3)沥青面层厚度大于5cm且路面温度超过(20±2)℃范围时,回弹弯沉值应进行温度修正。温度修正有两种方法:查图法,经验计算法。

①查图法。

a. 测定时沥青层平均温度按下式计算:

$$T = \frac{T_{25} + T_{\mathrm{m}} + T_{\mathrm{e}}}{3} \tag{5.50}$$

式中:T——测定时沥青层平均温度,℃;

T_{25}——根据T_0由图5.8决定的路表下25mm处的温度,℃;

T_{m}——根据T_0由图5.8决定的沥青层中间深度的温度,℃;

T_{e}——根据T_0由图5.8决定的沥青层底面处的温度,℃。

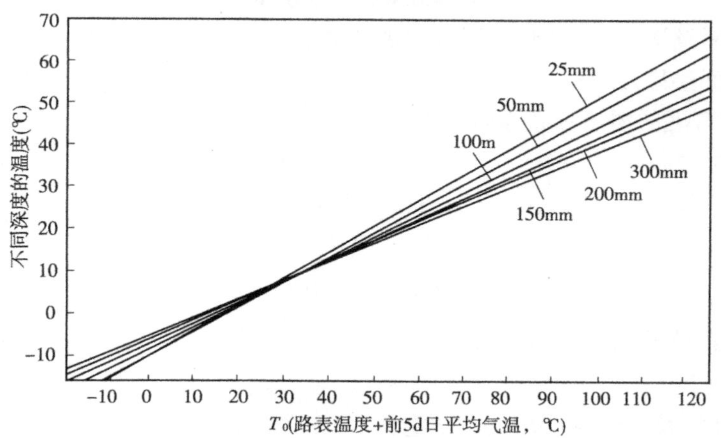

图5.8　沥青层平均温度的决定

注:线上的数字表示路表下的不同深度(mm)。

图5.8中T_0为测定时路表温度与测定前5d日平均气温的平均值之和,日平均气温为日最高气温与最低气温的平均值。

b. 不同基层的沥青路面弯沉值的温度修正系数 K，根据沥青平均温度 T 及沥青层厚度，分别由图 5.9 及图 5.10 求取。

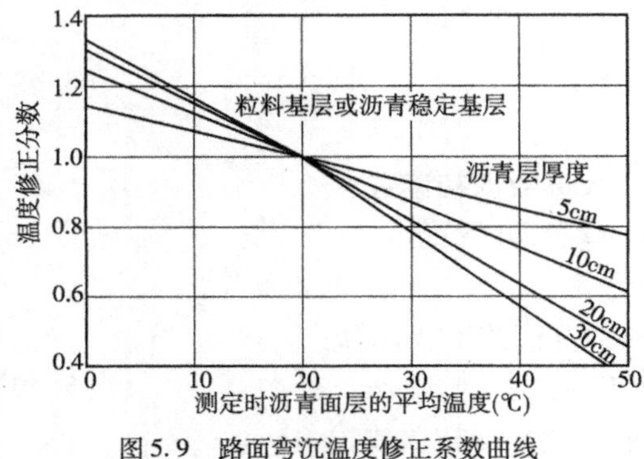

图 5.9　路面弯沉温度修正系数曲线
（适用于粒料基层及沥青稳定基层）

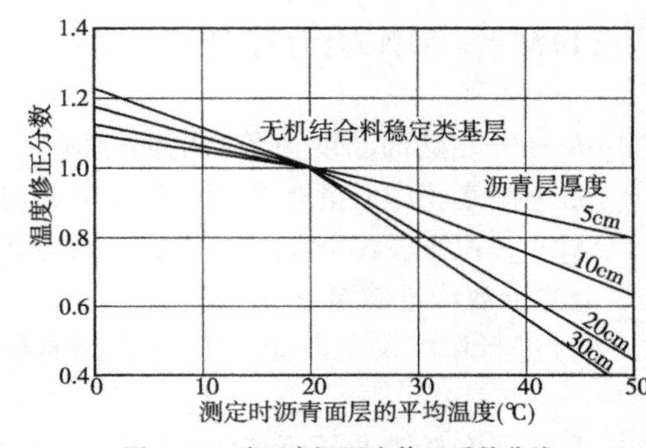

图 5.10　路面弯沉温度修正系数曲线
（适用于无机结合料稳定的半刚性基层）

c. 沥青路面回弹弯沉按下式计算：

$$L_{20} = L_T \times K \tag{5.51}$$

式中：K——温度修正系数；

L_{20}——换算为 20℃ 的沥青路面回弹弯沉值，0.01mm；

L_T——测定时沥青面层内平均温度为 T 时的回弹弯沉值，0.01mm。

②经验计算法

a. 测定时的沥青面层平均温度 T 按下式计算：

$$T = a + bT_0 \tag{5.52}$$

式中：T——测定时沥青面层平均温度，℃；

a——系数，其值为

$$a = -2.65 + 0.52h$$

b——系数，其值为

$$b = 0.62 - 0.008h$$

T_0——测定时路表温度与前 5h 平均气温之和，℃；

h——沥青面层厚度，cm。

b. 沥青路面弯沉的温度修正系数 K 按下式计算：

当 $T \geqslant 20$℃时

$$K = \mathrm{e}^{\left(\frac{1}{T}+\frac{1}{20}\right)^h} \tag{5.53}$$

当 $T < 20$℃时

$$K = \mathrm{e}^{0.002h(20-T)} \tag{5.54}$$

c. 沥青路面回弹弯沉按下式计算。

6）结果评定

（1）按下式计算每个评定路段的代表弯沉：

$$L_r = \overline{L} + Z_\alpha S \tag{5.55}$$

式中：L_r——每个评定路段的代表弯沉，0.01mm；

$\overline{L}$——每个评定路段内经各项修正后的各测点弯沉的平均值，0.01mm；

S——每个评定路段内经各项作正后的全部测点弯沉的标准差，0.01mm；

Z_α——与保证率有关的系数。

当设计弯沉值按《公路沥青路面设计规范》(JTG D50—2006)确定时,采用表5.8中的规定值。

保证率系数 Z_α 的取法 表5.8

层　　位	Z_α	
	高速公路、一级公路	二级、三级公路
沥青面层	1.645	1.5
路基	2.0	1.645

(2)计算平均值和标准差时,应将超出 $\overline{L}\pm(2\sim3)S$ 的弯沉特异值舍弃。对舍弃的弯沉值过大的点,应找出其周围界限,进行局部处理。用两台弯沉仪同时进行左右轮弯沉值测定时,应按两个独立测点计,不能采用左右两点的平均值。

(3)弯沉代表值不大于设计要求的弯沉值时得满分,大于时得零分。

(4)若在非不利季节测定时,应考虑季节影响系数。

5.5.2 自动弯沉仪测定路面弯沉试验

自动弯沉仪的基本测试原理是模仿贝克曼梁的工作方式,只是采用位移传感器替代了百分表自动进行测量,同时改变了测臂的长度,通过微机固化程序控制测量机构自动运转,并将所测弯沉值自动记录在微机中。

1)试验目的与适用范围

适用于各类Lacroix型自动弯沉仪在新、改建路面工程的质量验收,无严重坑槽、车辙等病害的正常通车条件下连续采集沥青路面弯沉数据。

2)仪器与材料技术要求

(1)Lacroix型自动弯沉仪由承载车、位移、温度和距离传感器、数据采集与处理等基本部分组成,如图5.11所示。

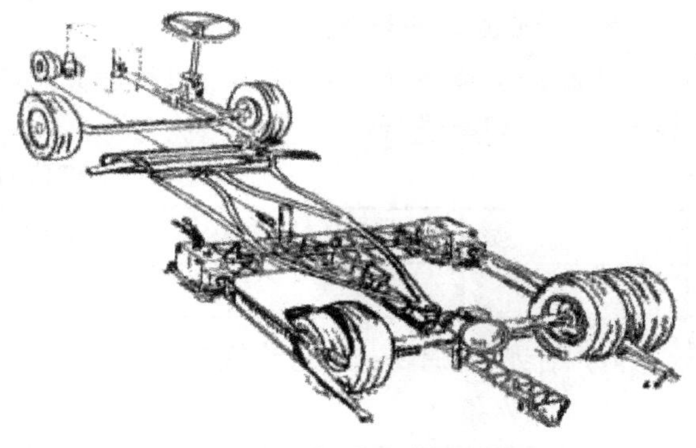

图5.11　自动弯沉仪的测量机构

(2)设备承载车技术要求和参数:Lacroix型自动弯沉仪的承载车辆应为单后轴、单侧双轮组的载重车,其标准条件参考贝克曼梁测定路基路面回弹模量弯沉试验方法中BZZ—100车型的标准参数。

(3)测定系统基本技术要求和参数:位移传感器分辨率0.01mm;设备工作环境温度0~60℃;距离标定误差≤1%。

3)试验方法与步骤

(1)准备工作

①位移传感器标定。每次测试之前必须按照设备使用手册规定的方法进行位移传感器的标定,记录下标定数据并存档。

②检查承载车轮胎气压。每次测试之前都必须检查后轴轮胎气压,应满足(0.7±0.05)MPa。

③检查承载车轮载。一般每年检查一次,如果承载车因改装等原因改变了后轴载,也必须进行此项工作,后轴载应满足(100 ±1)kN 要求。

④检查测量架的易损部件情况,及时更换损坏部件。

⑤打开设备电源,检查控制面板功能键、指示灯、显示器等是否正常。

⑥开动承载车试测 2 ~3 个步距,观察测试机构应正常,否则需要调整。

一般情况,测试系统需要定期进行传感器标定,尤其是长期停放或长距离行驶后再次使用时。此外,每次现场测试开始前,必须检查车辆轮胎气压。

(2)测试步骤

①测试系统在开始测试前需要通电预热,时间不少于设备操作手册的规定,并开启工程警灯和导向标等警告标志。

②在测试路段前 20m 处将测定架放落在路面上,并检查各机构的部件情况。

③操作人员按照操作使用手册的规定和测试路段的现场技术要求设置完毕所需要的测试状况。

④驾驶人员缓慢加速承载车到正常测试速度,沿正常行车轨迹驶入测试路段。

⑤操作人员将测试路段起终点、桥涵等特殊位置的桩号输入到记录数据中。

⑥当测试车辆驶出测试路段后,操作人员停止数据采集和记录,并恢复仪器各部分至初始状态,驾驶员缓慢停止承载车,提起测量架。

⑦操作人员检查数据文件应完整,内容应正常,否则需要重测。

⑧关闭测试系统电源,结束测试。

4)结果计算

(1)采用自动弯沉仪采集路面弯沉盆峰值数据。

(2)数据组中左臂测值、右臂测值按单独弯沉处理。

(3)对原始弯沉测试数据进行温度、坡度、相关性等修正。

5)弯沉值的横坡修正

当路面坡度不超过 4% 时,不进行超高影响修正;当横坡超过 4% 时,超高影响的修正参照表 5.9 中的规定进行。

弯沉值的横坡修正 表 5.9

横坡范围	高位修正系数	低位修正系数
>4%	$1/(1-i)$	$1/(1+i)$

6)自动弯沉仪与贝克曼梁弯沉测值对比试验

(1)试验条件

①按弯沉值不同水平范围选择不少于 4 段路面结构相似的路段。路段长度可为 300 ~500m,标记好起终点位置。

②对比试验路段的路面应清洁干燥,温度应在 10 ~35℃ 范围内,并且温度变化不大的时间,天气宜选择在晴天无风条件,试验路段附近没有重型交通和振动。

(2)试验步骤

①按照自动弯沉仪测试步骤,令自动弯沉仪按照正常测试车速测试选定路段,工作人员仔细用油漆每隔三个测试步距或约 20m 标记测点位置。

②自动弯沉仪测试完毕后,等待 30min。然后,在每一个位置用贝克曼梁测定路基路面回头弯沉试验方法测定各点回弹弯沉值。

(3)试验数据处理

从自动弯沉的记录数据中按照路面标记点的相应桩号提出各试验点测值，并与贝克曼梁测值一一对应，用数理统计的回归分析方法得到贝克曼梁测值和自动弯沉值之间的相关方程，相关系数 R 不得小于0.95。

5.5.3 落锤式弯沉仪测定弯沉试验方法

1)试验目的与适用范围

落锤式弯沉仪(FWD)，其原理是通过落锤对路面施加冲击荷载，荷载时程和动态弯沉盆均由相应的传感器测定，荷载大小由落锤质量和起落高度控制。目前市场上主要有三种型号的FWD：Dynatest(丹麦)、KUAB(瑞典)和Phoenix(丹麦)。研究表明，FWD的冲击荷载与60～80km/h的车辆对路面产生的荷载相似，可以较好地模拟行车荷载作用，并且测速快，精度高。FWD是当今国际上普遍应用的路面结构强度无损检测仪器，其主要作用是测定路面各结构层的强度和刚度。该设备的特点是：使用方便、安全，测试快速，节省人力，模拟实际情况施加动态荷载，可以准确地测出多点弯沉(弯沉盆)，适用于长距离，连续测定。测试过程中无破损，且可进行多级加载。其测量结果比较精确，且信息量大。采用计算机自动采集数据，实现自动化。数据采集及数据处理分析高度一体化，配备最完善的分析及计算软件，为路面检测、评估、补强罩面设计及养护管理提供科学、客观与准确的数据和方案。一般可记录三方面数据：落锤点最大弯沉；以落锤点为中心的弯沉盆曲线；弯沉盆各点随时间变化的时程曲线。这些数据为进一步分析路面各结构层强度，反算模量提供资料。FWD在公路检测中的优越性，主要表现在两个方面：一是根据弯沉盆反算路面结构各层的模量，研究路面材料在使用过程中的性能优化，提供设计参数；二是以FWD的弯沉盆作为指标，评价路面整体强度，为养护管理提供依据。

2)测试仪器介绍

FWD根据落锤形式分为单锤和复锤两种。所谓单锤，是落锤直接冲击路面，测定的荷载时程曲线为双峰曲线；复锤是落锤首先冲击一个橡胶垫，然后再作用于路面上，得到的荷载时程曲线为一条光滑的抛物线。在路面模量反算分析中可将双峰曲线根据能量等效的原理转化为光滑的抛物线。

FWD根据运载形式不同分为车载式和拖挂式两种。一般情况下，拖挂式较为常用，故在此以该种仪器为例来叙述其主要的结构、功能和特点。拖挂式FWD设备以拖车形式拖挂在测试车后，主要由落锤机械液压系统、位移测试系统及计算机控制和数据采集系统等部分组成。其中，落锤机械系统由落锤、机电装置、液压驱动等组成；位移测试系统由7～11个高精度的位移传感器及相应的电子元件组成；计算机控制和数据采集系统由一台微机、相应的软件、各种控制液压和数据传输的控制线组成。

根据我国的实际情况，以采用拖挂式为宜。一台落锤式弯沉仪不但要适应高等级公路竣工验收需要，而且还要适应更多的一般公路施工与养护检测需要。即检测时，主车作为牵引车用，平时也可以作为临时运载之用，才会备受养护部门的欢迎。FWD是一种高精度的弯沉测量设备，我国在《公路路基路面现场测试规程》(JTG E60—2008)中规定了FWD用于整层测定时的测量方法：落锤加载质量一般为(5±0.25)t，每一个测点锤击不少于3次，除去第一个测定值，取后几次的平均值作为计算依据。

3)试验方法与步骤

(1)准备工作

①调整重锤的质量及落高,使重锤的质量及产生的冲击荷载符合要求。

②在测试路段的路基或路面各层表面布置测点,其位置或距离随测点需要而定。当在路面表面测定时,测点宜布置在行车道的轮迹带上。测试时,还可以利用距离传感器定位。

③检查测定车的车况及使用性能,用手动操作检查,各项指标符合仪器规定要求。

④将测定车开到检测路段的测定车道(一般为行车道)上,测点应在路面行车车道的轮迹带上。将仪器打开,进入工作状态,测定车行驶的速度不宜超过50km/h。

⑤对位移传感器按仪器使用说明进行标定,使之达到规定的精度要求。

(2)测试步骤

①承载板中心位置对准测点,承载板自动落下,放下弯沉装置的各个传感器。

②启动落锤装置,落锤瞬即自由落下,冲击力作用于承载板上,又立即自动提升至原来位置固定。同时,各个传感器检测结构层表面变形,记录系统将位置信号输入计算机,并得到峰值,即路面弯沉值,同时得到弯沉盆。每一测点重复测定应不少于3次,除去第一测定值,取以后几次测定值的平均值作为计算依据。

③提起传感器及承载板,牵引车向前移动至下一个测点,重复上述步骤,进行测试。

每个测点落锤应不少于3次,一般认为第一锤可让路基结构基本稳定,第二锤仪器自身稳定,试验可直接取第三次落锤测值,也可以取后两次测值的平均值。

4)落锤式弯沉仪与贝克曼梁弯沉对比试验步骤

选择结构类型完全相同的路段,针对不同地区选择某种路面结构的代表性路段,进行两种方法的对比试验,以便将落锤式弯沉仪(FWD)测定的弯沉值换算成贝克曼梁测定的回弹弯沉值。选择的对比路段长度为300~500m,弯沉值应有一定的变化幅度。

对比试验步骤如下:

(1)采用与实际使用相同且符合要求的落锤式(FWD)弯沉仪及贝克曼梁弯沉仪测定车。落锤式弯沉仪(FWD)的冲击荷载应与贝克曼梁弯沉仪测定车的后轴双轮荷载相同。

(2)用油漆标记对比路段起点位置。

(3)当在路表面测定时,测点宜布置在行车道的轮迹带上。用贝克曼定点测定回弹弯沉,测定车开走后,用粉笔(油漆)以测点为圆心,在周围画一个半径为15cm的圆并标明测点位置。

(4)将落锤式弯沉仪(FWD)的承载板对准圆圈,位置偏差不超过30mm。两种弯沉仪对同一点弯沉测试的时间间隔不应超过10min(在沥青路面尤其注意)。

(5)逐点对应计算两者的相关关系。

通过对比试验得出回归方程式:

$$L_{B} = a + bL_{FWD}$$

式中:L_{FWD}、L_{B}——分别为落锤式弯沉仪(FWD)、贝克曼梁测定的弯沉值。

回归方程式的相关系数R应不小于0.95。

在实际对比试验中,由于不同路面结构和材料、路基状况、温度、水文条件、路面使用状况不同以及动(FWD)静(贝克曼梁)弯沉的固有区别,两者的相关性很难达到要求。在这种情况下可以从以下两个因素考虑:

①综合考虑路面结构和材料、路基状况、温度、水文条件、路面使用状况等因素，对路面进行分类，分别做此项对比试验。

②利用FWD的荷载及时程数据，换算出路面的回弹弯沉，再与贝克曼梁弯沉作对比分析。

5.6 路基路面现场回弹模量试验

5.6.1 承载板法测定土基回弹模量

1)试验目的与适用范围

(1)本方法适用于在现场土基表面，通过承载板对土基逐渐加载、卸载的方法，测出每级荷载下相应的土基回弹变形值，经过计算求得土基回弹模量。

(2)本方法测定的土基回弹模量可作为路面设计参数使用。

2)仪具与材料

(1)加载设施：载有铁块或集料等重物，后轴重不小于60kN的载货汽车一辆。在汽车大梁的后轴之后约80cm处，附设加劲小梁一根作反力梁。汽车轮胎充气压力为0.50MPa。

(2)现场测试装置，如图5.12所示，由千斤顶、测力计(测力环或压力表)及球座组成。

(3)刚性承载板一块，板厚20mm，直径为30cm，直径两端设有立柱和可以调整高度的支座供安放弯沉仪测头，承载板放在土基表面上。

(4)路面弯沉仪两台，由贝克曼梁、百分表及其支架组成。

(5)液压千斤顶一台，承载力为80~100kN，装有经过标定的压力表或测力环，其容量不小于土基强度，测定精度不小于测力计量程的1/100。

(6)秒表。

(7)水平尺。

(8)其他：细砂、毛刷、垂球、镐、铁锹、铲等。

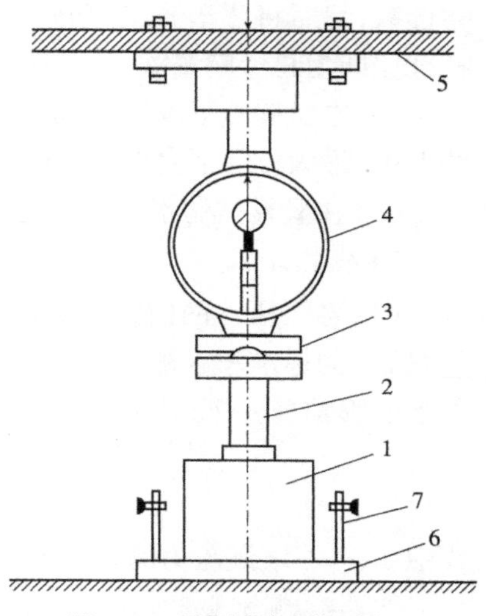

图5.12 承载板测试装置图

1-加载千斤顶;2-钢圆筒;3-钢板及球座;4-测力计;5-加劲横梁;6-承载板;7-立柱及支座

3)试验前准备工作

(1)根据需要选择有代表性的测点，测点应位于水平的路基上，土质均匀，不含杂物。

(2)仔细平整土基表面，撒干燥洁净的细砂填平土基凹处，砂子不可覆盖全部土基表面，避免形成一层。

(3)安置承载板，并用水平尺进行校正，使承载板呈水平状态。

(4)将试验车置于测点上，在加劲小梁中部悬挂垂球测试，使之恰好对准承载板中心，然后收起垂球。

(5)在承载板上安放千斤顶，上面衬垫钢圆筒，并将球座置于顶部与加劲横梁接触。如用测力环时，应将测力环置千斤顶与横梁中间，千斤顶及衬垫物必须保持垂直，以免加压时千斤顶倾倒发生事故并影响测试数据的准确性。

(6)安放弯沉仪,将两台弯沉仪的测头分别置于承载板立柱的支座上,百分表对零或其他合适的初始位置。

4)测试步骤

(1)用千斤顶开始加载,注视测力环或压力表,至预压0.05MPa,稳压1min,使承载板与土基紧密接触,同时检查百分表的工作情况是否正常,然后放松千斤顶油门卸载,稳压1min,将指标对零或记录初始读数。

(2)测定土基的压力—变形曲线。用千斤顶加载采用逐级加载卸载法,用压力表或测力环控制加载量,压力小于0.1MPa时,每级增加0.02MPa,以后每级增加0.04MPa左右。为了使加载和计算方便,加载数值可适当调整为整数。每次加载至预定荷载后,稳定1min,立即读记两台弯沉仪百分表数值,然后轻轻放开千斤顶油门卸载至零,待卸载稳定1min后,再次读数,每次卸载后百分表不再对零。当两台弯沉仪百分表读数之差小于平均值的30%时,取平均值;如超过30%,则应重测。当回弹变形值超过1mm时,即可停止加载。

(3)各级荷载的回弹变形和总变形,按以下方法计算:

回弹变形 L =(加载后读数平均值 - 卸载后读数平均值)× 弯沉仪杠杆比

总变形 L' =(加载后读数平均值 - 加载初始前读数平均值)× 弯沉仪杠杆比

(4)测定汽车总影响量 a。最后一次加载卸载循环结束后,取走千斤顶,重新读取百分表初读数,然后将汽车开出10m外,读取终值数,两只百分表的初、终读数差之平均值乘弯沉仪杠杆比即为总影响量 a。

(5)在试验点下取样,测定材料含水率。取样数量如下:最大粒径不大于4.75mm,试样数量约120g;最大粒径不大于19mm,试样数量约250g;最大粒径不大于31.5mm,试样数量约500g。

(6)在紧靠试验点旁边的适当位置,用灌砂法或环刀法及其他方法测定土基的密度。

5)结果计算

(1)各级压力的回弹变形加上该级的影响量后,则为计算回弹变形值。表5.10是以后轴重60kN的标准车为测试车的各级荷载影响量的计算值。当使用其他类型测试车时,各级压力下的影响量 a_i 按下式计算:

$$a_i = \frac{(T_1 + T_2)\pi D^2 p_i}{4T_1 Q} \cdot a \tag{5.56}$$

式中:a_i——该级压力的分级影响量,0.01mm;

T_1——测试车前后轴距,m;

T_2——加劲小梁距后轴距离,m;

D——承载板直径,m;

Q——测试车后轴重,N;

p_i——该级承载板压力,Pa;

a——总影响量,0.01mm。

各级荷载影响量(后轴60kN)　　表5.10

承载板压力(MPa)	0.05	0.10	0.15	0.20	0.30	0.40	0.50
影响量	0.06a	0.12a	0.18a	0.24a	0.36a	0.48a	0.60a

(2)将各级计算回弹变形值点绘于标准计算纸上,排除显著偏离的异常点并绘出顺滑的 $p-l$ 曲线,如曲线起始部分出现反弯,应按图5.13所示修正原点 O,O' 则是修正后的原点。

(3)按下式计算相应于各级荷载下的土基回弹模量值：

$$E_i = \frac{\pi D}{4} \cdot \frac{p_i}{l_i}(1 - \mu_0^2) \tag{5.57}$$

式中：E_i——相应于各级荷载下的土基回弹模量，MPa；

μ_0——土的泊松比，根据交通运输部颁路面设计规范规定选用；

D——承载板直径，30cm；

p_i——承载板压力，MPa；

l_i——相对于荷载时的回弹变形，cm。

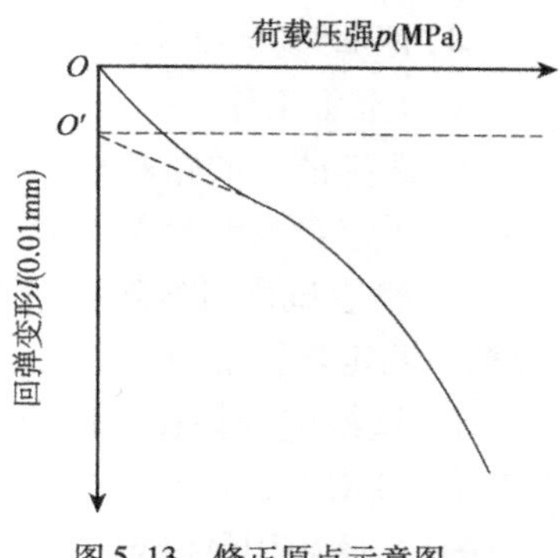

图 5.13 修正原点示意图

(4)取结束试验前的各回弹变形值按线形回归方法由下式计算土基回弹模量 E_0 值：

$$E_0 = \frac{\pi D}{4} \cdot \frac{\sum p_i}{\sum l_i}(1 - \mu_0^2) \tag{5.58}$$

式中：E_0——土基回弹模量，MPa；

μ_0——土的泊松比，根据交通运输部颁路面设计规范规定选用；

l_i——相对于荷载时的回弹变形，cm；

p_i——对应于 L_i 的各级压力值。

6)试验报告

(1)试验采用的记录格式见表 5.11。

承载板测定记录表 表 5.11

<table>
<tr><td colspan="6">路线和编号：
测定层位：
承载板直径(cm)：</td><td colspan="5">路面结构：
测定用汽车型号：
测定日期： 年 月 日</td></tr>
<tr><td rowspan="2">千斤顶读数</td><td rowspan="2">荷载 P(kN)</td><td rowspan="2">承载板压力(MPa)</td><td colspan="3">百分表读数(0.01mm)</td><td rowspan="2">总变形(0.01mm)</td><td rowspan="2">回弹变形(0.01mm)</td><td rowspan="2">分级影响量(0.01mm)</td><td rowspan="2">计算回弹变形(0.01mm)</td><td rowspan="2">E_i (MPa)</td></tr>
<tr><td>加载前</td><td>加载后</td><td>卸载后</td></tr>
<tr><td></td><td></td><td></td><td></td><td></td><td></td><td></td><td></td><td></td><td></td><td></td></tr>
<tr><td></td><td></td><td></td><td></td><td></td><td></td><td></td><td></td><td></td><td></td><td></td></tr>
<tr><td colspan="11">总影响量 a</td></tr>
<tr><td colspan="11">土基回弹模量 E_0 值(MPa)</td></tr>
</table>

(2)试验报告应记录下列结果：

①试验时所采用的汽车；②近期天气情况；③试验时土基的含水率；④土基密度和压实度；⑤相应于各级荷载下的土基回弹模量值；⑥土基回弹模量值。

5.6.2 贝克曼梁测定路基路面回弹模量

1)试验目的和适用范围

本方法适用于在土基厚度不小于 1m 的粒料整层表面，用弯沉仪测试各测点的回弹弯沉值，通过计算求得该材料的回弹模量值的试验；也适用于在旧路表面测定路基路面的综合回弹模量。

2)试验方法与步骤

(1)准备工作

①选择洁净的路基表面、路面表面作为测点,在测点处做好标记并编号。

②无结合料粒料基层的整层试验段(试槽)应符合下列要求:

a. 整层试槽可修筑在行车带范围内或路肩及其他合适处,也可在室内修筑,但均应适于用汽车测定弯沉。

b. 试槽应选择在干燥或中湿路段处,不得铺筑在软土基上。

c. 试槽面积不小于3m×2m,厚度不宜小于1m。铺筑时,先挖3m×2m×1m(长×宽×深)的坑,然后用欲测定的同一种路面材料按有关施工规定的压实层厚度分层铺筑并压实,直至顶面,使其达到要求的压实度标准。同时应严格控制材料组成,配合比均匀一致,符合施工质量要求。

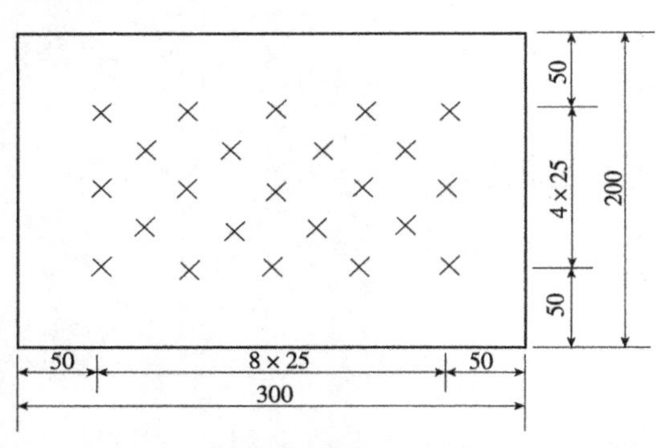

图5.14 试槽表面的测点布置(尺寸单位:cm)

d. 试槽表面的测点间距可按图5.14布置在中间2m×1m的范围内,可测定23点。

(2)测试步骤

按上述方法选择适当的标准车,实测各测点处的路面回弹弯沉值 l_i。如在旧沥青面层上测定时,应读取温度,并按规定的方法进行测定弯沉值的温度修正,得到标准温度20℃时的弯沉值。

3)结果计算

(1)用下列公式计算全部测定值的算术平均值、单次测量的标准差和自然误差:

$$\bar{l} = \frac{\sum l_i}{n} \tag{5.59}$$

$$S = \sqrt{\frac{\sum (l_i - l)^2}{n-1}} \tag{5.60}$$

$$r_0 = 0.675 \times S \tag{5.61}$$

以上式中:$\bar{l}$——回弹弯沉的平均值,0.01mm;

S——回弹弯沉测定值的标准差,0.01mm;

r_0——回弹弯沉测定值的自然误差,0.01mm;

l_i——各测点的回弹弯沉值,0.01mm;

n——测点总数。

(2)计算各测点的测定值与算术平均值的偏差值 $d_i = l_i - \bar{l}$,并计算较大的偏差与自然误差之比 d_i/r_0。当某个测点观测值 d_i/r_0 的值大于表5.12中的 d/r 极限值时,则应舍弃该测点,然后重新计算所余各测点的算术平均值($\bar{l}$)及标准差(S)。

相应于不同观测次数的 d/r 极限值 表5.12

n	5	10	15	20	50
d/r	2.5	2.9	3.2	3.3	3.8

(3)按下式计算代表弯沉值:

$$l_r = \bar{l} + S \tag{5.62}$$

式中：l_r——计算代表弯沉；

$\bar{l}$——舍弃不符合要求的测点后所余各测点弯沉的算术平均值；

S——舍弃不符合要求的测点后所余各测点弯沉的标准差。

（4）按下式计算土基、整层材料的回弹模量（E_1）或旧路的综合回弹模量：

$$E_1 = \frac{2pr}{l_r}(1-\mu^2)K \tag{5.63}$$

式中：E_1——计算的土基、整层材料的回弹模量或旧路的综合回弹模量，MPa；

p——测车轮的平均垂直荷载，MPa；

r——测定用标准双圆荷载单轮传压面当量圆的半径，cm；

μ——测定层材料的泊松比，根据交通运输部颁路面设计规范的规定取用；

K——弯沉系数，取为0.712。

4）试验报告

试验报告应包括：弯沉测定表，计算的代表弯沉，采用的泊松比及计算得到的材料回弹模量。

5.7 路面抗滑性能试验

路面抗滑性能是指车辆轮胎受到制动时沿表面滑移所产生的力。通常抗滑性能被看做是路面的表面特性，并用轮胎与路面间的摩阻系数来表示。表面特性包括路表面细构造和粗构造，影响抗滑性能的因素有路面表面特性、路面潮湿程度和行车速度。路表面细构造是指集料表面的粗糙度，它随车轮的反复磨耗而渐被磨光。通常采用石料磨光值（PSV）表征抗磨光的性能。细构造在低速（30～50km/h以下）时对路表抗滑性能起决定作用。而高速时主要作用的是粗构造，它是由路表外露集料形成的构造，功能是使车轮下的路表水迅速排除，以避免形成水膜。粗构造由构造深度表征。抗滑性能测试方法有：制动距离法、偏转轮拖车法（横向力系数测试）、摆式仪法、构造深度测试法（手工铺砂法、电动铺砂法、激光构造深度仪法）。各方法的特点和测试指标见表5.13。

路面抗滑性能测试方法比较 表5.13

测试方法	测试指标	原　　理	特点及适用范围
制动距离法	摩擦系数 f	以一定速度在潮湿路面上行驶的4轮小客车或货车，当4个车轮被制动时，测试出从车辆减速滑移到停止的距离，运用动力学原理，算出摩擦系数	测试速度快，必须中断交通
摆式仪法	摩擦摆值 BPN	摆式仪的摆锤底面装一橡胶滑块，当摆锤从一定高度自由下摆时，滑块面同试验表面接触。由于两者间的摩擦而损耗部分能量，使摆锤只能回摆到一定高度。表面摩擦阻力越大，回摆高度越小（摆值越大）	定点测量，原理简单，不仅可以用于室内，而且可用于野外测试沥青路面及水泥混凝土路面的抗滑值
手工铺砂法 电动铺砂法	构造深度 TD （mm）	将已知体积的砂，摊铺在所要测试路表的测点上，量取摊平覆盖的面积。砂的体积与所覆盖平均面积的比值，即为构造深度	定点测量，原理简单，便于携带，结果直观，适用于测定沥青路面及水泥混凝土路面表面构造深度，用于评定路面表面的宏观粗糙度、排水性能及抗滑性

续上表

测试方法	测试指标	原　理	特点及适用范围
激光构造深度测试法	构造深度 *TD* (mm)	中子源发射的许多束光线，照射到路表面的不同深度处，用 200 多个二极管接收返回的光束，利用二极管被点亮的时间差算出所测路面的构造深度	测试速度快，适用于测定沥青路面干燥表面的构造深度，用于评价路面抗滑及排水能力，但不适用于较多坑槽、显著不平整或裂缝过多的路段
摩擦系数测定车测定路面横向力系数	横向力系数 *SFC*	测试车上安装有两只标准试验轮胎，它们对车辆行驶方向偏转一定的角度。汽车以一定速度在潮湿路面上行驶时，试验轮胎受到侧向摩阻作用。此摩阻力除以试验轮上的载重，即为横向力系数	测试速度快，用于以标准的摩擦系数测试车测定沥青或水泥混凝土路面的横向力系数，结果可作为竣工验收或使用期评定路面抗滑能力使用

路面的抗滑摆值是指用标准的手提式摆式摩擦系数测定仪测定的路面在潮湿条件下对摆的摩擦阻力。路表构造深度是指一定面积的路表面凹凸不平的开口孔隙的平均深度。路面横向摩擦系数是指用标准的摩擦系数测定车测定，当测定轮与行车方向成一定角度且以一定速度行驶时，轮胎与潮湿路面之间的摩擦阻力与试验轮上荷载的比值。

5.7.1　手工铺砂法测定路面构造深度试验

1）试验目的与适用范围

本方法适用于测定沥青路面及水泥混凝土路面表面的构造深度，用以评定路面表面的宏观粗糙度、路面表面的排水性能及抗滑性能。

2）仪具与材料

（1）人工铺砂仪：由圆筒、推平板组成。

①量砂筒：形状尺寸如图 5.15a）所示，一端是封闭的，容积为(25 ±0.15) mL，可通过称量砂筒中水的质量以确定其容积 *V*，并调整其高度，使其容积符合要求。用一专门的刮尺将筒口量砂刮平。

②推平板：形状尺寸如图 5.15b）所示，推平板应为木制或铝制，直径为 50mm，底面粘贴一层厚 1.5mm 的橡胶片，上面有一圆柱把手。

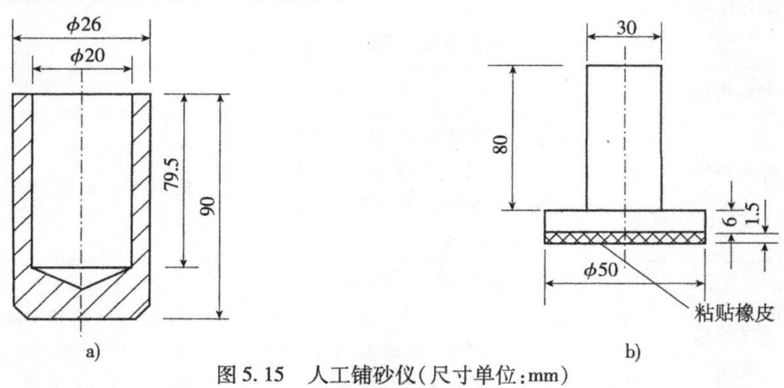

图 5.15　人工铺砂仪（尺寸单位：mm）

a）量砂筒；b）摊平板

③刮平尺：可用 30cm 钢尺代替。

（2）量砂：足够数量且干燥洁净的匀质砂，粒径为 0.15 ~0.3mm。

（3）量尺：钢板尺、钢卷尺，或将直径换算成构造深度作为刻度单位的专用构造深度尺。

（4）其他：装砂容器（小铲）、扫帚或毛刷、挡风板等。

3)试验方法与步骤

(1)准备工作

①量砂准备:取洁净的细砂晾干、过筛,取粒径为0.15~0.3mm的砂置适当的容器中备用。量砂只能在路面上使用一次,不宜重复使用。回收砂必须经干燥、过筛处理后方可使用。

②对测试路段按随机取样选点的方法,决定测点所在横断面位置。测点应选在行车道的轮迹带上,距路面边缘不应小于1m。

(2)试验步骤

①用扫帚或毛刷子将测点附近的路面清扫干净,面积不小于30cm×30cm。

②用小铲向圆筒中注满砂,手提圆筒上方,在硬质路面上轻轻地叩打3次,使砂密实,补足砂面用钢尺一次刮平。不可直接用量砂筒装砂,以免影响量砂密度的均匀性。

③将砂倒在路面上,用底面粘有橡胶片的推平板,由里向外重复做摊铺运动,稍稍用力将砂尽可能地向外摊开,使砂填入凹凸不平的路表面的空隙中,并尽可能将砂摊成圆形,不得在表面上留有浮动余砂。注意摊铺时不可用力过大或向外推挤。

④用钢板尺测量所构成圆的两个垂直方向的直径,取其平均值,准确至5mm。

⑤按以上方法,同一处平行测定不少于3次,3个测点均位于轮迹带上,测点间距为3~5m。该处的测定位置以中间测点的位置表示。

4)结果计算

(1)路面表面构造深度测定结果按下式计算:

$$TD=\frac{1\,000V}{\pi D^2/4}=\frac{31\,831}{D^2} \tag{5.64}$$

式中:TD——路面表面构造深度,mm;

V——砂的体积,25cm^3;

D——推平砂的平均直径,mm。

(2)每一处均取3次路面构造深度测定结果的平均值作为试验结果,准确至0.1mm。

(3)计算每一个评定区间路面构造深度的平均值、标准差、变异系数。

5)试验报告

(1)列表逐点记录路面构造深度的测定值及3次测定的平均值,当平均值小于0.2mm时,试验结果以<0.2mm表示。

(2)每一个评定区间路面构造深度的平均值、标准差、变异系数。

5.7.2 电动铺砂仪测定路面构造深度试验

1)试验目的和适用范围

铺砂法主要用于测定沥青路面及水泥混凝土路面表面构造深度,用以评定路面表面的宏观粗糙深度、路面表面的排水性能及抗滑性能。

2)仪具与材料

电动铺砂仪是一种利用可充电的直流电源将量砂通过沙漏铺设成宽度为5cm、厚度均匀一致的器具,如图5.16所示。量砂的准备以及测点的选择与手工铺砂法一样。

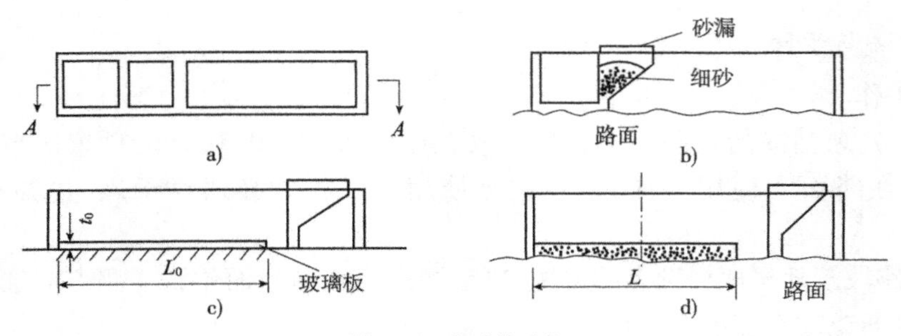

图 5.16　电动铺砂仪

a) 平面图；b) $A-A$ 断面图；c) 标定；d) 测定

3) 试验方法与步骤

试验前，必须进行电动铺砂器的标定，这一项工作不可忽视或省略。

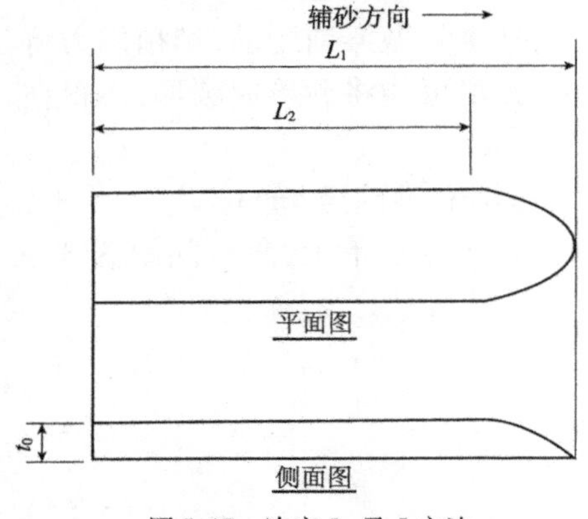

图 5.17　决定 L_0 及 L 方法

先把铺砂器平放在玻璃板上，将砂漏移至铺砂器端部，令灌砂漏斗口和量筒口大致齐平。通过漏斗向量筒中缓缓注入准备好的量砂至高出量筒成尖顶状，用直尺沿筒口一次刮平，其容积为 50mL。使漏斗口与铺砂器砂漏上口大致齐平。将砂通过漏斗均匀倒入砂漏，漏斗前后移动，使砂的表面大致齐平，但不得用任何其他工具刮动砂。开动电动机，使砂漏向另一端缓缓运动，量砂沿砂漏底部铺成如图 5.17 所示的宽 5cm 的带状，待砂全部漏完后停止。

按下式由 L_1 及 L_2 的平均值决定量砂的摊铺长度 L_0，准确至 1mm：

$$L_0=\frac{L_1+L_2}{2} \tag{5.65}$$

如此重复标定 3 次，取平均值决定 L_0，准确至 1mm。

必须注意的是，标定应在每次测试前进行，使用同一种量砂，且由承担测试的同一试验员操作。

标定完毕后，就可以开始进行试验。先把测试地点用毛刷刷净，其面积必须大于铺砂仪。将铺砂仪沿道路纵向平稳地放在路面上，将砂漏移至端部。按与上述标定电动铺砂器相同的步骤，在测试地点摊铺 50mL 量砂，按图 5.17 的方法量取摊铺长度 L_1 及 L_2，由下式计算 L，准确至 1mm。

$$L=\frac{L_1+L_2}{2} \tag{5.66}$$

按以上方法，同一处平行测定不少于 3 次，3 个测点均位于轮迹带上，测点间距为 3 ~ 5m。该处的测定位置以中间测点的位置表示。

垂直方向的直径，取其平均值，准确至 5mm。按以上方法，同一处平行测定不少于 3 次，3 个测点均位于轮迹上，测点间距为 3 ~ 5m，该处的测定位置以中点表示。

进行计算工作：

(1) 按下式计算铺砂仪在玻璃板上铺摊量砂的宽度 t_0：

$$t_0=\frac{1\ 000\times V}{B\times L_0}=\frac{1\ 000}{L_0} \tag{5.67}$$

式中：t_0——量砂在玻璃板上摊铺的标定厚度，mm；

V——量砂的体积，取为500mL；

B——摊砂铺砂宽度，取为50mm；

L_0——玻璃板上50mL量砂摊铺长度，mm。

（2）按下式计算路面表面构造深度 DT：

$$DT = \frac{L_0 - L}{L} \times t_0 = \frac{L_0 - L}{L \times L_0} \times 1\ 000 \tag{5.68}$$

式中：L——路面上50mL量砂摊铺长度，mm。

（3）每一处均取3次路面构造深度测定结果的平均值作为试验结果，准确至0.1mm。

（4）按规定的方法计算每一个评定区间路面构造深度的平均值、标准差、变异系数。

铺砂法试验报告应逐点记录计算路面构造深度及报告3次的平均值；当平均值小于0.2mm时，试验结果以<0.2mm表示。

5.7.3 摆式仪测定路面摩擦系数试验

1）试验目的和适用范围

本方法适用于以摆式摩擦系数测定仪（摆式仪）测定沥青路面及水泥混凝土路面的抗滑值，用以评定路面在潮湿状态下的抗滑能力。

2）仪具与材料

（1）摆式仪：形状及结构如图5.18所示。摆及摆的连接部分总质量为（1 500 ±30）g，摆动中心至摆的重心距离为（410 ±5）mm，测定时摆在路面上滑动长度为（126 ±1）mm，摆上橡胶片端部距摆动中心的距离为508mm，橡胶片对路面的正向静压力为（22.2 ±0.5）N。

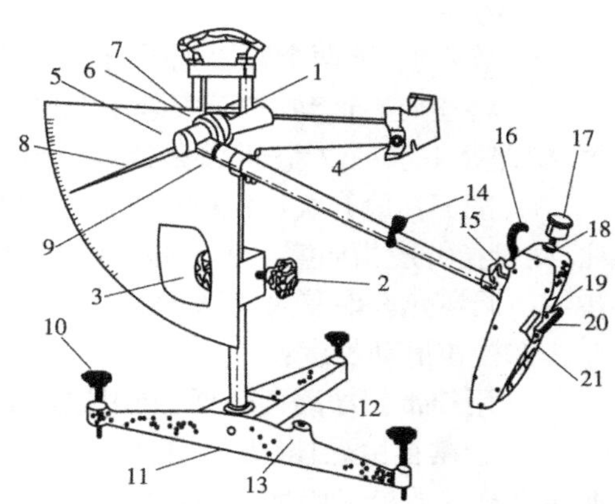

图5.18　摆式仪结构图

1、2-紧固把手；3-升降把手；4-释放开关；5-转向节螺盖；6-调节螺母；7-针簧片或毡垫；8-指针；9-连接螺母；10-调平螺栓；11-底座；12-垫块；13-水准泡；14-卡环；15-定位螺钉；16-举升柄；17-平衡锤；18-并紧螺母；19-滑溜块；20-橡胶片；21-止滑螺钉

（2）橡胶片：用于测定路面抗滑值，尺寸为6.35mm ×25.4mm ×76.2mm，橡胶质量应符合表5.14的要求。当橡胶片使用后，端部在长度方向上磨损超过1.6mm或边缘在宽度方向上磨耗超过3.2mm，或有油污染时，即应更换新橡胶片。新橡胶片应先在干燥路面上测10次后再用于测试。橡胶片的有效使用期为1年。

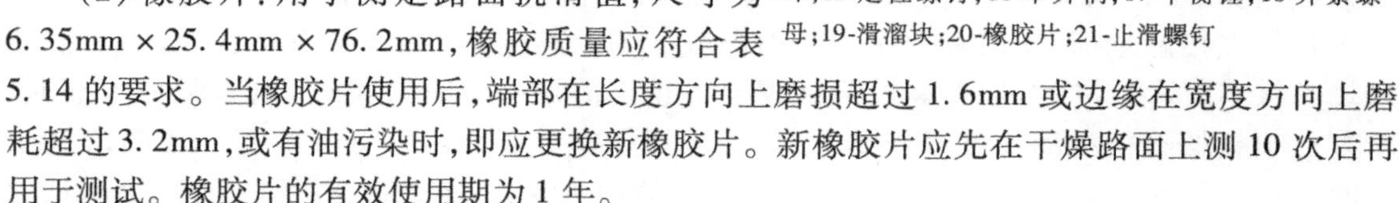

（3）标准量尺：长126mm。

（4）洒水壶。

（5）橡胶刮板。

（6）路面温度计：分度不大于1℃。

（7）其他：皮尺式钢卷尺、扫帚、粉笔等。

橡胶片物理性质技术要求　　表5.14

性能指标	温　度（℃）				
	40	0	10	20	30
弹性（%）	43 ~49	58 ~65	66 ~73	71 ~77	74 ~79
硬　度	55 ±5				

3)试验方法与步骤

(1)准备工作

①检查摆式仪的调零灵敏情况,并定期进行仪器的标定。当用于路面工程检查验收时,仪器必须重新标定。

②对测试路段按随机取样方法,决定测点所在横断面位置。测点应选在行车车道的轮迹带上,距路面边缘不应小于1m,并用粉笔作出标记。测点位置宜紧靠铺砂法测定构造深度的测点位置,并与其一一对应。

(2)试验步骤

①仪器调平:

a. 将仪器置于路面测点上,并使摆的摆动方向与行车方向一致。

b. 转动底座上的调平螺栓,使水准泡居中。

②调零:

a. 放松上、下两个紧固把手,转动升降把手,使摆升高并能自由摆动,然后旋紧紧固把手。

b. 将摆向右运动,按下安装于悬臂上的释放开关,使摆上的卡环进入开关槽,放开释放开关,摆即处于水平位置,并将指针抬至与摆杆平行处。

c. 按下释放开关,使摆向左带动指针摆动,当摆达到最高位置后下落时,用左手将摆杆接住,此时指针应指向零。若不指零时,可稍旋紧或放松摆的调节螺母,重复本项操作,直至指针指零。调零允许误差为±1BPN。

③校核滑动长度:

a. 用扫帚扫净路面表面,并用橡胶刮板清除摆动范围内路面上的松散粒料。

b. 让摆自由悬挂,提起摆头上的举升柄,将底座上垫块置于定位螺钉下面,使摆头上的滑溜块升高。放松紧固把手,转动立柱上升降把手,使摆缓缓下降。当滑块上的橡胶片刚刚接触路面时,即将紧固把手旋紧,使摆头固定。

c. 提起举升柄,取下垫块,使摆向右运动。然后手提举升柄使摆慢慢向左运动,直至橡胶片的边缘刚刚接触路面为止。在橡胶片的外边摆动方向设置标准尺,尺的一端正对准该点,再用手提起举升柄,使滑溜块向上抬起,并使摆继续运动至左边,使橡胶片返回落下再一次接触地面,橡胶片两次同路面接触点的距离应在126mm(滑动长度)左右。若滑动长度不符合标准时,则升高或降低仪器底正面的调平螺钉来校正,但需调平水准泡,重复此项校核直至滑动长度符合要求,而后将摆和指针置于水平释放位置。校核滑动长度时应以橡胶片长边刚刚接触路面为准,不可借摆力量向前滑动,以免标定的滑动长度过长。

d. 用喷壶的水浇洒试测路面,并用橡胶刮板清除表面泥浆。

e. 再次洒水,并按下释放开关,使摆在路面滑过,指针即可指示出路面的摆值。但第一次测定,不做记录。当摆杆回落时,用左手接住摆,右手提起举长柄使滑溜块升高,将摆向右运动,并使摆杆和指针重新置于水平释放位置。

f. 重复步骤e的操作测定5次,并读记每次测定的摆值,即BPN,5次数值中最大值与最小值的差值不得大于3BPN。如差数大于3BPN,应检查产生的原因,并再次重复上述各项操作,至符合规定为止。取5次测定的平均值作为每个测点路面的抗滑值(摆值FB),取整数,以BPN表示。

g. 在测点位置上用路表温度计测记潮湿路面的温度,准确至1℃。

h. 按以上方法，同一处平行测定不少于3次，3个测点均位于轮迹带上，测点间距为3～5m。该处的测定位置以中间测点的位置表示。每一处均取3次测定结果的平均值作为试验结果，准确至1BPN。

4)抗滑值的温度修正

当路面温度为T时测得的值为FB_T，必须按下式换算成标准温度20℃的摆值FB_{20}：

$$FB_{20}=FB_T+\Delta F \tag{5.69}$$

式中：FB_{20}——换算成标准温度20℃时的摆值，BPN；

FB_T——路面温度T时测得的摆值，BPN；

T——测定的路表潮湿状态下的温度，℃；

ΔF——温度修正值，按表5.15选用。

温度修正值 表5.15

温度T(℃)	0	5	10	15	20	25	30	35	40
温度修正值ΔF	-6	-4	-3	-1	0	+2	+3	+5	+7

5)试验报告

(1)测试日期、测点位置、天气情况、洒水后潮湿路面的温度，并描述路面类型、外观、结构类型等。

(2)列表逐点记录路面抗滑值的测定值FB_T、经温度修正后的FB_{20}及3次测定的平均值。

(3)每一个评定路段路面抗滑值的平均值、标准差、变异系数。

(4)同一个测点，重复5次测定的差值不大于3BPN。

5.7.4 摩擦系数测定车测定路面横向力系数试验

1)试验目的和适用范围

本方法适用于以标准的摩擦系数测定车测定沥青路面或水泥混凝土路面的横向力系数，测试结果可作为竣工验收或使用期评定路面抗滑能力的依据。

2)仪具与材料

(1)摩擦系数测定车：SCRIM型，主要组成如图5.19所示，由车辆底盘、测量机构、供水系统、荷载传感器、仪表及操作记录系统、标定装置等组成。测定车应符合下列要求：

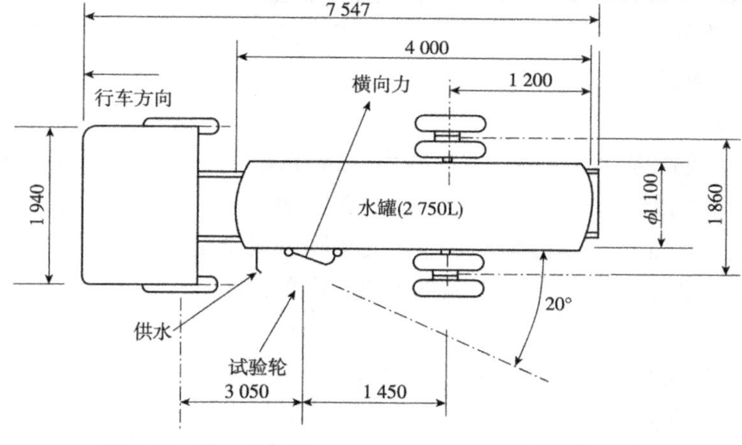

图5.19 横向摩擦系数测定车机构示意图(尺寸单位：mm)

①测量机构,可以为单侧或双侧各安装一套,测试轮与车辆行驶方向成20°角,作用于测试轮上的静态标准载荷为2kN。测试轮胎应为3.00-20的光面轮胎,其标准气压为(0.35±0.01)MPa。当轮胎直径减少达6mm时(每个测试轮测350~400km需更换),需要换新轮胎。

②测定车辆轮胎气压应符合所使用汽车规定的标准气压范围。

③能控制洒水量,使路面水膜厚度不得小于1mm。通常测量速度为50km/h时,水阀开启量宜为50%,测量速度为70km/h时,水阀开启量宜为70%,以此类推。

(2)备用轮胎等备件。

3)试验方法与步骤

(1)准备工作

①按照仪器设备技术手册或使用说明书对测定系统进行标定。仪器设备进行标定、检查时,必须在关闭发动机的情况下进行。标定按*SFC*值10、20、30……100的不同挡次进行,满量程为100时的示数误差不得超过±2。

②检查横向摩擦系数测定车系统的各项参数是否符合要求,检查外部警告标示是否正常。

③储存罐灌水。

④将测试轮安装坚固且保持在升起的位置上。

⑤将记录装置处于正常使用状态,安装足够的打印纸。打开记录系统预热不少于10min。

⑥根据需要确定采用连续测定或断续测定,以及每公里测定的长度。选择并设定"计算区间",即输出一个测定数据的长度。标准的计算区间为20m,根据要求也可选择为5m或10m。

⑦根据要求设定为单轮测试或双轮测试。

⑧输入所需的说明性预设数据,如测试日期、路段编号、里程桩号等。

⑨发动车辆驶向测试地段。

(2)测定步骤

①在测试路段起点前约500m处停住,开机预热不少于10min。

②降下测试轮,打开水阀检查水流情况是否正常及水流是否符合需要,检查仪表各项指数是否正常,然后升起测试轮。

③将车辆驶向测试路段,提前100~200m处降下测试轮。测定车的车速可根据公路等级的需要选择。除特殊情况下,一般标准车速为50km/h,测试过程中必须保持匀速。

④进入测试段后,按开始键,开始测试。在显示器上监视测试运行变化情况,检查速度、距离有无反常波动,当需要标明特征(如桥位、路面变化等)时,操作功能键应插入到数据流中,整公里里程桩上也应做相应的记录。

4)测试数据处理

测定的摩擦系数数据存储在磁盘或磁带中,摩擦系数测定车SCRIM系统配有专门数据处理程序软件,可计算和打印出每一个计算区间的摩擦系数值、行程距离、行驶速度、统计个数、平均值及标准差,同时还可打印出摩擦系数的变化图。根据要求将摩擦系数在0~100范围内分成若干区间,作出各区间的路段长度占总测试里程百分比的统计表。

5)试验报告

(1)测试路段名称及桩号、公路等级、测试日期、天气情况,路面在潮湿状态下的路表温度,描述路面结构类型及外观等。

(2)测试过程中交叉口、转弯等特殊路段及里程桩号的记录。

(3)数据处理打印结果,包括各测点路面摩擦系数值、行程距离、行驶速度,每一个评定路段路面摩擦系数值统计个数、平均值、标准差、变异系数。

(4)公路沿线摩擦系数的变化图,不同摩擦系数区间的路段长度占总测试里程百分比的统计表。

5.8 平整度试验

平整度是路面施工质量与服务水平的重要指标之一。它是指以规定的标准量规,间断地或连续地量测路表面的凹凸情况,即不平整度的指标。路面的平整度与路面各结构层次的平整状况有着一定的联系,即各层次的平整效果将累积反映到路面表面上,路面面层由于直接与车辆接触,不平整的表面将会增大行车阻力,使车辆产生附加振动作用。这种振动作用会造成行车颠簸,影响行车的速度和安全及驾驶的平稳和乘客的舒适。同时,振动作用还会对路面施加冲击力,从而加剧路面和汽车机件损坏以及轮胎的磨损,并增大油耗。而且,不平整的路面会积滞雨水,加速路面的破坏。因此,平整度的检测与评定是公路施工与养护的一个非常重要的环节。

平整度的测试设备分为断面类及反应类两大类。断面类实际上是测定路面表面凹凸情况,如最常用的3m直尺及连续式平整度仪,还可用精确测定高程得到;反应类测定路面凹凸引起车辆振动的颠簸情况。反应类指标是驾驶员和乘客直接感受到的平整度指标,因此它实际上是舒适性能指标,最常用的测试设备是车载式颠簸累积仪。现已有更新型的自动化测试设备,如纵断面分析仪,路面平整度数据采集系统测定车等。常见的几种平整度测试方法的特点及技术指标比较见表5.16。国际上通用国际平整度指数 *IRI* 衡量路面行驶舒适性或路面行驶质量,可通过标定试验得出 *IRI* 与标准差 σ 或单向累计值 *VBI* 之间的关系。

平整度测试方法比较 表5.16

方　　法	特　　点	技术指标
3m 直尺法	设备简单,结果直观,间断测试,工作效率低,反应凸凹程度	最大间隙 h(mm)
连续式平整度仪法	设备较复杂,连续测试,工作效率高,反应凸凹程度	标准差 σ(mm)
颠簸累计仪	设备复杂、工作效率高,连续测试,反应舒适性	单向累计值 *VBI*(cm/km)

5.8.1 3m 直尺测定平整度

1)试验目的与适用范围

3m 直尺测定法有单尺测定最大间隙及等距离(1.5m)连续测定两种。这两种方法测定的路面平整度有较好的相关关系。单尺测定最大间隙常用于施工质量控制与检查验收,单尺测定时要计算出测定段的合格率;等距离连续测试也可用于施工质量检查验收,算出标准差,用标准差来表示平整程度。

3m 直尺测定法用于测定压实成型的路基、路面各层表面的平整度,以评定路面的施工质量及使用性能。

2)仪具与材料

(1)3m 直尺:由硬木或铝合金钢制,底面平直,长3m。

(2)楔形塞尺:木或金属制的三角形塞尺,有手柄。塞尺的长度与高度之比不小于10,宽度不大于15mm,边部有高度标记,刻度精度不小于0.2mm,也可使用其他类型的量尺。

(3)皮尺,钢尺或粉笔等。

3）试验方法与步骤

（1）在测试路段路面上选择测试地点

①当为施工过程中质量检测需要时，测试地点根据需要确定，可以单杆检测。

②当为路基、路面工程质量检查验收或进行路况评定需要时，应首尾相接连续测量10尺。除特殊需要外，应以行车道一侧车轮轮迹（距车道线80～100cm）带作为连续测定的标准位置。

③对旧路面已形成车辙的路面，应取车辙中间位置为测定位置，用粉笔在路面上做好标记。

（2）试验步骤

①在施工过程中检测时，按根据需要确定的方向，将3m直尺摆在测试地点的路面上。

②目测3m直尺底面与路面之间的间隙情况，确定间隙为最大的位置。

③用有高度标线的塞尺塞进间隙处，量记最大间隙的高度，精确至0.2mm。

4）结果计算

单杆检测路面的平整度计算，以3m直尺与路面的最大间隙为测定结果。连续测定10尺时，判断每个测定值是否合格，根据要求计算合格百分率，并计算10个最大间隙的平均值。合格率按下式计算：

$$合格率=（合格尺数/总测尺数）\times 100\%$$

5）试验报告

单杆检测的结果应随时记录测试位置及检测结果。连续测定10尺时，应报告平均值、不合格尺数、合格率。

5.8.2　连续式平整度仪测定平整度

1）试验目的与适用范围

本试验用于测定路表面的平整度，评定路面的施工质量和使用质量，但不适用于在已有较多坑槽、破损严重的路面上测定。

2）仪器设备

（1）连续式平整度仪：构造如图5.20所示。

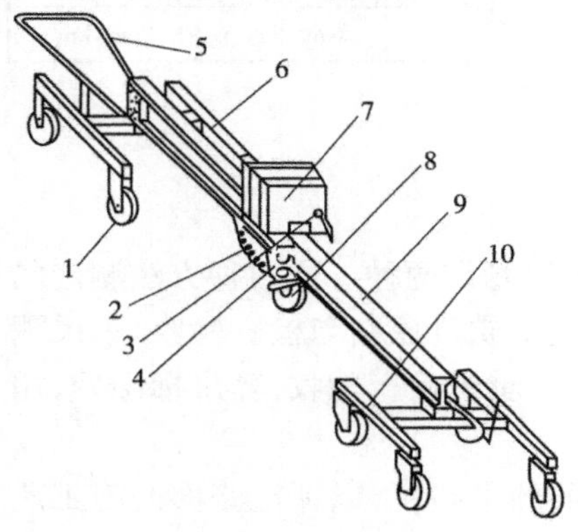

图5.20　连续式平整度仪构造图

1-脚轮；2-拉簧；3-离合器；4-测架；5-牵引架；6-前架；7-纵断面绘图仪；8-测定轮；9-纵梁；10-后架

除特殊情况外，连续式平整度仪的标准长度为3m，其质量应符合仪器标准的要求。中间为一个3m长的机架，机架可缩短或折叠，前后各有4个行走轮，前后两组轮的轴间距离为3m。机架中间有一个能起落的测定轮。机架上装有蓄电源及可拆卸的检测箱，检测箱可采用显示、记录、打印或绘图等方式输出测试结果。测定轮上装有位移传感器，自动采集位移数据时，测定间距为10cm，每一计算区间的长度为100m，即100m输出一次结果。当为人工检测，无自动采集数据及计算功能时，应能记录测试曲线。机架头装有一牵引钩及手拉柄，可用人力或汽车牵引。

（2）牵引车：轻型客车或其他小型牵引汽车。

（3）皮尺或测绳。

3)试验方法与步骤

(1)选择测试路段路面测试地点,同3m直尺法。

(2)将连续式平整度测定仪置于测试路段路面起点上。

(3)在牵引汽车的后部,将平整度的挂钩挂上后,放下测定轮,启动检测器及记录仪,随即启动汽车,沿道路纵向行驶,横向位置保持稳定,并检查平整度检测仪表上测定数字显示、打印、记录的情况。如检测设备中某项仪表发生故障,即停车检测。牵引平整度仪的速度应均匀,速度宜为5km/h,最大不得超过12km/h。

在测试路段较短时,亦可用人力拖拉平整度仪测定路面的平整度,但拖拉时应保持匀速前进。

4)结果计算

(1)连续式平整度测定仪测定后,可按每10cm间距采集的位移值自动计算100m计算区间的平整度标准差,还可记录测试长度、曲线振幅大于某一定值(3mm、5mm、8mm、10mm等)的次数、曲线振幅的单向(凸起或凹下)累计值以及以3m机架为基准的中点路面偏差曲线图,并打印输出。当为人工计算时,在记录曲线上任意设一基准线,每隔一定距离(宜为1.5m)读取曲线偏离基准线的偏离位移值 d_i。

(2)每一计算区间的路面平整度以该区间测定结果的标准差表示,按下式计算:

$$\sigma_i = \sqrt{\frac{\sum(\bar{d} - d_i)^2}{n - 1}} \tag{5.70}$$

式中:σ_i——各计算区间的平整度计算值,mm;

d_i——以100m为一个计算区间,每隔一定距离(自动采集间距为10cm,人工采集间距为1.5m)采集的路面凹凸偏差位移值,mm;

$\bar{d}$——偏差位移平均值;

n——计算区间用于计算标准差的测试数据个数。

(3)计算一个评定路段内各区间平整度标准差的平均值、标准差、变异系数。

5)试验报告

试验应列表报告每一个评定路段内各测定区间的平整度标准差,各评定路段平整度的平均值、标准差、变异系数,以及不合格区间数。

5.8.3 车载式颠簸累积仪测定平整度

车载式颠簸累积仪测定平整度的工作原理是测试车以一定的速度在路面上行驶,由于路面上的凹凸不平状况,引起汽车的激振,通过机械传感器可测量后轴同车厢之间的单向位移累积值 *VBI*。*VBI* 越大,说明路面平整性越差,人体乘坐汽车时越不舒适。

1)试验目的和适用范围

(1)本方法规定用车载式颠簸累积仪测量车辆在路面上通行时后轴与车厢之间的单向位移累积值 *VBI* 表示路面的平整度,以cm/km计。

(2)本方法适用于测定路面表面的平整度,以评定路面的施工质量和使用期的舒适性。但不适用于已有较多坑槽、破损严重的路面上测定。

2)仪器设备

(1)车载式颠簸累积仪:由机械传感器、数据处理器及微型打印机组成,传感器固定安装在测试车的底板上,如图5.21所示。仪器的主要技术性能指标如下:①测试速度可在30~

50km/h 范围内选定；②最小读数为 1cm；③最大测试幅值为 ±20cm；④最大显示值为9 999cm；⑤系统最高反应频率为 5kHz。

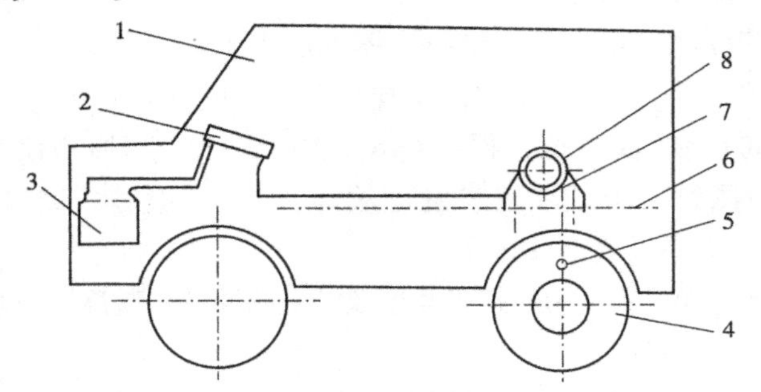

图 5.21　车载式颠簸累积仪安装示意图

1-测试车；2-数据处理器；3-蓄电池；4-后桥；5-挂钩；6-底板；7-钢丝绳；8-颠簸累积仪传感器

(2)测试车：旅行车、越野车或小汽车。

3)试验方法与步骤

(1)汽车停在测量起点前 300 ~ 500m 处，打开数据处理器的电源，打印机打出"VBI"等字头，在数码管上显示"P"字样，表示仪器已准备好。

(2)在键盘上输入测试年、月、日，然后按"D"键，打印机打出测试日期。

(3)在键盘上输入测试路段编码后按"C"键，路段编码即被打出，如"C0102"。

(4)在键盘上输入测试起点公里桩号及百米桩号，然后按"A"键，起点桩号即被打出，如"A:0048 + 100KM"。

注："F"键为改错键，当输入数据出错时，按"F"键后重新输入正确的数字。

(5)启动汽车向被测路段驶去，逐渐加速，保证在到达测试起点前稳定在选定的测试速度范围内，但必须与标定时的速度相同，然后控制测试速度的误差不超过 ±3km/h。除特殊要求外，标准的测试速度为 3km/h。

(6)到达测试起点时，按下开始测量键"B"，仪器即开始自动累积被测路面的单向颠簸值。

(7)当到达预定测试路段终点时，按所选的测试路段计算区间长度相对应的数字键(例如数字键"1"代表长度为 100m，"2"为 200m，"5"为 500m，"0"为 1 000m 等)，将测试路段的颠簸累积值换算成以千米计的颠簸累积值打印出来，单位为"cm/km"。

(8)连续测试。以每段长度 100m 为例，到达第一段终点后按"1"键，车辆继续稳速前进，到达第二段终点时，按数字键"1"，依此类推。在测试中被测路段长度可以变化，仪器除能把不足 1km 的路段长度测试结果换算成以公里计的测试结果 *VBI* 外，还可把测过的路段长度自动累加后连同测试结果一起打印出来。

注："E"键为暂停键，测试过程中按此键将使所显示数值在 3s 内保持不变，供测试者详细观察或记录测试数字。但内部计数器仍在继续累积计数，过 3s 后数码管重新显示新的数据，暂停期间不会中断或丢失所测数据。

(9)测试结果。常规路面调查一般可取一次测量结果，如属重要路面评价测试或与前次测量结果有较大差别时，应重复测试 2 ~ 3 次，取其平均值作为测试结果。

(10)测试完毕，关闭仪器电源，把挂在差速器外壳的钢丝绳摘开，钢丝绳由车厢底板下拉上来放好，以备下次测试。注意松钢丝绳时要缓慢放松，因机械传感器的定量位移轮内部有张紧的发条，松绳过快容易损坏仪器，甚至会被钢丝绳划伤。

注：装好仪器(挂好钢丝绳子)的汽车不测量时不要长途驾驶。

4)使用技术要点

颠簸累积仪具有以下特点：

(1)测量速度快、效率高，比多轮测平车快10倍以上，符合路面管理系统评价测试的要求。

(2)该仪器的结构模拟了车辆行驶的某种状态，使得仪器的测试原理能保证其测试结果必然反映车辆的行驶品质。颠簸累积仪的出现和"路面行驶品质分级"这一评价指标，标志了道路和车辆工程交叉学科的进展。

但是仪器的这一性质也具有不利影响。从仪器的幅频特性可知，仪器的输出(测量结果)对路面不同谐量有不同的加权。所以，这样的测量结果是"路面—车辆"系统的评价指标，而不是单纯的路面平整度评价指标；同时加权倍数试验随车速改变而改变，所以测量车速的误差对试验结果也有影响。

(3)可以高精度地拟合得到原有各种路面不平度仪器的路面评价指标。

(4)操作方便、结构简单，故障率低、成本低等，从而易于推广。

(5)还有一明显的不足之处是振动系统参数的不稳定影响到系统的振动特性不稳定，从而给测量结果带来误差。

5)注意事项

(1)检测结果与测试车机械系统的振动特性和车辆行驶速度有关。减振性能好，则 *VBI* 测值小；车速越高，*VBI* 测值越大。因此必须通过对机械系统的良好保养和检测时严格控制车速来保持测定结果的稳定性。

(2)用车载式颠簸累积仪测出的颠簸累积值 *VBI*，与用连续式平整仪测出的标准差 σ 概念不同，可通过对比试验，建立两者的相关关系，将 *VBI* 值换算为 σ，用于路面平整度评定。

(3)通过大量研究观察得出 $\sigma = 0.61IRI$。

(4)国际不整度指数 *IRI* 是国际上公认的衡量路面行驶舒适性或路面行驶质量的指数。也可通过标定试验，建立 *VBI* 与 *IRI* 的相关关系，将颠簸累积仪测出的颠簸累积值 *VBI* 换算为国际平整度指数 *IRI*。

6)试验报告

(1)应列表报告每一个评定路段内各测定区间的颠簸累积值，各评定路段颠簸累积值的平均值、标准差、变异系数。

(2)测试速度。

(3)试验结果与国际平整度指数等其他平整度指标建立的相关关系式、参数值、相关系数。

5.9 沥青路面渗水性能试验方法

沥青路面铺筑的一个基本点是沥青层能够基本上封闭雨水的下渗，即路面必须具有良好的渗水性，如果路面渗水严重，则沥青混合料和路面的耐久性将大幅降低。因此，沥青路面渗水性能成为反映沥青混合料级配组成的一个间接指标。如果整个沥青面层均透水，则表面水势必透入基层或路基，大幅降低路面承载能力，且易导致水损害快速出现。而沥青面层中应至少有一层不透水，且表面层能透水，则表面水能及时下渗，不致形成水膜，提高抗滑性能，减少噪声，如OGFC等透水型路面。沥青路面渗水性能通常用渗水系数表征，渗水系数是指在规定的水头压力下,水在单位时间内通过一定面积的路面渗入下层的数量,单位为 mL/min。研究与实践表明,路面渗水系数与空隙率有很大关系,通常空隙率越大,路面渗水系数越大,路面渗水越严重。但同样的空隙率,路面的渗水情况却不同,因为空隙率包括了开空隙和闭空隙,而只有开空隙才能够透水。由此可见,渗水系数与空隙率又是性质不同的两项指标,控制好空隙率和压实度,并不能完全保证渗水性能。同时,渗水系数非常直观,所以很多国家越来越重视直接检查渗水系数。

由于路面在使用过程中,灰尘极易堵塞空隙,使渗水试验无法做好,因此,渗水系数测试应在路面施工结束后进行。同时,对于公称最大粒径大于 26.5mm 的下面层或基层混合料,由于渗水系数的测定方法及指标问题,不适用于渗水系数的测定。

5.9.1 试验目的和适用范围

本方法适用于路面渗水仪测定沥青路面的渗水系数。

5.9.2 仪具与材料

(1)路面渗水仪:形状及尺寸如图 5.22 所示,上部盛水量筒由透明有机玻璃制成,容积为 600mL,上有刻度,在 100mL 及 500mL 处有粗标线,下方通过直径为 10mm 的细管与底座相接,中间有一开关。量筒通过支架连接,底座下方开口内径为 150mm,外径为 220mm,仪器附压重铁圈两个,每个质量约 5kg,内径为 160mm。

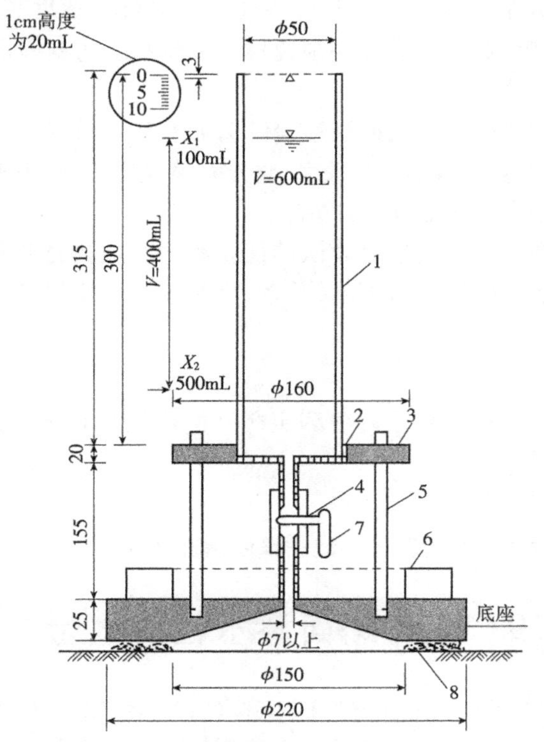

图 5.22 渗水仪结构图(尺寸单位:mm)

1-透明有机玻璃筒;2-螺纹连接;3-顶板;4-阀;5-立柱支架;6-压重铁圈;7-把手;8-密封材料

(2)水筒及大漏斗,秒表。

(3)密封材料:玻璃腻子、油灰或橡皮泥。

(4)其他:水、红墨水、粉笔、扫帚等。

5.9.3 试验方法与步骤

1)准备工作

(1)在测试路段的行车道面上,按随机取样方法选择测试位置,每一个检测路段应测定5个测点,用扫帚清扫表面,并用粉笔画上测试标记。

(2)试验前,首先用扫帚清扫表面,并用刷子将路表面的杂物刷去。杂物的存在会影响水的渗入,而且还会影响渗水仪和路面或者试件的密封效果。

2)试验步骤

(1)将塑料圈置于试件中央或路表面的部分,用粉笔分别沿塑料圈的内侧和外侧画上圈,在外环和内环之间的部分就是需要用密封材料进行密封的区域。

如果在密封区域内发现有构造深度较大的部分,必须先用密封剂对这些部位的纹理深度进行填充,防止渗水试验时水通过这些表面纹理渗出从而影响试验结果。

(2)用密封材料对环境密封区域进行密封处理,注意不要使密封材料进入内圈,如果密封材料不小心进入内圈,必须用刮刀将其刮走,然后再将搓成拇指粗细的条状密封材料摞在环状密封区域的中央,并且摞成一圈。

(3)将渗水仪放在试件或者路表面的测点上,注意使渗水仪的中心尽量和圆环中心重合,然后略微使劲将渗水仪压在条状密封材料表面,再将配重加上,以防压力水从底座与路面间流出。

(4)将开关关闭,向量筒中注满水,然后打开开关,使量筒中的水下流,排出渗水仪底部内的空气。当量筒内水面下降速度变慢时,用双手轻压渗水仪,使渗水仪底部的气泡全部排出。关闭开关,并再次向量筒中注满水。

(5)将开关打开,待水面下降至100mL刻度时,立即开动秒表开始计时,每间隔60s,读记仪器管的刻度一次,至水面下降至500mL时为止。测试过程中,如水从底座与密封材料间渗出,说明底座与路面密封不好,应移至附近干燥路面处重新操作。当水面下降速度较慢时,则测定3min的渗水量即可停止;如果水面下降速度较快,在不到3min的时间内就到达了500mL刻度线,则记录到达500mL刻度线时的时间;若水面下降至一定程度后基本保持不动,说明基本不透水或根本不透水,应在报告中注明。

(6)按以上步骤在同一个检测路段选择5个测点渗水系数,取其平均值,作为检测结果。

5.9.4 结果计算

沥青路面的渗水系数按下式计算,计算时以水面从100mL下降至500mL所需的时间为标准,若渗水时间过长,亦可采用3min通过的水量计算。

$$C_w = \frac{V_2 - V_1}{t_2 - t_1} \times 60 \tag{5.71}$$

式中:C_w——路面渗水系数,mL/min;

V_1——第一次读数时的水量,mL,通常为100mL;

V_2——第二次读数时的水量,mL,通常为500mL;

t_1——第一次读数时的时间,s;

t_2——第二次读数时的时间,s。

对渗水较快,水面从100mL降至500mL的时间不很长时,中间也可不读数;如果渗水太慢,则从水面降至100mL时开始,测记3min即可终止试验;若水面基本不动,说明路面不透水,则在报告中注明即可。

5.9.5 试验报告

列表逐点报告每个检测路段各个测点的渗水系数,以及5个测点的平均值、标准差、变异系数。若路面不透水,则应在报告中注明为0。

5.10 路基路面检测新技术简介

5.10.1 多功能激光路面检测仪

1)试验目的与适用范围

多功能激光路面检测仪的测试精度和测试速度均领先于国内外同类产品,拥有良好的实时数据处理及输出功能,是测量道路平整度和车辙等指标的高效车载式测试仪器,具有自动、高效、高精度等特点,可即时显示路面任意段长的国际平整度指数 *IRI*、车辙深度 *RUT*、路面构造深度 *SMTD*、行驶质量指数 *RQI* 等参数,并可自动处理成每百米和每千米国际平整度指数 *IRI*、车辙深度 *RUT*、构造深度 *SMTD*、行驶质量指数 *RQI*,能直接进入CPMS路面管理系统。

多功能激光路面检测仪适用于:高速公路及各等级公路的路面平整度 *IRI* 评价测试;高速公路及各等级公路的路面车辙深度 *RUT* 评价测试;高速公路及各等级公路的构造深度 *SMTD* 测试;施工现场平整度控制;平整度指标竣工验收;车辙指标供评定路面使用状态及计算维修工作量;CPMS路面管理系统的路面平整度数据采集。

2)仪具与材料

(1)激光器横梁以及与汽车连接的机械部件,如图5.23所示。它包括:主横梁一个(含5个激光器);左、右两侧附加横梁各一个(含8个激光器);主横梁上加速度计左、右侧各一个(2个)。

(2)下位机一台,如图5.24所示。另外还包括:电源接线盒一个,总电源电缆、激光控制电缆、激光信号电缆、距离信号电缆和USB数据线各一根。

图5.23 激光器横梁以及与汽车连接的机械部件

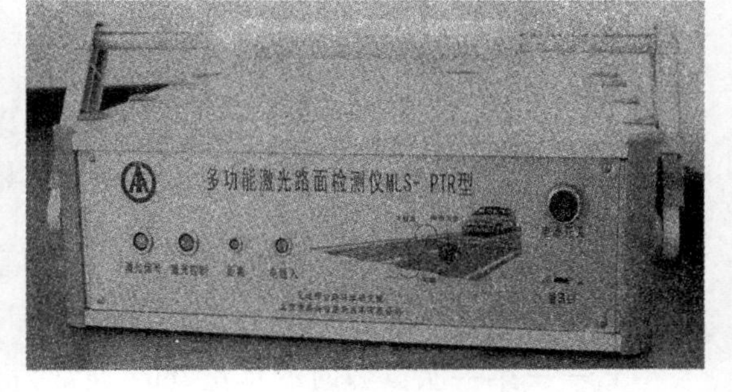

图5.24 下位机

(3)距离传感器盒一个。另外还包括:距离传感器固定盘一个,距离传感器导棍一根,导棍固定片一个。

(4)标定所需设备:50mm 标定量块、垫块各一个,车辙标定所需的标尺一套(3 段),标定用红绳一根。另外所需附件:导航标竿两根,笔记本电脑一台,逆变电源一台,标准工具箱一个以及螺钉、垫圈等配件若干。

3)试验方法与步骤

(1)准备工作

在进行设备安装前,请清点设备清单。在确认所有设备、电缆都齐备后,再开始进行安装。

①距离传感器的安装。

距离传感器通过距离传感器固定盘安装在测试车左后轮上,通过距离传感器固定导棍、距离导棍固定片与车轮挡泥板连接以辅助支撑。距离传感器信号传输线沿固定导棍引出,并连接到车内车载下位机的“距离信号”接口。

②激光传感器的安装。

激光传感器主横梁架固定在车辆前方底部的金属连接架上,左右两侧附加横梁通过扣锁固定在主横梁上,通过两侧激光电缆上的表盘将两侧的激光电缆信号对应接口拧紧。为保证测量时行车安全,在左右两侧的附加横梁上分别加装一个垂直的导航标竿。

③下位机的连接。

激光传感器固定好以后,通过激光传感器电缆,与车内下位机的“信号电缆”接口相连,“距离信号电缆”与下位机上对应的接口相连。

④电脑电缆的连接。

通过下位机上 USB 输出接口和笔记本的 USB 接口相连。

⑤电源线连接。

多功能激光断面测试仪的电源采用的是车载蓄电池的 12V 电源供电。电源接线盒与车载蓄电池直接相连。下位机通过电源电缆与电源接线盒相连。为使笔记本电脑能够连续工作,在车内配备有大功率逆变器,为笔记本电脑提供 220V 的交流电源。

(2)试验步骤

①在确保各接线正确连接后,启动下位机的电源开关,多功能激光断面仪下位机供电。

②软件启动。在桌面上的“多功能激光路面检测仪”文件夹中,启动多功能激光路面检测仪应用程序 13RTP. exe

③参数标定。多功能激光断面测试仪是应用于路面质量测量的仪器。为保证测量结果的真实有效,在第一次使用前,需要对各参数进行标定。标定后的仪器才可以进行正式测量。若长时间未使用,需要重新使用前,也需要重新做标定。各参数的标定次序依次为:加速度传感器标定,激光传感器标定,距离标定。

④开始测量。请连接数据采集卡,并打开下位机的开关。激光断面测试仪缺省安装在桌面的“多功能激光断面仪”目录下。在桌面有执行程序的快捷方式连接。启动软件的方式为:在桌面上双击“多功能激光断面仪”图标,双击运行 13RTP. exe 文件。

⑤建立结果文件。

4)日常保养和设备维护

(1)绝对不要在系统带电的情况下进行电缆的插拔操作。进行电缆插拔操作前,确保系统电源已经断开。

(2)数据的质量在很多方面反映了道路测试组对细节操作的仔细和在意。专业、细致认真、严谨有序的工作作风是获得准确数据的根本保证。

(3)测试车在无人照看的情况下,要采取防盗措施,防止车和设备被盗。存放时要注意不要露天停放,防止阳光直射内部设备系统。

(4)激光断面仪在任何情况下都不能用于测试未封层的沙石路面。计算机硬盘磁头随着剧烈的振动很容易导致磁盘扇区的损害,造成数据丢失及磁盘驱动发生故障。

(5)特别要注意的是,所有的电缆接头确保没有因振动而损坏或松动。每天检查暴露在外的电缆,防止因内在疲劳而导致大的故障,发现问题及时解决。

(6)不能在任何电缆或设备上挂、搁放重物。

(7)每天检查螺栓和螺钉是否松动,必要时给予紧固。

(8)每天或更频繁地检查和清洁激光器镜头孔,例如在潮湿多尘的环境或沥青路面上工作后,沾有昆虫、露水或别的污物要及时清理。油污清洁剂、海绵和布都是合适的清洁用品。

(9)绝对不要把水杯、饮料罐、咖啡杯等靠放在设备上,如若洒出来时将会对设备产生严重的损害。

(10)测试操作中注意不要让测试车后驱动轮打滑疾转,后轮胎的打滑将会严重影响距离测量系统的精度。

5.10.2 JG-2005路面激光自动弯沉仪

1)试验目的与适用范围

路面强度是路面技术性能的重要参数之一,而路面弯沉值则是表征路面结构强度的重要技术指标。激光自动弯沉仪是检测路面弯沉的高效自动化检测设备,可以对路面弯沉进行密集采点测量,掌握大量路面强度数据给路面养护管理提供大量可靠的数据依据,是加强路面科学管理,制订养护规划不可缺少的高效自动化检测设备。激光自动弯沉仪同时也适用于新建路面、路基强度的测量,是路面施工质量控制和施工质量验收检测科学有效的手段。

2)JG-2005型激光弯沉仪的性能指标

(1)测量弯沉种类:总弯沉。

(2)测量基准平面:前三点式。

(3)测量臂配置:左右两侧。

(4)测量移步卷扬机控制方式:卷扬机配合电磁离合器。

(5)测量步距控制方式:电磁制动。

(6)测量臂测头绝对行程:大于400mm。

(7)测臂长:1 750mm。

(8)测量架最小离地间隙:大于240mm。

(9)后轴载质量:100kN(由活动配重调节)±1kN。

(10)轮胎型号:11.00-20。

(11)测试车轴距:5.6m。

(12)测试速度:大于6km/h。

(13)弯沉传感器控制方式:长行程激光传感器,无夹持控制(产地:日本)。

(14)弯沉传感器分辨率:0.6μm。

(15)弯沉传感器数据传输方式:无线数字电台传输(产地:美国)。

(16)采样时间间隔:约10mm。

(17)距离脉冲当量:约 10mm。

(18)弯沉测量选择:峰值测量、盆测量两种。

(19)计算机型号:台湾研华 P4 以上工业计算机。

(20)电源供给方式:汽车蓄电池,DC/DC 隔离供电。

(21)总耗电功率:小于 300W23。

(22)充电方式:适配汽车。

3)JG-2005 型激光弯沉仪的构造与测量原理

(1)JG-2005 型激光自动弯沉仪的构造

激光自动弯沉仪由设备装载车、测量机构、数据采集系统三部分共同组成。装载车为 HOWO5.6m 长轴距专用底盘。测量机构由双侧测试机构、导向机构、移步卷扬机构、提升机构组成。数据采集机构由数据采集计算机、下位机、激光距离传感器、无线数据传输系统组成。

(2)JG-2005 型激光自动弯沉仪的工作原理

激光自动弯沉仪的工作原理与贝克曼梁的工作原理相同,都是利用杠杆原理,通过杠杆的位移来测量路面的变形,如图 5.25 所示。

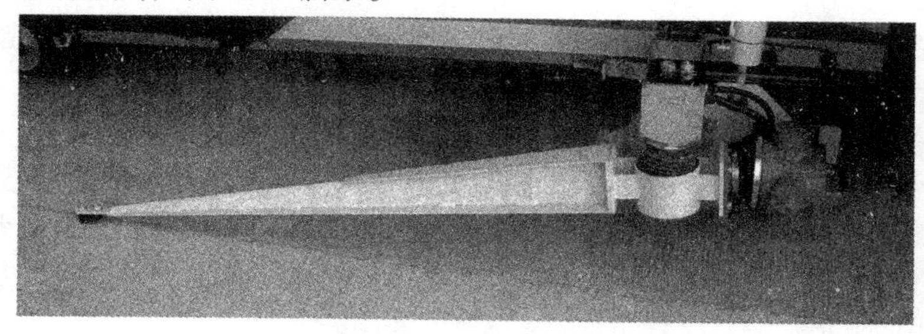

图 5.25　JG-2005 型激光自动弯沉仪

在实际测试过程中,测试架放置在路面上,测试架前三点构成一个基准面,测量臂杠杆的支点在这个基准面上。同时激光传感器也安装在这个基准面上。当检测车后轮向前行驶,测试车后轮逐渐接近测试点时,测试点所在位置的路面承受的垂直荷载逐渐增大,地面下沉。放置在测试点上的测量臂后端也随着路面的下沉向下移动,同时带动激光反射面向下移动,激光距离传感器就可以测出测点处相应的位移量,也就是路面的弯沉值激光自动弯沉仪就是贝克曼梁的自动化形式。它利用装载车后轴本身的荷载,把类似贝克曼梁本身的测量架安装在汽车底盘下方,配合导向机构、弯道测量同步控制系统、测量机构移步系统、数据采集系统,共同构成自动弯沉仪。

激光自动弯沉仪在进行路面弯沉检测时,测量架放置于路面上,汽车以一个恒定的速度前进,由于导向机构的作用,测量臂的测头刚好对准测试车左右后轮的轮隙,随着汽车向前行驶,测头所在位置荷载逐渐增大,弯沉值逐渐变大,测头也随着弯沉值的变大向下移动,数据采集系统记录这一个变化的过程,直到测头越过后轴中心线 15cm,停止数据采集,同时计算这一过程弯沉曲线以及弯沉盆峰值。当完成这一检测周期后,移步卷扬机以两倍车速的速度将测量机构向前拖动,直到导向柱超过前光电对管,停止拉梁,进行下一步测量。值得一提的是自动弯沉仪利用杠杆作用在激光传感器检测位移的变化,经过数据采集与处理,不仅可以测量出被测点的最大弯沉值,同时也可以把被测点位移值从小到大的变化过程全部记录下来,以供对路面的进一步详细研究、分析使用。

4)JG－2005型激光弯沉仪现场检测基本操作步骤

驾驶员将车辆行驶到检测现场后，操作人员应该首先按步骤进行以下工作。

（1）打开总电源开关。

（2）注意电压表读数应该在24～29V之间。

（3）下车操作测量架到测试状态。

①释放测量臂吊挂链条；②释放测量三角架保护链条；③释放测量架尾轮到测试位置；④释放测量架后端升降手柄，使测量架尾轮放置于测试路面上；⑤在车辆两侧同时释放提升机构，按住下降按钮，首先注意测量架前端导向插销是否进入导向杠杆中部的导向环中，然后用手扶住提升吊钩，直到测量架完全放置于地面上，提升吊钩从测量架吊环中脱离。在这个过程中要注意提升吊钩不要释放过度，也不要顶到吊环下端，最后将提升吊钩升到最高位置。

（4）两侧人员同时向后拖动测量架，直到导向柱越过中位光电对管，脱离导向槽。这样做的目的是保证第一步测量时梁臂位置的准确。

（5）驾驶员回到驾驶室操作取力机构，操作人员回到操作室操作检测仪器。

（6）打开下位机面板上的计算机、电台、12V电源、监视电源开关，注意下位机电源按钮都应该发光。

（7）打开计算机，检查光电对管工作状况，这时导柱位置指示灯都应该发光。操作人员分别用手遮挡三个光电对管，这时与之对应的指示灯应该熄灭。

（8）操作人员打开监视器电源开关，注意观察车下测量机构状况。

（9）进入弯沉测试程序，输入文件名、测试线路、操作人员、起点桩号等信息并设置好步距（建议使用自然步距，在弯路等特殊路段使用人工控制步距）。然后按开始键，开始测试，第一步要人工将梁拉到测量架前端。最后通知驾驶员开车，注意梁臂是否正对着轮胎缝隙，如果偏离，就要及时用调节垫片调整梁臂角度。

本章参考文献

[1] 中华人民共和国行业标准. JTG E60—2008 公路路基路面现场测试规程[S]. 北京:人民交通出版社,2008.

[2] 中华人民共和国行业标准. JTG E20—2011 公路工程沥青及沥青混合料试验规程[S]. 北京:人民交通出版社,2011.

[3] 中华人民共和国行业标准. JTG F40—2004 公路沥青路面施工技术规范[S]. 北京:人民交通出版社,2004.

[4] 中华人民共和国行业标准. JTG E40—2007 公路土工试验规程[S]. 北京:人民交通出版社,2007.

[5] 中华人民共和国行业标准. JTG D50—2006 公路沥青路面设计规范[S]. 北京:人民交通出版社,2006.

[6] 中华人民共和国行业标准. JTJ 034—2000 公路路面基层施工技术规范[S]. 北京:人民交通出版社,2000.

[7] 中华人民共和国行业标准. JTG B01—2003 公路工程技术标准[S]. 北京:人民交通出版社,2003.

[8] 中华人民共和国行业标准. JTG F80/1—2004 公路工程质量检验评定标准[S]. 北京:人民交通出版社,2005.

[9] 中华人民共和国行业标准. JTG E30—2005 公路工程水泥及水泥混凝土试验规程[S]. 北京:人民交通出版社,2005.

[10] 中华人民共和国行业标准. JTG E41—2005 公路工程岩石试验规程[S]. 北京:人民交通出版社,2005.

[11] 中华人民共和国行业标准. JTG E51—2009 公路工程无机结合料稳定材料试验工程[S]. 北京:人民交通出版社,2009.

[12] 中华人民共和国行业标准 . JTG E42—2005 公路工程集料试验规程[S]. 北京:人民交通出版社,2005.
[13] 方福森 . 路面工程[M]. 北京:人民交通出版社,1996.
[14] 方左英 . 路基工程[M]. 北京:人民交通出版社,1996.
[15] 吴初航,等 . 水泥混凝土路面施工及新技术[M]. 北京:人民交通出版社,2000.
[16] 何挺继,等 . 水泥混凝土路面施工与施工机械[M]. 北京:人民交通出版社,1999.
[17] 邓学钧,等 . 路面设计原理与方法[M]. 北京:人民交通出版社,2001.
[18] 邓学钧,等 . 刚性路面设计[M]. 北京:人民交通出版社,1992.
[19] 姚祖康 . 道路路基和路面工程[M]. 上海:同济大学出版社,1994.
[20] 李宇峙,等 . 路基路面工程试验[M]. 北京:人民交通出版社,1999.
[21] 黄仰贤 . 路面设计与分析[M]. 北京:人民交通出版社,1998.
[22] 沙庆林 . 高等级公路半刚性基层沥青路面[M]. 北京:人民交通出版社,1999.
[23] 沙庆林 . 高等级道路半刚性路面[M]. 北京:中国建筑工业出版社,1993.
[24] 胡长顺,等 . 高等级公路路基路面施工技术[M]. 北京:人民交通出版社,1994.
[25] 张晓勇 . 新拌混凝土质量快速检测技术[M]. 北京:地震出版社,1997.
[26] 徐培华,等 . 路基路面试验检测技术[M]. 北京:人民交通出版社,2002.
[27] 沈金安 . 改性沥青与 SMA 路面[M]. 北京:人民交通出版社,1999.
[28] 郝培文 . 沥青路面施工与维修技术[M]. 北京:人民交通出版社,2001.
[29] 殷岳江 . 公路沥青路面施工[M]. 北京:人民交通出版社,2000.
[30] 姚祖康 . 路面[M]. 北京:人民交通出版社,1999.
[31] 浙江大学,盛骤,等 . 概率论与数理统计[M]. 北京:高等教育出版社,2002.
[32] 盛安莲 . 路基路面检测技术[M]. 北京:人民交通出版社,1996.
[33] 汤林新 . 高等级公路路面耐久性[M]. 北京:人民交通出版社,1997.
[34] 张登良 . 沥青路面[M]. 北京:人民交通出版社,1999.
[35] 杨惠连,等 . 误差理论与数据处理[M]. 天津:天津大学出版社,1992.
[36] 王旭东 . 沥青路面材料动力特性与动态参数[M]. 北京:人民交通出版社,2002.
[37] 沙庆林 . 公路压实与压实标准[M]. 北京:人民交通出版社,1999.
[38] 崔宝琴 . 热拌沥青混凝土路面的压实[C]//2000 年道路工程学会学术交流会论文集 . 北京:人民交通出版社,2000.
[39] 赵济海,等 . 路面不平度的测量分析与应用[M]. 北京:北京理工大学出版社,2000.
[40] 茅梅芬 . 路基路面工程质量检测[M]. 南京:东南大学出版社,1998.
[41] 中国公路学会筑路机械学会 . 沥青路面施工机械与机械化施工[M]. 北京:人民交通出版社,1999.
[42] 张学维,朱维益 . 质量检查员手册[M]. 北京:中国建筑工业出版社,1995.
[43] 国家质量技术监督局认证与实验室评审管理司 . 计量认证/审查认可(验收)评审准则宣贯指南[M]. 北京:中国计量出版社,2001.
[44] 李宇峙,邵腊庚,等 . 路基路面工程检测技术[M]. 北京:人民交通出版社,2002.

第6章　桥梁工程试验

6.1　简支梁桥荷载横向分布模型试验

6.1.1　试验目的

(1)加深简支T梁桥荷载横向分布规律的理解；

(2)了解荷载分布试验方法,掌握两种理论计算方法(铰接板法和刚接板法)。

6.1.2　试验模型

试验模型分为有横隔板和无横隔板有机玻璃模型,如图6.1和图6.2所示,采用专用的试验台座,将有机玻璃放置在台座上,使用杠杆配重的方式进行加载,如图6.3所示。

1)无横隔板简支有机玻璃模型

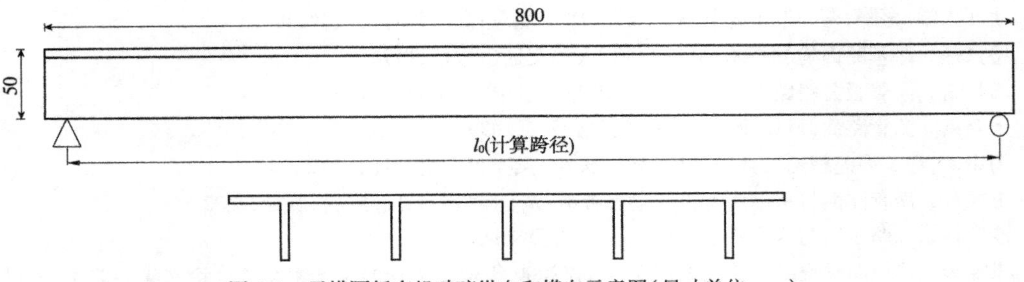

图6.1　无横隔板有机玻璃纵向和横向示意图(尺寸单位:mm)

2)有横隔板简支有机玻璃模型

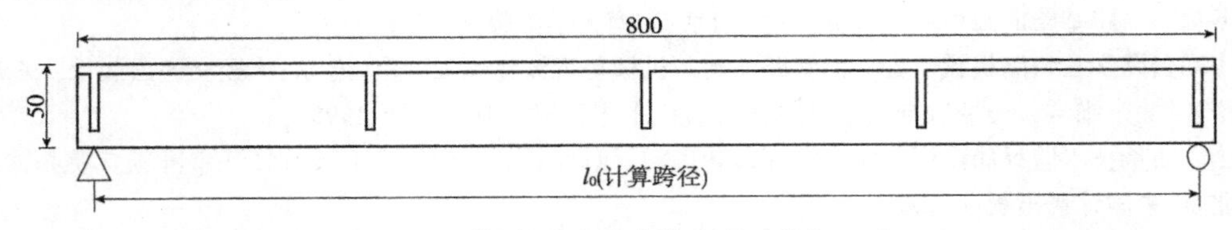

图6.2　有横隔板有机玻璃模型(尺寸单位:mm)

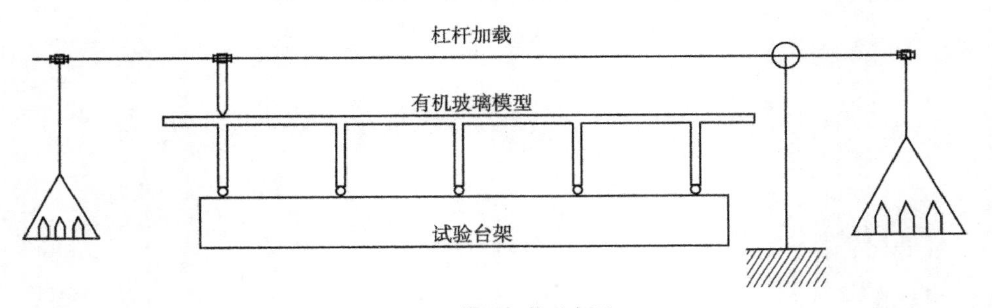

图6.3　模型加载示意图

6.1.3 主要仪器与设备

电阻式应变片，电阻式静态应变仪，百分表及磁性表座，杠杆加载系统，钢尺等。

6.1.4 试验原理

在跨中集中荷载作用下，五片 T 梁将共同承受这个荷载，各片 T 梁受力分布规律可以通过测试各片 T 梁在荷载作用下跨中截面的顶、底板所受应变和跨中变形反映出来，即通过这些测试值，反映出各片 T 梁受载横向分布规律。

试验采用等量增量法，即每增加等量的荷载 ΔP，测定一次各测点的应变增量和挠度增量。荷载一般等分为 3 级，最后卸载，完成整个试验。图 6.4 为各测点的布置示意图。

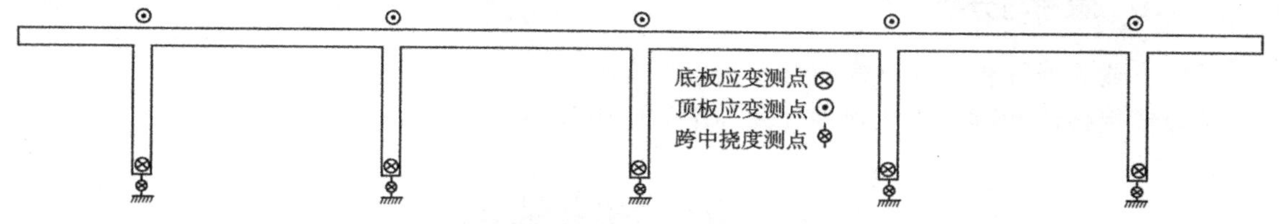

图 6.4 跨中截面应变测点及挠度测点布置示意图

6.1.5 试验方法及步骤

(1)量测模型桥梁各部分的几何尺寸(如模型桥的计算跨径、横截面尺寸等)；
(2)安装跨中截面处百分表及其磁性表座；
(3)模型上电阻应变传感器导线接入应变仪；
(4)安装杠杆的加载系统，调节杠杠的平衡；
(5)调试仪器，检查仪表线路；
(6)进行试验，试验流程见图 6.5；
(7)分析结果，关闭测试系统电源，清理现场。

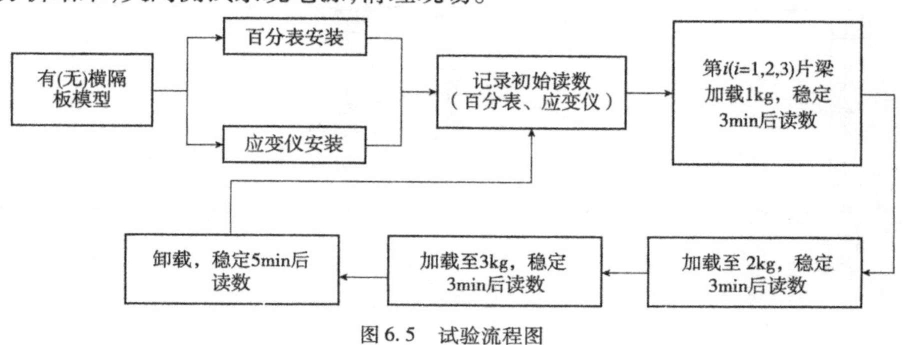

图 6.5 试验流程图

6.1.6 试验结果处理

(1)根据三次加载的应变、挠度与初值之差，得出每级荷载下的各点平均应变和平均挠度值；

(2)根据跨中顶板应变、底板应变和挠度，并转化为单位力作用下的应力和变形的分布，绘出桥梁五片 T 梁单位力作用的荷载横向分布图；

(3)根据理论方法(铰接板法、刚接板梁法)计算荷载横向分布图;
(4)采用表格形式和直线图形的形式将理论计算结果与试验结果进行对比。

6.1.7 试验报告要求

(1)简述试验名称、试验目的、试验原理、试验方法及步骤、试验仪器、试验系统流程图和模型结构构造、加载位置及测点布置简图;
(2)提交试验原始记录表(加载记录、应变记录和挠度记录表);
(3)完成两个模型三项指标(跨中挠度,顶、底板应变)的荷载横向分布图;
(4)对两个模型分别采用两种横向分布理论进行计算,并与试验比较分析,得出结论性总结。

6.1.8 思考与分析

(1)有或无横隔板对荷载横向分布的影响有哪些?
(2)铰接板法和刚接板法两种计算理论的适用条件分别是哪些?

6.2 拱结构模型试验

6.2.1 试验目的

(1)了解无铰拱结构的构造和受力特点;
(2)测定无铰拱结构指定点的位移及指定截面内力的方法;
(3)掌握拱结构的内力和拱顶位移计算方法,并与试验结果相比较,得到其相对误差。

6.2.2 试验模型

拱桥试验模型分为单拱和连拱模型试验,如图 6.6 和图 6.7 所示。

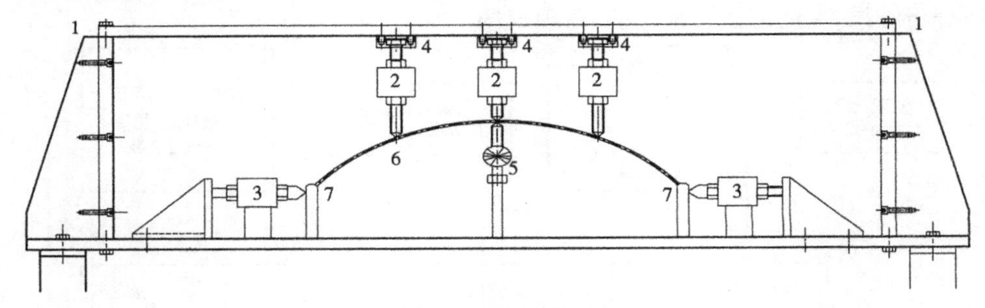

图 6.6 单拱钢模型

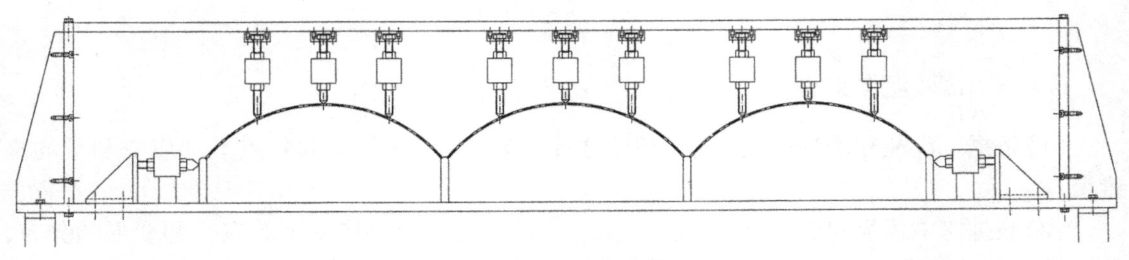

图 6.7 连拱钢模型

6.2.3 主要仪器与设备

电阻式应变片，电阻式静态应变仪，百分表及磁性表座，压力传感器（1t），钢尺等。

6.2.4 试验原理

拱结构是受压为主的构件，同时也承担了弯矩，所以是偏心受压构件。可以通过顶、底板的应变计算得到相应截面的弯矩和轴力，计算过程如下。

（1）在拱圈上拱脚、四分点截面处，内外表面沿拱纵向各贴有一片应变片。实测得到顶、底板纵向应变分别为 ε_{top} 和 ε_{bot}（图6.8），根据下面两个公式求得 ε_N（轴力产生应变）和 ε_M（弯矩产生应变）。

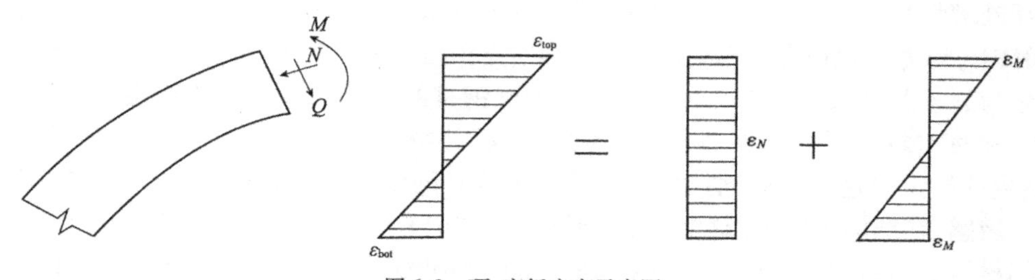

图6.8 顶、底板应变示意图

$$\varepsilon_{top}=\varepsilon_N+\varepsilon_M,\varepsilon_{bot}=\varepsilon_N-\varepsilon_M \tag{6.1}$$

（2）在拱顶荷载作用下，测试得到顶、底板应变后，由式（6.1）求得 ε_N 和 ε_M 后，应用《材料力学》轴向应力（应变）和弯曲应力（应变）公式

$$\varepsilon_N=\frac{N}{EA},\varepsilon_M=\frac{My}{EI} \tag{6.2}$$

得到轴力 N 和弯矩 M。

6.2.5 试验方法及步骤

（1）量测模型各部分的几何尺寸（如模型的计算跨径、截面尺寸等）；
（2）安装百分表及磁性表座；
（3）模型上电阻应变传感器和压力传感器导线接入应变仪；
（4）连接和调试试验仪器，检查仪表线路；
（5）通过拧动拱顶加载装置，分三次加载，每次加载量为0.3kN；
（6）分析实验结果，关闭测试系统电源，清理现场。

6.2.6 试验结果处理

（1）根据三次加载的应变、挠度与初值之差，得出每级荷载下的各点平均应变和平均挠度值；
（2）采用表格形式和直线图的形式将理论计算值与试验结果进行对比。

6.2.7 试验报告要求

（1）简述试验名称、试验目的、试验原理、试验方法及步骤、试验仪器、试验系统流程图和模型结构构造、加载位置及测点布置简图；
（2）提交试验原始记录表（加载记录、应变记录和挠度记录表）；

(3)通过量测 1/4 和拱脚处应变,计算两个模型这两个位置相应的弯矩和轴力值;
(4)对两个模型分别进行理论计算,并与试验比较分析,提出结论性总结。

6.2.8 思考与分析

(1)通过计算请分析拱座变形对计算结果的影响。
(2)拱结构与梁结构受力有何不同?
(3)板拱的横向应力分布是怎样的?

6.3 CFRP 拉索斜拉桥模型受力性能试验

碳纤维增强复合材料 CFRP(Carbon Fiber Reinforced Polymer/Plastic)以其强度高(有的高于3 000MPa,约为高强预应力钢筋的2倍)、重量轻(约为钢材的1/5)和免锈蚀等优异性能极有希望成为处于恶劣自然环境下桥梁结构中传统钢材的替代品。与传统钢索或钢吊杆相比,CFRP 索(吊杆)除强度高、耐久性好外,还具有以下独特优势:①由于 CFRP 的比强度大,由 CFRP 制成的拉索的垂度只有钢拉索的 1/5;②CFRP 的温度膨胀系数只有钢材的 1/10,对温度变化不敏感,在结构中所引起的温度变形很小;③CFRP 材料的疲劳性能也远优于钢索,据瑞士联邦材料试验研究所试验证明:19 根单丝的 CFRP 缆索在 2×10^6 次循环荷载下未发生破坏,平均应力为 550MPa,循环荷载应力幅度可达 900MPa,其疲劳强度约为相同条件下钢索的3倍。可见,作为缆索材料,CFRP 的抗疲劳性能优于钢缆索;④CFRP 索的维护费用比钢索低,尽管材料价格较高,但其综合经济性能良好。活性粉末混凝土 RPC(Reactive Powder Concrete)是一种新型的超高性能混凝土,具有高强度,徐变较小,基本上没有收缩,良好的塑性、耐磨性和耐久性特点。RPC 的研究始于 1993 年法国 Bouygues 实验室。RPC 是一种具有较高的韧性、抗压强度和优异耐久性能的超高性能混凝土。到目前为止,在斜拉桥结构中拉索采用 CFRP 而混凝土采用 RPC 的受力性能研究没有相关的文献报道,因此展开 CFRP 斜拉桥结构模型(混凝土采用 RPC)的受力性能试验具有非常重要的理论意义和工程实用价值。

6.3.1 试验目的

(1)了解新型复合材料 CFRP 的主要优缺点,及其在斜拉桥的应用前景;
(2)掌握结构试验模型的设计基本原理,充分利用 CFRP 拉索和 RPC 混凝土的优点,得到最佳的试验模型;
(3)了解已开发的 CFRP 筋材的锚具构造、加工工艺等;
(4)掌握试验研究 CFRP 斜拉桥结构模型的静力力学性能。

6.3.2 试验材料及仪器

(1)CFRP 拉索斜拉桥结构模型;
(2)加载试块、百分表以及压力传感器等。

6.3.3 试验模型

CFRP 拉索斜拉桥结构模型为独塔双索面的斜拉桥,两跨跨径相等布置,主梁和索塔采用活性粉末混凝土制作。其中,试验 CFRP 筋材如图 6.9 所示,索力传感器如图 6.10 所示,自制研发的 CFRP 筋夹片式锚具由锚杯和夹片组成,如图 6.11 所示。CFRP 筋夹片式锚具锚杯和夹片材料选用 30SiMn2MoVA 合金结构钢，该材料经过热处理后屈服强度为 850MPa，夹片的硬度达到 40 ~ 45HRC，锚杯的硬度达到 30 ~ 32HRC。锚杯和夹片倾角角度差为 0.1°。夹片小端边缘采用 10°倒角。锚杯的外径为 47mm，内壁倾角为 3°，锚杯长度为 90mm。夹片内表面采用凹齿形式，其中凹齿宽度在 3.1 ~4.1mm 之间，凹齿深度取为 0.3mm，凹齿间距为 12mm，夹片预紧力 100kN，铝套管厚度为 1.0mm。

图 6.9 试验 CFRP 筋材

图 6.10 索力传感器

图 6.11 CFRP 筋夹片式锚具

CFRP 拉索斜拉桥结构模型主梁为 π 形截面，顶板厚度为 30mm，腹板厚度为 100mm；主梁中间位置设有 7 道横隔板，横隔板厚度为 30mm；主梁端部为了加强支撑，采用实心段，实心段的长度为 200mm。主塔为矩形截面，其尺寸为 200mm × 200mm。拉索为 CFRP 筋，在主梁上的间距为 500mm，在主塔上的间距为 300mm，且力传感器预埋入主梁端部。主梁采用预制拼装施工工艺，本模型主梁仅分两节段预制，即以主塔为中心线分成两部分分开浇筑预制，在其交接部位采用环氧树脂结构胶以及预埋螺栓进行连接。CFRP 拉索斜拉桥结构模型如图 6.12 所示；CFRP 拉索斜拉桥结构模型现场照片如图 6.13 所示。

6.3.4 试验步骤

（1）制订 CFRP 拉索斜拉桥结构模型的静力试验加载方案；

（2）建立 CFRP 拉索斜拉桥结构仿真模型，并根据试验加载方案进行理论计算；

（3）按照试验加载方案，布置应变和挠度测点，进行相应的加载；

（4）测试不同工况下 CFRP 拉索索力、关键截面应力和挠度值。

6.3.5 试验数据处理

（1）绘制主梁混凝土、CFRP 拉索以及普通钢筋的应力—应变曲线的表格以及曲线图，并进行相应的分析；

（2）根据试验荷载与 CFRP 拉索索力的系列数据，制作相应的表格，绘制相应的荷载—CFRP 拉索索力曲线图，并进行相应的分析；

（3）根据试验荷载与混凝土应变的系列数据，制作相应的表格，并绘制相应的荷载—混凝土应变曲线图，并进行相应的分析；

（4）根据试验荷载与挠度的系列数据，制作相应的表格，并绘制相应的荷载—挠度曲线图，并进行相应的分析；

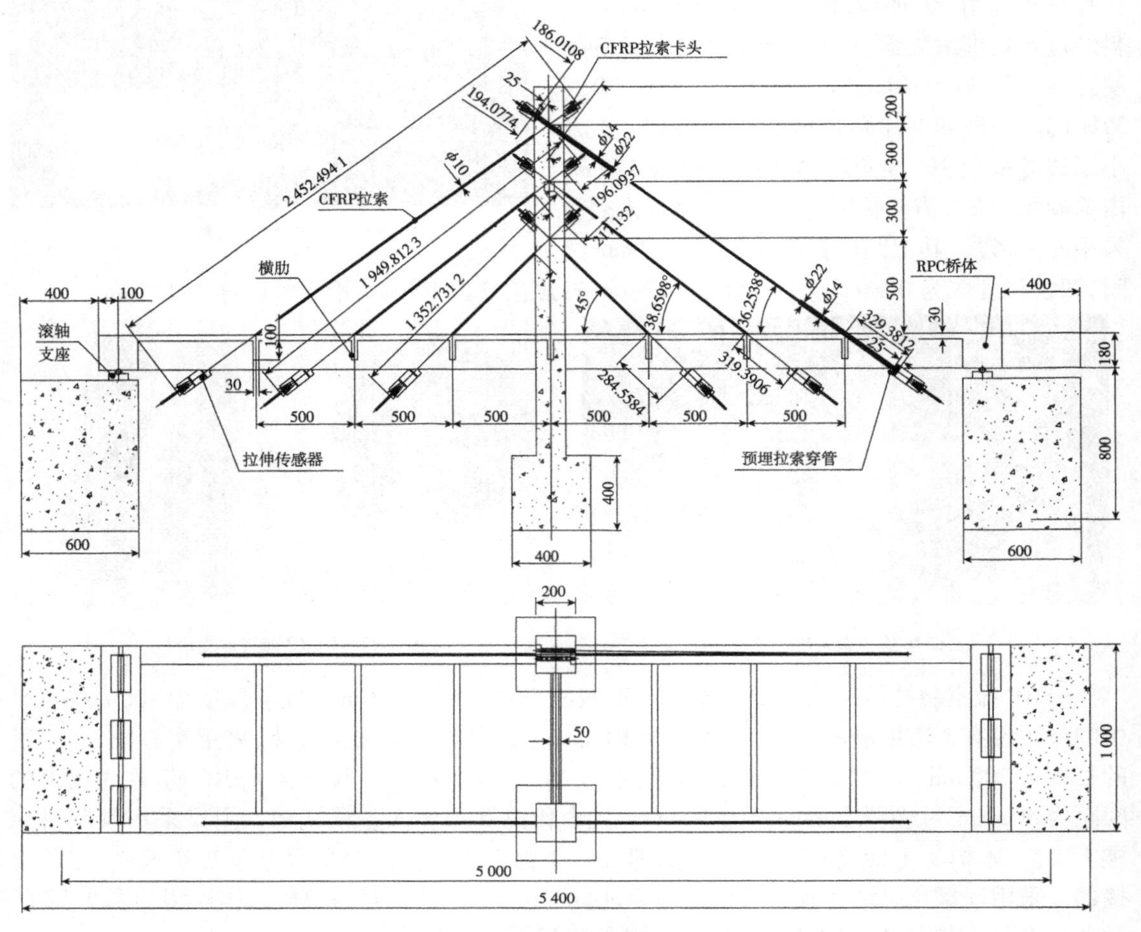

图 6.12　CFRP 拉索斜拉桥结构模型(尺寸单位:mm)

(5)将实测值与理论值进行比较分析;

(6)讨论新型材料 CFRP 拉索以及活性粉末混凝土 RPC 在超大跨度斜拉桥应用的可行性。

图 6.13　CFRP 拉索斜拉桥结构模型现场照片

6.3.6　试验报告要求

(1)写出试验名称、试验目的与要求、试验原理、试验设备以及仪器、试验步骤等;

(2)分别制作试验荷载与主梁挠度、主梁应变以及 CFRP 拉索索力等系列数据的表格,绘制相应的图形,并进行分析,以此得出相应的试验结论;

(3)将实测值与理论值进行比较分析,并讨论新型材料 CFRP 拉索以及活性粉末混凝土 RPC 在超大跨度斜拉桥应用的可行性;

(4)得出试验结论,并写出试验心得体会。

6.4 简支箱梁整体工作性能试验

6.4.1 试验目的

(1)增强对箱形截面桥梁基本构造特征,箱形桥的顶板、腹板和底板以及支座的感性认识;

(2)深化理解荷载作用下简支箱梁的正应力分布规律和剪力滞效应;

(3)培养学生理论结合实际的能力,学会通过试验来检验理论的一般方法。

6.4.2 试验模型

模型材料选用有机玻璃。有机玻璃具有以下优点:①弹性模量较低(约为钢的1/70),较低的加载量就可以得到较明显的结构响应,便于提高测量精度;②有较高的弹性极限(约为60MPa),且在弹性范围内线性关系好:③材料的匀质性好,加工性亦好。但有机玻璃也有缺点:对温度较为敏感,具有一定的滞后弹性特征。本试验在室内相对稳定温度场条件下进行,同时通过布置温度补偿片,可以将温度对应变测试结果的影响降到最低。简支箱梁模型横截面为单箱单室形式,截面高95mm、宽450mm,模型桥梁结构为跨径80cm的简支结构,箱梁模型截面尺寸如图6.14所示。

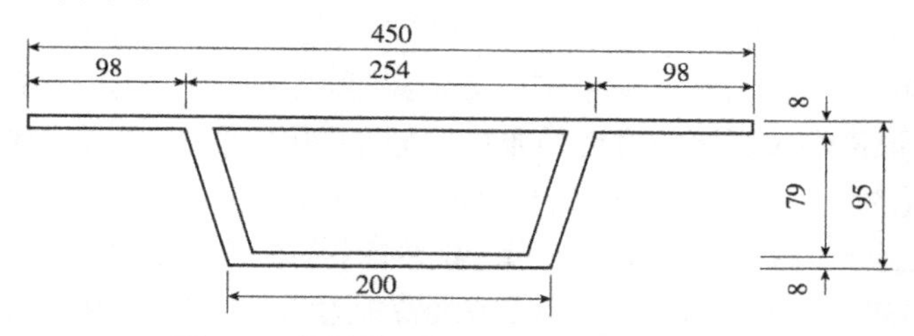

图6.14 箱梁模型截面尺寸(尺寸单位:mm)

6.4.3 试验装置

箱梁模型通过橡胶垫简支于台座的支承上,通过杠杆加载系统加载,用应变片测试测点应变,用百分表量测跨中挠度,千分表测试支点沉降。试验荷载工况及加载位置:在简支箱梁跨中顶板靠近腹板的位置对称布置集中荷载,然后测试此种荷载作用下在$l/2$、$l/4$和支座附近截面的应力值和跨中的挠度值。竖向集中荷载采用砝码加载,并通过分配梁下垫有机玻璃小梁传力加载。跨中对称集中荷载分级加载为:第一级加载:$P=25$kg;第二级加载:$P=35$kg;第三级加载:$P=45$k,加载示意图如图6.15所示。应变测点布置如图6.16所示,试验照片如图6.17所示。

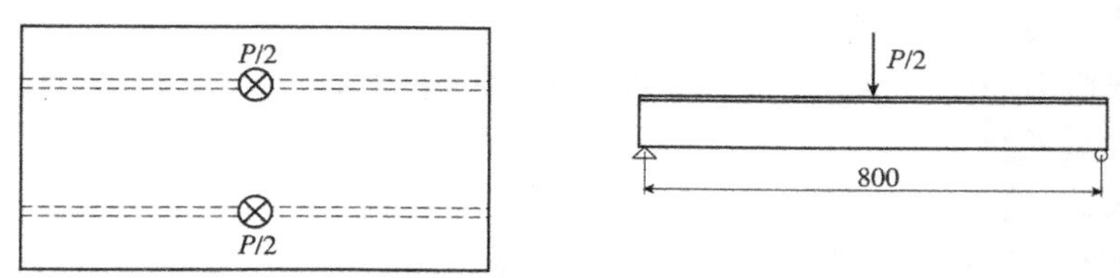

图6.15 试验加载示意图(尺寸单位:mm)

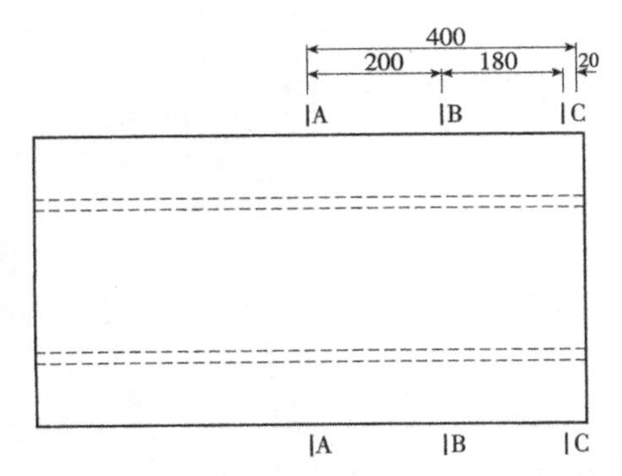

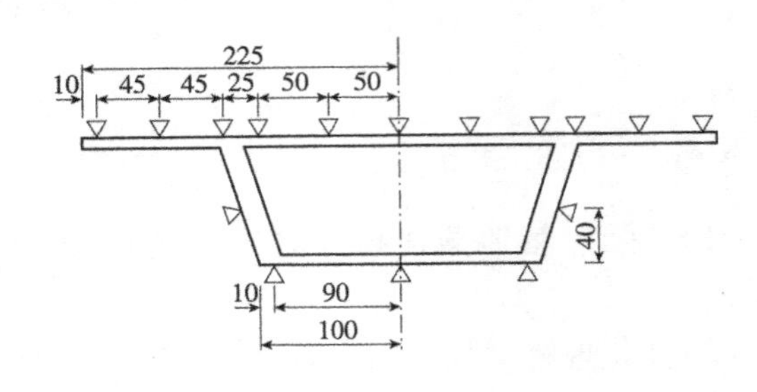

图 6.16　测点布置截面及位置示意图(尺寸单位:mm)

图 6.17　试验照片

6.4.4　试验设备及仪器

电阻式应变片,电阻式静态应变仪,杠杆加载系统,百分表、千分表及磁性表座,压力传感器及测力仪,采集数据电脑。

6.4.5　试验原理

箱形梁的两腹板处受到对称竖向荷载作用时,按初等梁理论的平截面假定,不考虑剪切变形对纵向位移的影响,因此,上、下翼缘板正应力沿梁宽度方向是均匀分布的。但在宽翼箱形截面梁中,由于剪切变形沿箱梁翼缘板宽度的非均匀分布,引起弯曲时远离肋板(即腹板)的翼板纵向位移滞后于近肋板的翼板纵向位移,产生弯曲正应力的横向分布呈曲线形状。这种由翼板的剪切变形造成的弯曲正应力沿宽度方向非均匀分布的现象,称为“剪力滞效应”。按照经典的定义,靠近腹板处翼板中的纵向应力大于靠近翼板中点或悬臂板边缘点处的纵向应力,称之为“正剪力滞”;而翼板中点或悬臂板边缘点处的纵向应力大于其腹板附近翼板的纵向应力,称之为“负剪力滞”。

通过对简支箱梁模型进行加载试验,测试关键截面上的应力与变形,并与理论计算进行比较,对比测试受力变形及应力分布与理论计算值的规律是否一致。

目前,国内外许多学者对剪力滞问题提出了许多新设想和不少新理论,归纳起来大体可分为:①以弹性理论为基础的经典解析法;②以简化结构图式为基础的比拟杆法;③以能量原理为基础的泛函变分法;④以有限元为基础的数值解法。对于本试验的理论挠度和位移可采用能量变分法进行计算,也可采用大型有限元软件如 ANSYS、Midas FEA、Marc 等进行计算。

6.4.6　试验步骤

(1)量测模型各部分的几何尺寸、模型的计算跨径等,图示应变测点对应模型位置;

(2)安装百分表、千分表及磁性表座;

(3)模型上电阻应变传感器导线接入应变仪,特别注意补偿片要接入应变仪相应的位置;

(4)安设加载系统;

(5)调试仪器,检查仪表线路;

(6)移动加载系统调试完成,记录空载下应变初值和百分表、千分表初值;

(7)第一级加载,待稳定后记录荷载、应变、挠度的读数值;

(8)记录完毕后,继续第二级加载,待稳定后记录荷载、应变、挠度的读数值;
(9)记录完毕后,继续第三级加载,待稳定后记录荷载、应变、挠度的读数值;
(10)然后将荷载缓慢卸载,记录应变、挠度的读数值;
(11)试验完成,清理试验现场。

6.4.7 试验数据处理及误差分析

(1)根据试验测试的荷载与挠度、位移系列数据,制作相应的表格,填入相应的荷载、挠度和应变值,并进行相应的分析;

(2)根据试验测试的荷载与应变的系列数据,对应于每级荷载,分别根据顶板、底板应变绘制截面应力分布图;

(3)综合分析荷载—挠度曲线图、应力分布图,并将实测值与理论值进行比较,计算出相对误差,进行分析讨论。

6.4.8 试验报告要求

(1)写明试验名称、试验目的与要求、试验原理、试验设备以及仪器、试验步骤等;

(2)分别制作试验荷载与挠度、应变等系列数据的表格,绘制相应的图形,并进行分析,以此得出相应的试验结论;

(3)理论计算挠度与应变,并将实测值与理论值进行比较,计算出相对误差,分析产生误差的原因;

(4)得出试验结论;

(5)写出试验心得体会。

6.5 桥梁结构动力特性测试试验

6.5.1 试验目的

(1)了解模态试验的过程及方法,了解模态测试软件;
(2)通过简支梁(连续梁)的模态试验,获得其模态参数(频率、阻尼、振型);
(3)初步了解结构模态参数对分析结构设计、评定结构动态特性的作用。

6.5.2 试验模型

试验模型如图 6.18 所示。

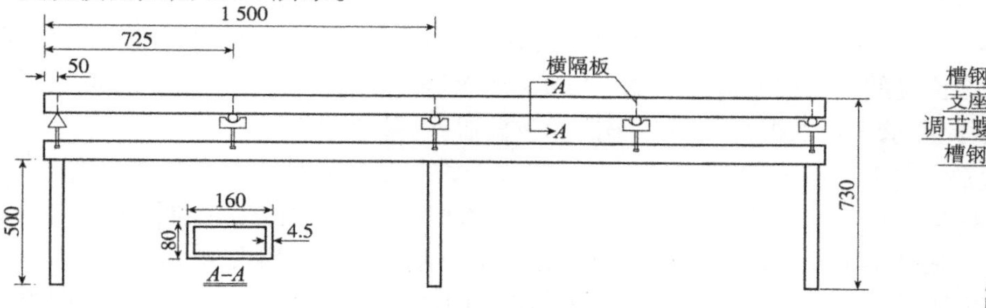

图 6.18 桥梁结构动力特性试验模型(尺寸单位:mm)

6.5.3 试验装置

试验装置如图 6.19 所示。

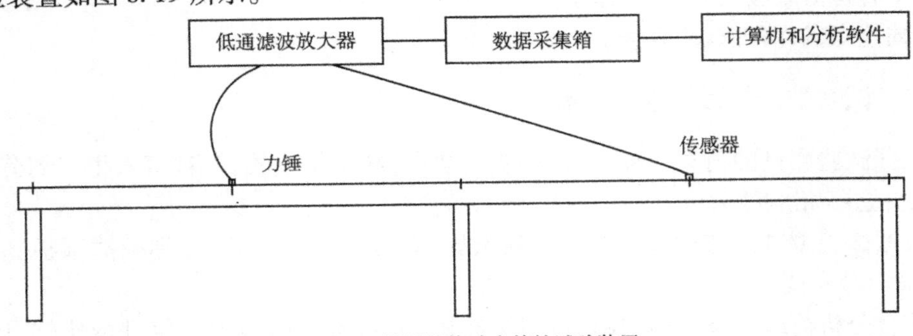

图 6.19 桥梁结构动力特性试验装置

6.5.4 试验设备及仪器

简支(连续)钢梁,低通滤波放大器 AZ804,数据采集箱 308,振动及动态数据分析软件 CRAS7.0,压电式/加速度传感器,力锤,计算机,导线,接头等。

6.5.5 试验原理

模态分析是研究结构动力特性的一种近代方法,是系统辨别方法在工程振动领域中的应用。模态是机械、土木建筑等结构的固有振动特性,每一个模态具有特定的固有频率、阻尼比和模态振型。这些模态参数可以由计算或试验分析取得,这样一个计算或试验分析过程称为模态分析。这个分析过程如果是由有限元计算的方法取得的,则称为计算模态分析;如果通过试验将采集的系统输入与输出信号经过参数识别获得模态参数,称为试验模态分析。通常,模态分析都是指试验模态分析。

模态分析的经典定义:将线性定常系统振动微分方程组中的物理坐标变换为模态坐标,使方程组解耦,成为一组以模态坐标及模态参数描述的独立方程,以求出系统的模态参数。坐标变换的变换矩阵为模态矩阵,其每列为模态振型。模态分析基本过程如下。

(1)激励方法。试验模态分析是人为地对结构物施加一定动态激励,然后采集各点的振动响应信号及激振力信号,根据力及响应信号,用各种参数识别方法获取模态参数。激励方法不同,相应识别方法也不同,目前主要有单输入单输出(SISO)、单输入多输出(SIMO)及多输入多输出(MIMO)三种方法。按照输入力的信号特征还可分为正弦慢扫描、正弦快扫描、稳态随机(包括白噪声、宽带噪声或伪随机)、瞬态激励(包括随机脉冲激励)等。

(2)数据采集。SISO 方法要求同时高速采集输入与输出两个点的信号,用不断移动激励点位置或响应点位置的办法取得振形数据。SIMO 及 MIMO 的方法则要求大量通道数据的高速并行采集,因此要求大量的振动测量传感器或激振器,试验成本较高。

(3)时域或频域信号处理。根据已知条件,建立一种描述结构状态及特性的模型,作为计算及识别参数依据。目前一般假定系统为线性的。由于采用的识别方法不同,也分为频域建模和时域建模。根据阻尼特性及频率耦合程度分为实模态或复模态模型等。

(4)参数识别。按识别域的不同可分为频域法、时域法和混合域法,后者是指在时域识别复特征值,再回到频域中识别振型,激励方式(SISO、SIMO、MIMO)不同,相应的参数识别方法也不尽相同，并非越复杂的方法识别的结果越可靠。对于目前能够进行的大多数不是十分复杂的结构，只要取得了可靠的频响数据，即使用较简单的识别方法也可能获得良好的模态参数；反之，即使用最复杂的数学模型、最高级的拟合方法，如果频响测量数据不可靠，识别的结果一定不会理想。

（5）振形动画。通过参数识别得到结构的模态参数模型，即一组固有频率、模态阻尼以及相应各阶模态的振形。由于结构复杂，由许多自由度组成的振形也相当复杂，必须采用动画的方法，将放大了的振形叠加到原始的几何形状上。

以上四个步骤是模态试验及分析的主要过程。而支持这个过程的除了激振拾振装置、双通道 FFT 分析仪、台式或便携式计算机等硬件外，还要有一个完善的模态分析软件包。通用的模态分析软件包必须适合各种结构物的几何特征，设置多种坐标系，划分多个子结构，具有多种拟合方法，并能将结构的模态振动在屏幕上三维实时动画显示。简支（连续）钢梁模态测试基本原理示意见图 6.20。

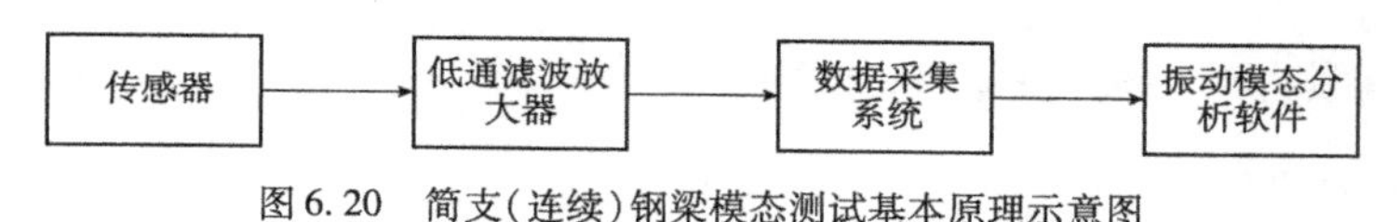

图 6.20　简支（连续）钢梁模态测试基本原理示意图

6.5.6　试验步骤

（1）将试验钢梁安装好，测量记录模型尺寸，设计支撑位置，设计确定敲击点或激振点位置并编号；

（2）正确连接好低通滤波放大器、数据采集箱、传感器、计算机连线、竖向加速度传感器，设置好低通滤波放大器放大倍数和滤波频率；

（3）开启各仪器电源，运行计算机，启动桌面图标“CRAS 7.0”，进入软件运行界面，熟悉软件界面和功能；

（4）在 D:\TEST 下建立一个试验文件，正确设置模型参数，建立简支（连续）结构模型，进入导纳测量对话框，正确选择好采样频率和窗函数、平均块数、测量单位、软件放大倍数、测量方向等，进入采集状态；

（5）根据编号，正确锤击不同的测点，采集力锤信号和加速度响应信号；

（6）数据采集完成后进行参数识别，选择导纳测量模式，进行初始估计、曲线拟合，观测测试振型；

（7）根据测试振型，判定各测点测试数据是否正常，如果发现测试数据异常，返回步骤（5），重新测试异常测点，直至完成全部测试；

（8）将测试结果保存在 Word 文档中，打印测试结果，关闭仪器，填写试验记录和仪器使用记录。

6.5.7　试验数据处理及误差分析

（1）列举出简支（连续）结构实测试验结果；

（2）根据理论计算结果，主要从刚度指标分析处理测试结果，评价简支（连续）结构钢梁的实际刚度，并进行原因分析；

（3）试验结论和收获。

6.5.8 试验报告要求

(1)写出试验名称、试验目的与要求、试验原理、试验设备以及仪器、试验步骤等；
(2)打印实测模态图形，并进行分析，以此得出相应的试验结论；
(3)得出试验结论；
(4)写出试验心得体会。

6.6 缆索支承桥梁索力测试试验

6.6.1 试验目的

(1)了解缆索支承桥梁索力测试的各种方法和过程；
(2)了解不同索力测试方法的原理和前提条件；
(3)初步了解索力对结构体系分析的作用。

6.6.2 试验模型

试验模型采用自制模型，如图 6.21 所示。

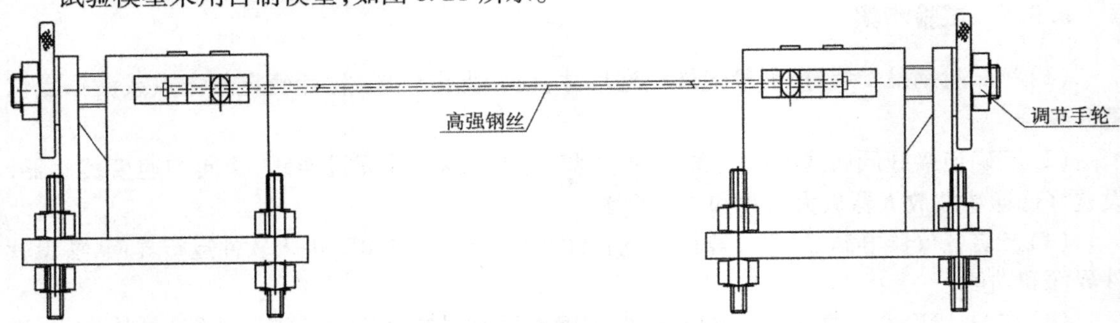

图 6.21 试验模型采用自制模型

6.6.3 试验装置

试验装置如图 6.22 所示。

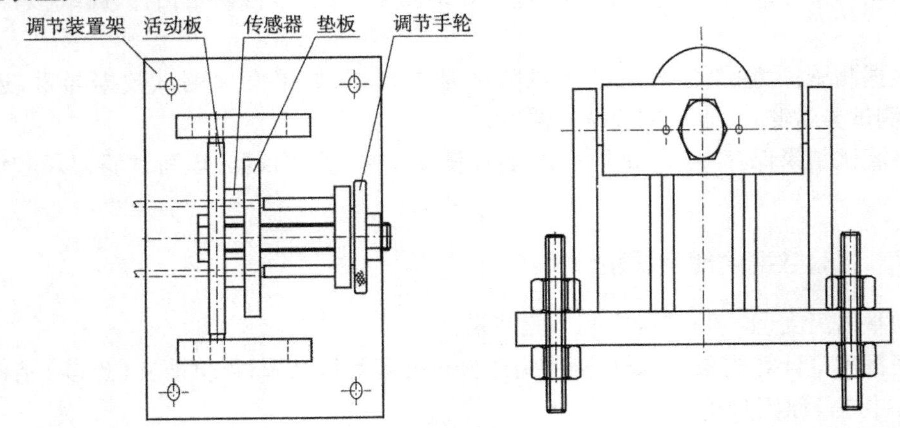

图 6.22 试验装置

6.6.4 试验设备及仪器

高强钢丝,锚固座,应变片,数显应变仪,压力传感器,低通滤波放大器 AZ804,数据采集箱 AZ116/308,振动及动态数据分析软件 CRAS7.0,压电式传感器,力锤,计算机,导线,接头,钢卷尺,游标卡尺等。

6.6.5 试验原理

对试验室现有的索力模型分级加载(张拉),在钢丝锚头读取各级荷载力传感器的读数;在高强钢丝关键控制点处布置应变测点,用应变仪读取各级荷载作用下各个控制点的应变,换算成索力;用振动及动态数据采集分析系统测试高强钢丝在各级荷载作用下基频的变化,通过基频值求得索力。用上述这三种不同的方法测试索力,比较三种方法的优缺点及适应条件。

1)方法一

在高强钢丝上套一穿心式压力传感器,张拉时压力传感器受压后就输出电讯号,于是就可在配套的仪表上读出索的张拉力。常用的压力传感器主要有振弦式压力传感器、电阻式压力传感器、压电式压力传感器、光纤光栅式压力传感器四种,本试验采用电阻式压力传感器测试索力。

通过应变仪直接读出传感器的应变值,根据传感器的灵敏系数直接求出锚固点的索力。

$$T = K\varepsilon \tag{6.3}$$

式中:K——压力传感器的灵敏系数,kN/$\mu\varepsilon$;

ε——压力传感器的应变仪的读数,$\mu\varepsilon$。

2)方法二

在高强钢丝表面粘贴钢筋应变片,通过应变仪直接读出钢丝的应变值,通过钢丝的弹性模量换算钢丝的应力,后换算得出高强钢丝受力大小:

$$T = \pi d^2/4 \times E \times \varepsilon \tag{6.4}$$

式中:d——钢丝直径,mm;

E——钢丝弹性模量,取 1.95×10^5 MPa;

ε——应变仪的读数,$\mu\varepsilon$。

3)方法三

频率法是依靠高灵敏度拾振器测得索的振动频率,根据索力与其自振频率的对应关系换算出索力。频率法测试索力的流程如下:加速度传感器—滤波放大器—信号分析仪—计算机和软件。加速度传感器是将拉索振动加速度信号转换成电信号的设备;滤波放大器是将噪声滤去,并将信号放大的设备;信号分析仪首先将模拟信号数字化,然后通过快速傅里叶变换(FFT)得出功率谱图;将各阶频率输入索力测试设备中,通过设备内部索力计算软件得出索力。

在高强钢丝表面布置小型压电式传感器,利用力锤激振,让高强钢丝振动,通过振动及动态数据采集分析系统测试结构体系的基频,后换算得出高强钢丝索力:

$$T = 4ml^2/f_0^2 \tag{6.5}$$

式中:m——单位长度的质量;

l——索长;

f_0——测试基频。

索力测试基本原理示意见图 6.23。

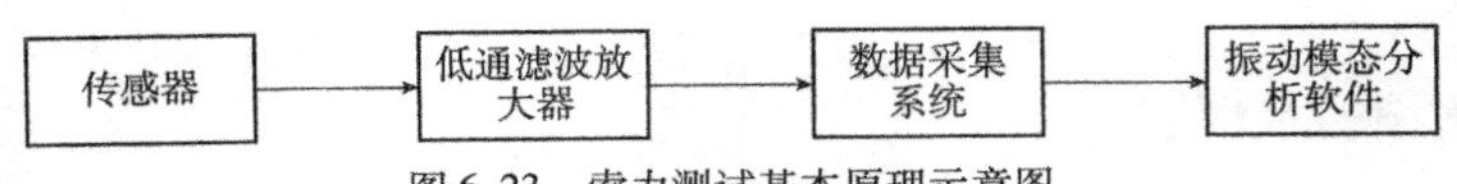

图 6.23　索力测试基本原理示意图

6.6.6　试验步骤

(1)将试验索锚固调节装置安装好,保证压力传感器受力合理,测量记录索长、直径等,记录弹性模量,确定力锤敲击点或激振点位置。

(2)正确连接好低通滤波放大器、数据采集箱、传感器、计算机连线、竖向加速度传感器,设置好低通滤波放大器放大倍数和滤波频率。

(3)连接压力传感器应变仪 1,在索表面粘贴应变片并连接应变仪 2,接通电源。

(4)开启振动测试各仪器电源,运行计算机,启动桌面图标"CRAS 7.0",进入软件运行界面,熟悉软件界面和功能。在 D:\TEST 下建立一个试验文件,正确设置模型参数,建立索结构模型,进入导纳测量对话框,正确选择好采样频率和窗函数、平均块数、测量单位、软件放大倍数、测量方向等,进入采集状态。

(5)分级张拉索力,测试各级荷载下压力传感器的应变值、高强钢丝上的应变值,采集力锤信号和加速度响应信号。

(6)数据采集完成后进行参数识别,选择导纳测量模式,进行初始估计、曲线拟合,观测所测试基频,将测试结果保存在 Word 文档中,打印测试结果,关闭仪器。

(7)填写试验记录和仪器使用记录。

6.6.7　试验数据处理及误差分析

(1)列举不同测试方法实测试验结果。

(2)根据理论计算结果,对测试的结果进行误差分析,评价测试方法的优缺点,并进行原因分析。

(3)试验结论和收获。

6.6.8　试验报告要求

(1)写出试验名称、试验目的与要求、试验原理、试验设备以及仪器、试验步骤等;

(2)绘出加载级数对应的索力图形,并进行对比分析,以此得出相应的试验结论;

(3)得出试验结论;

(4)写出试验心得体会。

6.7　基桩静载试验

6.7.1　试验目的

(1)了解基桩静载试验的程序和方法;

(2)熟悉和掌握基桩静载试验装置的使用方法;

(3)通过试验桩理解基础荷载的传递机理、基础破坏模拟、桩端土滑移模式;

(4)初步掌握基桩静载试验承载力确定和计算。

6.7.2 试验装置

基桩静载试验采用接近于竖向抗压桩的实际工作条件的试验方法，确定单桩竖向（抗压）极限承载力；还可适当埋设桩底反力和桩身应力、应变测量元件，直接测定桩周各土层的极限侧阻力和极限端阻力，进一步研究基础荷载的传递机理、基础破坏、桩端土滑移模式等。基桩静载试验一般采用油压千斤顶加载，其反力装置主要有下列三种形式：

（1）锚桩横梁反力装置（锚桩、反力梁装置能提供的反力应不小于预估最大试验荷载的1.2～1.5倍）；

（2）压重平台反力装置（压重不得小于预估最大试验荷载的1.2倍；压重应在试验开始前一次加上，并均匀稳固放置于平台上）；

（3）锚桩压重联合反力装置（当试桩最大加载量超过锚桩的抗拔能力时，可在横梁上放置或悬挂一定重物，由锚桩和重物共同承受千斤顶加载反力）。

千斤顶平放于试桩中心，当采用2个以上千斤顶加载时，应将千斤顶并联同步工作，并使千斤顶的合力通过试桩中心。当采用堆载时应注意如下事项：

（1）堆载加于地基的压应力不宜超过地基承载力特征值；

（2）堆载的限值根据其对试桩和对基准桩的影响确定；

（3）堆载量大时，宜利用桩（可利用工程桩）作为堆载的支点；

（4）试验反力装置的最大承重能力应满足试验加载的要求。

试验加载装置如图6.24所示。

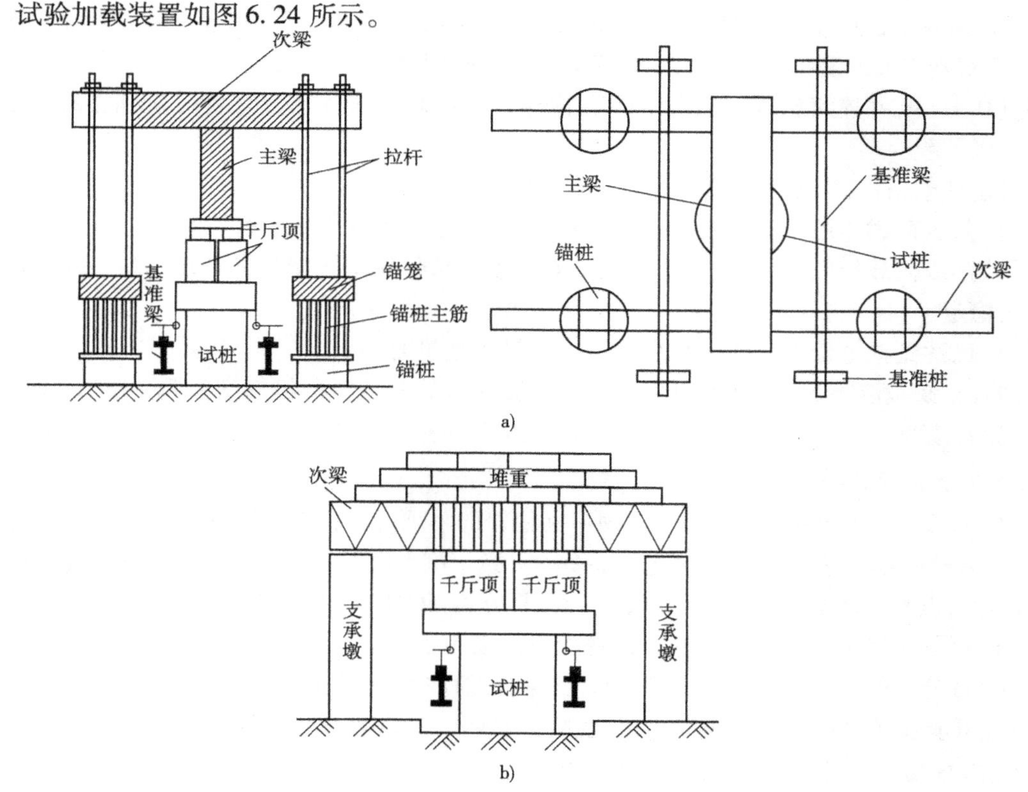

图6.24 反力装置示意图

a）锚桩反力；b）重物堆载反力

基桩静载试验施加于试桩的荷载可用放置于千斤顶上的应力环、应变式压力传感器直接测定,也可采用千斤顶的压力表测定油压,根据千斤顶率定曲线换算荷载。试桩沉降一般采用百分表或电子位移计测量。对于大直径桩应在2个或3个位置安装位移测试仪表。沉降测定平面离桩顶距离不应小于0.5倍桩径,固定和支承百分表的夹具和基准梁在构造上应确保不受气温、振动及其他外界因素影响而发生竖向变位。

试桩顶部一般应予加强,可在桩顶配置加密钢筋网2~3层,或以薄钢板圆筒作成加劲箍与桩顶混凝土浇成一体,并用高强度等级砂浆将桩顶抹平。对于预制桩,若桩顶未破损可不另作处理。为安装沉降测点和仪表,试桩顶部露出地面的高度不宜小于600mm,试坑地面宜与桩承台底设计高程一致。

6.7.3 试验方法

1)试验加载方式

采用慢速维持荷载法,即逐级加载,每级荷载达到相对稳定后加下一级荷载,直到试桩破坏,然后分级卸载到零。当考虑结合实际工程桩的荷载特征可采用多循环加、卸载法(每级荷载达到相对稳定后卸载到零)。当考虑缩短试验时间,对于工程桩的检验性试验,可采用快速维持荷载法,即一般每隔1h加一级荷载。

2)加卸载与沉降观测

加载分级:每级加载为预估极限荷载的1/10~1/15,第一级可按2倍分级荷载加荷。

沉降观测:每级加载后间隔5min、10min、15min各测读一次,以后每隔15min测读一次,累计1h后每隔30min测计一次。每次测读值记入试验记录表;沉降相对稳定标准:每1h的沉降不超过0.1min,并连续出现两次(由1.5h内连续三次观测值计算),认为已达到相对稳定,可加下一级荷载。

终止加载条件:当出现下列情况之一时,即可终止加载:

(1)某级荷载作用下,桩的沉降量为前一级荷载作用下沉降量的5倍。

(2)某级荷载作用下,桩的沉降量大于前一级荷载作用下沉降量的2倍,且经24h尚未达到相对稳定;

(3)已达到锚桩最大抗拔力或压重平台的最大重量时。

卸载与卸载沉降观测:每级卸载值为每级加载值的2倍。每级卸载后隔15min测读一次残余沉降,读两次后,隔15min再读一次,即可卸下一级荷载,全部卸载后,隔3~4h再读一次。

3)百分表操作要求

(1)将百分表装在磁性表架上,用劲箍夹住表的轴顶,使百分表的测杆顶住试件测点。

(2)百分表测杆应与所测量的位移方向完全一致。测点表面需经一定处理(如在构件测点处粘贴玻璃片),以避免结构变形后,由于测点垂直于百分表测杆方向的位移,而使百分表产生误差。

(3)百分表使用前后要仔细检查测杆上下活动是否灵活。

(4)百分表的量程一般为10~50mm,在量测过程中要经常注意即将发生的位移是否会很大,以致可能造成测杆与测点脱离接触或测杆被顶死,所以要及时观察调整。

4)高压油泵及液压千斤顶使用操作规程

(1)将千斤顶在试验位置点正确对正放置,并使千斤顶位于下压和上顶的传力设备合力中心轴线上。

(2)用高压油管将千斤顶与液压控制阀连通好，液压控制阀通过高压油管与高压油泵连通。

(3)对电动油泵应先接好外接电源线，检查线路正确无误后再通电试机，将止通阀搬向"止"位置，打开电动机开关，检查油泵是否能正常运转。

(4)当油泵运转正常，且储油箱内有充足的备用油后，将止通阀搬向"通"位置，打开电动机开关，使油管内充满液压油，并在预留油管接口处见到有油漏出后，拧紧该油管接口。

(5)正式实施加载工作，加载量可由油压表读数控制，或用荷重传感器控制。

(6)当试验过程中突然停电，应检查止通阀是否锁紧，以使荷载维持稳定，然后将高压油泵打向卸压挡，使高压油管卸压。最后将电动高压油泵更换成备用的手动高压油泵，继续试验。

(7)卸载：当荷载加到预定值并决定开始卸荷时，应扳动止通阀手向"止"方向慢慢移动，使千斤顶内高压油向油泵的储油箱内流动，当荷载至要求值时，将油泵止通阀手柄向"通"方向搬动。

(8)需将千斤顶卸荷至零时，完全打开止通阀手柄。这时可以切断电源，拆除油泵的外接电源线路，并将电源线盘好。

(9)当千斤顶活塞完全进入工作油缸内后，拆除高压油管，并将油管盘好存放，将千斤顶、油泵擦拭干净，以备下次再用。

6.7.4 试验数据整理与分析

1)试验报告内容及资料整理

(1)整理单桩竖向抗压静载试验概况表，并对成桩和试验过程出现的异常现象作补充说明；

(2)单桩竖向抗压静载试验记录表；

(3)单桩竖向抗压静载试验荷载—沉降汇总表；

(4)确定单桩竖向极限承载力，一般应绘 Q-S，S-lg$t$ 曲线，以及其他辅助分析所需曲线；

(5)当进行桩身应力、应变和桩底反力测定时，应整理出有关数据的记录表，绘制桩身轴力分布、侧阻力分布、桩端阻力—荷载、桩端阻力—沉降关系等曲线。

2)单桩竖向极限承载力确定

(1)根据沉降荷载的变化特征确定极限承载力：对于陡降型 Q-S 曲线取 Q-S 曲线发生明显陡降的起始点。

(2)根据沉降量确定极限承载力：对于缓变型 Q-S 曲线一般可取 $S=40\sim60$mm 对应的荷载，对于大直径桩可取 $S=(0.03\sim0.06)D$(D 为桩端直径，大桩径取低值，小桩径取高值)所对应的荷载值；对于细长桩($i/d>80$)可取 $S=60\sim80$mm 对应的荷载。

(3)根据沉降随时间的变化特征确定极限承载力：取 s-lg$t$ 曲线尾部出现明显下弯曲的前一级荷载值。

3)单桩竖向极限承载力标准值应根据试桩位置、实际地质条件、施工情况等综合确定

6.7.5 试验报告要求

(1)写出试验名称、试验目的与要求、试验设备以及仪器、试验步骤等；

(2)分别制作试验荷载与沉降、沉降与时间等系列数据的表格，绘制相应的图形，并进行分析，以此得出相应的结论；

(3)给出试桩的极限承载力;

(4)得出试验结论;

(5)写出试验心得体会。

6.8 基桩完整性检测及评定

6.8.1 试验目的

(1)巩固基桩完整性检验的基本理论;

(2)学习基桩完整性检验的基本方法、步骤及数据处理;

(3)掌握基桩动测仪、速度传感器、加速度传感器的使用方法。

6.8.2 试验仪器设备

基桩动测仪,速度传感器,加速度传感器。

6.8.3 试验原理

基桩低应变动力检测反射波法的基本原理是在桩身顶部进行竖向激振,弹性波沿着桩身向下传播,当桩身存在明显波阻抗差异的界面(如桩底、断桩和严重离析等部位)或桩身截面面积变化(如缩径或扩径)部位,将产生反射波。经接受放大、滤波和数据处理,可识别来自桩身不同部位的反射信息,据此计算桩身波速,以判断桩身完整性及估计混凝土强度等级,还可根据波速和桩底反射波到达时间对桩的实际长度加以核对。

1)基本原理

桩顶受激振后产生的应力波信号,可以近似用弹性直杆的一维波动方程描述:

$$\frac{\partial^2 \mu}{\partial t^2} - c^2 \frac{\partial^2 \mu}{\partial x^2} = 0 \tag{6.6}$$

式中:μ——桩身质点位移;

x——波的传播方向;

c——纵波传播速度;

t——传播时间。

2)入射波与反射波和透射波的关系

由波动理论得知,下行波与上行波的力和速度有如下关系:

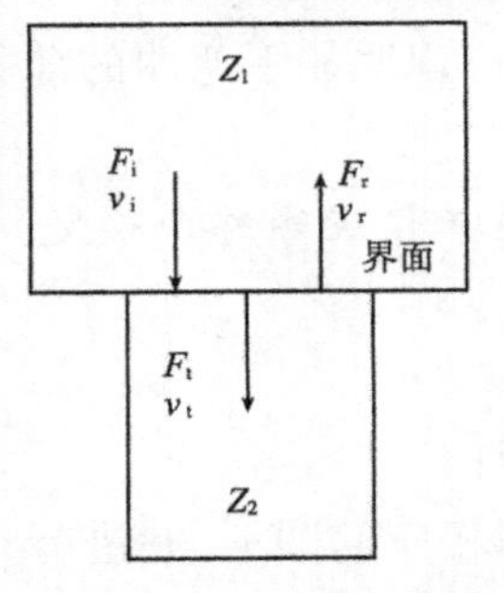

图6.25 应力波的传播

$$F(\downarrow) = Z \cdot v(\downarrow) \tag{6.7}$$

$$F(\uparrow) = Z \cdot v(\uparrow) \tag{6.8}$$

式中:F、Z、v 分别表示力、波阻抗、速度。

桩身的阻抗 Z 由桩身材料的密度 ρ、面积 A 以及在桩身中传播的弹性波速 c 的乘积求得。

当应力波沿桩身向下传播,在界面处会产生反射波和透射波,由于边界条件是自由弹性杆件,因此界面处的力平衡和速度连续,如图6.25所示。

$$F_i + F_r = F_t \tag{6.9}$$

$$v_i + v_r = v_t \tag{6.10}$$

式中：F_i、F_r、F_t——分别表示入射波、反射波、透射波对应的力；

v_i、v_r、v_t——分别表示入射波、反射波、透射波对应的波速。

由下行波公式可以得到（界面上下的阻抗分别为 Z_1、Z_2）：

$$F_i = Z_1 \cdot v_i \tag{6.11}$$

$$F_t = Z_2 \cdot v_t \tag{6.12}$$

再由上行波公式可以得到：

$$F_r = -Z_1 \cdot v_r \tag{6.13}$$

于是

$$Z_1 \cdot v_i - Z_1 \cdot v_r = Z_2 \cdot v_t \tag{6.14}$$

则界面处的反射波、透射波和入射波之间的关系为

$$v_r = \frac{Z_1 - Z_2}{Z_1 + Z_2} \cdot v_i \tag{6.15}$$

$$v_t = \frac{2 \cdot Z_1}{Z_1 + Z_2} \cdot v_i \tag{6.16}$$

3）反射波信号分析

根据上述三种波的关系，不难分析反射波在桩间的传播并判断桩身完整性。反射波信号分析示意图见图 6.26。

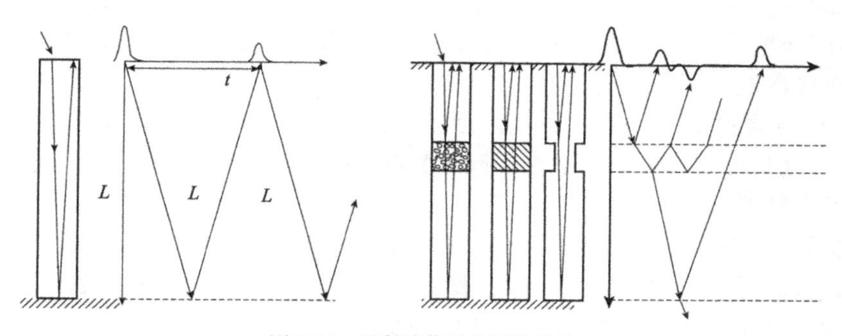

图 6.26　反射波信号分析示意图

（1）反射波波形规则，波列清晰，桩底反射波明显，易于读取反射波到达时间，及桩身混凝土平均波速较高的桩为完整性好的单桩；

（2）反射波到达时间晚于桩底反射波到达时间，且波幅较大，往往出现多次反射，难以观测到桩底反射波的桩，系桩身断裂；

（3）桩身混凝土严重离析时，其波速较低，反射波幅减小，进一步分析可发现此时其频率也会降低；

（4）缩径与扩径的部位可按反射历时进行估算，类型可按相位特征进行判别；

（5）当有多次缺陷时，将记录到多个相互干涉的反射波组，形成复杂波列。

4）桩身完整性评判

桩身完整性类别应参照实测时域或幅频信号的特征，结合缺陷出现的深度、测试信号衰减特性以及设计桩型、地质条件、施工情况的规定，综合分析判定。

(1) Ⅰ类桩:有桩底反射波,且 $2L/c$(L 表示桩长,c 为波速)时刻前无缺陷反射波,桩底谐振峰排列基本等间距,其相邻频差 $\Delta \approx c/(2L)$。

(2) Ⅱ类桩:有桩底反射波,且 $2L/c$ 时刻前出现轻微缺陷反射波,桩底谐振峰排列基本等间距,其相邻频差 $\Delta \approx c/(2L)$,轻微缺陷产生的谐振峰与桩底谐振峰之间的频差 $\Delta f' > c/(2L)$。

(3) Ⅲ类桩:无桩底反射波,有缺陷反射波,其他特征介于Ⅱ类和Ⅳ类之间。

(4) Ⅳ类桩:无桩底反射波,且 $2L/c$ 时刻前出现严重缺陷反射波或周期性反射波,或因桩身浅部严重缺陷使波形呈现低频大振幅衰减振动而无桩底谐振峰,缺陷谐振峰排列基本等间距,相邻频差 $\Delta f' > c/(2L)$,或因桩身浅部严重缺陷只出现单一谐振峰。

6.8.4 测试步骤

(1)收集土层断面图、桩横截面面积、长度、总体布置等资料;

(2)测试前清除桩头突出部分和松散混凝土,使桩的表面干净平整;

(3)连接仪器和电源,打开电源开关,调测试仪器至待命工作状态;

(4)将加速度传感器安装在桩头的平整部位;

(5)用小锤短促而有力地锤击桩头数次,采集锤击所得信号;

(6)多次锤击检验采集信号的重复性和正确性,选取满意的波形曲线存盘;

(7)根据波的反射特性,对记录曲线进行分析、计算,评价桩身质量及完整性。

6.8.5 注意事项

(1)桩头部位的缺陷对波的传递影响很大,所以桩头应予以处理。要求将桩头的浮浆予以清除,尽可能地把浅部的各种缺陷去掉,最好采用砂轮将被测桩桩顶直接磨平,使激励点、信号接收点都直接在桩身混凝土上。

(2)注意传感器的安装位置及方向。由于反射波法是建立在一维纵向振动理论的基础上,传感器的轴线与桩身的纵轴线是否平行至关重要。实践证明,在沉管灌注桩传感器的安放点应距桩芯沿半径 $2/3R$ 处。

(3)注意传感器与桩顶面的耦合。传感器与桩顶之间的耦合非常重要的,安装方式不慎,粘贴状态不好,都可能降低传感器的安装谐振效率,传感器的安装通常采用以下几种方式:①胶粘贴;②石膏粘贴;③薄蜡或润滑脂;④橡胶粘贴。

6.8.6 试验报告要求

(1)写出试验名称、试验目的与要求、试验设备及仪器、试验步骤等;

(2)分析实测时域(或幅频)信号的特征,评价基桩质量完整性;

(3)写出试验心得体会。

6.9 钢筋混凝土桥梁耐久性指标检测及状态评价

6.9.1 试验目的

(1)了解影响混凝土结构耐久性的因素,及混凝土结构耐久性失效的特点;

(2)了解混凝土桥梁耐久性检测的主要内容;

(3)掌握多指标分级加权评定结构耐久性的方法。

6.9.2 试验设备及仪器

回弹仪，锈蚀分析仪，钢筋保护层厚度测试仪，裂缝测宽仪，非金属超声检测仪。

6.9.3 试验原理

(1)混凝土强度检测采用回弹法检测混凝土强度。其测试基本原理：回弹法是采用回弹仪的弹簧驱动重锤，通过弹击杆弹击混凝土表面，并以重锤被反弹回来的距离(称回弹值，指反弹距离与弹簧初始长度之比)作为强度相关指标来推算混凝土强度。

(2)钢筋锈蚀测试采用半电池电位法检测混凝土中钢筋锈蚀状态，检测系统见图6.27所示。现场检测使用锈蚀分析仪进行检测。基本原理：半电池电位法是利用混凝土中钢筋锈蚀的电化学反应引起的电位变化来测定钢筋锈蚀状态的一种方法，钢筋/混凝土作为一个电极，混凝土表面的铜/硫酸铜为参考电极，通过测定两电极间的电位差来评定钢筋的锈蚀状态，锈蚀电位评判标准见表6.1所示。

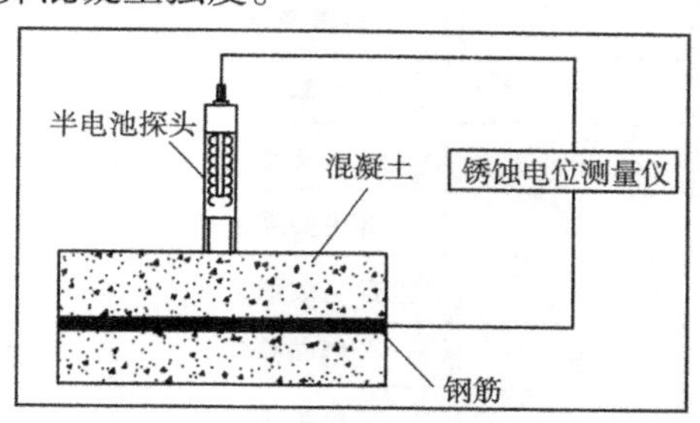

图6.27 钢筋锈蚀电位测试系统示意图

锈蚀电位评判标准

表6.1

序号	电位水平(mV)	钢筋状态
1	0 ~ -200	无锈蚀活动性或锈蚀活动性不确定
2	-200 ~ -300	有锈蚀活动性，但锈蚀状态不确定，可能坑蚀
3	-300 ~ -400	有锈蚀活动性，发生锈蚀概率大于90%
4	-400 ~ -500	有锈蚀活动性，严重锈蚀可能性极大
5	< -500	构件存在锈蚀开裂区域
备注	采用铜/硫酸铜电极，构件为自然状态	

(3)混凝土碳化深度检测使用浓度为1% ~2%的酚酞酒精溶液和深度测量工具进行检测。基本原理：酚酞是一种弱有机酸，在pH<8.2的溶液里为无色的内酯式结构，当pH>8.2时为红色的醌式结构。混凝土碳化后pH会降低，遇酚酞后不会变色，混凝土未碳化时处于碱性环境，遇到酚酞酒精溶液时会变成紫红色，这样就可区分出碳化和未碳化混凝土交界面，即可测出混凝土碳化深度。

(4)钢筋保护层厚度检测：采用电磁感应法的原理，利用钢筋位置探测仪进行钢筋位置和混凝土保护层厚度测量。基本原理：钢筋位置探测仪采用电磁感应法的原理，由仪器内部的线圈产生电磁场，当磁场中存在磁介质时，产生感生电流，以抵消原磁场的强度，这一感生电流被仪器接收，并根据钢筋直径及位置与感生电流大小的关系，由接收的感生电流的大小来判断钢筋直径及保护层厚度。

(5)混凝土裂缝检测：裂缝的长度测量直接使用标定合格的量尺测得；裂缝宽度量测使用裂缝测宽仪进行测量；裂缝深度采用非金属超声检测仪进行检测。基本原理：利用脉冲波在技术条件相同(指混凝土的原材料、配合比、龄期和测试距离一致)的混凝土中传播的时间、接收波的振幅、频率和波形等声学参数的相对变化，来判定混凝土裂缝的深度。

(6)多指标分级加权评定法评价桥梁技术状况的方法：采用考虑桥梁各部件权重的综合评定方法，见表6.2。

考虑桥梁各部件权重的综合评定方法 表6.2

<table>
<tr><th>部件</th><th>部件名称</th><th>权重 W_i</th><th>桥梁技术状况评定办法</th></tr>
<tr><td>1</td><td>翼墙、耳墙</td><td>1</td><td rowspan="17">1)综合评定采用下列算式：
$$D_r = 100 - \sum_{i=1}^{n} R_i W_i / 5$$
式中：R_i——各部件的评定标度(0～5)；
W_i——各部件权重，$\sum W_i = 100$；
D_r——全桥结构技术状况评分(0～100)。
2)评定分类采用下列界限
$D_r \geqslant 88$，一类
$88 > D_r \geqslant 60$，二类
$60 > D_r \geqslant 40$，三类
$40 > D_r$，四类
$D_r \geqslant 60$ 的桥梁，并不排除其中有评定标度 $R_i \geqslant 3$ 的部件仍有维修的要求</td></tr>
<tr><td>2</td><td>锥坡、护坡</td><td>1</td></tr>
<tr><td>3</td><td>桥台及基础</td><td>23</td></tr>
<tr><td>4</td><td>桥墩及基础</td><td>24</td></tr>
<tr><td>5</td><td>地基冲刷</td><td>8</td></tr>
<tr><td>6</td><td>支座</td><td>3</td></tr>
<tr><td>7</td><td>上部主要承重构件</td><td>20</td></tr>
<tr><td>8</td><td>上部一般承重构件</td><td>5</td></tr>
<tr><td>9</td><td>桥面铺装</td><td>1</td></tr>
<tr><td>10</td><td>桥头跳车</td><td>3</td></tr>
<tr><td>11</td><td>伸缩缝</td><td>3</td></tr>
<tr><td>12</td><td>人行道</td><td>1</td></tr>
<tr><td>13</td><td>栏杆、护栏</td><td>1</td></tr>
<tr><td>14</td><td>照明、标志</td><td>1</td></tr>
<tr><td>15</td><td>排水设施</td><td>1</td></tr>
<tr><td>16</td><td>调治构造物</td><td>3</td></tr>
<tr><td>17</td><td>其他</td><td>1</td></tr>
</table>

表6.2中各部件技术状况的评定方法如下：

①根据缺损程度(大小、多少或轻重)、缺损对结构使用功能的影响程度(无、小、大)和缺损发展变化状况(趋向稳定、发展缓慢、发展较快)三个方面，以累加评分方法对各部件缺损状况做出等级评定，评定方法见表6.3。

②重要部件(如墩台与基础、上部承重构件、支座)以其中缺损最严重的构件评分；其他部件，根据多数构件缺损状况评分。

桥梁部件缺损状况评定方法 表6.3

<table>
<tr><th colspan="3">缺损状况及标度</th><th>组合评定标度</th></tr>
<tr><td colspan="2" rowspan="2">缺损程度及标度</td><td>程度</td><td>小→大
少→多
轻度→严重</td></tr>
<tr><td>标度</td><td>0　1　2</td></tr>
<tr><td rowspan="3">缺损对结构使用功能的影响程度</td><td>无、不重要</td><td>0</td><td>0　1　2</td></tr>
<tr><td>小、次要</td><td>+1</td><td>1　2　3</td></tr>
<tr><td>大、重要</td><td>+2</td><td>2　3　4</td></tr>
<tr><td colspan="2">以上两项评定组合标度</td><td></td><td>0　1　2　3　4</td></tr>
</table>

续上表

缺损状况及标度			组合评定标度
缺损发展变化状况的修正	趋向稳定	-1	0　1　2　3
	发展缓慢	0	0　1　2　3　4
	发展较快	+1	1　2　3　4　5
缺损程度及标度			
最终评定的标度			0　1　2　3　4　5
缺损状况及标度			组合评定标度
桥梁技术状况及分类			完好　良好　较好　较差　差的　危险
			一类　二类　三类　四类　五类
注："0"表示完好状态，或表示没有设置的构造部件；"5"表示危险状态，或表示原未设置，而调查表明需要补设的构造部件。重要部件（如墩台与基础、上部承重结构、支座）以其中缺损最严重的构件评分；其他部件，根据多数构件缺损状况评分			

6.9.4 试验步骤

1）混凝土强度检测

每构件布置10个测区，每测区读取16个回弹值，读数精确至1。构件的测区满足下列要求：测区布置在混凝土浇筑方向的侧面；测区均匀分布，相邻两测区的间距不大于2m；测区避开钢筋密集区和预埋件；测区尺寸为200mm×200mm。检测过程中，仪器的纵轴线应始终与被测混凝土表面保持垂直，其操作程序应符合下列要求：

（1）将回弹仪的弹击杆端部顶住混凝土检测面，轻压仪器，使按钮松开，弹击杆慢慢伸出，并使挂钩挂上弹击锤；

（2）用弹击杆端部顶住混凝土检测面缓慢均匀施压，待弹击锤脱钩，冲击弹击杆后，弹击锤回弹带动指针向后移动至某一定位置时，指针块上的示值刻度线在刻度尺上指示出一定数值即为回弹值；

（3）使回弹仪端部继续顶住混凝土检测面，进行读数并记录回弹值，如条件不利于读数，可按下锁定按钮，锁住机芯，将回弹仪移至其他处读数；

（4）逐渐对回弹仪减压，使弹击杆自机壳内伸出，挂钩挂上弹击锤，待下一次使用。

2）钢筋锈蚀测试

（1）在混凝土结构及构件上可布置若干测区，测区面积不宜大于5m×5m，并应按确定的位置编号。每个测区应采用矩阵式（行、列）布置测点。依据被测结构构件的尺寸，宜用100mm×100mm～500mm×500mm划分网格，网路的节点应为电位测点。

（2）当测区混凝土有绝缘涂层介质隔离时，应消除绝缘涂层介质。测点处混凝土表面应平整、清洁，必要时应采用砂轮或钢丝刷打磨，并应将粉尘等杂物消除。

(3)采用钢筋探测仪检测钢筋的分布情况，并应在适当位置剔凿出钢筋；导线一端应接于电压仪的负输入端，另一端应接于混凝土中钢筋上；连接处的钢筋表面应除锈或清除污物，并保证导线与钢筋有效连接；测区内的钢筋（钢筋网）必须与连接点的钢筋形成电通路。

3）混凝土碳化深度检测

(1)选择10个回弹测区进行混凝土碳化深度测试，每测区布置3个测孔，共计30个测点，进行碳化深度值测试。

(2)应用1%酚酞酒精溶液试剂（酸碱指示剂）喷洒在混凝土新鲜破损面上。

(3)根据新鲜破损面上指示剂颜色变化的交界位置用碳化深度测试仪量测混凝土的碳化深度。

(4)测量碳化深度时，在测区表面形成直径约15mm的孔洞，其深度应大于混凝土的碳化深度，然后除净孔洞中的粉末和碎屑后，立即用浓度为1%的酚酞酒精溶液滴在孔洞内壁的边缘处，再用测量工具测量已经碳化和未碳化混凝土界面到混凝土表面的垂直距离多次，精度为0.1mm，取其平均值，即为实测混凝土的碳化深度。

4）钢筋保护层厚度检测

(1)检测时在构件表面布置4×4的网格，网格间距为15cm。

(2)将钢筋探测仪的传感器在构件测区表面沿网格线纵横向平行移动，显示屏上即可显示钢筋位置图示，通过专用软件分析后可得保护层厚度。

(3)保护层厚度分别取多个测点的平均值，准确至1mm。

5）混凝土裂缝检测

超声法测量裂缝深度主要采用单面平测法，平测时在裂缝的被测部位以不同的测距按跨缝和不跨缝布置测点（布置测点避开钢筋的影响）进行检测，其检测步骤如下。

(1)不跨缝的声时测量

将T、R换能器置于裂缝附近同一侧，以两个换能器内边缘间距（l'）等于100mm、150mm、200mm、250mm……分别读取声时值（t_i）。

(2)跨缝的声时测量

将T、R换能器分别置于以裂缝为对称的两侧，l'取100mm、150mm、200mm……分别读取声时值t_i^o。

6.9.5 试验数据整理与分析

(1)根据《回弹法检测混凝土抗压强度技术规程》（JGJ/T 23—2011）指定的全国统一测强曲线，考虑非水平方向以及不同角度检测面的修正值，测得混凝土强度推定值，制作相应的表格，并进行相应的分析；

(2)根据测得钢筋锈蚀程度的系列数据，制作相应的表格，并进行相应的分析；

(3)根据测得混凝土碳化深度值的系列数据，制作相应的表格，并进行相应的分析；

(4)根据测得钢筋保护层厚度值的系列数据，制作相应的表格，并进行相应的分析；

(5)绘制裂缝分布图，制作相应的表格，并进行相应的分析；

(6)依据钢筋混凝土桥梁各组成部分缺损程度、缺损对使用功能的影响程度、缺陷发展变化状况进行量化评分，采用标度法并叠加发展趋势修正的方法，对桥梁各部件进行技术状况评定；依据桥梁各部件重要程度采用权重理论，对桥梁的技术状况做出综合评定。

6.9.6 试验报告要求

(1)写出试验名称、试验目的与要求、试验设备以及仪器、试验步骤等;

(2)分别制作钢筋混凝土桥梁混凝土强度、钢筋锈蚀状态、混凝土碳化深度、钢筋保护层厚度、裂缝状态等系列数据的表格,绘制相应的图形,并进行分析,以此得出相应的结论;

(3)采用多指标分级加权评定法给出钢筋混凝土桥梁技术状态评价;

(4)得出试验结论;

(5)写出试验心得体会。

6.10 桥梁结构或单梁现场荷载试验

6.10.1 试验目的

桥梁结构构件静载试验是对桥梁结构物工作状态进行直接测试,确定设计、施工合理性和可靠性的一种鉴定手段。桥梁结构物在试验等效荷载作用下,测试结构控制截面的应变、挠度(变形)和裂缝等试验参数,从而判断桥梁结构构件的实际工作状态和受力性能,以及结构的刚度、强度和抗裂性能,为施工过程的质量控制、指导施工和竣工验收提供科学依据。所以,通过单梁现场荷载试验,以求达到如下主要目的:①了解单梁现场静载试验的程序和方法;②熟悉和掌握单梁现场静载试验装置和相应仪器设备的使用方法;③通过静载试验,了解预制梁实际强度、刚度及受力性能;④评定预制梁承载能力是否达到设计荷载标准;⑤进一步验证预制梁设计理论的正确性,为预制梁设计理论的发展提供实践数据;⑥初步培养学生进行结构试验的动手能力和结构计算分析能力。

6.10.2 试验模型

选取梁体张拉完成30d后进行吊装施工前的装配式空心板、小箱梁或T梁作为试验对象。

6.10.3 试验内容

1)试验技术标准及依据

(1)《公路工程竣(交)工验收办法》(交通部令2004年第3号)及其附件1《公路工程质量鉴定办法》;

(2)《大跨径混凝土桥梁的试验方法》交通部公路科学研究所、交通部公路局技术处、交通部公路规划设计院,1982年10月,北京;

(3)《公路工程质量检验评定标准》JTG F80/1—2004;

(4)《公路工程技术标准》JTG B01—2003;

(5)《公路桥涵设计通用规范》JTG D60—2004;

(6)《公路钢筋混凝土及预应力混凝土桥涵设计规范》JTG D62—2004;

(7)《公路桥梁承载能力检测评定规程》JTG/T J21—2011;

(8)《公路桥涵施工技术规范》JTG/T F50—2011;

(9)国家现行的其他公路、桥涵工程验收检测标准、规范、规程;

(10)项目相关职能部门发文;

(11)相关设计图及相关原材料试验资料等。

2）测试项目

（1）测试应变：通过测试控制截面在试验荷载作用下的应变值，判断结构的实际受力状况是否符合设计、规范及使用要求。

（2）测试跨中挠度：通过测试试验梁在试验荷载作用下的挠度，判断结构的实际刚度是否符合设计要求。

（3）测试支座变形（沉降）：测定支座沉陷量目的是消除其对跨中挠度的影响。

（4）测定残余值：试验荷载卸载后，测定残余挠度值，目的是测试结构变形恢复能力。

（5）裂缝观测：试验前后和试验过程中，对梁体是否出现结构受力裂缝和裂缝的发展进行观测，以了解预制梁施工质量和利于试验数据分析，验证试验梁能否满足结构的正常使用要求。

3）测点布置

（1）应变测点布置：在试验梁 $l/2$ 截面梁底板布置 2 个混凝土应变测点，在试验梁 $l/2$ 截面一侧腹板布置 4 个混凝土应变测点，共布置 6 个应变测点测试应变。

（2）挠度测点布置：在试验梁 $l/2$ 截面布置 2 个挠度测点，利用百分表或精密水准仪检测挠度。

（3）支座沉降测点布置：在试验梁两端支座处各布置 2 个支座沉降测点，利用百分表或精密水准仪检测支座沉降。

（4）30m 及 30m 以上的梁板加测 $l/4$ 截面梁底应变及挠度（图 6.28 未示出）。

测点布置示意图见图 6.28。

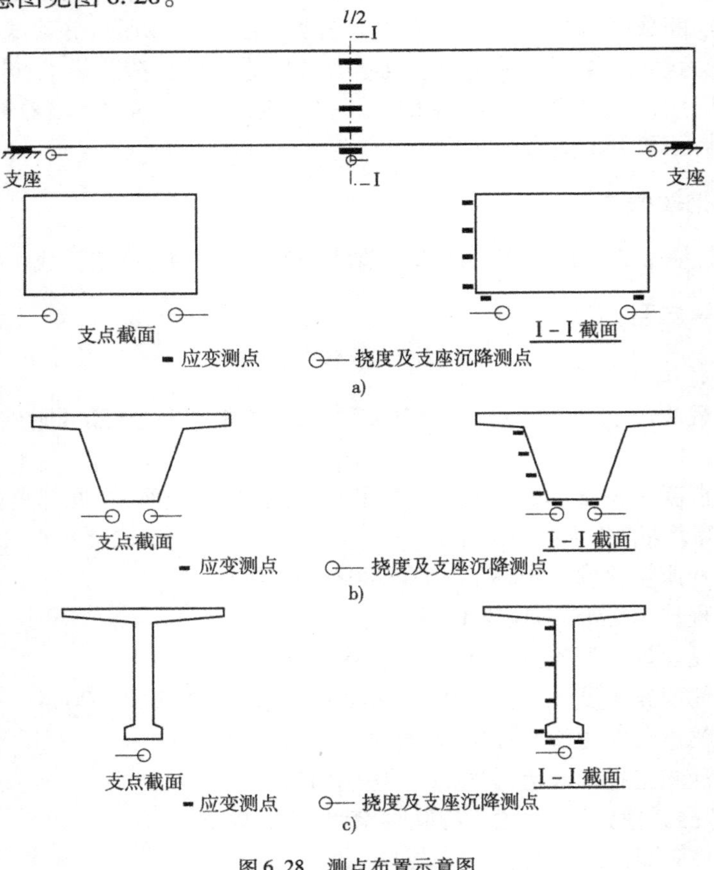

图 6.28　测点布置示意图

a）装配式空心板；b）装配式小箱梁；c）装配式 T 梁

4）荷载加载方法

试验加载分为六级（50%、60%、70%、80%、90%、100%），卸载分为两级（50%、0%）进行。试验前先对试验梁施加80%最大试验荷载的荷载进行预压（预压过程中按10%递增，同步对试验梁进行裂缝观测），以消除塑性变形，检测测试系统工作性能。正式加载时各级加载，观测读数值稳定后，记录应变、挠度值，同步对试验梁关键截面是否出现裂缝及裂缝发展情况进行观察。

5）加载方式

（1）在试验梁跨中顶面放置钢轨，再在钢轨上放置千斤顶及荷载传感器，反顶加载横主梁（由工字钢、钢轨或贝雷架等组成），并用钢丝绳拴住配载梁端吊钩，两片梁重量不够时可补堆其他重物，形成扁担式加载装置。本方法可在预制场进行，亦可在已架好一孔以上的桥梁上进行，加载装置见图6.29、图6.30。需准备的辅助材料：6m长刚性钢梁1根（亦可由3根45或50型钢轨组成）；直径16mm钢丝绳2根，长约12m；2m长的枕木8根；橡胶支座4块；井字架2套；短钢轨2根；钢绳卡若干。

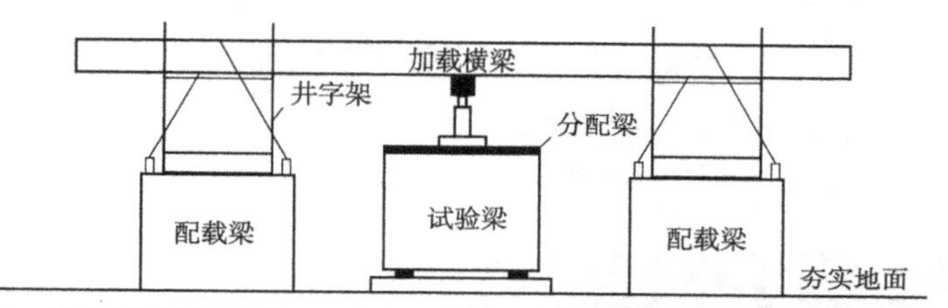

注：①试验梁底距地面约50cm左右；试验梁两端支座垫放置位置与设计相同。
②配载梁与试验梁间的距离约50cm~60cm。
③两配载梁吊环的中点与试验梁中点确保在一条线上，且其连线与试验梁垂直。

图6.29 “扁担挑”加载装置示意图

图6.30 “扁担挑”加载方式现场照片

（2）对预制场采用龙门吊吊梁的桥，可用龙门吊吊配载梁加载。加载示意图见图6.31、图6.32。需准备的辅助材料：短钢轨2根，2m长枕木8根，橡胶支座4块，支承刚性主梁的垫块若干。

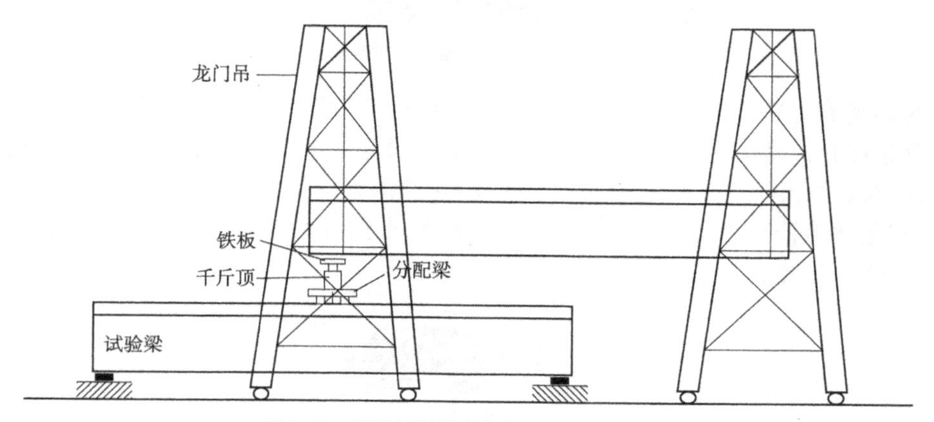

图6.31 用龙门吊吊配载梁加载装置示意图

（3）现场吊车工作平台较好，可采用吊车吊配载梁加载。梁加载示意图见图6.33、图6.34。需准备的辅助材料：短钢轨2根，2m长枕木8根，橡胶支座4块，支承刚性主梁的垫块若干。

图 6.32　用龙门吊吊配载梁加载现场照片

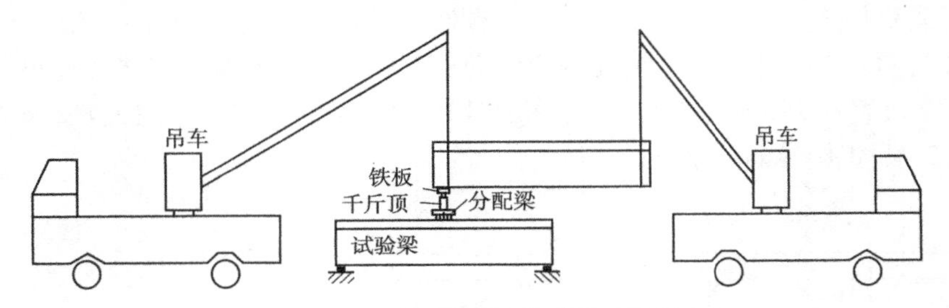

图 6.33　用吊车吊配载梁加载装置示意图

注:吊车的吨位根据配载梁的自重选取,建议最好 2 台 50t 的吊车。

图 6.34　用吊车吊配载梁加载现场照片

(4)对现场有足够重量且较准确、容易估计重量的堆载物(如水泥、钢筋、钢绞线、预制盖板、边沟板等)的桥,可采用堆载法加载,加载装置示意图见图 6.35、图 6.36。需准备的辅助材料:2m 长枕木 8 根,6m 长刚性主梁 4 根(50 或 60 型的钢轨或 25 号以上的工字钢),2m 长次梁 30 根(脚手架钢管),堆载重物(如预制混凝土块、水泥、砂、定型钢筋等,重量约为最大试验荷载的 1.2 倍),橡胶支座 4 块。

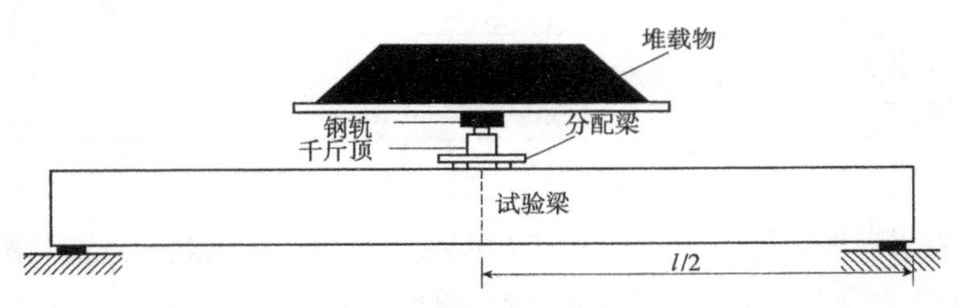

图 6.35　堆载法加载装置示意图

6.10.4 试验设备及仪器

百分表及磁性表座，放大镜，裂缝测宽仪，千斤顶、油泵及精密压力表，秒表，支座及反力架，电阻式应变片及静态电阻应变仪，压力传感器及测力仪，游标卡尺、钢尺等。

图 6.36 堆载法加载现场照片

6.10.5 试验原理

在试验前应按照设计图纸对桥梁进行结构分析，以便确定试验方法、荷载大小、测点布置等，可采用手算或有限元软件进行计算。

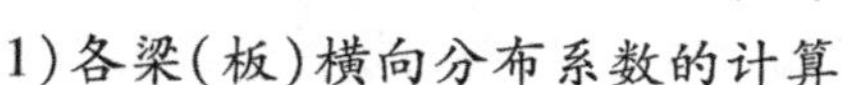

1）各梁（板）横向分布系数的计算

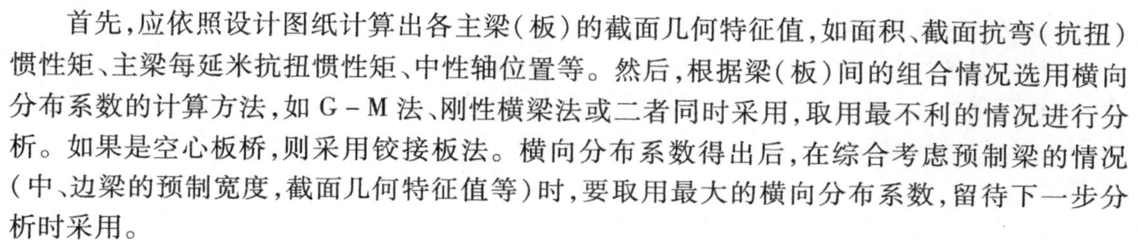

首先，应依照设计图纸计算出各主梁（板）的截面几何特征值，如面积、截面抗弯（抗扭）惯性矩、主梁每延米抗扭惯性矩、中性轴位置等。然后，根据梁（板）间的组合情况选用横向分布系数的计算方法，如 G－M 法、刚性横梁法或二者同时采用，取用最不利的情况进行分析。如果是空心板桥，则采用铰接板法。横向分布系数得出后，在综合考虑预制梁的情况（中、边梁的预制宽度，截面几何特征值等）时，要取用最大的横向分布系数，留待下一步分析时采用。

2）试验加载计算

在正常使用极限状态下，根据桥梁设计荷载标准，在实际桥梁所测断面内力影响线上，采用手算或有限元软件，按最不利位置进行加载，得到单梁（简称成桥梁，包括桥面铺装）控制截面的活载内力。然后，根据现场的实际情况，采取合理、准确的加载方案，以达到一定的荷载效率系数为目的，采用梁底应变等效的原则，确定在单梁（简称试验梁）上所需的试验荷载，以此确定加载工况、测点布置等，使试验人员对试验结果有初步的估计。静载效率系数 η 应满足 $0.8 < \eta \leq 1.05$。

桥梁结构物在试验等效荷载作用下，测试结构控制截面的应变、挠度（变形）和裂缝等试验参数，从而判断桥梁结构构件的实际工作状态和受力性能，以及结构的刚度、强度和抗裂性能，为施工过程的质量控制、指导施工和竣工验收提供科学依据。

6.10.6 试验步骤

桥梁结构的静载试验大体上分为三个阶段：桥梁结构的考察和试验方案设计阶段，加载试验与观测阶段，测试结果的分析阶段等。

1）桥梁结构的考察和试验方案设计阶段

桥梁结构的考察和试验方案设计阶段是桥梁试验顺利进行的必要条件。桥梁结构试验与桥梁结构的设计、施工、施工控制和理论计算的关系十分密切，现代桥梁的发展对于结构试验技术、试验组织与准备工作提出了更高的要求。准备工作包括技术资料的收集、桥梁现状检查、理论计算、试验方案制订、现场准备等一系列工作。实践证明，试验工作的顺利与否很大程度上取决于试验前的准备工作，桥梁试验前考察和准备工作的具体内容如下。

(1)技术资料的收集。桥梁技术资料包括桥梁设计文件、施工文件、施工控制文件、监理记录、原始试验资料、桥梁养护与维修记录、现有车流量和重载车辆情况等方面,掌握了这些资料即对试验桥梁的技术状况有了一个初步认识。

(2)桥梁外观检查。桥梁外观检查包括上、下部结构和支座的外观检查,对于承重混凝土结构务必查看表面裂缝以及露筋情况,支座是否老化,钢结构主要是检查锈蚀以及使用扭力扳手抽查螺栓松紧度等。这一项重要工作可以对试验桥梁的现状有一个宏观的认识和判断。

(3)理论计算与分析。理论计算包含设计内力计算和试验荷载效应计算两个方面。设计内力计算是按照试验桥梁的设计图纸与设计荷载,按照相应的设计规范,采用通用的或专用的桥梁计算软件,计算出结构的设计内力;试验荷载效应计算是根据实际加载等级、加载位置及加载重量,计算出各级试验荷载作用下桥梁结构各测点的反应,如位移、应变等,以便与实测值进行比较。对于重要大型桥梁结构计算出标准设计荷载内力,最好与原设计单位的理论计算成果进行对比,尽量达到一致。

(4)试验实施细则的制定。该试验实施细则包括试验方案的制订,也即测试内容的确定、加载方案设计、观测方案设计、仪器仪表选用、人员分组等方面,必要时还应请专家进行咨询或评审,经修改和补充过的实施细则是试验中一份具备全面可行、操作性较强的纲领性文件。

(5)现场试验准备。现场试验准备工作包括接通电源到试验仪器操作处,保证通信照明,搭设工作脚手架或挂篮等临时结构,准备安全工具,安装仪表用的表架,封闭交通,桥面车位标志及人员到位。另外,加载用的车辆型号和数量、载重物和车辆轮载过磅、轴距和轮距测定等现场准备工作量大,需要协调的关系多,务必提前落实。充足的现场试验准备是整个试验工作成功的基础和关键。

2)加载试验与观测阶段

加载试验与观测阶段是整个试验工作的中心环节。这一阶段的工作是在各项准备工作就绪的基础上,按照预定的试验方案与试验程序,利用适宜的加载设备进行加载,运用各种测试仪器,观测试验结构受力后的各项性能指标,如挠度、应变、裂缝宽度,并采用人工或仪器自动记录手段记录各种观测数据和资料。对于一些重要工况,可采用先进行预压或试探性试验,消除温度等非弹性因素对测试结果的影响,以便更圆满地达到原定的试验目标。一般来讲,应同步测得结构和环境温度场,修正理论计算值或滤掉温度对实测值的影响后,比较理论和实测值之间的差值,并以此作为是否继续或终止下一步加载的判断条件,达到试验结构受力行为正常、仪器和试验人员以及加载车辆的安全,这对于旧桥或存在病害的服役桥梁尤为必要。

3)测试结果的分析阶段

分析总结阶段是对原始测试资料进行综合分析的过程。原始数据一般显得缺乏条理性与规律性,还不能深刻揭示试验结构的内在行为。因此,应对其进行科学的分析处理,去伪存真、去粗存精,进行综合分析比较,从中提出有价值的资料。对于一些数据或信号,有时还要按照数理统计的方法进行分析,或依靠专门的分析仪器和分析软件进行分析解码处理,过滤温度的影响,或按照有关规程的方法进行计算。这一阶段的工作,直接反映整个检测工作的质量。测试数据经分析处理后,按照相关规范或规程以及试验的目的要求,对试验对象做出科学的判断与评价。

6.10.7 试验数据处理及误差分析

(1)根据试验测试的荷载与挠度的系列数据,制作相应的表格,绘制相应的荷载—挠度曲线图,并进行相应的分析;

(2)根据试验测试的荷载与应变的系列数据,制作相应的表格,并绘制相应的荷载—混凝土应变曲线图,并进行相应的分析;

(3)综合分析荷载—挠度曲线图、荷载—应变曲线图,将实测值与理论值进行比较,计算出相对误差,进行分析讨论。

6.10.8 试验报告要求

(1)写出试验名称、试验目的与要求、试验原理、试验设备以及仪器、试验步骤等;

(2)分别制作试验荷载与挠度、应变等系列数据的表格,绘制相应的图形,并将实测值与理论值进行比较,计算出相对误差,分析产生误差的原因,以此得出相应的试验结论;

(3)得出试验结论;

(4)写出试验心得体会。

本章参考文献

[1] 邵旭东. 桥梁工程. 北京:人民交通出版社,2008.

[2] 章关永. 桥梁结构试验. 北京:人民交通出版社,2002.

[3] 张俊平. 桥梁检测. 北京:人民交通出版社,2002.

[4] 中华人民共和国行业标准. JGJ/T 152—2008 混凝土中钢筋检测技术规程. 北京:中国建筑工业出版社,2008.

[5] 中华人民共和国行业标准. CECS 21:2000 超声法检测混凝土缺陷技术规程. 北京:中国建筑工业出版社,2000.

[6] 中华人民共和国行业标准. JTG/H 11—2004 公路桥涵养护规范. 北京:人民交通出版社,2004.

[7] 赵明华. 桥梁桩基计算与检测. 北京:人民交通出版社,2000.

[8] 中华人民共和国行业标准. JGJ 106—2003 建筑基桩检测技术规范. 北京:中国建筑工业出版社,2003.

[9] 宋一凡. 公路桥梁荷载试验与结构评定. 北京:人民交通出版社,2002.

第7章 工程结构试验

7.1 砌体轴心抗压强度试验

7.1.1 试验目标

(1)熟悉砌体轴心抗压强度试验试件的设计及制作要点;
(2)学会试验所用仪器设备的使用;
(3)试件在试验过程中裂缝发展三阶段情况的观察与记录;
(4)对影响砌体的轴心抗压强度的主要因素进行研究;
(5)根据试验数据,经过计算绘制 $\sigma-\varepsilon$ 曲线,并进行分析研究;
(6)对砌体的弹性模量进行计算与分析。

7.1.2 试验试件

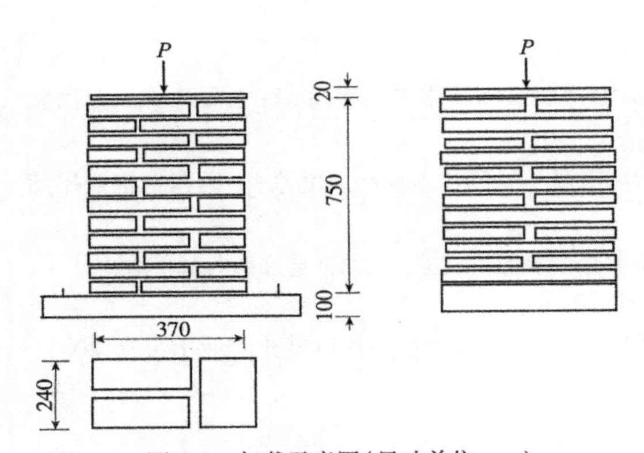

图7.1 加载示意图(尺寸单位:mm)

试验试件全部砌筑在带吊钩的100mm厚混凝土垫块上,试件的截面尺寸设计为240mm×370mm,设计高度为720mm,试件的高厚比 $\beta \approx 3$,试件的外形尺寸如图7.1所示。

7.1.3 主要仪器与设备

压力试验机,计算机,百分表,磁性表架,裂缝观察仪,水平尺,反力架,支墩,钢尺等。

7.1.4 试验原理

砌体中块体与砂浆的不同受力状态:单个块体在砌体中处于压(包括局压)、弯、剪及拉的复合应力状态,而砂浆处于三向受压的应力状态。轴心受压砌体的破坏特征(三阶段):单砖先裂、裂缝发展、形成独立小柱破坏。影响砌体抗压强度的因素:块体的强度、外形及厚度,砂浆的强度、可塑性及弹性模量,砌体的砌筑质量等。按照《砌体基本力学性能试验方法标准》(GB/T 50129—2011)的规定计算单个试件的抗压强度值,按照 $f_m = k_1 f_1 \alpha (1 + 0.07 f_2) k_2$ 计算试件的抗压强度理论值,系数 k_1、k_2、α 的取值可查《砌体结构设计规范》(GB 50003—2011)附录B确定。

7.1.5 试验方法及步骤

(1)试件规格和材料。试件高度 H 以三皮砌块的高度为准,厚度 d 为砌块厚度,宽度 B 以主规格砌块长度为准,砌体中部应有一条垂直灰缝。砂浆试块与砌体在同样条件下养护,并在砌体试验时进行抗压试验,每组砌体至少做一组砂浆试块。

(2)试件砌筑方法。砌体的砌筑按相关规程的条文进行。试件砌筑在平整的地坪或钢垫板上,试件顶部用1:3水泥砂浆抹平,其厚度以10mm为宜。竖向轴线误差不得超过5mm。试件一般在室内自然条件下养护。

(3)试验。试件的轴心受压试验在长柱压力机或静力试验台座上进行,如上下压头面积不足时,需加具有足够刚度的垫梁。试验前将试件尺寸、质量等情况进行检查、记录;使荷载中心与砌体几何中心相重合;采用分级加荷,每级荷载取破坏荷载的1/10左右。每级荷载均匀连续施加,加荷速度一般为每分钟3~5kg/cm²,每级荷载加完后恒载2~3min,以作观测和记录;加载至试验柱破坏,记录压力机荷载读数。注意观察第一条裂缝出现和裂缝发展的情况,记下初裂荷载,在裂缝处标出荷载吨位;当裂缝急剧增加和扩展,同时测力计上指针停顿及回转,即可认为试件失去承载能力,达到破坏状态,记下破坏荷载值,试验结束。

(4)计算。砌体轴心受压的破坏强度按下式计算:

$$R = \frac{N}{A} \tag{7.1}$$

式中:R——试件的受压强度,0.01MPa;

N——试件的破坏荷载,N;

A——试件的受压截面面积,mm^2。

(5)试验完成,清理试验现场。

7.1.6 试验数据处理及误差分析

(1)根据试验压力机荷载与轴向压缩的系列数据,制作相应的表格,绘制相应的荷载—压缩曲线图,并进行相应的分析;

(2)绘制裂缝分布图,并记录开裂荷载、极限荷载,描述试件破坏的最终形态;

(3)理论计算开裂荷载和极限荷载,并将实测值与理论值进行比较,计算出相对误差,进行分析讨论;

(4)对砌体中块体与砂浆的不同受力状态进行分析;

(5)对轴心受压砌体的三阶段破坏特征:单砖先裂、裂缝发展、形成独立小柱破坏进行数值分析;

(6)对影响轴心受压砌体抗压强度的主要因素进行分析。

7.1.7 试验报告要求

(1)写出试验名称、试验目的与要求、试验原理、试验设备,以及仪器、试验步骤等;

(2)分别制作试验荷载与轴向压缩数据的表格,绘制各条裂缝出现的位置及相应的形状,并记录试验荷载值,进行分析,得出相应的试验结论;

(3)绘制裂缝分布图,给出开裂荷载、极限荷载,描述试件破坏的过程及形态;

(4)理论计算开裂荷载和极限荷载,并将实测值与理论值进行比较,计算出相对误差,分析产生误差的原因;

(5)根据试验数据,经过计算绘制 σ-ε 曲线;

(6)得出试验结论;

(7)写出试验心得体会。

7.2 框架结构受力试验

7.2.1 试验目的

(1)通过试验初步掌握钢框架结构静载试验的程序和方法;

(2)了解钢框架受力特点及其破坏特征;

(3)测试框架结构的受力变形情况,对数据进行科学分析,并与理论计算值比较,以验证理论计算的正确性;

(4)熟悉和掌握加载、电阻应变仪以及测力仪等仪器设备的使用方法。

7.2.2 试验设备及仪器

液压加载装置,静态电阻应变仪,百分表及磁性表座,压力传感器及测力仪,游标卡尺、钢尺等。

7.2.3 试验原理

通过对试验框架进行加载测试,测试相应杆件的应力与变形,并与理论计算进行比较,对比测试的受力变形及内力分布与理论计算值的规律是否一致。

多层多跨框架的内力及侧移计算手算时,一般都采用近似方法。在求竖向荷载作用下结构的内力时可采用分层法、迭代法和弯矩分配法。在求水平荷载作用下结构的内力时可采用反弯点法、D 值法或迭代法。多层多跨框架的内力及变形也可用商用计算程序如 SAP 等计算。

7.2.4 试验步骤

(1)对试验框架进行理论计算,计算其极限承载力;

(2)确定加载方案(包括荷载的分级与大小、加载点位置、加载的方法、加载力的测试);

(3)在试验模型上布置应变测点及挠度测点,并进行应变片的布设;

(4)安装试验模型,连接应变片到应变仪;

(5)安装加载装置、百分表,检查仪表,调整仪表初读数;

(6)对模型进行预载,检查仪器设备工作是否正常;进行分级加载,每级加载,读数稳定后立即测读并记录应变仪、百分表以及压力传感器荷载读数;

(7)卸载,记录应变仪、百分表的读数;

(8)试验完成,清理试验现场,交还仪器设备。

7.2.5 试验数据处理及误差分析

(1)根据试验测试的荷载与挠度的系列数据,制作相应的表格,绘制相应的荷载—挠度曲线图,并进行相应的分析;

(2)根据试验测试的荷载与应变的系列数据,制作相应的表格,绘制相应的荷载—混凝土应变曲线图,并进行相应的分析;

(3)综合分析荷载—挠度曲线图、荷载—应变曲线图,并将实测值与理论值进行比较,计算出相对误差,进行分析讨论。

7.2.6 试验报告要求

(1)写出试验名称、试验目的与要求、试验原理、试验设备,以及仪器、试验步骤等;

(2)分别制作试验荷载与挠度、应变等系列数据的表格,绘制相应的图形,并将实测值与理论值进行比较,计算出相对误差,分析产生误差的原因,以此得出相应的试验结论;

(3)得出试验结论;

(4)写出试验心得体会。

7.3 钢筋混凝土梁斜截面破坏试验

7.3.1 试验目的

(1)学会常用的工程结构测试的仪器及设备的选用及使用;

(2)观测梁的受力各阶段变化特征;

(3)完成数据分析与处理,并进行合理的表达,与理论值进行比较得出合理结论。

7.3.2 试验模型

试验模型采用矩形截面,截面面积为150mm×100mm,长为1 300mm。混凝土的强度等级为C25,钢筋(R235级)直径为8mm,如图7.2所示。

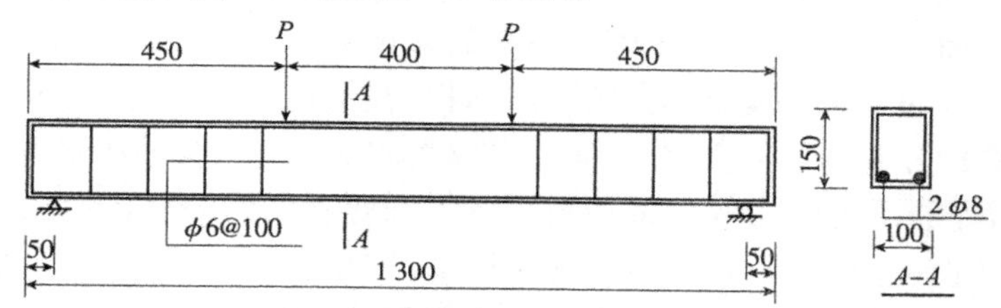

图7.2 钢筋混凝土梁斜截面破坏试验模型(尺寸单位:mm)

7.3.3 试验装置

试验柱置于压力机台座上,通过单刀铰支座加载,由压力机读取荷载读数,用应变片测试柱中部截面应变,用百分表量测跨中侧向挠度,用裂缝测宽仪测试裂缝宽度。钢筋混凝土梁斜截面破坏试验加载装置如图7.3所示。

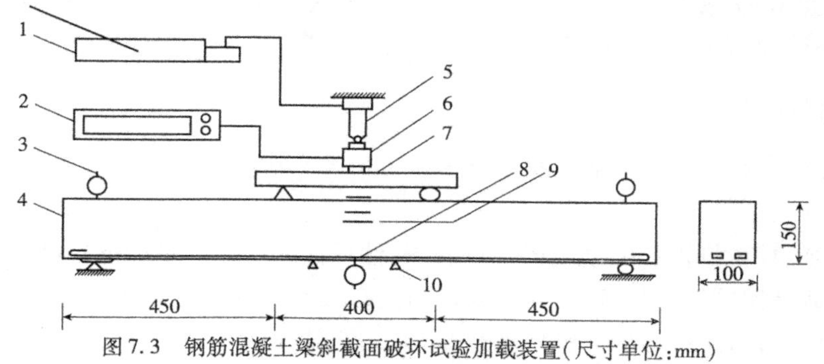

图7.3 钢筋混凝土梁斜截面破坏试验加载装置(尺寸单位:mm)

1－手动油泵;2－电子秤;3－挠度计;4－试件;5－液压缸;6－压力传感器;7－分配梁;8、9－电阻片;10－手持式应变仪脚标

7.3.4 试验设备及仪器

千斤顶,压力传感器及测力仪,电阻应变仪,百分表,裂缝测宽仪,游标卡尺,钢尺等。

7.3.5 试验原理

无腹筋简支梁形态有以下三种破坏形态:斜拉破坏、剪压破坏、斜拉破坏。斜拉破坏指在荷载作用下,梁的剪跨段产生由梁底竖向裂缝沿主压应力轨迹线向上延伸发展而形成斜裂缝,其中有一条主要斜裂缝(又称临界斜裂缝)很快形成,并迅速伸展至荷载垫板边缘而使梁体混凝土裂通,梁被撕裂成两部分而丧失承载力;同时,沿纵向钢筋往往伴随产生水平撕裂裂缝。剪跨比大于3。剪压破坏是指随着荷载的增加,梁的剪弯区段内陆续出现几条斜裂缝,其中一条发展成为临界斜裂缝,临界斜裂缝出现后,梁承受的荷载还能继续增加,而斜裂缝伸展至荷载垫板下,直到斜裂缝顶端的混凝土在正应力、剪应力及荷载引起的竖向局部压应力的共同作用下被压碎而破坏。破坏处可见到很多平行的斜向短裂缝和混凝土压碎渣。剪跨比在1~3。斜压破坏首先是荷载作用点和支座之间出现一条斜裂缝,然后出现若干条大体相平行的斜裂缝,梁腹被分割成若干个倾斜的小柱体。随着荷载增大,梁腹发生类似混凝土棱柱体被压坏的情况,破坏时斜裂缝多而密,但没有主裂缝,故称为斜压破坏。

有腹筋梁(仅配箍筋)出现裂缝后,箍筋不仅直接承受相当部分的剪力,而且能有效地抑制斜裂缝的开展和延伸,使剪压区面积增大,导致剪压区混凝土的抗剪能力提高,对纵向钢筋的销栓作用都有着积极的影响。配置的箍筋数量过多,则在箍筋尚未屈服时,斜裂缝间混凝土即因主压应力过大而发生斜压破坏;若配置的箍筋数量适中,则斜裂缝出现后,原来由混凝土承受的拉力转由与斜裂缝间混凝土相交的腹筋承担,在箍筋未屈服时,由于箍筋的的作用,延缓和限制了斜裂缝的开展和延伸,承载力尚能有较大的增长。当箍筋屈服时,由于箍筋的作用其变形迅速增大,箍筋不再能有效地抵制斜裂缝的开展和延伸,最后斜裂缝上端的混凝土在剪、压复合应力作用下达到极限强度,发生剪压破坏;若配置箍筋数量过少,则斜裂缝一出现,截面即发生急剧的应力重分布,原来由混凝土承担的拉力转由箍筋承受,使箍筋迅速达到屈服,变形剧增,不能抑制斜裂缝的开展,此时梁的破坏形态与无腹筋梁相似。当剪跨比较大时,也将产生脆性的斜拉破坏。

配有箍筋和弯起钢筋的钢筋混凝土梁,发生剪压破坏时,其抗剪承载力 V_u 是由剪压区混凝土抗剪力 V_c、箍筋所承受的剪力 V_{sv} 和弯起钢筋所承受的剪力 V_{sb} 组成,即:$V_u = V_c + V_{sv} + V_{sb}$。

在有腹筋梁中,箍筋的存在抑制了斜裂缝的开展,使剪压区面积增大,导致了受压区混凝土抗剪能力的提高,其提高程度与箍筋的抗压强度和配箍率有关,两者承载力无法精确定量,而只能用 V_{cs} 来表达混凝土和箍筋的综合抗剪承载力,即:$V_u = V_{cs} + V_{sb}$。

7.3.6 试验步骤

(1)按照试验模型的要求制作钢筋混凝梁,并在三根箍筋上粘贴应变片,然后再浇筑混凝土;

(2)浇筑完成后,将钢筋混凝土梁进行养护,然后储存在试验室的试件堆放区;

(3)确定剪跨比并标志加载点及支承处的位置,在钢筋混凝土梁剪跨区截面粘贴应变片;

(4)安装试验梁,连接应变片到应变仪;

(5)安装百分表,检查仪表,调整仪表初读数;

(6)进行预加载(荷载应小于开裂荷载的2/3);

(7)利用压力控制进行分级加载,每级加载后,立即测读并记录应变仪、百分表以及外加荷载读数;注意观察裂缝是否出现;当发现第一条裂缝后记录前一级荷载下读数,并用裂缝测宽仪测量裂缝宽度;在以后继续注意观察裂缝的出现和开展情况;

(8)加载至试验柱破坏,记录荷载读数及破坏时梁的裂缝分布情况;

(9)试验完成,清理试验现场,交还所借仪器设备。

7.3.7 试验数据处理及误差分析

(1)根据试验荷载与挠度的系列数据,制作相应的表格,绘制相应的荷载—挠度曲线图,并进行相应的分析;

(2)根据试验荷载与混凝土应变的系列数据,制作相应的表格,绘制相应的荷载—混凝土应变曲线图,并进行相应的分析;

(3)根据所加荷载与箍筋应变的系列数据,制作相应的表格,绘制相应的荷载—钢筋应变曲线图,并进行相应的分析;

(4)绘制裂缝分布图,并记录开裂荷载;

(5)记录试件的极限荷载,并描述试件破坏的最终形态;

(6)综合分析荷载—挠度曲线图、荷载—混凝土应变曲线图、荷载—钢筋应变曲线图、裂缝分布图以及试件破坏的最终形态等,以此来判断构件的破坏形式;

(7)理论计算开裂荷载和极限荷载,并将实测值与理论值进行比较,计算出相对误差,进行分析讨论。

7.3.8 试验报告要求

(1)写出试验名称、试验目的与要求、试验原理、试验设备,以及仪器、试验步骤等;

(2)分别制作试验荷载与挠度、混凝土应变以及钢筋应变等系列数据的表格,绘制相应的图形,并进行分析,以此得出相应的试验结论;

(3)绘制裂缝分布图,给出开裂荷载;描述试件破坏的最终形态,给出试件的极限荷载;

(4)理论计算极限荷载,并将实测值与理论值进行比较,计算出相对误差,分析产生误差的原因;

(5)得出试验结论;

(6)写出试验心得体会。

7.4 网架结构模型受力试验

7.4.1 试验目的

(1)了解网架结构受力特点,确定测试内容,进行测点布置,选用测试仪器;

(2)进行理论计算,确定加载程序及各级荷载大小;

(3)进行荷载试验。

7.4.2 试验模型

建立一个 2×4 空间网架。

7.4.3 试验设备及仪器

万能试验机(或液压加载装置),电阻应变仪,百分表,裂缝测宽仪,游标卡尺、钢尺等。

7.4.4 试验原理

网架结构是通过球节点连接的杆件体系。计算时假定节点为铰接,杆件只有端点受力时,杆件可视为轴心受力构件。计算可采用有限元程序计算或手算法(如空间桁架位移法、交叉梁系差分法、拟夹层板法等)。

7.4.5 试验步骤

(1)对试验网架结构进行理论计算,计算其极限承载力;

(2)确定加载方案(包括荷载的分级与大小、加载点位置、加载的方法、加载力的测试);

(3)在试验模型上布置应变测点及挠度测点,并进行应变片的布设;

(4)安装试验模型,连接应变片到应变仪;

(5)安装加载装置、百分表,检查仪表,调整仪表初读数;

(6)对模型进行预加载,检查仪器设备工作是否正常;进行分级加载,每级加载后,读数稳定后立即测读并记录应变仪、百分表以及压力传感器荷载读数;

(7)卸载,记录应变仪、百分表的读数;

(8)试验完成,清理试验现场,交还仪器设备。

7.4.6 试验数据处理及误差分析

(1)根据试验测试的荷载与挠度的系列数据,制作相应的表格,绘制相应的荷载—挠度曲线图,并进行相应的分析;

(2)根据试验测试的荷载与应变(内力)的系列数据,制作相应的表格,绘制相应的荷载—应变(内力)曲线图,并进行相应的分析;

(3)综合分析荷载—挠度曲线图、荷载—应变(内力)曲线图,并将实测值与理论值进行比较,计算出相对误差,进行分析讨论。

7.4.7 试验报告要求

(1)写出试验名称、试验目的与要求、试验原理、试验设备,以及仪器、试验步骤等;

(2)分别制作试验荷载与挠度、应变等系列数据的表格,绘制相应的图形,并将实测值与理论值进行比较,计算出相对误差,并分析产生误差的原因,以此得出相应的试验结论;

(3)得出试验结论;

(4)写出试验心得体会。

7.5 配筋砌体轴心抗压强度试验

7.5.1 试验目的

(1)熟悉配筋砌体轴心抗压强度试验试件的设计及制作要点;

(2)了解配筋砌体的种类,学会试验所用仪器设备的使用;

(3)研究配筋砌体试件在试验过程中初始裂缝产生及其发展情况,观察并记录;

(4)对影响配筋砌体的轴心抗压强度的主要因素进行研究;

(5)根据试验数据,经过计算绘制 $\sigma-\varepsilon$ 曲线,并进行分析研究。

7.5.2 试验试件

试验试件全部砌筑在带吊钩的100mm厚混凝土垫块上,试件的截面设计尺寸为240mm×370mm,设计高度为800~1 000mm,试件的高厚比 $\beta\approx3\sim4$,试件的外形尺寸如图7.4所示。

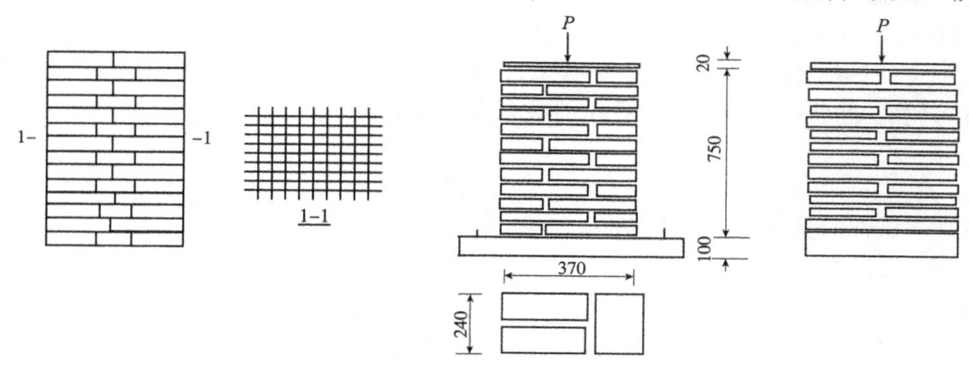

图7.4 网状配筋砌体试件示意图(尺寸单位:mm)

7.5.3 试验设备及仪器

照相机,摄像机,压力试验机,计算机,百分表,磁性表架,裂缝观察仪,水平尺,反力架,支墩,电阻应变仪等。

7.5.4 试验原理

在砖砌体中配置钢筋或钢筋混凝土的砌体,密实均匀,提高了砌体的承载能力,扩大了砖砌体的应用范围,尤其是各种类型和规格的多孔砖的应用在不断扩大和发展,在多孔砖的孔洞内配置钢筋或钢筋混凝土构成配筋砌体更具有优越性。根据钢筋配置的情况,配筋砖砌体的主要形式有:横向配筋砖砌体、纵向配筋砖砌体和组合砖砌体。在砖砌体的水平灰缝内每隔3~5皮砖配置钢筋网的称为横向配筋砖砌体,在均匀压力作用下,配置钢筋网时称为网状配筋砖砌体。横向配筋砖砌体承受纵向压力作用时,砌体的横向变形受到钢筋的约束,从而间接地提高了砌体的抗压强度。其中砖的强度等级对砌体抗压强度的影响较大,在砖砌体的竖向灰缝内或竖向砂浆层内配置钢筋的称为纵向配筋砖砌体。当砌体由砖砌体和钢筋混凝土材料共同构成时称为组合砖砌体。纵向配筋砖砌体或组合砖砌体能进一步提高砌体构件的承载能力。当砌体构件截面尺寸受到限制,无筋砖砌体不能保证砌体强度时,可采用配筋砖砌体;横向配筋砖砌体用于轴心受压及偏心距较小的受压构件中,纵向配筋砖砌体和组合砖砌体可用于偏心距较大的受压构件中。

7.5.5 试验步骤

(1)配筋砌体试件所用砌块的强度按规范中相关的方法确定;砂浆试块与砌体在同样条件下养护,并在砌体试验时进行抗压试验,每组砌体至少做一组砂浆试块。

(2)试件砌筑方法。砌体的砌筑按相关规程有关条文进行。试件砌筑在平整的地坪或钢垫板上，试件顶部用1:3水泥砂浆抹平，其厚度以10mm为宜。竖向轴线误差不得超过5mm。试件一般在室内自然条件下养护。

(3)试验。试件的轴心受压试验在长柱压力机或静力试验台座上进行，如上下压头面积不足时，需加具有足够刚度的垫梁。试验前将试件尺寸、质量等情况进行检查、记录，使荷载中心与砌体几何中心相重合；采用分级加荷，每级荷载取破坏荷载的1/10左右。每级荷载均匀连续施加，加荷速度一般为每分钟3～5kg/cm^2，每级荷载加完后恒载2～3min，以作观测和记录；加载至试验柱破坏，记录压力机荷载读数。注意观察第一条裂缝出现和裂缝发展情况，记下初裂荷载，在裂缝处标出荷载吨位；当裂缝急剧增加和扩展，同时测力计上指针停顿及回转，即可认为试件失去承载能力，达到破坏状态，记下破坏荷载值，试验结束。

(4)计算。网状配筋砌体轴心受压的破坏强度按下式计算：

$$R=\frac{N}{\varphi_{n}A} \tag{7.2}$$

式中：R——试件的受压强度，0.01MPa；

N——试件的破坏荷载，N；

A——试件的受压截面面积，mm^2；

φ_{n}——考虑高厚比β、偏心距e及配筋率ρ对承载力的影响系数，查《砌体结构设计规范》(GB 50003—2011)附录D.0.2。

(5)试验完成，清理试验现场。

7.5.6 试验数据处理及误差分析

(1)根据试验压力机的荷载与轴向压缩的系列数据，制作相应的表格，绘制相应的$\sigma-\varepsilon$曲线图，并进行相应的分析；

(2)根据网状配筋砌体中钢筋的平均应变进行相关分析；

(3)绘制裂缝分布图，记录开裂荷载、极限荷载，并描述试件破坏的最终形态；

(4)理论计算开裂荷载和极限荷载，并将实测值与理论值进行比较，计算出相对误差，进行分析讨论；

(5)通过试验对网状配筋砌体与相同条件的无筋砌体进行对比分析，进行研究与探讨；

(6)通过试验对网状配筋砌体的块体强度与砂浆强度组合进行探讨与研究。

7.5.7 试验报告要求

(1)写出试验名称、试验目的与要求、试验原理、试验设备以及仪器、试验步骤等；

(2)分别制作试验荷载与轴向压缩数据的表格，绘制各条裂缝出现的位置及相应的形状并记录试验荷载值，进行分析，得出相应的试验结论；

(3)绘制裂缝分布图，给出开裂荷载、极限荷载，描述试件破坏的过程及形态；

(4)理论计算开裂荷载和极限荷载，并将实测值与理论值进行比较，计算出相对误差，分析产生误差的原因；

(5)根据试验数据，经过计算绘制网状配筋砌体的$\sigma-\varepsilon$曲线；

(6)得出试验结论；

(7)写出试验心得体会。

7.6 钢筋混凝土结构耐久性指标检测与评价

7.6.1 钢筋保护层厚度测定试验

1)试验目的

(1)通过试验初步了解钢筋保护层厚度测定仪工作原理及使用方法;

(2)掌握对现场量测数据的处理方法;

(3)熟悉不同构件对保护层厚度的要求,掌握保护层厚度合格评定方法。

2)试验模型

试验模型采用正截面或斜截面破坏试验梁。

3)试验设备及仪器

钢筋保护层厚度测定仪,专用标定块,钢卷尺等。

4)试验方法及原理

(1)试验方法:采用电磁法无损检测方法确定钢筋位置,辅以现场修正确定保护层厚度,估测钢筋直径,量测精确至毫米;

(2)试验原理:仪器探头产生一个电磁场,当某条钢筋或其他金属物体位于这个电磁场内时,会引起这个电磁场磁力线发生改变,造成局部电磁场强度的变化。电磁场强度的变化和金属物大小与探头距离存在一定的对应关系,如果把特定尺寸的钢筋和所要调查的材料进行适当标定,通过探头测量并由仪器显示出这种对应关系,即可估测混凝土中钢筋位置、深度和尺寸。

5)试验步骤

(1)仪器的标定。

(2)确定主要承重构件或构件主要受力部位作为测试范围。

(3)测区布置及要求:按单个构件检测时,应根据尺寸大小,在构件上均匀布置测区,每个构件上的测区数不应少于3个,大于5m的构件应适当增加测区数,相邻测区间距不宜小于2m,测区表面应清洁、平整,避开接缝、蜂窝、麻面、预埋件等部位,做好测区外观、位置及编号的相应记录;每个测区测试不少于10个测点。

(4)将保护层测试仪传感器在构件表面平行移动,先在测区内确定钢筋位置与走向。

(5)将传感器置于钢筋位置正上方左右移动,取2~3次稳定读数平均值,确定保护层厚度。

(6)试验完成,整理仪器,清理试验现场。

6)误差分析及试验数据处理

(1)用标准垫块进行综合修正;

(2)用校准孔进行综合修正;

(3)混凝土表面平整度等因素带来的误差;

(4)用图示法注明检测部位及测区,将各个测区的钢筋分布、走向绘制成图,并在图上标注间距、保护层厚度及钢筋直径等数据;

(5)根据某一测量部位各测点混凝土保护层厚度实测值求出平均值;

(6)确定测量部位混凝土保护层厚度特征值；

(7)根据特征值与设计值的比值按混凝土保护层厚度评定标准表对结构钢筋耐久性评定标度做出评判。

7)试验报告要求

(1)写出试验名称、试验目的与要求、试验原理、试验设备,以及仪器、试验步骤等；

(2)绘制钢筋分布、走向、直径及保护层厚度数据图,并进行整理；

(3)分析产生误差的原因；

(4)得出相应的试验结论；

(5)写出试验心得体会及总结。

7.6.2 钢筋锈蚀测定试验

1)试验目的

(1)通过试验熟悉钢筋锈蚀分析仪的使用,并掌握检测方法；

(2)加深理解材料及环境对混凝土中钢筋锈蚀产生的影响；

(3)掌握混凝土中钢筋锈蚀概率的评估方法。

2)试验模型

试验模型采用正截面或斜截面破坏试验梁。

3)试验设备及仪器

钢筋锈蚀分析仪,饱和硫酸铜溶液,砂纸,记号笔,接触液等。

4)试验方法及原理

采用半电池点位法是利用混凝土中钢筋锈蚀的电化学反应引起的点位变化来测定钢筋锈蚀状态的一种方法。通过测定钢筋/混凝土半电池电极与在混凝土表面的铜/硫酸铜参考电极之间的电位差的大小,评定混凝土中钢筋的锈蚀活化程度。

5)试验步骤

(1)确定可能存在锈蚀部位、主要承重构件或构件主要受力部位作为测试范围。

(2)测区选择及测点布置:在测区上布置测试网格,网格节点为测点,网格间距根据构件尺寸可选 20cm×20cm、30cm×30cm、20cm×10cm 等,测点位置距构件边缘应大于 5cm,一般不宜小于 20 个测点。

(3)当一个测区内存在相邻测点的读数超过 150mV,通常应减小测点的间距。

(4)测区应统一编号,注明位置,并描述外观情况。

(5)用砂纸打磨混凝土表面,去除浮浆、污迹、尘土等,用接触液将表面润湿。

(6)将铜/硫酸铜电极接入正输入端,钢筋接入负输入端。

(7)将铜/硫酸铜电极前端多孔塞充分浸湿在饱和硫酸铜溶液中,测点读数变动不超过 2mV,可视为稳定,记录测试数据。

(8)试验完成,整理仪器,清理试验现场。

6)误差分析及试验数据处理

(1)混凝土含水率影响带来的误差；

(2)明显的锈蚀、胀裂、脱空、层离现象带来的评判可靠度影响；

(3)环境温度、波动电流及混凝土保护层电阻等因素带来的误差；

(4)用图示法注明检测部位及测区,绘制等电位图;
(5)根据某一测量部位各测点混凝土保护层厚度实测值求出平均值;
(6)根据结构混凝土中钢筋锈蚀电位判定标准对结构钢筋发生锈蚀的概率或发生锈蚀的锈蚀活化程度系数作出评判。

7)试验报告要求

(1)写出试验名称、试验目的与要求、试验原理、试验设备,以及仪器、试验步骤等;
(2)绘制等电位图,并进行整理;
(3)分析产生误差的原因;
(4)得出相应的试验结论;
(5)写出试验心得体会及总结。

7.6.3 混凝土构件氯离子含量试验

1)试验目的

(1)通过试验熟悉混凝土氯离子快速测定仪的使用,并掌握检测方法;
(2)了解氯离子含量对加速钢筋锈蚀产生的影响;
(3)根据钢筋处的混凝土氯离子含量判断引起钢筋锈蚀的危险性。

2)试验模型

试验模型采用正截面或斜截面破坏试验梁。

3)试验设备及仪器

混凝土氯离子快速测定仪,电热鼓风干燥箱,电子天平,电锤,小勺,塑料袋,毛刷,烧杯,滴管,石蕊试纸,无水碳酸钠,硝酸等。

4)试验方法

采用滴定条法现场测定氯离子含量。

5)试验步骤

(1)根据构件本身质量状况,在不同部位及明显差异部位确定测区;
(2)每一测区取粉的钻孔数量不少于3个,直径20mm以上;
(3)同一测区不同孔相同深度的粉末不少于25g,分层收集,一般深度间隔可取3mm、5mm、10mm、15mm、20mm、25mm、50mm等;
(4)测区、测孔及深度应统一编号,注明位置,并描述外观情况;
(5)将样品置于(105±5)℃烘箱内烘2h,冷却至室温;
(6)称取5g样品粉末放入烧杯中,加入50mL HNO_3,搅拌至嘶嘶声停止;
(7)用石蕊试纸检查溶液是否呈中性(石蕊试纸不变),否则加入少量的无水硫酸钠直至溶液呈中性;
(8)通过滤纸加入液体,把滴定条插入液体中,待滴定条变成蓝色取出擦干;
(9)读取滴定条颜色变化处的最高值,然后在滴定表中查出对应的氯离子含量值;
(10)试验完成,整理仪器,清理试验现场。

6)误差分析及试验数据处理

(1)不同深度粉末混杂影响带来的误差;
(2)称量样品带来的误差;

(3)根据每一取样层氯离子含量测定值，做出氯离子含量的深度分布曲线；

(4)根据结构混凝土中氯离子含量评判标准对结构钢筋发生锈蚀的可能性做出评判。

7)试验报告要求

(1)写出试验名称、试验目的与要求、试验原理、试验设备，以及仪器、试验步骤等；

(2)绘制氯离子含量的深度分布曲线，并进行整理；

(3)分析产生误差的原因；

(4)得出相应的试验结论；

(5)写出试验心得体会及总结。

7.6.4 结构混凝土碳化深度试验

1)试验目的

(1)通过试验掌握混凝土碳化深度检测方法；

(2)加深理解碳化深度对钢筋锈蚀产生的影响；

(3)掌握碳化深度对钢筋锈蚀影响的评定方法。

2)试验模型

试验模型采用正截面或斜截面破坏试验梁。

3)试验设备及仪器

碳化深度测定仪或游标卡尺，酚酞酒精溶液，电锤，喷雾器，毛刷等。

4)试验方法及原理

采用在混凝土新鲜断面喷洒酸碱指示剂，通过指示剂颜色的变化来确定混凝土碳化深度。

5)试验步骤

(1)测区选择应包括锈蚀电位测量结果有代表性的区域，也包括能反映不同条件及不同混凝土质量的部位，结构外侧面应布置测区；

(2)测区数量不小于3个，测区应均匀分布；

(3)每一测区应布置3个测孔，3个测孔成品字排列，孔距大于2倍孔径；

(4)测孔距构件边角的距离大于2.5倍保护层厚度；

(5)用装有20mm直径钻头的冲击钻在测点位置钻孔；

(6)用干毛刷将孔中碎屑、粉末清除，露出混凝土新茬；

(7)将酚酞酒精溶液喷洒到测孔内壁上，观察颜色的变化，出现红紫色则未碳化，没有改变颜色则已经碳化；

(8)从孔径三个角度分三次进行碳化深度测量，取三次结果的平均值作为该测孔碳化深度值，重复进行，直至完成；

(9)试验完成，整理仪器，清理试验现场。

6)误差分析及试验数据处理

(1)混凝土局部碳化深度的不均匀性带来的影响；

(2)孔壁内外层混合粉末未清理干净带来的影响；

(3)整理并列出测量值的最大值、最小值、平均值及离散情况；

(4)取构件碳化深度平均值与该类构件保护层厚度平均值之比，参考混凝土混凝土碳化深度的评定标准对单个构件进行评定。

7）试验报告要求

（1）写出试验名称、试验目的与要求、试验原理、试验设备，以及仪器、试验步骤等；

（2）整理测量值，绘制数据表格；

（3）分析产生误差的原因；

（4）得出相应的试验结论；

（5）写出试验心得体会及总结。

本章参考文献

[1] 中华人民共和国国家标准. GB 50003—2011 砌体结构设计规范. 北京：中国建筑工业出版社，2011.

[2] 中华人民共和国国家标准. GB/T 50129—2011 砌体基本力学性能试验方法标准. 北京：中国建筑工业出版社，2011.

[3] 中华人民共和国国家标准. GB 50017—2003 钢结构设计规范. 北京：中国计划出版社，2003.

[4] 宋彧，李丽娟，张贵文. 建筑结构试验. 重庆：重庆大学出版社，2001.

[5] 姚振刚，刘祖华. 建筑结构实验. 上海：同济大学出版社，1996.

第8章　岩土工程(含隧道工程)试验

8.1　超声检测混凝土质量及缺陷试验

8.1.1　试验目的

(1)熟悉测试原理;

(2)掌握测试方法和仪器的使用;

(3)能够对检测数据进行处理并编写报告。

8.1.2　试验原理

采用带波形显示的低频超声波检测仪和频率为20～250kHz的声波换能器,测量混凝土的声速、波幅和主频等声学参数,并根据这些参数及其相对变化分析判断混凝土缺陷的方法。

8.1.3　试验步骤

1)混凝土裂缝深度测试

当结构的裂缝部位只有一个可测表面,估计裂缝深度又不大于500mm时,可采用单面平测法。平测时应在裂缝的被测部位以不同的测距,按跨缝和不跨缝布置测点(布置测点时应避开钢筋的影响)进行检测。

(1)不跨缝的声时测量

将T、R换能器置于裂缝附近同一侧,以两个换能器内边缘间距(l')等于100mm、150mm、200mm、250mm……分别读取声时值(t_i),绘制"时—距"坐标图(图8.1)或用回归分析的方法求出声时与测距之间的回归直线方程:

$$l_i = a + bt_i \tag{8.1}$$

每测点超声波实际传播距离 l_i 为:

$$l_i = l' + |a| \tag{8.2}$$

式中:l_i——第 i 点的超声波实际传播距离,mm;

l'——第 i 点的R、T换能器内边缘间距,mm;

a——"时—距"图中 l' 轴的截距或回归直线方程的常数项,mm。

不跨缝平测的混凝土声速值为:

$$v = (l'_n - l'_1)/(t_n - t_1) \quad (\text{km/s}) \tag{8.3}$$

或

$$v = b \quad (\text{km/s}) \tag{8.4}$$

式中:l'_n、l'_1——第 n 点和第1点的测距,mm;

t_n、t_1——第 n 点和第1点读取的声时值,μs;

b——回归系数。

(2)跨缝的声时测量

如图 8.2 所示，将 T、R 换能器分别置于以裂缝为对称的两侧，l' 取 100mm、150mm、200mm……分别读取声时值 t_i^0，同时观察首波相位的变化。

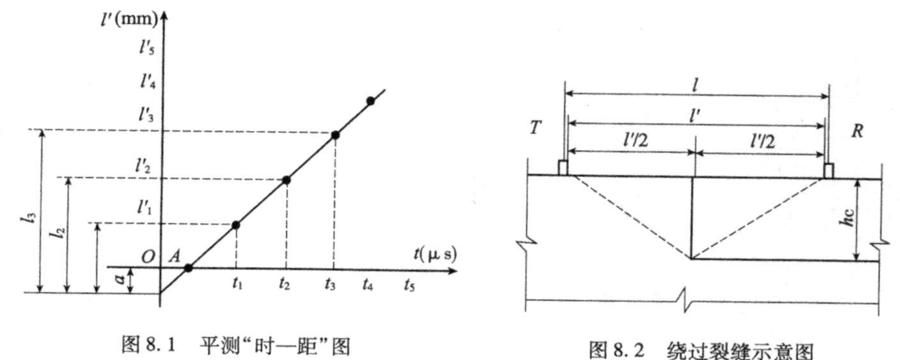

图 8.1 平测"时—距"图

图 8.2 绕过裂缝示意图

(3)数据处理

平测法检测时，裂缝深度按下式计算：

$$h_{ci} = l_i/2 \cdot \sqrt{(t_i^0 v/l_i)^2 - 1} \tag{8.5}$$

$$m_{hc} = 1/n \cdot \sum_{i=1}^{n} h_{ci} \tag{8.6}$$

式中：l_i——不跨缝平测时第 i 点的超声波实际传播距离，mm；

h_{ci}——第 i 点计算的裂缝深度值，mm；

t_i^0——第 i 点跨缝平测的声时值，μs；

m_{hc}——各测点计算裂缝深度的平均值，mm；

n——测点数。

(4)裂缝深度的确定方法

①跨缝测量中，当在某测距发现首波反相时，可用该测距及两个相邻测距的测量值计算其值，取此三点 h_{ci} 的平均值作为该裂缝的深度值(h_c)；

②跨缝测量中如难于发现首波反相，则以不同测距按式(8.5)、式(8.6)计算 h_{ci} 及其平均值(m_{hc})。将各测距 l_i' 与 m_{hc} 相比较，凡测距 l_i' 小于 m_{hc} 和大于 $3m_{hc}$，应剔除该组数据，然后取余下 h_{ci} 的平均值作为该裂缝的深度值(h_c)。

2)不密实区和空洞检测

(1)测试方法

根据被测构件实际情况，选择下列方法之一布置换能器进行测试。

①当构件具有两对相互平行的测试面时，可采用对测法。如图 8.3 所示，在测试部位两对相互平行的测试面上，分别画出等间距的网格(网格间距：工业与民用建筑为 100～300mm，其他大型结构物可适当放宽)，并编号确定对应的测点位置。

②当构件只有一对相互平行的测试面时，可采用对测和斜测相结合的方法。如图 8.4 所示，在测位两个相互平行的测试面上分别画出网格线，可在对测的基础上进行交叉斜测。

③当测距较大时，可采用钻孔或预埋管测法。如图 8.5 所示，在测位预埋声测管或钻出竖向测试孔，预埋管内径或钻孔直径宜比换能器直径大 5～10mm，预埋管或钻孔间距宜为 2～3m，其深度可根据测试需要确定。检测时可用两个径向振动式换能器分别置于两测孔中进行测试，或用一个径向振动式换能器与一个厚度振动式换能器分别置于测孔中和平行于测孔的侧面进行测试。

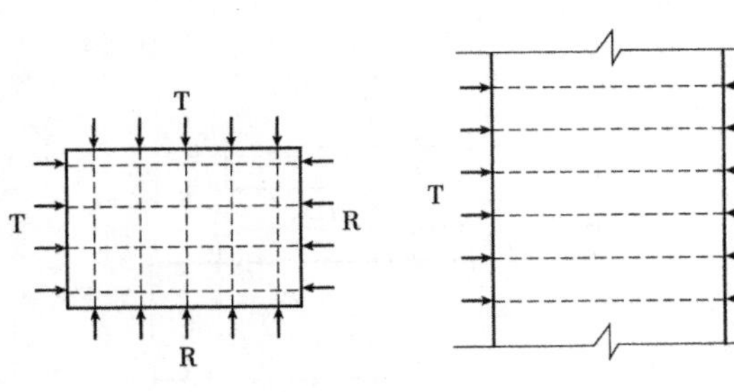

图 8.3　对测法示意图

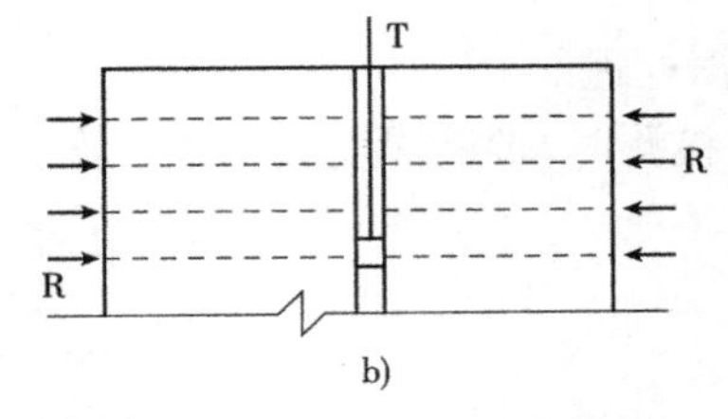

图 8.4　斜测法示意图

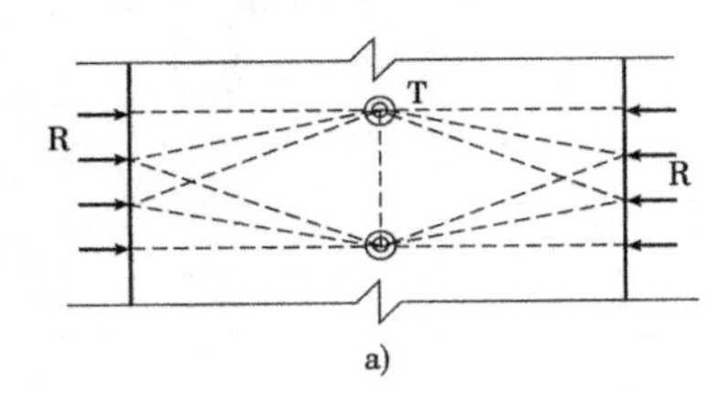

图 8.5　钻孔法示意图

(2)数据处理及判断

①数据计算

测位混凝土声学参数的平均值(m_x)和标准差(s_x)按下式计算：

$$m_x = \sum x_i^2/n \tag{8.7}$$

$$s_x = \sqrt{(\sum x_i^2 - n \cdot m_x^2)/(n-1)} \tag{8.8}$$

式中：x_i——第 i 点的声学参数测量值；

n——参与统计的测点数。

②异常数据判别方法

a. 将测位各测点的波幅、声速或主频值由大至小按顺序分别排列，即 $x_1 \geqslant x_2 \geqslant \cdots\cdots \geqslant x_n \geqslant x_{n+1}$……将排在后面明显小的数据视为可疑，再将这些可疑数据中最大的一个(假定 x_n)连同其前面的数据按式(8.7)和式(8.8)计算出 m_x 及 s_x 值，并按下式计算异常情况的判断值(x_0)：

$$x_0 = m_x - \lambda_1 \cdot s_x \tag{8.9}$$

式中，λ_1 按表 8.1 取值。

将判断值(x_0)与可疑数据的最大值(x_n)相比较，当 x_n 不大于 x_0 时，则 x_n 及排列于其后的各数据均为异常值，并且去掉 x_n，再用 $x_1 \sim x_{n-1}$ 进行计算和判别，直至判不出异常值为止；当 x_n 大于 x_0 时，应再将 x_{n+1} 放进去重新进行计算和判别。

b. 当测位中判出异常测点时，可根据异常测点的分布情况，按下式进一步判别其相邻测点是否异常：

$$x_0 = m_x - \lambda_2 \cdot s_x \text{ 或 } x_0 = m_x - \lambda_3 \cdot s_x \tag{8.10}$$

式中的 λ_2、λ_3 按表 8.1 取值。当测点布置为网格状时取 λ_2，当单排布置测点时(如在声测孔中检测)取 λ_3。若保证不了符合条件的一致性，则波幅值不能作为统计法的判据。

统计数的个数 n 与对应的 λ_1、λ_2、λ_3 值　　表 8.1

n	20	22	24	26	28	30	32	34	36	38
λ_1	1. 65	1. 69	1. 73	1. 77	1. 80	1. 83	1. 86	1. 89	1. 92	1. 94
λ_2	1. 25	1. 27	1. 29	1. 31	1. 33	1. 34	1. 36	1. 37	1. 38	1. 39
λ_3	1. 05	1. 07	1. 09	1. 11	1. 12	1. 14	1. 16	1. 17	1. 18	1. 19
n	40	42	44	46	48	50	52	54	56	58
λ_1	1. 96	1. 98	2. 00	2. 02	2. 04	2. 05	2. 07	2. 09	2. 10	2. 12
λ_2	1. 41	1. 42	1. 43	1. 44	1. 45	1. 46	1. 47	1. 48	1. 49	1. 49
λ_3	1. 20	1. 22	1. 23	1. 25	1. 26	1. 27	1. 28	1. 29	1. 30	1. 31
n	60	62	64	66	68	70	72	74	76	78
λ_1	2. 13	2. 14	2. 15	2. 17	2. 18	2. 19	2. 20	2. 21	2. 22	2. 23
λ_2	1. 50	1. 51	1. 52	1. 53	1. 53	1. 54	1. 55	1. 56	1. 56	1. 57
λ_3	1. 31	1. 32	1. 33	1. 34	1. 35	1. 36	1. 36	1. 37	1. 38	1. 39
n	80	82	84	86	88	90	92	94	96	98
λ_1	2. 24	2. 25	2. 2	2. 27	2. 28	2. 29	2. 30	2. 30	2. 31	2. 31
λ_2	1. 58	1. 58	1. 59	1. 60	1. 61	1. 61	1. 62	1. 62	1. 63	1. 63
λ_3	1. 39	1. 40	1. 41	1. 42	1. 42	1. 43	1. 44	1. 45	1. 45	1. 45
n	100	105	110	115	120	125	130	140	150	160
λ_1	2. 32	2. 35	2. 36	2. 38	2. 40	2. 41	2. 43	2. 45	2. 48	2. 50
λ_2	1. 64	1. 65	1. 66	1. 67	1. 68	1. 69	1. 71	1. 73	1. 75	1. 77
λ_3	1. 46	1. 47	1. 48	1. 49	1. 51	1. 53	1. 54	1. 56	1. 58	1. 59

c. 当测位中某些测点的声学参数被判为异常值时，可结合异常测点的分布及波形状况确定混凝土内部存在不密实区和空洞的位置及范围。

3）混凝土结合面质量检测

（1）测试方法

混凝土结合面质量检测可采用对测法和斜测法，如图 8. 6 所示。布置测点时应注意下列几点：①使测试范围覆盖全部结合面或有怀疑的部位；②各对 T-R_1（声波传播不经过结合面）和 T-R_2（声波传播经过结合面）换能器连线的倾斜角测距应相等；③测点的间距视构件尺寸和结合面外观质量情况而定，宜为 100 ~ 300mm。按布置好的测点分别测出各点的声时、波幅和主频值。

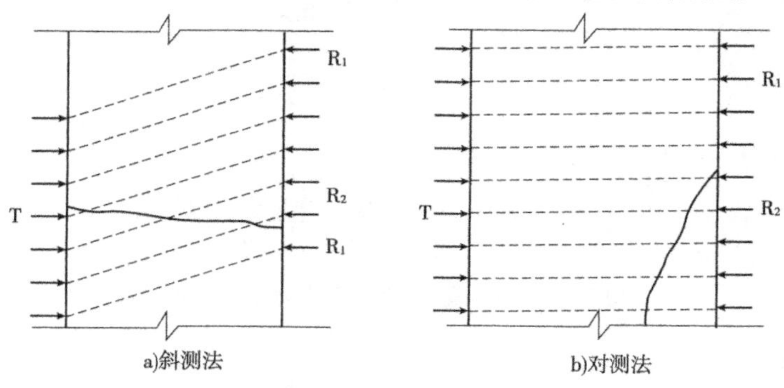

图 8. 6　混凝土结合面质量检测示意图

(2)数据处理及判断

①将同一测位各测点声速、波幅和主频值分别按混凝土不密实和空洞检测数据处理和判断方法进行统计和判断。

②当测点数无法满足统计法判断时,可将 $T-R_2$ 的声速、波幅等声学参数与 $T-R_1$ 进行比较,若 $T-R_2$ 的声学参数比 $T-R_1$ 显著低时,则该点可判为异常测点。

③当通过结合面的某些测点的数据被判为异常,并查明无其他因素影响时,可判定混凝土结合面在该部位结合不良。

8.2 隧道环境检测试验

8.2.1 试验目的

(1)掌握隧道环境检测的内容;

(2)熟悉各项检测内容所使用的仪器设备;

(3)能够根据测试内容编写测试方案,并对测试结果进行分析。

8.2.2 主要仪器

风速计、CO 浓度测试仪、照度计、噪声计、能见度检测仪等。

8.2.3 试验内容及步骤

(1)隧道内风速测试;

(2)隧道内 CO 浓度测试;

(3)隧道内照度测试;

(4)隧道内噪声测试;

(5)隧道烟雾浓度检测。

1)隧道内风速测试

(1)测点布置

测试隧道内横断面风速值时,根据隧道风机布置间距选择测试断面,每个断面测试时选择12 个点位进行测试,横断面测点布置如图 8.7 所示。

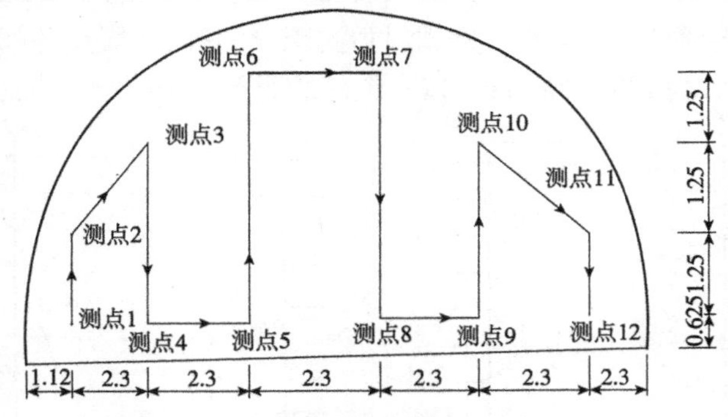

图 8.7 横断面风速测点示意图(尺寸单位:m)

(2)数据处理

将该测试断面的 12 个测试数据取平均值即得该测试断面的平均风速值,然后再取各测试断面的平均风速值即可得出测试区段的平均风速值。将结果与相应规范对比，即可判定风速值是否达标。

根据《公路隧道设计规范》(JTG D70—2004)中关于人车混合通行隧道中关于隧道风速的规定，风速不应大于7m/s。

2)隧道内CO浓度测试

采用CO浓度测试仪对CO浓度进行测试，按照隧道长度等间距测试，将测试结果与规范对照判定是否符合规范值。《公路隧道施工技术规范》(JTG F60—2009)中关于隧道施工环境中有毒物容许浓度的规定见表8.2。

工作场所空气中有毒物质容许浓度(单位：mg/m³)　　表8.2

中文名(CAS No.)	MAC	TWA	STEL
二氧化氮	—	5	10
二氧化硫	—	5	10
二氧化碳	—	9 000	18 000
一氧化氮	—	15	30
一氧化碳 非高原	—	20	30
高原			
海拔2 000~3 000m	20	—	—
海拔>3 000m	15	—	—

注：MAC-时间加权平均容许浓度(8h)；TWA-最高容许浓度，指在一个工作日内任何时间都不应超过的浓度；STEL-短时间(15min)接触容许浓度。

3)隧道内照度测试

(1)测点布置

测定某一区域的照度时，一般按照2m×2m(可根据实际情况适当调整)的间距将该区域进行划分，将各交点进行编号，对交点位置的照度使用照度计进行测试。

(2)数据处理

根据测试数据分别计算该测区的平均照度和总均匀度，如有需要可将照度换算为亮度。依据公式(8.11)计算该测区的平均照度：

$$E = \frac{1}{n}\sum_{i=1}^{n} E_i \tag{8.11}$$

式中：E——测试区域的平均照度值，lx；

E_i——测点位置的照度值，lx；

n——测点个数。

根据公式(8.12)计算照度的总均匀度：

$$U_0 = \frac{L_{\min}}{L_{\mathrm{av}}} \tag{8.12}$$

式中：U_0——测试区域照度的总均匀度；

$L_{\min}$——测试区域照度的最小值，lx；

L_{av}——测试区域照度的最大值，lx。

4)隧道内噪声测试

采用噪声计对测试区段等间距进行噪声测试，按照隧道长度等间距测试，将测试结果与规范对照判定是否符合规范值。如：对于城市隧道，一般为人车混用隧道，按照《声环境质量标准》(GB 3096—2008)中4a类(昼间70dB，夜间55dB)标准进行噪声值的评价。

5)隧道烟雾浓度检测

(1)相关规定

隧道内的烟雾浓度按照《公路隧道设计规范》(JTG D70—2004)以及《公路隧道养护技术规范》(JTG H12—2003)中的相关规定：隧道在设计车速为100km/h时，其烟雾浓度的取值应为0.006 5m^{-1}，在《公路隧道施工技术规范》(JTG F60—2009)中关于粉尘的规定如表8.3所示。

工作场所空气中粉尘容许浓度(单位：mg/m^3)　　表8.3

中文名(CAS No.)	TWA	STEL
白云石粉尘		
总尘	8	10
呼尘	4	8
沉淀SiO_2(白炭黑)(总尘)	5	10
大理石粉尘		
总尘	8	10
呼尘	4	8
电焊烟尘(总尘)	4	6
沸石粉尘(总尘)	5	10
硅灰石粉尘(总尘)	5	10
硅藻土粉尘		
游离SiO_2含量<10%(总尘)	6	10
滑石粉尘(游离SiO_2含量<10%)		
总尘	3	4
呼尘	1	2
煤尘(游离SiO_2含量<10%)		
总尘	4	6
呼尘	2.5	3.5
膨润土粉尘(总尘)	6	10
石膏粉尘		
总尘	8	10
呼尘	4	8
石灰石粉尘		
总尘	8	10
呼尘	4	8

续上表

中文名(CAS No.)	TWA	STEL
石墨粉尘		
总尘	4	6
呼尘	2	3
水泥粉尘(游离 SiO_2 含量<10%)		
总尘	4	6
呼尘	1.5	2
炭黑粉尘(总尘)	4	8
矽尘		
总尘		
含10%~50%游离 SiO_2 粉尘	1	2
含50%~80%游离 SiO_2 粉尘	0.7	1.5
含80%以上游离 SiO_2 粉尘	0.5	1.0
呼尘		
含10%~50%游离 SiO_2	0.7	1.0
含50%~80%游离 SiO_2	0.3	0.5
含80%以上游离	0.2	0.3
稀土粉尘(游离 SiO_2 含量<10%)(总尘)	2.5	5
萤石混合性粉尘(总尘)	1	2
云母粉尘		
总尘	2	4
呼尘	1.5	3
珍珠岩粉尘		
总尘	8	10
呼尘	4	8
蛭石粉尘(总尘)	3	5
重晶石粉尘(总尘)	5	10
其他粉尘	8	10

注:1. TWA—时间加权平均容许浓度(8h);STEL—短时间接触容许浓度(15min)。

2. "其他粉尘"指不含有石棉且游离 SiO_2 含量低于10%,不含有毒物质,尚未制定专项卫生标准的粉尘。

3. "总尘"指直径为40mm的滤膜,按标准粉尘测定方法采样所得的粉尘。

4. "呼尘"即呼吸性粉尘,指按呼吸性粉尘采样方法所采集的可进入肺泡的粉尘粒子,其空气动力学直径均在7.07μm以下,空气动力学直径5μm粉尘粒子的采样效率为50%。

我国目前常用质量法测定粉尘浓度,也可采用能见度检测仪对隧道的能见度进行检测,从而反映烟雾浓度。

(2)测试方案

在测试时选取典型测点进行测试。掘进工作面在风筒出口后距离工作面4~6m处采样,其他作业点一般在工作面上方采样。采样器进风口务必迎着风流，距地板高度为1.3～1.5m。采样时间在测点粉尘浓度稳定后进行，一般在作业半小时后进行，采样要同时采集两个样品。

(3)数据分析

数据采集完成后要将滤膜放在干燥箱中30min后称重，然后按照下式计算粉尘浓度。

$$G = \frac{W_2 - W_1}{QT} \tag{8.13}$$

式中：G——粉尘浓度，mg/m^3；

W_1——采样前滤膜质量，mg；

W_2——采样后滤膜质量，mg；

Q——流量计读数，m^3/min；

T——采样时间，min。

按照下式计算两个平行样品的偏差：

$$P = \frac{2\Delta G}{G_1 + G_2} \times 100\% \tag{8.14}$$

式中：ΔG——平行样品计算结果之差，mg/m^3；

G_1、G_2——两个平行样品计算结果，mg/m^3。

将计算得出的烟雾浓度值与规范的规定值对比，判定是否符合规范规定。

8.3 静力、动力触探试验

8.3.1 静力触探试验

1)试验目的

(1)可用于土类定名，并划分土层的界面；

(2)评定地基土的物理、力学、渗透性质的相关参数；

(3)确定地基承载力；

(4)确定单桩极限承载力；

(5)判定地基土液化的可能性。

2)试验原理

静力触探试验(Static Cone Penetration Test，简称CPT)是利用准静力以恒定的贯入速率将一定规格和形状的圆锥探头通过一系列探杆压入土中，同时测记贯入过程中探头所受到的阻力，根据测得的贯入阻力大小来间接判定土的物理力学性质的现场试验方法。

3)试验系统

静力触探试验设备一般包括标定设备和触探贯入设备。触探贯入设备由贯入系统和量测系统两部分组成。标定设备包括测力计或力传感器，加、卸荷用的装置(标定架或压力罐)，以及辅助设备等。贯入系统由贯入装置、探杆和反力装置组成；量测系统由探头和记录仪器组成。

4)试验准备及注意事项

在静力触探试验工作之前，应注意搜集场区既有的工程地质资料，根据地质复杂程度及区域稳定性,结合建筑物平面布置、工程性质等条件确定触探孔位、深度,选择使用的探头类型和触探设备。在现场进行静力触探试验之前,应该做好如下准备工作:

(1)将电缆按探杆的连接顺序一次穿齐,所用探杆应比计划深度多2~3根,电缆设备有足够的长度;

(2)安放触探机的地面应平整,使用的反力措施应保证静力触探达到预定的深度;

(3)检查探头是否符合规定的规格,连接记录仪,检查记录仪是否工作正常,整个系统是否在标定后的有效期内,并调零试压。

试验过程中应注意以下事项:

(1)孔压探头应进行饱和处理。孔压系统的饱和,是保证正确量测孔压的关键,如果探头孔压量测系统未饱和,含有气泡,则在量测时会有一部分孔隙水压力在传递过程中消耗在空气压缩上,引起作用在孔压传感器上的孔压下降,使测试结果失真。

(2)选择合适的触探机位置和高度。触探开孔前用水平尺校准机座保持水平,并与反力装置锁定,是保证探杆垂直贯入地下的首要环节;留意原有钻孔距离对触探测试成果的影响,根据众多的现场压桩和室内标定试验结果,在30倍桩径或探头直径的范围以内,土体的边界条件对测试成果有一定影响。因此,静力触探试验孔与先前试验孔或其他钻孔之间应该有足够的距离,以防止交叉影响。触探主机应该以尽可能的轴向压力将探杆压入。

(3)在进行贯入试验时,如果遇到密实、粗颗粒或含碎石颗粒较多的土层,在试验之前应该先预钻孔。必要时使用套筒防止孔壁的坍塌。在软土或松散土中,预钻孔应该穿过硬壳层。

(4)探头的贯入速度对贯入阻力有一定的影响,应匀速贯入,贯入速率控制在(20±5)mm/s;在贯入过程中应进行归零检查和深度校核。

当遇到以下情况时,应该终止静力触探试验的贯入:

(1)要求的贯入长度或深度已经达到;

(2)圆锥触探仪的倾斜度已经超过了量程范围;

(3)反力装置失效;

(4)试验记录显示异常。

任何对试验设备可能造成损坏的因素都可以使试验被迫终止。

5)试验资料的整理与分析

(1)试验资料的整理

①原始数据的修正,包括贯入深度修正,零飘修正,锥尖阻力的修正,侧壁摩擦力的修正;

②单孔各分层的试验数据统计计算;

③绘制触探曲线。

(2)试验资料的分析

①地基土的分类;

②土的原位状态参数与应力历史;

③土的强度参数;

④土的变形参数;

⑤土的渗透性参数。

8.3.2 圆锥动力触探试验

1）试验目的

圆锥动力触探试验指标，可用于下列目的：

（1）进行地基土的力学分层；

（2）定性地评价地基土的均匀性和物理性质（状态、密实度）；

（3）查明土洞、滑动面、软硬土层界面的位置。

利用圆锥动力触探试验成果，并通过建立地区经验，可以用于：

（1）评价地基土的强度和变形参数；

（2）评定天然地基的承载力；

（3）估算单桩承载力。

2）试验原理

动力触探试验（Dynamic Penetration Test，简称DPT）是利用一定的锤击能量，将一定规格的圆锥探头打入土中，根据打入土中的难易程度（贯入阻力或贯入一定深度的锤击数）来判别土的性质的一种现场测试方法。

3）试验系统

DPT按锤击能量的不同，划分为轻型、重型和超重型三种。在工程实践中，应根据土层的类型和试验土层的坚硬与密实程度来选择不同类型的试验设备。

轻型圆锥动力触探的试验设备包括导向杆、穿心锤、锤垫、探杆和圆锥探头五部分。

重型和超重型动力触探的设备，尽管在尺寸和重量上有差别，但与轻型动力触探设备有相似之处。重型和超重型动力触探设备一般都采用自动落锤方式，因此，在重锤之上增加了提引器。

4）试验资料的整理

圆锥动力触探试验资料的整理包括：

（1）绘制试验击数随深度变化曲线；

（2）结合钻探资料进行土层划分；

（3）计算各层的击数平均值；

（4）成果分析。

利用圆锥动力触探试验成果，不仅可以用于定性评定场地地基土的均匀性、确定软弱土层和坚硬土层的分布，还可以定量地评定地基土的状态或密实度，估算地基土的力学性质。

8.4 岩土波速测试试验

8.4.1 试验目的

通过岩土波速测试试验，熟练使用声波仪，掌握波速测试的方法，识别纵波和横波的基本特征，学会正确的探头布设、仪器操作和数据分析处理。

8.4.2 试验内容

（1）单孔法测试岩土波速；

(2)跨孔法测试岩土波速；

(3)根据测试得到的岩土波速，进行工程应用。

8.4.3 试验要求

(1)掌握单孔法和跨孔法测试岩土波速的方法；

(2)通过试验，使学生更好地掌握波速的基本物理力学性质，并为土体的划分、砂土液化计算提供必要的数据；

(3)要求学生必须严肃、认真地对待试验的每一个环节，并做好试验记录。

8.4.4 试验仪器

地震记录器，三分量检波器，触发器，套管，木板等。

8.4.5 试验步骤

(1)将三分量检波器放置到待测孔内。单孔法置入一套；跨孔法在同一深度分别放置激发器和三分量检波器。按一般操作习惯，检波器放置到最大预测深度处，然后从下往上测试。

(2)连接仪器和检波器，并固定检波器到预定深度；准备好孔口激发装备；根据测试地层的相关地质资料，确定测点距。

(3)仪器开机，检查仪器与检波器连接是否正常，完成仪器参数设置。

(4)测试开始：地表激发，仪器接收，完成第一个点的接收后，提升检波器到第二个测点，固定检波器，进行第二个测点的测试，依次顺序，直至完成所有测试点。

(5)测试完成后，检查检测结果是否满意，若满意，完成测试工作；若不满意，根据测试结果，进行必需的复测。

(6)测试完成后，关机；断开检波器与仪器的连接，仪器装箱；检波器收线并装箱。

8.4.6 数据记录及计算

1)主要试验仪器布置图

单孔法和跨孔法测试装置如图8.8和图8.9所示。

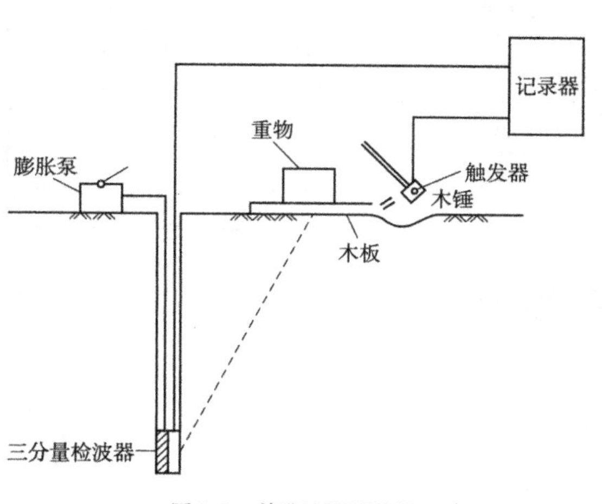

图8.8 单孔法测试装置

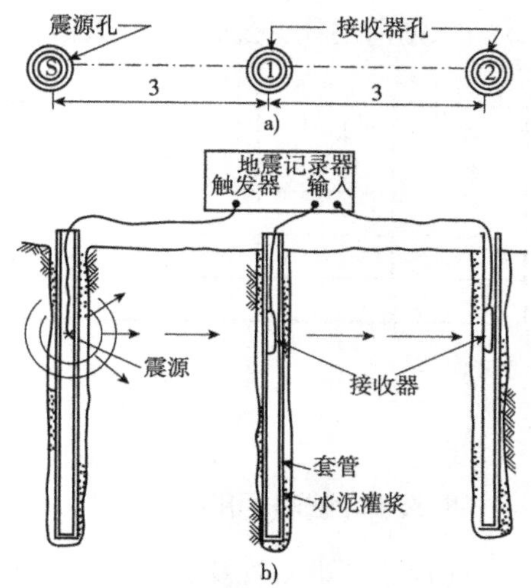

图8.9 跨孔法测试装置(尺寸单位：m)
a)平面图；b)剖面图

2)波速计算公式

(1)单孔法波速计算公式

因激振板离孔口有一段距离(2 ~4m),直达波行程是斜距,采用垂距计算波速时应将斜距读时校正为垂距读时,校正公式为:

$$t' = t\frac{h}{\sqrt{x^2 + h^2}} \quad (8.15)$$

式中:t——斜距读时;

t'——垂距读时;

h——垂直距离;

x——激振板至孔口的距离。

经读时校正后,可按下式计算横波速度:

$$v_s = \frac{h_2 - h_1}{t'_2 - t'_1} = \frac{\Delta h}{\Delta t} \quad (8.16)$$

式中:h_1、h_2——分别为土层顶面、底面的深度;

t'_2、t'_1——分别为横波到达土层顶面、底面的时间。

(2)跨孔法波速计算公式

$$v_s = \frac{x}{\Delta t} \quad (8.17)$$

式中:x——经过测斜校正后两接收孔的实际间距;

Δt——弹性波到达两接收孔的时间差。

8.4.7 数据处理

(1)计算确定地基土小应变的动弹性参数剪切模量、弹性模量、泊松比和动刚度。一旦测出 P 波和 S 波的速度及土的密度,根据弹性理论公式,土的上述动弹性参数就可以确定了。

(2)在地震工程中的应用。根据《建筑抗震设计规范》(GB 50011—2010)的规定,由土层有效剪切波速度(v_s)和场地覆盖层厚度划分场地类别。

(3)判别砂土或粉土的地震液化。国内外都有判别地震液化的临界剪切波速经验判别式。依据前述计算公式,得到数据处理结果(表 8.4)。

岩土波速测试试验记录表　　表 8.4

地层编号	地层名称	地层深度(m)	场地土划分类别	横波波速(m/s)	纵波波速(m/s)

8.5 雷管电阻参数测量试验

8.5.1 试验目的

(1)了解电雷管及其构造;

(2)认识电雷管参数专用测试仪和起爆器;

(3)了解电雷管连接方式及对其电阻的要求。

8.5.2 试验原理

1)电阻测量原理

雷管和桥丝电阻的测量是将被测电阻经R/V变换电路变成相应电压后,再由V/F变换电路变成相应的脉冲数,由计数器计数,数码管显示值即为被测电阻值。

2)桥丝及引火头引燃原理

电雷管通电后,桥丝电阻产生热量点燃引火头,引火药头迸发出的火焰可以激发电雷管爆炸。

8.5.3 主要试验仪器

电雷管参数测定仪,电雷管的引火头及雷管壳(去掉其中的主、副起爆药),起爆器,电工刀和黑胶布等。

8.5.4 试验步骤

(1)认识引火头、脚线。脚线是两根一定长度(一般为2m)的漆包线,一端分离,一端通过桥丝连接,桥丝由引火药包裹;引火药头是像火柴头大小的一种滴状物,它是将由引火药与黏合剂配制成的糊状物,蘸在桥丝上,烘干后再在表面浸上防潮、防摩擦、防静电保护层而制成的。

(2)认识电雷管参数测试仪和起爆器。通过电雷管参数测试仪可测试电雷管的电阻值,与万用表相似,但其输出电流要小于万用表,且不超过《爆破安全规程》(GB 6722—2003)规定的电雷管安全电流。起爆器主要用于起爆电雷管使用,通过提供高于电雷管发火电流的电流使电雷管起爆。

(3)测量5发电雷管全电阻,剔除不符合规定的电雷管。将每发电雷管分别与电雷管参数测试仪连接,然后测试每发电雷管的全电阻并记录,根据规定剔除不符合规定的电雷管。电雷管电阻由桥丝电阻和脚线电阻组成,又称全电阻。按照《爆破安全规程》(GB 6722—2003)规定,用于同一爆破网络的电雷管应为同厂同型号产品,且相互之间的电阻值根据不同材料不能超过相应规定值。

(4)用起爆器起爆1发电雷管,观察爆后现象。注意起爆前和起爆后的差别。起爆前桥丝和引火头完整;起爆后,引火药头喷火将桥丝熔断。

8.5.5 试验数据处理

(1)记录5发电雷管的全电阻值,并计算其平均值;

(2)若有不合格的电雷管,将其剔除,然后将符合规定的分别画串联、并联图,计算电阻值。

8.6 隧道地质检测与预报试验

8.6.1 试验目的

(1)了解地质雷达和TGP(TSP)的测试原理;

(2)能够使用地质雷达进行探测,并能结合地质资料和现场资料对测试结果进行分析;

(3)掌握 TGP 或 TSP 的使用方法,并能对测试结果进行分析;

(4)了解不同测试方法的优缺点,能够根据现场情况选择测试方法。

8.6.2 试验原理

地质雷达(Ground Probing/Penetrating Radar,简称 GPR),是一种对地下的或物体内不可见的目标体或界面进行定位的电磁技术。其工作原理为:高频电磁波以宽频带脉冲形式,通过发射天线被定向送入地下,经存在电性差异的地下地层或目标体反射后返回地面,由接收天线所接收。高频电磁波在介质中传播时,其路径、电磁场强度与波形将随所通过介质的电性特征及几何形态而变化。故通过对时域波形的采集、处理和分析,可确定地下界面或地质体的空间位置及结构。

TGP 或 TSP(Tunnel Seismic Prediction)都为隧道地震波超前预报方法,是利用地震波在不均匀、不连续地质体界面产生反射,实现隧道地质超前预报的目的。

8.6.3 主要仪器

地质雷达,TGP206,黄油等。

8.6.4 试验步骤

1)地质雷达方法试验步骤

(1)测线布置

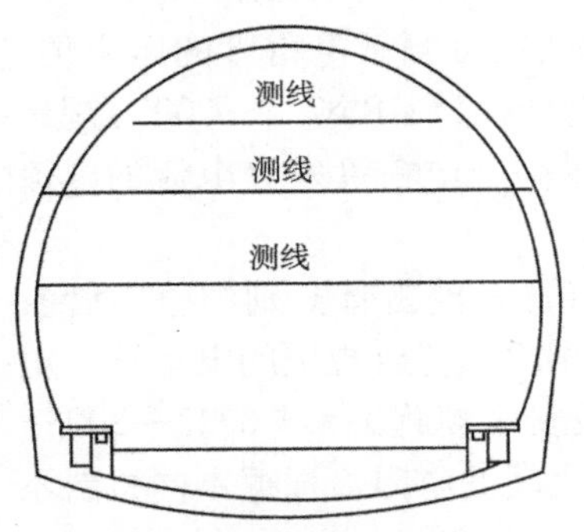

图 8.10 超前地质预报雷达对测线布置示意图

探测时在隧道掌子面选取 3 条测线进行探测,分别采用 50M 或 100M 非屏蔽或屏蔽低频天线进行,从而预测隧道周边的暗河和岩溶形态。测线布置如图 8.10 所示。

(2)数据处理

用专用软件处理测试得到的波形,从而判断掌子面前方围岩的情况。典型测试波形如图 8.11 所示。

2)TGP 或 TSP 试验步骤

TGP 隧道地质预报的测量装置与炮孔布置立体、平面示意图分别如图 8.12、图 8.13 所示。

(1)工作布置

①激发孔与接收孔的布置高度。激发孔与接收孔的布置高度为一条直线,该直线距离隧道当前地板的高度在 1.0 ~ 1.2m 范围内,选择一个确定的高度布置。

②激发孔布置与间距。激发孔由掌子面退后 3 ~ 5m 开始,等间距布置,炮孔之间的距离为 2m。

③接收孔布置。接收孔在距离最近炮孔 20 ~ 30m 范围,选择岩体相对完整的地段确定孔位,左右洞壁对称(同里程)布置。

④激发孔与接收孔的孔深均为 2m。

⑤激发孔的数量为 24 个。

(2)钻孔孔径与验孔要求

①接收孔必须采用 ϕ50mm 钻头凿孔,否则探头无法安装。

②激发孔可以采用隧道施工打炮孔的钻头凿孔。

③钻孔完毕后需要吹孔,保证孔内无岩粉。

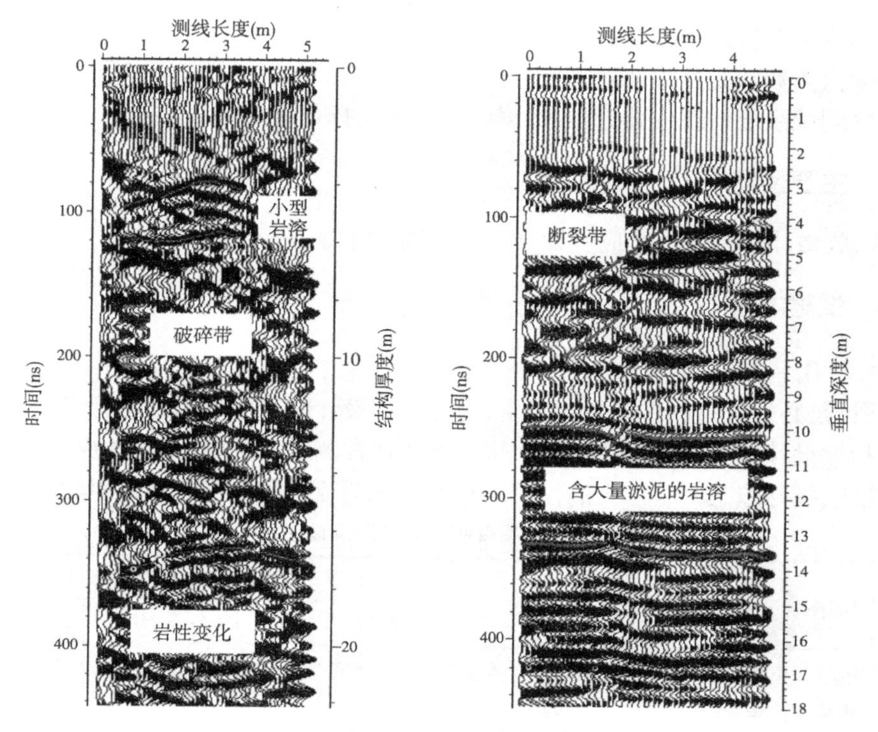

图 8.11　地质雷达典型测试图

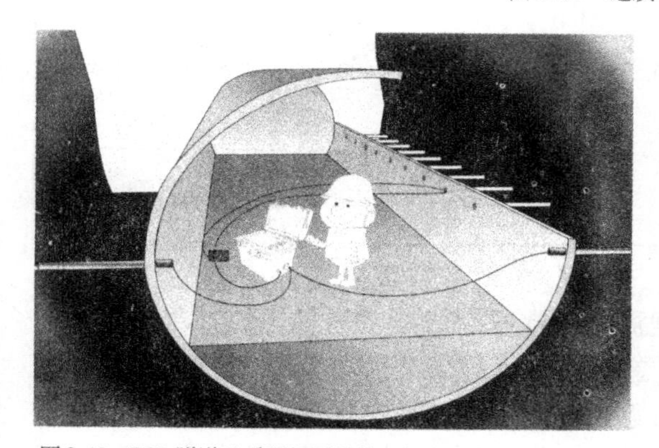

图 8.12　TGP 隧道地质预报测量装置与炮孔布置立体示意图

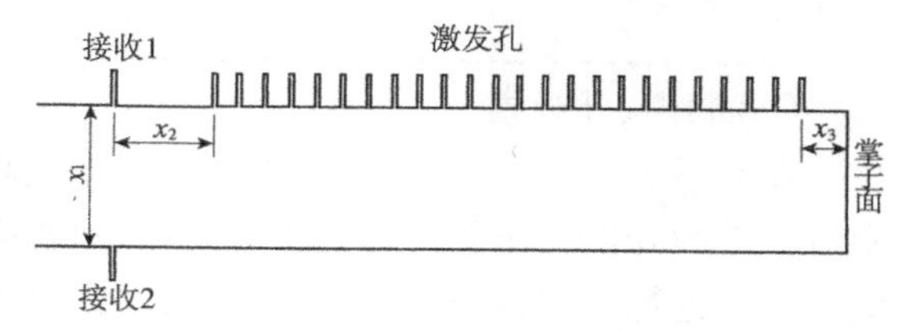

图 8.13　TGP 隧道地质预报测量装置与炮孔布置平面示意图

(3)测量距离要求

①测量接收孔到最近炮孔的距离,并记录接收孔的里程。

②测量激发炮孔之间的间距。

③测量掌子面至最近激发炮孔的距离,并记录掌子面里程。

④测量接收孔位置处左右洞壁距离。

8.7　隧道现场测试与监测试验

8.7.1　试验目的

(1)了解并掌握传感器原理;

(2)掌握测试项目如何实施；

(3)掌握监测数据的分析处理；

(4)了解测试系统的组成部分，并根据测试要求选择合适的测试仪器。

8.7.2 主要仪器

水准仪，收敛计，土压力盒，应变计，位移计，轴力计等。

8.7.3 试验内容

1)必测项目

必测项目是必须进行的常规量测项目，是为了在设计施工中确保围岩稳定、判断支护结构工作状态、指导设计施工的经常性量测。这类量测通常测试方法简单、费用少、可靠性高，但对监视围岩稳定、指导施工却有巨大的作用。隧道必测项目测试方法及测试时间见表8.5。

隧道必测项目测试方法及测试时间 表8.5

序号	项目名称	方法及工具	布　置	测试精度	量测间隔时间			
					1~15d	16d~1个月	1~3个月	大于3个月
1	洞内、外观察	现场观测、地质罗盘等	开挖及初期支护后进行	—	—			
2	周边位移	各种类型收敛计	每5~50m一个断面，每断面2~3对测点	0.1mm	1~2次/d	1次/2d	1~2次/周	1~3次/月
3	拱顶下沉	水准量测的方法，水准仪、铟钢尺等	每5~50m一个断面					
4	地表下沉		洞口段、浅埋段($h_0 \leqslant b$)	0.5mm	开挖面距量测断面前后			

(1)洞内、外观察

在地下工程中，开挖前的地质勘探工作很难提供非常准确的地质资料，所以，在施工过程中对前进的开挖工作面附近的岩石特性、状态应进行目测。对开挖后动态进行目测，对被覆后围岩动态进行目测，在新奥法量测项目中占有很重要的地位。细致的目测观察，对于监视围岩稳定性是既省事而作用又很大的监测方法，它可以获得与围岩稳定状态有关的直观信息，应当予以足够的重视，所以目测观察是新奥法量测中的必测项目。隧道目测观察的目的是：预测开挖面前方的地质条件；为判断围岩、隧道的稳定性提供地质依据；根据喷层表面状态及锚杆的工作状态，分析支护结构的可靠程度。每次隧道开挖工作面爆破后立即观察情况及有关现象，按要求及时记录整理。

(2)周边位移、拱顶下沉量测

隧道新奥法施工，比较强调研究围岩变形，因为岩体变形是其应力形态变化的最直观反映，对于地下空间的稳定能提供可靠的信息，也比较容易测得。围岩位移有绝对位移和相对位移之分。绝对位移是指隧道围岩或隧道顶底板及侧端某一部位的实际移动值。其测量方法是在距实测点较远的地方设置一基点(该点坐标已知，且不再产生位移)，然后定期用经纬仪和水准仪自基点向实测点进行量测，根据前后量测所得的高程及方位变化，即可确定隧道围岩的绝对位移量。但是，绝对位移量测需要花费较长的时间，并受现场施工条件限制，除非必需，一般不进行绝对位移的量测。同时,在一般情况下并不需要获得绝对位移,只需及时了解围岩相对位移的变化,即可满足要求,相应地采取某些技术措施,便能确保生产安全,因此现场测试多测量相对位移。隧道围岩周边各点趋向隧道中心的变形称为收敛,所谓隧道收敛位移量测主要是指对隧道壁面两点间水平距离的变形量的量测,拱顶下沉以及底板隆起位移量的量测等。它是判断围岩动态的最主要的量测项目,特别是当围岩为垂直岩层时,内空收敛位移量测更具有非常重要的意义,这项量测设备简单、操作方便,对围岩动态监测所起的作用很大。

①位移量测的目的

位移是隧道围岩应力状态变化的最直观反映。量测位移可为判断隧道空间的稳定性提供可靠的信息,根据变位速度判断隧道围岩的稳定程度,为二次衬砌提供合理的支护时机,指导现场设计和施工。

②监测断面的设置

各测点在避免爆破作业破坏测点的前提下,尽可能靠近工作面埋设,一般为0.5~2m,并在下一次爆破循环前获得初始读数。初读数应在开挖后12h内读取,最迟不超过24h,而且在下一循环开挖前,完成初期变形值的读数。

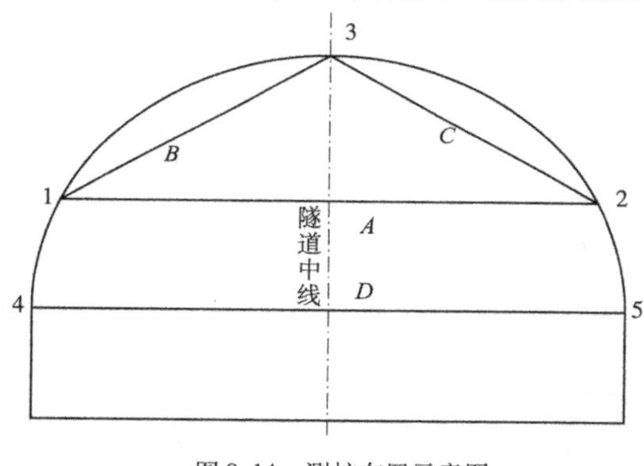

图8.14　测桩布置示意图

③测桩埋设与测线布置

当采用全断面开挖时,在一般地段每个监测断面通常埋设测桩1号、2号、3号、4号、5号共5个,布置A、B、C、D共4条测线,具体布置如图8.14所示。

若为半断面开挖,可先埋设1号、2号、3号测桩,对A、B、C三条测线进行量测,当下台阶开挖到达相应的监测断面位置时,再埋设4号、5号测桩,对下部D线进行量测。在特殊地段,根据具体情况,可另增设测线。对埋设测桩的要求:1号、2号、3号、4号及5号测桩应埋设在同一垂直平面内;1号和2号及4号和5号测桩分别在同一水平线上,3号测桩应埋设在拱顶中央;1号、2号测桩应埋设在起拱线附近,4号、5号测桩应设在施工底面上1.5m左右。

④量测频率

拱顶下沉量测与周边收敛量测采用相同的量测频率,根据表8.6中变形速度和距开挖工作面距离选择较高的一个量测频率。

拱顶下沉量测与周边收敛量测频率　　表8.6

位移速度(mm/d)	量测断面距开挖工作面的距离	量测频率
>10	(0~1)B	1~2次/d
10~5	(1~2)B	1次/d
5~1	(2~5)B	1次/2d
<1	>5B	1次/1周

注:B表示隧道开挖宽度。

(3)浅埋段地表下沉

浅埋隧道通常位于软弱、破碎、自稳时间极短的围岩中,施工方法不妥极易发生冒顶塌方或地表下沉，因此，地表下沉量测对浅埋段隧道的施工是十分重要的。地表下沉量测的目的：了解地表下沉的范围以及下沉量的大小；掌握地表下沉量随工作面推进的变化规律；判断地表下沉稳定的时间。

地表下沉的量测方法及测点布置：一般采用水准仪进行量测，其量测精度为 ±1mm。在进行浅埋段地表下沉量测时，位于Ⅳ～Ⅵ级围岩中且覆盖层厚度小于 40m 的隧道，根据图纸要求或业主指示进行地表沉降量测，在施工过程中可能产生地表塌陷之处设置观测点，地表下沉观测点按普通水准基点埋设，并在预计破裂面以外 3～4 倍洞径处设水准基点，作为各观测点高程测量的基准，从而计算出各观测点的下沉量。地表下沉桩的布置宽度应根据围岩级别、隧道埋置深度和隧道开挖宽度而定，地表下沉全测断面的间距按表 8.7 采用，示意如图 8.15 所示。

地表下沉量测断面的间距 表 8.7

埋置深度 H	地表下沉量测断面的间距(m)	埋置深度 H	地表下沉量测断面的间距(m)
$H>2B$	20～50	$H<B$	5～10
$B<H<2B$	10～20		

注：①无地表建筑物时取表内上限值；②B 表示隧道开挖宽度。

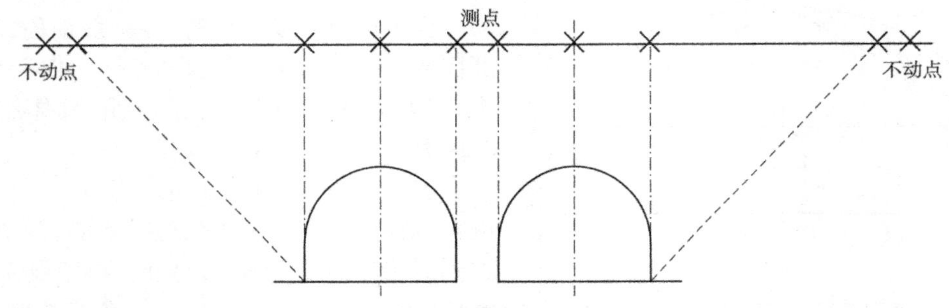

图 8.15 地表下沉量测测点布置示意图

地表下沉量测频率与拱顶下沉及净空水平收敛的量测频率相同。地表下沉量测在开挖工作面前方 $H+h$（隧道埋置深度＋隧道高度）处开始，直到衬砌结构封闭、下沉基本停止时为止。

将每次的量测数据经整理绘出以下曲线，以便分析研究：①地表纵向下沉量—时间关系曲线；②地表横向下沉量—时间关系曲线。从曲线图中可以看出地表下沉与时间的关系，以及最大下沉量产生的部位等。

2）选测项目

选测项目是对一些有特殊意义和具有代表性的区段进行补充测试，以求更深入地了解围岩的松动范围和稳定状态以及喷锚支护的效果，为未开挖区段的设计与施工积累现场资料。

（1）锚杆轴力

锚杆轴力的确定属于选测项目，根据科研和生产的需要，首先在隧道内选择好拟测岩层，再结合隧道开挖等情况，选择好钻孔位置，以便于钻孔施工。测定锚杆轴力的目的包括：了解锚杆受力状态及轴力的大小；判断围岩变形的发展趋势，概略判断围岩内强度下降区的界限；评价锚杆的支护效果。

不论何种锚杆量测仪器，其布置形式基本是一致的。在每一监测断面一般布置 5 个量测位置，每一量测位置的钻孔内设测点 3～6 个（根据量测深度和所选的量测锚杆决定）。具体的布置形式为在拱顶中央1个，在拱基线上(或拱基线上1.5m处)左右各设一个，在两侧墙施工底线板上1.5m处各设一个，如图8.16所示。

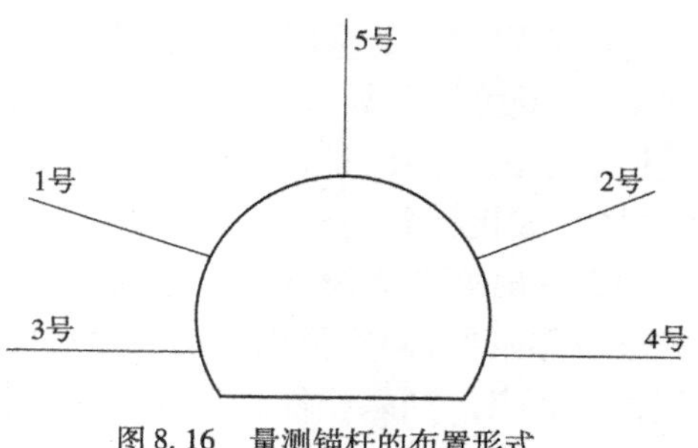

图8.16　量测锚杆的布置形式

量测与量测频率：量测锚杆埋设后经过48h才可进行第一次观测；测试数据时，每次读数应读取3次，且每次读数差别在允许误差范围内，否则应多次测量或检查仪器；量测频率可参照净空收敛的量测频率。即在埋设后1～15d内每天测一次，16～30d每2天测一次，30d以后可每周测一次，90d后可每月测一次。特殊情况下，应加密监测次数。

量测结果分析包括：根据量测所得的各测点应变值，绘制应变沿锚杆长度的分布状态曲线；根据计算得出的锚杆轴向力绘制轴向力沿锚杆长度的分布状态曲线；根据锚杆轴向力的最大值确定适宜的锚杆长度；绘制锚杆轴向力随时间变化曲线，判断围岩变形的发展趋势。

(2)围岩内部位移

围岩内变形量测的目的是为探明支护系统上承受的荷载，进一步研究支架与围岩相互作用之间的关系，不仅需要量测支护空间产生的相对位移，而且还需要对围岩深部岩体位移进行监测，从而达到以下量测目的：确定围岩位移随深度变化的关系；找出围岩的移动范围，深入研究支架与围岩相互作用的关系；判断开挖后围岩的松动区、强度下降区以及弹性区的范围；判断锚杆长度是否适宜，以便确定合理的锚杆长度。围岩内变形量测的设备，主要使用位移计，它可量测隧道不同深度处围岩位移量，随着岩土工程的发展，位移计被广泛地应用于地下空间围岩稳定性监测。在选择仪器时，应注意以下几点：①安装、量测方便，性能稳定可靠；②能够长期进行监测；③造孔方便，安装及时；④锚头抗震，能适应各级围岩，也可土层中锚固；⑤精确度能满足生产、科研的需要。

量测断面应设在有代表性的地质地段；在一般围岩条件下，每隔200～300m应设一个量测断面比较适宜。围岩内部位移、锚杆轴力、衬砌内力、表面应力等项量测，均可同时进行。每一量测断面应布设3～11个测点；其测点布置应按隧道的实际情况选择合适的位置，尽量靠近锚杆或周边位移量测的测点处，以便计算分析。每一测点，需选择几种不同深度的钻孔，连续测几种不同深度的围岩内的位移，以确定围岩内部的松弛范围和达到围岩内部位移监测的其他目的。下面以一个断面5个测点且每一测点取3种不同深度测试情况布置，如图8.17所示。

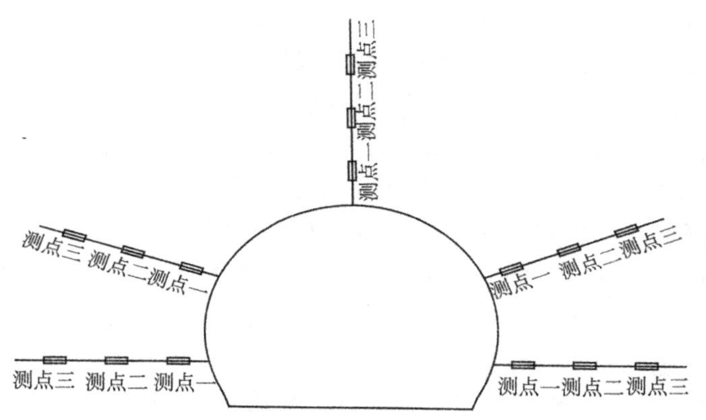

图8.17　位移计布置示意图

围岩内位移的量测多在软弱、破碎或具有较大结构面的围岩内进行,这类围岩本身力学特性复杂,受力变形规律不易预测,支护比较困难。进行围岩内位移量测,可以比周边位移量测获取更多的地层信息,特别是有关围岩内的信息,对分析围岩内部的位移规律,并据此调整支护参数,或设计新的支护结构大有助益。围岩内位移数据处理时,先绘出位移—深度关系曲线和位移—时间关系曲线。如果在两相邻测点间位移突然变化,则表明在此两点间很可能有不连续位移发生,即松弛围岩的界面在此两点之间;调整支护参数时,如有可能则应使锚杆长度超过此两点。如果相邻测点间位移变化比较均匀,且最深测点仍有较大位移,则表明围岩受扰动范围较大,仅靠调整锚杆长度一般难以解决支护问题,这时应采取综合治理措施,采用特殊的钢支撑加锚喷等方案进行初期支护,并在必要时加大二次衬砌的强度和刚度。通过位移—时间曲线,如果掌握了围岩内部随时间变形的规律,则可更好地指导施工,如确定复喷的时间和二次衬砌的施工时间。

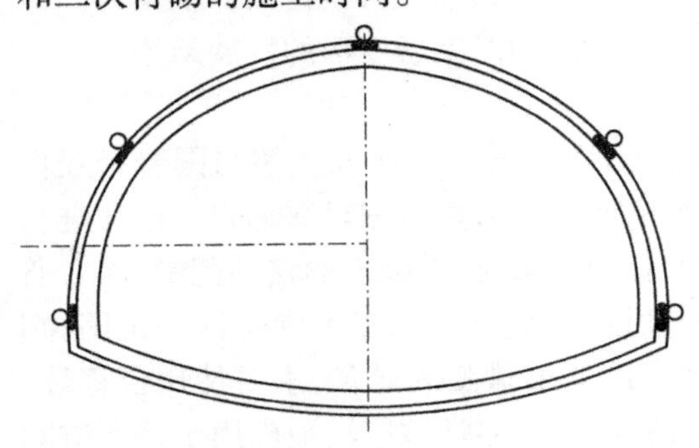

图 8.18　围岩压力测点布置示意图

(3)围岩应力

围岩应力监控量测断面在较差围岩或代表性地段选择断面,每断面选择有代表性的位置进行测点布置,均要在安装钢拱架时将土压力盒按设计位置安设于岩壁与钢拱架之间。岩体压力,采用预埋设的土力计及电阻应变仪、频率接收仪进行定时量测。按时进行监控量测,及时绘制土压力曲线,及时了解开挖周边土压力,利于施工决策。下面以每个断面 5 个测点布置,如图 8.18 所示。

通过围岩应力的量测,可以了解围岩内部的受力情况,判断围岩的稳定性。在围岩应力量测时主要采用不同类型的压力盒进行量测,埋设时应注意做到以下要求:接触紧密和平稳,防止滑移,不损伤压力盒及引线,并且需要在上面盖一块厚 6 ~ 8mm、直径与压力盒直径大小相等的地铁板。压力盒按观测设计要求布置埋设好以后,应根据实际情况设计观测室,将每个压力盒的电缆引线集中于室内,并按顺序编排好号码,以防弄混。电缆线铺设一定要得当,切不可被压断、拉断。观测时,根据具体情况及要求,定期进行测量;每次每个压力盒的测量应不少于 3 次,力求测量数值可靠、稳定,并做好原始记录。

(4)喷射混凝土层应力的量测

喷射混凝土层应力量测包括三项内容:围岩与喷射混凝土间接触应力、喷射混凝土内部应力和喷射混凝土层与二次衬砌之间接触应力。量测目的主要包括:了解喷层的变形特性以及喷层的应力状态;掌握喷层所受应力的大小,判断喷射混凝土层的稳定状况;了解喷层与围岩之间的应力大小;了解喷层与二次衬砌间的接触应力大小。

量测断面应设在有代表性的地质地段,每个断面一般设置 5 个测点位置。量测时将量测元件(装置)直接喷入喷层的,喷层在围岩逐渐变形过程中由不受力状态逐渐过渡到受力状态。为了使量测数据能直接反映喷层的变形状态和受力的大小,要求量测元件材质的弹性模量应与喷层的弹性模量相近,从而不致引起喷层应力的异常分布,以免测出的喷层应力(应变)失真,影响评价效果。测定喷层应力时,不论采用哪一种量测法,一次仪表埋设后,均应根据现场的具体情况及量测要求,定期进行量测,每次对每一应力计的量测应不少于 3 次,力求量测数据可靠、稳定。取其量测的平均值作为当次的数据,并做好记录。

随着量测数据逐渐积累,应绘制以下曲线以便分析研究:绘制喷层内径(切)向应力随开挖面变化的关系曲线，以便掌握试验断面处喷层应力随前进着的开挖工作面距离变化的关系；绘制喷层内径（切）向应力随时间变化的关系曲线，以便掌握量测断面处不同部位切向应力随时间的变化情况。

（5）钢支撑内力及所承受荷载

通过本项的量测，主要达到以下目的：了解钢架受力的大小，为钢架选型与设计提供依据；根据钢架的受力状态，为判断隧道空间的稳定性提供可靠的信息；了解钢架的工作状态，评价钢架的支护效果。

埋设仪器时应遵循以下原则：为了测定钢架上所受力的压力，可在拱顶中央安设一台压力计，其他由拱顶中央向隧道两侧沿隧道壁按一定距离在两侧相应的位置对称地安设压力计，进行相关部位压力的量测，至于安设数量多少，可根据现场的具体情况确定；钢架可选用 I 型钢（或钢轨）、H 型钢、U 型钢、钢管、钢筋格栅等轻型钢材制成。为了施工方便，目前，现场多采用主筋直径不小于 22mm 的 20MnSi 或 A3 钢筋焊接的钢筋格栅钢架。由于格栅钢架与喷射混凝土层结合良好，能够共同承受围岩压力，所以应用较广，为了使压力计与钢架紧密接触，在安设压力计处，于压力计与钢架之间，必须铺设钢垫板（底托），以便钢架均匀受力；在安设的压力计与隧道壁间，为使围岩压力均匀地传递到压力计上，用水泥砂浆将隧道壁面抹平，使之达到良好地面接触。另外，在压力计周围的空隙处用碎石充填密实，防止压力计受力后偏斜，影响量测效果；量测断面应设在有代表性的地质地段，每个断面一般设置 5 个测点位置。测点位置与前几项同。

钢架受力的量测工作，应与围岩内空变形的量测工作同步进行，量测频率可参照围岩内空变形的量测时间间隔进行。对整理出的资料应作以下分析：①根据同一时间内所测定的钢架受力与隧道围岩变形的大小，可以获得隧道围岩位移与围岩压力间的关系；②通过分析钢架受载与围岩变形关系，了解钢架的工作状态和对围岩的适应性，为设计合理的钢架提供依据；③分析在整个观测过程中，隧道围岩变形与围岩压力的关系，确定在规定围岩条件下支护结构应具有的力学特性；④隧道围岩级别高于Ⅲ级，开挖时常采用各种类型的钢架进行支护，由于围岩级别高，稳定性差，施工中多采用上下台阶分次开挖，下部开挖时容易扰动架脚，造成上部拱架松动下落，轻则支护作用受到影响，重则可能导致局部坍塌。特别是当倾斜岩层出现时，极易产生顺层滑坍，影响钢架作用的发挥。这时，如果上部拱架上设有压力计，就能从其读数变化情况判断下部开挖对上部支护结构的影响。由此可根据量测结果，调整下部开挖宽度，保障下部开挖的安全。

（6）二次衬砌内部应力等项目

目前隧道施工多采用现浇混凝土或钢筋混凝土作为二次衬砌的支护结构。而二次衬砌的施作，受时间因素影响很大，直接关系到衬砌结构的安全，过早施作会使二次衬砌承受较大的围岩压力，过晚又不利于初期支护的稳定。支护质量的优劣，往往体现隧道外观美的好坏。因此，隧道二次衬砌质量的好坏，对隧道的长期稳定、使用功能的正常发挥以及外观美均有很大影响，为了监视隧道的长期稳定性，需要对二次衬砌进行应力量测。量测目的：了解二次衬砌的受力条件；判断支护结构长期使用的可靠性以及安全程度；了解二次衬砌内部钢筋的受力情况，检验其强度是否符合要求；了解二次衬砌内部混凝土的受力情况，检验二次衬砌混凝土强度情况；检验二次衬砌设计的合理性，积累资料为经验类比提供依据。

二次衬砌内部应力量测通常包含应力量测和应变量测。通常采用钢筋计、混凝土应变计和土压力盒等测试仪器进行量测。量测方法、断面布设与前述几项基本相同。

(7)围岩弹性波速

围岩松弛范围量测采用弹性波法或位移法。声波检测技术的基本原理是用人工的方法在岩土介质和结构中激发一定频率的弹性波。这种波以各种波形在材料和结构内部传播,并由接收仪器接收,通过分析和研究接收和记录下来的波动信号,确定岩土介质和结构的力学特征,了解其内部缺陷。

超声波检测是利用纵波的波速来检测围岩的性质,其表达式为:

$$v_{\mathrm{P}} = \sqrt{\frac{E(1-\mu)}{\rho(1+\mu)(1-2\mu)}} \tag{8.18}$$

由波速的表达式可知,弹性介质的性质及种类不同,弹性常数及密度不同,弹性波在介质中的传播速度也不同。围岩由于爆破开挖后,洞室周边的围岩发生应力重分布,出现塑性变形形成非弹性变形区,即应力降低区,也称围岩松动圈范围。松动圈中裂隙较发育,使得围岩的完整性下降,应力降低,密度变小,从而弹性波在此范围内的传播速度将减低。因此可利用弹性波来检测围岩松动圈的位置。

(8)各选测项目监测频率(表8.8)

隧道选测项目监测频率表　　表8.8

序号	项目名称	量测间隔时间			
		1~15d	16d~1个月	1~3个月	3个月以后
1	锚杆轴力	1~2次/日	1次/2日	1~2次/周	1~3次/月
2	围岩体内位移(洞内设点)	1~2次/日	1次/2日	1~2次/周	1~3次/月
3	围岩体内位移(地表设点)	同地表下沉要求			
4	围岩压力及两层支护间压力	1~2次/日	1次/2日	1~2次/周	1~3次/月
5	喷射混凝土应力	1次/日	1次/2日	1~2次/周	1~3次/月
6	钢支撑内力及外力	1~2次/日	1次/2日	1~2次/周	1~3次/月
7	二次衬砌内部应力等	1~2次/日	1次/2日	1~2次/周	1~3次/月
8	围岩弹性波波速	根据围岩条件及时监控量测			

注:B表示隧道开挖宽度。

本章参考文献

[1] 中华人民共和国行业标准. CECS 21:2000　超声法检测混凝土缺陷技术规程. 北京:中国建筑工业出版社,2000.

[2] 交通部基本建设质量监督总站. 隧道工程试验检测技术. 北京:人民交通出版社,2005.

[3] 中华人民共和国行业标准. JTG F60—2009　公路隧道施工技术规范. 北京:人民交通出版社,2009.

[4] 中华人民共和国行业标准. JTG D70—2004　公路隧道设计规范. 北京:人民交通出版社,2004.

[5] 中华人民共和国行业标准. JTG/T F60—2009　公路隧道施工技术细则. 北京:人民交通出版社,2009.

[6] 中华人民共和国行业标准. JTG 026.1—1999　公路隧道通风照明设计规范. 北京:人民交通出版社,1999.

[7] 中华人民共和国行业标准. JTG H12—2003 公路隧道养护技术规范. 北京:人民交通出版社,2003.
[8] 中华人民共和国国家标准. GB 6722—2003 爆破安全规程. 北京:中国标准出版社,2003.
[9] 中华人民共和国行业标准. TB 10223—2004 铁路隧道衬砌质量无损检测规程. 北京:中国铁道出版社,2004.
[10] 中华人民共和国国家标准. GB 3096—2008 声环境质量标准. 北京:中国环境科学出版社,2008.
[11] 中华人民共和国行业标准. GB 50011—2010 建筑抗震设计规范. 北京:中国建筑工业出版社,2010.